Klaus Bergdolt

DAS GEWISSEN DER MEDIZIN

Klaus Bergdolt

DAS GEWISSEN DER MEDIZIN

Ärztliche Moral von der Antike bis heute

C. H. Beck

Satz: Stahringer Satz GmbH, Ebsdorfergrund
Druck: Ebner & Spiegel, Ulm
Gedruckt auf säurefreiem, alterungsbeständigem Papier
(hergestellt aus chlorfrei gebleichtem Zellstoff)
Printed in Germany
ISBN 3 406 52192 4

www.beck.de

Für Andreas, Bernhard,
Christian, Johannes und Moritz

Medicinae nihil commune cum ethica
(PETRARCA 1353)

Der Arzt ist Diener und Helfer
(GABRIELE ZERBI 1945)

Die Heilkunde, dieses Werk der Liebe
(KARL FRIEDRICH HEINRICH MARX 1876)

Gesundheit ist keine Ware,
Ärzte sind keine Anbieter
und Patienten keine Kunden
(JOHANNES RAU 2004)

Vorwort

Das vorliegende Buch soll über die geistigen und gesellschaftlichen Strömungen informieren, welche das ärztliche Denken und Handeln von der Antike bis zur Gegenwart beeinflußten. Dabei werden nicht nur kodifizierte Texte, etwa Standesordnungen oder Eidesformeln vorgestellt, sondern auch philosophische und theologische Werke erörtert, die das Ethos der Ärzte am Krankenbett und in der Forschung, in der Gesundheitsverwaltung wie im politischen Alltag prägten. Die moralischen Grundsätze der Heilkunde waren, ungeachtet einer engen Anbindung an die Philosophie, stets *auch* kulturhistorisch bestimmt, weshalb literarische Darstellungen, politische und pädagogische Abhandlungen sowie persönliche Aussagen von Ärzten und Patienten die «klassisch» ethischen Zeugnisse ergänzen. Viele der benutzten Quellen blieben in der «Geschichte der ärztlichen Ethik» bisher unberücksichtigt. Andererseits erleichterten die Untersuchungen von Schleiner (zur Renaissance), McCullough (zur Entwicklung in den Vereinigten Staaten), Strätling (zum 19. Jahrhundert), Jerouschek (zur Geschichte der Abtreibung) oder Jonsen (zur ärztlichen Ethik in den anglo-amerikanischen Ländern) die Orientierung. Während zur Medizinethik nach 1800 in den letzten Jahren eine beachtliche Sekundärliteratur entstanden ist, wurden ältere Epochen, vor allem Spätantike, Mittelalter und Renaissance, weit weniger berücksichtigt. Gerade hier wurden zahlreiche neue Ansätze und Zusammenhänge herausgearbeitet. Daß das 20. Jahrhundert allein Material für viele Bände bieten würde, konnte kaum überraschen. Der zusammenfassende Charakter mag gerade hier besonders schmerzen. Die vorliegende Darstellung soll und kann freilich nur als *Einführung* in ein heikles, ja dramatisches Thema verstanden werden.

Herrn Dr. Raimund Bezold vom C.H. Beck Verlag sei für Rat und Unterstützung gedankt, ebenso, für vielfältige Hilfe, Christian Hick, Axel Karenberg, Ferdinand Peter Moog und Daniel Schäfer vom Institut für Geschichte und Ethik der Medizin der Universität zu Köln.

dem Exil zurückgekehrte Philosoph Karl Löwith notiert: «Wenn uns die Zeitgeschichte irgendetwas lehrt, dann offenbar dies, daß sie nichts ist, woran man sich halten und woran man sein Leben orientieren kann.»[28] Daß sich europäische Geschichte und Identität aus religiöser (man denke nur an Löwiths «theologischen» Ansatz),[29] aber auch philosophischer und anthropologischer Sicht in einer vom Postmodernismus oder Postkonstruktivismus abweichenden Weise beurteilen lassen, läßt sich jedenfalls kaum bestreiten.[30]

Dabei erscheint natürlich die Frage berechtigt, ob (kultur)historische Entwicklungen und Fakten auf *moralischem* Gebiet überhaupt einen didaktischen, geschweige denn normierenden Einfluß haben können.[31] Kann denn etwa ein vor über 2000 Jahren niedergeschriebener hippokratischer Gedanke wirklich zur Lösung aktueller Fragen, etwa der Definition des «Status» eines Ungeborenen, beitragen?[32] Die Antwort muß zunächst natürlich *nein* lauten. Bereits Droysen konnte in der Geschichte «weder Muster zur Nachahmung noch Regeln zur Wiederverwendung» erkennen.[33] Die Existenz zeitloser moralischer Gesetze, deren Aussagen und Wertungen problemlos in die Gegenwart übernommen werden könnten,[34] wird seit den Sophisten angezweifelt. Tatsächlich scheint menschliches Handeln eher von politischen oder sozialen Umständen, von Zufall oder Willkür bestimmt worden zu sein. Begriffe wie «Traditionen» oder «ewige Gesetze» mahnen zudem angesichts ihres häufigen Mißbrauchs zur Vorsicht.[35]

Die Geschichte hat in der bioethischen Debatte freilich die wichtige Aufgabe, die Öffentlichkeit, also Patienten, Ärzte, Forscher *und* Ethiker zu *sensibilisieren*. Historisches Wissen schützt zwar weder vor Vereinfachungen noch vor allzu kühnen Analogien. «Es immunisiert aber» gegen den Mißbrauch und «nährt eine heilsame Skepsis» (Wehler).[36] Nach Johannes Fried stellt die Historie eine Art kollektiven «Erfahrungsspeicher» dar. «Routine» begnüge sich häufig mit jüngsten Trends, während der Historiker Nah- und Fernwirkungen und damit die Komplexität der Entwicklungen durchschaue.[37] Lothar Gall sieht die Aufgabe der Geschichtsschreibung – bei aller Skepsis gegenüber jeder Überbewertung – in der Konsolidierung eines «kulturellen Gedächtnisses».[38] In diesem Sinn äußerte sich auch Aleida Assmann, nach der sie – nach antikem wie neuzeitlichem Verständnis – «im wesentlichen Bewahrung des Gedächtnisses» darstellt.[39] In einer Zeit, in der die medizinische Avantgarde fast ausnahmslos «jede weitere Form von Rationalität als eine defiziente Form naturwissenschaftlichen Denkens betrachtet» (Vittorio Hösle), bleiben geschichtliche Überlegungen in der ärztlichen Ethik ein besonderes Desiderat.[40]

Auf die praktisch-aktuelle Bioethik-Debatte hatte die historische Reflexion, wie gesagt, bisher kaum Einfluß. Zwar beschwört man bei Ärztekongressen gerne den Eid des Hippokrates (der, nebenbei bemerkt, an den medizinischen

Fakultäten Europa erstmals im 16. Jahrhundert eine nennenswerte Rolle spielte)[41] oder die abendländischen Traditionen ärztlicher Gewissens- und Handlungsfreiheit, doch scheint das positivistische Paradigma, das seit dem 19. Jahrhundert die Heilkunde beherrscht,[42] am Krankenbett wie im Labor den Blick auf die Vergangenheit verdrängt zu haben. Nicht wenige Ärzte und Naturwissenschaftler tendieren dazu, dieses Paradigma zu verabsolutieren und seine «geschichtliche Dimension zu übersehen» (Hösle).[43] Die hieraus folgende szientistische Reduzierung der Bioethik ist erstaunlich.[44] Verantwortungsvoller wäre es, Ärzte und Allgemeinheit *auch* aus der Geschichte heraus für ethische Fragen empfänglich zu machen. Vor einem «freien», ahistorischen Neuanfang[45] ethischer Reflexion, der weniger Unabhängigkeit als geistige Verarmung verrät, kann in diesem Zusammenhang nur gewarnt werden.

Dabei ist natürlich nicht die kritiklose Übernahme überkommener Wertmaßstäbe Ziel einer auch *historisch* akzentuierten Ethik, sondern die Kompatibilität neu zu formulierender Richtlinien, Gesetze und Empfehlungen mit der kulturhistorischen Identität von Arzt und Patient. Bezeichnend (und für Europa hoffentlich folgenreich) ist die in den USA in den letzten Jahren zu beobachtende Etablierung der «medical humanities» im medizinischen Curriculum,[46] d.h. einer losen Verbindung verschiedenster geisteswissenschaftlicher Fächer, die auf den medizinethischen Diskurs einwirken und angehende Ärzte für ethische Fragen empfänglich machen sollen.[47] Die Teilnahme ist obligatorisch. Solche Entwicklungen zeigen, daß das Defizitäre der geschichtslosen Ethikdebatte dort erkannt wurde. Über Fragen der Menschenwürde, der Forschungsfreiheit, der ärztlichen Autonomie, des wissenschaftlichen Ehrgeizes, der Ökonomisierung der Heilkunde, von Menschen- und Tierversuchen usw. wurde tatsächlich schon in der Antike, aber – für viele überraschend – auch z.B. in der mittelalterlichen Scholastik reflektiert. Dies auszublenden erscheint angesichts der Bedeutung dieser Problemfelder geradezu künstlich.

Eine ahistorische Prinzipienethik hätte also bedenkliche Grenzen und Schwächen,[48] von der Tatsache abgesehen, daß sich auch Prinzipien zunächst «in der Welt der Gefühle, Bedürfnisse und sozialen Gegebenheiten» realisieren.[49] Lange verkannte man in diesem Zusammenhang, daß medizinethische Entscheidungen, etwa in Enquete-Kommissionen oder Ethik-Gremien, keineswegs nur nach *wissenschaftlichen*, etwa naturwissenschaftlichen oder philosophischen Kriterien getroffen werden, sondern – ungeachtet einer naturwissenschaftliche «Objektivität», ja Evidenz vortäuschenden Wissenschaftssprache[50] (wenn auch in der Regel nach Abwägung wissenschaftlich fundierter Argumente und unter kritischer Hinterfragung der akzeptierten Prämissen) – stets auch *subjektive* Komponenten beinhalten. Ärztliches Handeln wird – wie jede ethische Entscheidung am Krankenbett und im Labor – von Biographie, Erfahrung, Persönlichkeit, Weltanschauung und religiöser Bindung beeinflußt und läßt sich keinesfalls auf «objektive» Prinzipien wie «beneficence» oder «justice»[51] reduzieren. Bereits Aristoteles sah die Grenze wissenschaftlicher Beurteilung in jenem «Grad von Bestimmtheit», den «der gegebene Stoff zuläßt».[52] Auf dem Feld der ärztlichen Ethik wird die «Begründbarkeit» moralischer Aussagen jedenfalls auf eine harte Probe gestellt.[53] Die Ableitung sittlicher *Werte* und *Praxis* variiert, wie ein Blick in die Philosophiegeschichte zeigt, zudem nach Ort, Schule, Paradigma und wissenschaftshistorischem Kontext, weshalb sie recht unterschiedlich ausfallen kann.[54] Eine Situationsanalyse «ohne historische Kenntnisse» verhindert deshalb «als unvollständiges Stückwerk eine profunde Einsicht in die Problemkonstellationen» (Wiesing).[55]

Schon die Tatsache, daß z. B. in den angloamerikanischen Ländern in der Regel eine «freiere» Beurteilung medizinethischer Probleme zu beobachten ist, ist aus der utilitaristischen Tradition des 19. Jahrhunderts erklärbar. Sie wird aber auch aus der (nicht weniger historischen) Tatsache verständlich, daß sich die dortige Ärzteschaft keiner den Verbrechen des Dritten Reichs vergleichbaren Verstöße gegen Menschenrechte und Menschenwürde schuldig machte.[56] Wenn der Aufruf des DNA-Mitentdeckers James Watson, die Deutschen sollten in der Medizinethik «von Hitler Abschied nehmen» (d. h. sich nicht mehr von «historischen» Skrupeln leiten lassen),[57] in Deutschland selbst unter Naturwissenschaftlern auf geteilte Resonanz stieß, hängt dies natürlich damit zusammen, daß die utilitaristisch-«vernünftige» Position des amerikanischen Nobelpreisträgers mit der Sensibilität vieler Deutscher, die sich aus der «Aufarbeitung» des damaligen kollektiven Fehlverhaltens erklärt, kaum vereinbar erscheint. Auffallend ist allerdings auch, daß sich mancher Vertreter geisteswissenschaftlicher Disziplinen, vor allem der Philosophie und Theologie, in der Bioethikdebatte darum bemüht, möglichst fortschrittlich und «(natur)wissenschaftsnahe» zu erscheinen, was man durch eine geradezu demonstrative Distanzierung von «traditionellen» Positionen und «alteuropäischen Bedenken» zu erreichen hofft.

Ethik war und ist seit der Antike zunächst und vor allem eine Teildisziplin der *Philosophie*. Niemand wird dies bestreiten. Könnte man freilich – um ein Beispiel herauszugreifen – nachweisen, daß die Tötung hoffnungslos Erkrankter (in einem – gesetzt den Fall – mit Judentum, Christentum und Islam nie in Berührung gekommenen Europa) seit der Antike eine von der Mehrheit getragene Alltagserfahrung darstellte, würde dies zwar nichts über die moralische Legitimität eines solchen Handelns aussagen, doch darf davon ausgegangen werden, daß eine entsprechende Problemlösung im heutigen Alltag sehr wahrscheinlich wäre. Die ethische *Tradition* hätte in diesem Fall ein entscheidendes Gewicht. Vergegenwärtigt man sich, wie zahlreiche Befürworter der Präimplantationsdiagnostik oder der Forschung mit menschlichen embryonalen Stammzellen, um die ethische Legitimität dieser Techniken zu unterstreichen, auf die seit Jahrzehnten zugelassene Empfängnisverhütung durch die «Spirale» verweisen (d.h. durch eine Implantationshemmung und somit Abtötung bereits befruchteter Eizellen), wird klar, dass der Bezug auf die historisch entwickelte Praxis vielen Zeitgenossen dann als akzeptabel gilt, wenn es um die Konsolidierung der *eigenen* Position geht. Gerne spricht man in solchen Fällen von der «normativen Kraft des Faktischen». In der Diskussion um die Zulässigkeit sogenannter Baby-Klappen, die in den europäischen Ländern jahrhundertelang in Gebrauch waren, hätte die historische Analyse sogar eine entlastende Wirkung.[58] Gerade die Diskussion über diesen «alteuropäischen» Rettungsversuch Neugeborener zeigte das Defizit an historischem Wissen.

Eine fundierte Auseinandersetzung mit der ärztlichen Ethik scheint jedenfalls unter Ausschluß der Geschichte von Theologie, Philosophie, Medizin, Literatur und Ökonomie schwer vorstellbar. Angesichts der zu erwartenden Fragen seitens der Naturwissenschaftler wären auf hohem Niveau reflektierende Geisteswissenschaften – auch mit historischem Schwerpunkt – wünschenswert, zumal die gesellschaftliche Reaktion auf den vielbeklagten «Werteverlust» bisher weniger in der Diskussion der Nützlichkeit überkommener Werte in einer multikulturellen Gesellschaft besteht, sondern eher in der Suche nach einem aus verschiedenen Ideologien und Heilslehren gemischten «globalen», nicht selten esoterisch anmutenden Werte*ersatz*.

Als eigenständige Disziplin wurde die Ethik bekanntlich erstmals von Aristoteles erwähnt.[59] Nicht der Theorie wegen wird, wie wir in der *Nikomachischen Ethik* erfahren, philosophiert, sondern «damit wir tugendhafte Menschen werden».[60] Hierzu ist freilich ein schmerzhafter Prozeß der Bemühung und Gewöhnung notwendig.[61] *Ethos* hat im Griechischen entsprechend verschiedene Schreibweisen (*ἔθος* bedeutet «Sitte, Gewohnheit, Brauch», *ἦθος* dagegen «Gewohnheit, Charakter»). Bereits bei Aristoteles, aber auch in späteren lateinischen Übersetzungen (mos) vermischen sich beide Wurzeln.[62] Unter «Ethik» versteht man heute die wissenschaftliche Disziplin, welche moraltheoretische Fragen untersucht, vor allem aber die Lehre vom moralischen Handeln, unter «Ethos» den ungeschriebenen oder fixierten Ethik-Kodex bzw. die «Moral» einer bestimmten Gruppe, etwa der Ärzte. «Moral» schließt dagegen die Gesamtheit der Verhaltensregeln und -traditionen ein, welche eine Gesellschaft auszeichnen.[63]

2. Statt eines Prologs: Thomas von Aquin und die Kardinaltugenden

Es mag provokant erscheinen, eine historische Betrachtung der westlichen Medizinethik mit der Tugendlehre des Thomas von Aquin (1224–1274) zu beginnen,[1] zumal sich, wie schon gezeigt wurde, der gängige Diskurs der medizinischen Ethik – Ausnahmen bestätigen die Regel![2] – über mittelalterliche Philosophie und Geschichte weitgehend hinwegsetzt. Im alten Kanon der vier Kardinaltugenden Klugheit (prudentia), Mäßigung (temperantia), Tapferkeit (fortitudo) und Gerechtigkeit (iustitia) gibt Thomas, der, wie Aristoteles,[3] die *dianoetischen* von den *ethischen* Tugenden trennt,[4] ein neues Ranking vor. Die Vorrangstellung gebührt der (etymologisch von *pro-videntia* abzuleitenden) *prudentia,*[5] der Kunst der klugen Voraussicht; ohne ihre gebührende Beachtung, d.h. ohne vorausschauende Reflexion über Sinn, Zweck und Resultat der eigenen Handlung läuft der Mensch Gefahr, daß sich die übrigen Kardinaltugenden, d.h. Tapferkeit und Mäßigung, ja selbst die Gerechtigkeit in Laster (vitia) verwandeln und sich damit selbst ad absurdum führen. Tugend, von Thomas als «ein Habitus des Guten» definiert,[6] ist eine menschliche Leistung und somit, wie schon von Platon betont wurde, lern- und lehrbar.[7] Klugheit (prudentia) in der bei Thomas beschriebenen Form bleibt zwar der wahren Weisheit (sapientia) untergeordnet, welche sich durch Einsicht echter «Glückseligkeit» auszeichnet.[8] Doch wie die Liebe die übrigen *theologischen* Tugenden Glaube und Hoffnung mit Sinn erfüllt,[9] bestimmt die kluge Voraussicht – gerade auch in praktisch-alltäglichen Lebensbereichen, in Beruf, Erziehung oder der Staatskunst – den Erfolg von Gerechtigkeit, Tapferkeit und Mäßigung. Sie erleichtert, ja ermöglicht erst die Ausübung der übrigen Kardinaltugenden[10] und erfordert, daß man zu Beginn einer Handlung die richtigen, für deren Zweck nützlichen Mittel wählt».[11] Sie ist «die für das menschliche Leben notwendigste Tugend».[12]

Niemand könnte bestreiten, daß eine solche «Weisheit im Menschlichen»[13] auch den guten *Arzt* auszeichnet. Prudentia (das deutsche Wort «Vorsicht» ist zwar korrekt übersetzt, doch in seiner Bedeutung sinnentstellend eingeengt!) bedeutet, sich darum zu bemühen, Ziel und Resultat seines Tuns zu erkunden und entsprechend «die richtige Entscheidung» (Thomas) zu treffen. Es leuchtet ein, daß diese Tugend gerade am Krankenbett, etwa bei der Aufstellung eines Therapieplans, aber auch für die Laborforschung eine besondere Bedeutung erlangt. «Klugheit wird vor allem durch Zuchtlosigkeit zunichte gemacht», heißt es in der *Summa theologiae,* dem Hauptwerk des Thomas.[14] Eine sorgfältige Selbstkontrolle ist also auch im Dienst am Kranken unabdingbar. Im ärztlichen Alltag kann zudem nur verantwortungsvoll handeln, wer Maß hält.[15] Doch wird durch Respektierung der Prudentia auch die Temperantia gefördert, die ihrerseits durch «Vorsicht» dazu beiträgt, Gerechtigkeit walten zu lassen, welche wiederum Bedingung wie Beweis der Klugheit ist. Diese setzt auch die Prüfung des Gewissens zu Beginn einer Handlung voraus.[16]

Die thomistische Herausstellung der Prudentia hatte in der christlichen Philosophie durchaus Vorläufer: Nach Ambrosius (340–397) nützt die Gerechtigkeit nichts, wenn einer ohne Klugheit ist.[17] Hieronymus (ca. 347–419) hatte dem Klerus, nach ärztlichem Vorbild, neben dem als Vorbild gepriesenen Eid des Hippokrates (!) die vier Kardinaltugenden – allen voran die Prudentia – als ethische Richtschnur empfohlen.[18] Für Albertus Magnus, den Lehrer des Thomas, stellte die Prudentia ein entscheidendes Bindeglied zwischen intellektueller Vernunft und vernünftiger Handlung dar.[19] Sie ist unabdingbar, um das gebührende Ziel «mittels der Vernunft» auszuwählen, «die recht rät, recht urteilt und recht gebietet».[20] Prudentia zeichnet sich ferner durch «docilitas» aus, das «Sich-etwas-sagen-lassen-Können», das eine gewisse Bescheidenheit und Demut voraussetzt.[21] Ebenso erfordert sie «solertia», ein trainierbares Geschick, sich auch in Notlagen und unter zeitlichem Druck «offenen und sachlichen Blickes für das Gute zu entscheiden».[22] Kluges Verhalten bedeutet ferner die Vergegenwärtigung möglicher Irrtümer. Die Gewißheit kann nämlich nie so absolut sein, «daß man völlig ruhig sein könnte».[23] «Prudentia» ergibt sich «aus der Erfahrung des gelebten Lebens» und stellt für Thomas den «Inbegriff ethischer Mündigkeit» dar.[24] Sie lotet die Voraussetzungen einer ethisch fundamentierten Entscheidung aus, die auf der Basis von Gerechtigkeit, Tapferkeit und Mäßigung erfolgt. Täglich ist der verantwortungsvolle Arzt an der «intentio finis» orientiert, die ihn zur nüchternen und gerechten Abwägung verpflichtet.

Daß sich die von Aristoteles beeinflußte thomistische *Tugendethik* gerade bei der Behandlung Kranker bewährt, war schon im Spätmittelalter evident. In einer ca. 1480 entstandenen, heute im Musée de l'Assistance Publique in Paris aufbewahrten Handschrift findet sich die Illustration eines spätmittelalterlichen Pariser Hospitalraums (Abbildung 1).[25] Die Trachten der vier Nonnen, die sich um bettlägrige Patienten kümmern, tragen die Namen der vier Kardinaltugenden, darunter – im Sinne von Thomas – der Prudentia als ranghöchster links vom Betrachter aus gesehen.[26] Obgleich der Hospitalraum im Spätmittelalter keinesfalls zwangsläufig zum ärztlichen Arbeitsbereich gehörte (die Krankenpflege befand sich weitgehend in der Hand von Laienbrüdern und -schwestern bestimmter Orden),[27] wird hier deutlich, daß die *virtutes cardinales* den Umgang mit den Kranken bestimmten. Daß die Pflege Notleidender dazu durch den urchristlichen Gedanken der Caritas moti-

Abb. 1: Jean Henry, Livre de Vie Active des Religieuses de l'Hotel-Dieu de Paris, Musée de l'assistance publique, Paris. H.D.L. 1425 fol. 11 v., um 1482 (vgl. S. 20)

viert wurde, der – neben Glauben und Hoffnung – wichtigsten *kirchlichen* Tugend (1 Kor. 13,13), kann kaum überraschen: aus der Idee der Nächstenliebe wurde nicht nur das europäische Spital geboren, sondern, bereits in frühchristlicher Zeit, die ärztliche Tätigkeit überhaupt legitimiert.[28]

Die Bedeutung der Kardinaltugenden, vor allem der Prudentia, wurde im medizinischen Schrifttum des Mittelalters und der Renaissance immer wieder betont. Ärzte bzw. Autoren einflußreicher medizinischer Werke wie Gabriele Zerbi (1495) und Iulius Alexandrinus (1557) räumten der Tugend des *provedere* breiten Raum ein.[29] Die von ihr beherrschten Kardinaltugenden bestimmten selbst die Gliederung der 1585 von dem (protestantischen) Torgauer Stadtmedikus Jakob Horst verfaßten *Frommen Predigten für Ärzte*, in welchen die Kollegen ermahnt werden, Gott täglich um eine erfolgreiche Behandlung ihrer Patienten anzuflehen.[30] Die Bitten Horsts um die Gnade, ethisch zu handeln, widerspiegeln charakteristische Verfehlungen im ärztlichen Alltag und werden jeweils einer *virtus cardinalis* gegenübergestellt. Selbstverständlich nimmt die Prudentia auch hier den ersten Rang ein, wobei die Rolle der Caritas als wichtigster *kirchlicher* Tugend – angesichts der reformatorischen Skepsis gegenüber den institutionalisierten «guten Werken» durchaus verständlich – in den Hintergrund tritt. Auch von jüdischen Ärzten wie dem Hamburger Stadtarzt Rodericus Castro (1614) wurde das Vorbild des «medicus prudens» beschworen. Es wäre nach Castro ein Widerspruch in sich selbst, wollte ein «vir imprudens» ein «vollkommener Arzt» werden.[31]

Bis weit in die Neuzeit hinein galt so die Kunst der klugen Voraussicht, d.h. die Reflexion über Ergebnis und Zweck der eigenen Handlung, als herausragende ärztliche Eigenschaft. Im frühen 16. Jahrhundert wählte sich allerdings der Arzt und Literat Paolo Giovio (1483–1552) das Lebensmotto «Fato prudentia minor». So sehr sich der Mensch um kluge Voraussicht bemüht, sie bleibt, so die resignierende Erkenntnis des bedeutenden Humanisten, der Macht des Schicksals (fatum) unterlegen. Die an seinem Stadtpalast in Como eingemeißelte Devise[32] mußte als Kritik an der traditionellen Vorrangstellung der Prudentia verstanden werden, die seit dem frühen 15. Jahrhundert, zusammen mit den übrigen Tugenden, auch auf einem Giovio bekannten Relief am Dom der Stadt herausgestellt worden war. Giovios Skepsis fand freilich weder unter Ärzten noch in der Öffentlichkeit nachhaltigen Beifall. Der spanische Jesuit Baltasar Gracian lobte die Tugend der Prudentia erneut in seinem (auch von zahlreichen Ärzten konsultierten) *Handorakel*, einem klassische Bildung, aber auch macchiavellistische Pragmatik verratenden Ratgeber (1647), und bezeichnete – ganz im thomistischen Sinn – Leidenschaftlichkeit als das «Glatteis der Klugheit».[33]

Antike und frühes Christentum

3. Griechenland und Rom: Menschenbild und ärztliche Ethik im Alltag

Das Menschenbild der griechisch-römischen Antike beeinflußte nicht nur die bildende Kunst, sondern auch die zeitgenössische Medizin und Wissenschaft. Philosophie, Religion und Medizin standen, weit über die hippokratische «Aufklärung» hinaus,[1] in engem Austausch und prägten nicht nur in der Frühzeit Ethos und Selbstverständnis der Ärzte. Viele profitierten von ihrem «metaphysischen» Status und demonstrierten ein entsprechendes Selbstbewußtsein. Empedokles sah sie gar «zu Gottheiten emporwachsen».[2] Die schon bei Homer nachweisbare Vorstellung der Krankheit als *Strafe* bzw. der Gesundheit als eines *Geschenkes* der Götter[3] war – parallel zur Entwicklung der wissenschaftlichen Medizin – bis in die römische Epoche verbreitet. Der gute Arzt galt weniger dank seiner Kunst, sondern infolge eines göttlichen Ratschlusses als erfolgreich. Konsequenterweise erforderte es sein Ethos, Gottheiten wie Hygieia und Panakeia, aber auch Apollon und seinen Sohn Asklepios (dessen Aufstieg im 6. Jahrhundert auf Kos begann) als *Heilgötter* zu verehren und ihnen im Falle eines Heilerfolgs zu danken.[4]

Der Glaube, daß Leid und Unglück durch die Götter vorbestimmt waren, konnte Kranke und Behinderte durchaus stigmatisieren. Er wurde durch das philosophisch-pädagogische Prinzip der *Kalokagathia* gefördert, wonach Gesundheit nach Schönheit verlangt und seelisch-moralische Überlegenheit sich in körperlicher Vollkommenheit offenbart.[5] Das Urteil des Arztes wurde vom in der Gesellschaft vorherrschenden Menschenbild zumindest *beeinflußt*.

Das den Gesunden und Intelligenten verherrlichende Ideal der Kalokagathia kontrastierte freilich mit ethischen Strömungen, welche durch und durch vom Mitleid mit dem notleidenden Kranken bestimmt waren. Im *Corpus Hippocraticum*, der einflußreichsten medizinischen Textsammlung des Altertums (5.–3. Jh. v. Chr.), erscheint der Arzt als «Diener» seiner Kunst, die um drei Begriffe kreist: die Krankheit, den Kranken und ihn selbst.[6] Mit Hilfe seines Wissens, aber auch durch Freundlichkeit und Einfühlsamkeit bekämpft er körperliches und seelisches Leiden. Sein hohes Ansehen, das mythische Wurzeln hatte,[7] beruhte seit dem 6. Jahrhundert zudem auf der *wissenschaftlichen* Ausrichtung der Heilkunde. Spätestens seit Alkmaion von Kroton (um 500 v. Chr.) war die Medizin von der Vorstellung bestimmt, Gesundheit stelle ein Gleichgewicht, Krankheit ein Ungleichgewicht von Kräften, Elementen und Eigenschaften dar.[8] Kein Wunder, daß die meisten griechischen Ärzte im Schlepptau der «Viersäftelehre» (Humoralpathologie) zu einer «ganzheitlichen» Heilung tendierten.[9] Inwieweit dabei im ärztlichen

Alltag wirklich «seelische» Probleme besprochen wurden, muß mangels einschlägiger Quellen offenbleiben. Die religiöse Tradition der Gesellschaft und die philosophischen Wurzeln der Humoralpathologie sprechen freilich für die «Psychosomatik». Das ärztliche Ethos gebot es, sich auch um seelische Störungen zu kümmern, schien die Gesundheit doch auf vielfältige Weise mit biographischen und weltanschaulichen Fragen, mit dem Glücks- und Hoffnungszustand eines Menschen verbunden. Der gute Arzt war deshalb ein psychologisch interessierter Naturwissenschaftler.

Die Vorstellung, Krankheiten seien seelisch zu ergründen, forderte – in gewisser Konkurrenz zu den Ärzten, aber durchaus unter gegenseitiger Respektierung – natürlich auch die Philosophen heraus. Psychisches Leiden, Kummer und Unglück schienen in ihren Zuständigkeitsbereich zu fallen.[10] Nach Heraklit (um 500 v. Chr.) eilt die Seele dorthin, «wo der Körper eine Verletzung erlitten hat», wie sich die Spinne «gleichsam im Schmerz über die Zerreißung des Fadens» einer gefangenen Fliege nähert.[11] Auch Demokrit (ca. 470–380 v. Chr.) empfahl im Krankheitsfall eine Stärkung der Psyche, «denn deren Vortrefflichkeit richtet des Körpers Schwäche auf».[12] Ebenso betonte Platon, daß die Seele «den Leib auf das vollkommenste ausbildet»[13] und ermahnte die Mediziner, stets dem *Ganzen*, d.h. auch der Seele Aufmerksamkeit zu schenken, «wie einer, der die Augen oder sonst einen Leibesteil heilen will, ihre Beschaffenheit kennen sollte».[14] Für den Griechen Galen (129–199 n. Chr.), der in Rom wirkte, hatte ein guter Arzt wie selbstverständlich «die Philosophie in all ihren Teilen zu beherrschen», d.h. neben der Logik und Physik auch die *Ethik*.[15] Naturwissenschaften waren in der Antike *philosophischen* Fächern zugeordnet, die somit sehr enge Bindungen zur Heilkunde aufwiesen.

Manche Ärzte leugneten freilich die Existenz der Seele oder neigten zum reinen Positivismus, der jede psychologische Betrachtung von Krankheiten überflüssig erscheinen ließ.[16] Nach der Schrift *Über die Alte Heilkunde*, die man lange Zeit Hippokrates zuschrieb, hatten Worte und Taten eines Arztes einzig den Zweck, somatische Beschwerden zu lindern.[17] Im *Charmides* Platons loben thrakische Ärzte ihre griechischen Kollegen, weil sie, wenn *ein* Körperteil erkrankt war, nie die übrigen außer acht ließen. Sie tadeln sie aber auch, weil sie letztlich nur den Körper, nicht aber die Seele behandelten.[18] Einer von ihnen vertrat die Meinung, man dürfe Arzneien nur dann anwenden, wenn der Kranke zuvor «seine Seele offengelegt hat». Dabei sei die Therapie aus psychologischen Gründen stets mit «schönen Worten» zu begleiten. Der Vorschlag zielte auf eine bemerkenswerte Individualisierung der Therapie: Je nach Zustand und Stimmung des Kranken wurde z. B. eine Ermutigung, Ermahnung oder «Aufklärung» nahegelegt.[19] Noch in hellenistischer Zeit gab es Auseinandersetzungen zwischen «psychologisch» und «somatisch» orientierten Ärzten wie dem im zweiten vorchristlichen Jahrhundert in Rom wirkenden Griechen Asklepiades.[20] Dabei ging es selbstverständlich auch um Macht und Einfluß der jeweiligen Schulen, die sich erbittert bekämpften. Je nach Herkunft und Ausbildung versuchte man, das die Heilkunde bestimmende Paradigma mitzuformen.

Platon hatte die These vertreten, der «gute Arzt» solle nicht nur möglichst viele Kranke behandelt, sondern «selbst an allen Krankheiten» gelitten haben.[21] Aus Patientensicht galt der kränkelnde Heiler freilich eher als unglaubwürdig, ja moralisch anrüchig. Als Machaon, der als Sohn des Asklepios galt, vor Troia durch einen Pfeil verletzt wurde, wunderten sich die homerischen Helden, daß er «selbst des Arztes bedürfe»,[22] und Asklepiades (ca. 100 v.Chr.) soll behauptet haben, er wolle nicht als Arzt gelten, sollte er je selbst erkranken.[23] Im *Gefesselten Prometheus* des Aischylos (ca. 525–456 v.Chr.) spricht die Chorführerin vom «schlechten Arzt, der selbst erkrankt»,[24] während sich in Äsops Fabel *Der Frosch als Arzt* der Fuchs über dessen Blässe lustig macht.[25] Die hippokratische Maxime, daß «dienigen, die sich körperlich nicht gut befinden, bei der Menge als unfähig gelten, für andere richtig zu sorgen», erschien der Mehrheit des Volkes durchaus einleuchtend.[26] Ein Arzt hatte, was seinen eigenen Gesundheitszustand betraf, Vorbild zu sein. Platons utopisch-philosophische Empfehlung hätte in der Praxis Mißtrauen hervorgerufen.

Für die hippokratische Ethik gewann der Begriff des *Kairos* eine besondere Bedeutung. Ärztliches Handeln ist nicht in jedem Zustand und zu jeder Stunde optimal und effizient, sondern nur im geeigneten Moment,[27] den der Arzt nach den Regeln der Kunst zu bestimmen hat. Beginnt er die Therapie zu einem beliebigen oder unbedachten Zeitpunkt, handelt er unethisch. Er muß, bevor er tätig wird, «erkennen, was vorliegt und voraussagen, was sein wird», was natürlich nur «nach sorgfältiger Übung» möglich erscheint.[28] Sein Verantwortungsgefühl erfordert es, zur Festlegung des Kairos auch astrologische Zeichen zu berücksichtigen, etwa die später von Plinius beschriebenen «kritischen Stunden der Mondtage».[29] Im berühmten ersten hippokratischen Aphorismus wird der Kairos als *flüchtig* bezeichnet,[30] in der antiken wie mittelalterlichen Tradition und Ikonographie steht er «auf des Messers Schneide». Auf Kugeln und Räder gestützt, befindet er sich, wie ein auf Torcello erhaltenes frühmittelalterliches Relief demonstriert (Abbildung 2), in andauernder Bewegung. Als die «gute Gelegenheit» (die deutsche Übertragung trifft die ursprüngliche Bedeutung nur unzureichend!) läßt er sich deshalb nur mühsam «am Schopf packen».[31] Gedankliche Ablenkung, Unbelehrbarkeit, Hast oder mangelnde Kenntnis der Kunst verhindern seine optimale Nutzung. Der Arzt verstößt in diesem Fall gegen das hippokratische Ethos, das durch die Absicht und das Bemühen geprägt ist, Kranken «zu nützen oder wenigstens nicht zu schaden».[32] Bei erwiesener Fahrlässigkeit riskierte er freilich, wie Preiser für Griechenland gezeigt hat, kaum Strafen. Nach Platon und einigen «Rednern» verdiente er selbst dann, wenn der Patient gestorben war, keinen Tadel, sofern er nicht *vorsätzlich* gehandelt hatte.[33] Eher hatte er um seinen guten Ruf zu fürchten.[34] Pragmatisch, wenn auch selbstgefällig, erschien der hippokratische Rat, ein Arzt müsse straffrei bleiben, wenn er zutreffend vorausgesagt habe, «wer sterben werde und wer am Leben bleibe».[35]

Die für die antike Medizin wichtige Kunst der *Prognostik* schloß nach hippokratischer und galenischer Auffassung eine genaue *Anamnese* ein, d.h. den Blick nach rückwärts, ohne den eine Beurteilung künftiger Entwicklungen nicht möglich erschien. Die Überlegung des einfühlsamen Arztes muß dabei «über die Angaben des Patienten und seiner Umgebung hinausgehen».[36] Dessen Lebensumstände interessieren ebenso wie das, was der Kranke aus Unachtsamkeit oder gar absichtlich verschweigt, denn «dabei erkennt man, wie weit sein Geist angegriffen oder gesund ist, wie groß seine Kraft oder Schwäche».[37] Zur Optimierung der Prognostik (Dichter wie Aischylos oder Aristophanes beschrieben ihn bewußt als «Seher»!)[38] muß der Arzt im Zweifelsfall erfahrene Kollegen konsultieren. Seine Verantwortung ist groß. Konstatiert er nämlich die berühmte «facies hippocratica», welche den tödlich Erkrankten auszeichnet, empfindet der Betroffene dies als Todesurteil. Ein Irrtum wäre fatal. Harmlose Schlaflosigkeit, Durchfall oder andere Gründe sind deshalb sorgfältig auszuschließen. Falsche Prognosen werfen schwerwiegende ethische Probleme auf, da sie das Lebensglück des Patienten zerstören können. Der römische Schriftsteller Celsus (1. Jh. n.Chr.) empfahl sogar, «Kranke stets in einem sorglosen Zustand zu halten, damit sie nur am Körper, nicht aber an der Seele leiden». Selbst *zutreffende* infauste Prognosen seien ihnen zu verschweigen. Niemals dürfe auch vor dem Essen oder Schlafen eine schlechte Nachricht überbracht werden, da sie die Verdauung und die notwendige Entspannung verhindert.[39]

«Alle Kranken gesund zu machen, ist unmöglich», lautete andererseits ein Kernsatz des hippokratischen *Prognostikon*.[40] Die banal klingende Erkenntnis hatte apologetischen Charakter und sollte die in der Antike verbreitete ärztliche Abneigung legitimieren, sich mit *unheilbar* Kranken auseinanderzusetzen.[41] Platon, der im *Staat* die Behandlung Langzeitkranker ablehnte, hatte hier die übliche ärztliche Gepflogenheit vor Augen.[42] Das Bild des paternalistischen Arztes, der sich gewissenhaft zur richtigen Entscheidung durchringt, wurde von Philosophen *und* Praktikern weitgehend verteidigt. Spätere Hippokratiker versuchten, die ärztliche Autonomie durch eine rhetorisch-philosophische Erhöhung ihrer «Kunst» zu rechtfertigen («Heilige Dinge werden nur geheiligten Menschen offenbar. Ungeweihten sind sie nicht zugänglich,

Abb. 2: Relief des Kairos, Torcello, Kathedrale, 7.–8. Jahrhundert. Wahrscheinlich nach hellenistischem Vorbild (vgl. S. 27)

solange sie nicht in die Mysterien der Wissenschaft eingeweiht sind»).[43] Hier sollten vor allem Alternativheilern Grenzen gesetzt werden. Tatsächlich spielte in Griechenland und Rom die Haus- bzw. Laienmedizin eine große Rolle. Viele einschlägige Werke richteten sich an Privatleute, besonders Familienoberhäupter, denen gegenüber sich «professionelle» Ärzte natürlich überlegen fühlten. Ob allerdings «jedermann (im therapeutisch-ärztlichen Sinn) etwas mit Medizin zu tun hatte», wie der Medizinhistoriker Edelstein vermutete, ist zu bezweifeln.[44] Doch wurden Alltagsleiden oder kleinere Wunden in der Regel *nicht* von Ärzten versorgt, sondern von handwerklichen Heilern. Weniger sachliche Gründe als Standesinteressen geboten es, sich von diesen hier und da zu distanzieren. Der Autor der Schrift *Über die Gelenke* fand zwar gewisse (gegen Rückenleiden angewandte) «chiropraktische» Techniken interessant, «sofern sie den anatomischen Verhältnissen Rechnung tragen», fügte aber hinzu: «Ich würde mich schämen, solche Fälle auf diese Art zu behandeln, und zwar deswegen, weil solche Verfahren den Marktschreier kennzeichnen.»[45] Die Schlußfolgerung, daß jeder, der nicht nach den Regeln der eigenen Schule therapierte, verwerflich handelte, begünstigte nicht selten ein schematisiertes Vorgehen nach tradierten Vorschriften. Bezeichnenderweise verwies Aristoteles in der *Politik* – in kritischer Sicht der ärztlichen Praxis – auf das Recht ägyptischer Ärzte, «nach dem vierten Tage von der Regel abzuweichen». Wagten sie dies früher, konnten sie offensichtlich für einen Mißerfolg verantwortlich gemacht werden.[46]

In Athen wurden Freie und Sklaven von den Ärzten, die, wie Platon bestätigt,[47] ihrerseits Sklaven sein konnten, höchst unterschiedlich behandelt. Der medizinische Alltag widerspiegelte die Klassengesellschaft der Polis. In Platons *Gesetzen* hieß es: «Da die Kranken einer Stadt zum Teil Freie, zum Teil Sklaven sind, behandeln die Unfreien im allgemeinen Sklaven, indem sie entweder von einem Ort zum anderen laufen oder aber in ihrer Praxis bleiben. Keiner von ihnen denkt daran, (auch nur) die geringste Erklärung über die Krankheit eines Sklaven abzugeben. Vielmehr verschreibt er mit der Anmaßung eines Tyrannen das, was ihm die routinemäßige Praxis eingibt, als sei er voll und ganz allem gewachsen. Und bald macht er sich zu einem anderen Sklavenpatienten auf und nimmt so seinem Vorgesetzten die Mühe ab, solche zu behandeln.»[48] Sklavenärzte hatten eher eine defizitäre Ausbildung durchlaufen, während die freien ihr Prestige häufig an berühmten Medizinschulen, etwa in Knidos, Kos, Kyrene oder Sizilien erworben hatten. Die medizinische Behandlung der Unfreien war also qualitativ schlechter, woran Ärzte und Gesellschaft so gut wie keinen Anstoß nahmen. Dagegen scheint die freie Bürgerschaft ohne Rücksicht auf Stand und Vermögen betreut worden zu sein (wobei die Reichen und Wohlhabenden nicht selten «alternative Heilmethoden» inklusive des Tempelschlafs favorisierten).[49] Der spanische

Medizinhistoriker Lain Entralgo sprach im Hinblick auf die Sklavenbehandlung sogar von einer «Tierheilkunde für Menschen».[50]

Tatsächlich hatte das Mitleid mit Armen im antiken Medizingebäude keinen Platz. «Wo es kein Geld gibt, ist auch keine Kunst», klagt der Bauer Chremylos in der Komödie *Plutos* des Aristophanes.[51] «Wo ist denn noch ein Arzt in Athen?», wird an anderer Stelle ironisch gefragt, «der Lohn ist schlecht und ebenso die Kunst».[52] In Lukians satirischer Schrift *Der Hahn oder der Traum des Mykillos* können sich nur Reiche Krankheiten und Ärzte leisten, während eine «glückliche Armut» nach kynischem Vorbild gesund und stark erhalten soll. Der Bedürfnislose hält sich durch Hungern und Diät in Form.[53] Im übrigen sah sich, wie Kudlien zeigen konnte,[54] der griechische Arzt mit der ethischen Frage konfrontiert, ob er sich auch um erkrankte Barbaren zu kümmern habe. Nur unter Druck hatte, wie Herodot berichtete, der gefangene Demokedes den Perserkönig Darius behandelt.[55] Das Problem wurde vordergründig mit der Vergütungsfrage verbunden. «Ist es nicht widersinnig, dem Feind (kostenlos) zu helfen und den Freund gegen Geld zu behandeln», argumentierte der Autor eines in der Antike Hippokrates zugeschriebenen Briefes.[56] Daß der (heidnische) römische Arzt Scribonius Largus (1. Jh. n. Chr.) dagegen die Forderung aufstellte, *jedermann* auf gleiche Weise zu behandeln,[57] demonstrierte ein neues, an «misericordia» und «humanitas» orientiertes Denken in der Medizin der Kaiserzeit, das nicht nur in *christlichen* Kreisen Anklang fand.[58]

Ausbildung und Methodik der Ärzte divergierten in der Antike stark. In der klassischen Periode gab es neben «philosophischen» Ärzten, etwa in der Nachfolge Alkmaions,[59] praktische Volksärzte,[60] magisch operierende Heiler, sektenartig organisierte Heilkünstler wie die Asklepiaden oder den von Aischylos beschworenen «Iatromanten», bei dem sich religiöses und medizinisches Wissen vermischten.[61] Im Rom der Kaiserzeit konkurrierten vor allem «Methodiker», «Pneumatiker», «Empiriker», «Dogmatiker» und «Eklektiker» aller Schattierungen.[62] Man haßte und attackierte sich und kämpfte um lukrative Patienten. Wie Tacitus andeutet, scheinen in Rom sogar kostspielige Routineuntersuchungen im Sinne eines modernen «Check-up» in Mode gekommen zu sein.[63] Ärztliche Selbstdarstellung und «Angeberei» waren häufig. Konservative Autoren wie Cato (224–149) hatten lange zuvor schon die Geldgier und Verlogenheit der Ärzte an den Pranger gestellt, die, wie ein gewisser Archagathos, in Rom an belebten Straßenkreuzungen ihre «goldenen Praxen» eröffneten. Wegen seiner Unsensibilität wurde dieser als «Schlächter» (Carnifex) verspottet.[64] Nach Plutarch und Plinius sah Cato in den Ärzten zunächst Ausländer, deren vermeintlich sittenverderbenden Lebensstil und Nationalcharakter er, von Vorurteilen keineswegs frei, verwarf. «Sie lassen sich für ihre Dienste obendrein noch bezahlen, damit man ihnen Zutrauen schenkt und sie ihr Unwesen umso leichter treiben können», warnte er seinen Sohn Marcus, dem er schon aus pädagogischen Gründen jeden Umgang mit ihnen untersagte.[65] Entschieden lehnte der «Zensor» die professionelle Medizin ab, welche seiner Überzeugung nach die altrömische Heilkunde ins Lächerliche zog und die Zersetzung der Sitten zum Ziel hatte.[66] Wir dürfen davon ausgehen, daß Arroganz und unverständliche Fachidiome, aber auch die häufige Erfolglosigkeit der sich als Philosophen gerierenden Mediziner nicht nur unter konservativen Römern Empörung hervorriefen.[67] Mit Bart und exotisch wirkendem Outfit nutzten sie andererseits eine Marktlücke: Viele *jüngere* Römer waren nicht mehr bereit, wie Cato Kohlköpfe und Kräuter anzubauen, um sich auf diese Weise gegen Krankheiten vorzusehen. Plinius bestätigte im übrigen das von Cato gebrandmarkte hohe Einkommen bestimmter Ärzte, deren Namen er sorgfältig auflistete. Von Libanius (4. Jh.), Petrarca (14. Jh.), Agrippa von Nettesheim (16. Jh.) und anderen sollte sein Vorwurf wiederholt werden, Ärzte gingen «als einzige straffrei aus, wenn sie einen Menschen getötet haben».[68]

Die römische Ärzteschaft war auch in der Frage gespalten, ob die Autopsie von Leichnamen Nutzen bringe. Während die «Empiriker» sie für überflüssig erklärten, weil die Natur «unbegreiflich» und die Manipulation an Toten ekelerregend sei,[69] unterstrich der Enzyklopädist Celsus den didaktischen Nutzen für Lernende. Der gute Arzt habe «die Lage und Anordnung der Teile» des Körpers zu kennen, welche «ein Leichnam besser veranschaulicht als ein lebender, verwundeter Mensch».[70] In einem historischen Rückblick erfährt der Leser, daß die alexandrinischen Ärzte Herophilos und Erasistratos (3. Jh. v. Chr.) «Verbrecher, welche sie von den Königen aus den Gefängnissen übernahmen, lebend geöffnet hatten und dabei, während diese noch atmeten, die Körperteile betrachteten, welche die Natur zuvor dem Auge entzogen hatte, und deren Lage, Farbe, Gestalt, Anordnung, Härte, Weichheit ... studierten».[71] Celsus selbst lehnte solche Vivisektionen allerdings ebenso ab wie die These, «die Aufopferung weniger Verbrecher für die rechtschaffenen Menschen aller Jahrhunderte» sei legitim[72] (Noch im 19. und 20. Jahrhunderts sollten utilitaristische Argumente dieser Art eine wichtige Rolle spielen!).[73]

Es ist nicht einfach, aus den Quellen konkrete Kenntnisse über die ärztliche Hilfsbereitschaft und Zuwendung im antiken Alltag abzuleiten. In den Fabeln Äsops, die zweifellos das Alltagsleben karikieren, werden Ärzte als psychologisch eher ungeschickt, uneinfühlsam und plump dargestellt.[74] Sie betrügen und bestehlen ihre Patienten,[75] schmeicheln ihnen[76] oder erweisen sich als Klugredner.[77] In der Fabel *Die Alte und der Arzt* beraubt dieser regelmäßig eine kranke Frau, deren Sehbehinderung er durch eine zähflüssige Augensalbe, ein angebliches Medikament, verstärkte.[78] In den Aristophanes-

Komödien *Die Vögel* und *Plutos* wird die Verquickung von ärztlichem Handeln und Gelderwerb betont.[79] Solche Zeugnisse dürften die Realität nicht weniger widerspiegeln als die in den Platonischen Dialogen benutzten Bilder. Während einige Medizinhistoriker davon überzeugt sind, höchste Menschlichkeit und Einfühlsamkeit, selbst gegenüber Sklaven, sei in Griechenland die Regel gewesen[80] (nach dem hippokratischen Traktat *Die Winde* schöpft der vorbildliche Arzt «aus fremden Leiden eigene Sorgen»!),[81] gehen andere von einer an Mitleidlosigkeit grenzenden Sachlichkeit, ja Berechnungshaltung aus. «Die besseren griechischen Ärzte setzten die Kunst über den Menschen», konstatierte kritisch W. Jones,[82] und auch H. Schadewaldt sprach von einer «merkwürdigen Kühle», die in den Kasuistiken des *Corpus Hippocraticum* spürbar sei.[83] Galen zählte später die Motivationen auf, welche junge Männer zu einer medizinischen Ausbildung veranlaßten: Neben der Absicht, Geld zu verdienen, waren es die Befreiung von öffentlichen (z.B. militärischen) Pflichten und soziale Privilegien, Ruhmsucht, aber auch – man wundert sich fast – der Wunsch, anderen zu helfen.[84] Für Galen bedurfte es freilich keiner Schlagworte wie *philanthropia,* um das ärztliche Ethos zu umreißen, das sich, so seine Forderung, zunächst an der Beherrschung der *Kunst* zu messen hat. Nicht das intellektuelle Gehabe entscheidet, sondern die gewissenhafte Ausübung der *Pflichten.*

Scribonius Largus, der schon erwähnte Leibarzt des Claudius, kritisierte Kollegen, die auf die Anwendung effektiver Arzneien verzichteten, als nachlässig, falls sie aus Unkenntnis handelten, als «schuldig» dagegen, sofern sie über deren Wirksamkeit informiert waren. Wo Mitleid und Humanität fehlten, drohe gerade unter Ärzten Neid und Haß.[85] Unter Aufbietung aller Kräfte hätten sie allen Kranken, ungeachtet des Standes und der Nationalität, zu helfen. Andernfalls gebe «die Medizin ... nicht das Mitleid weiter, das sie verspricht».[86] Der Arzt, der sich im Notfall verweigert, gleiche einem «von Göttern und Menschen verachteten» Deserteur. Nach Edelstein könnte bei diesem hohen Ethos Ciceros *De officiis* Pate gestanden haben, ein Werk, das viele Ärzte und Philosophen der Spätantike lasen. Demnach gewinnt die Heilkunst schon durch ihren Nutzen für das Gemeinwesen ethischen Rang.[87]

In Wirklichkeit zeigte das ärztliche Ethos der Antike allerdings widersprüchliche Facetten. Platon, in dessen utopistischem Staatsmodell chronisch Schwerkranken die Euthanasie nahegelegt wurde,[88] forderte an anderer Stelle deren einfühlsamste Begleitung.[89] Der immer wieder ins Spiel gebrachte Begriff der ärztlichen «philanthropia» hatte zunächst allerdings eine rein *philosophische* Dimension.[90] Praktizierte Nächstenliebe, d.h. die einfühlsame Unterstützung und Tröstung Notleidender und Kranker, galt im Altertum als Aufgabe von Familie, Freunden und Nachbarn.

4. Abtreibung, Suizid, Euthanasie – Der Wert des Lebens bei Platon und Aristoteles

In ihren theoretisch-utopistischen Staatsmodellen, aber auch in anderen Werken, griffen die einflußreichsten griechischen Philosophen, Platon und Aristoteles, auffallend häufig medizinethische Fragen auf. Das Prinzip der Kalokagathia, eugenische Traditionen sowie die Spaltung der Gesellschaft in Freie und Sklaven führten besonders bei Platon (428–347) zu anthropologischen Überlegungen, die für Behinderte und Schwerkranke nur eine reduzierte Existenzberechtigung vorsahen. Der Schritt zu der Forderung, Kranke, deren Genesung ausbleibe, nicht weiterzubehandeln, sondern zu töten, war angesichts des verbreiteten aristokratischen Lebensideals naheliegend. Rechts- und Heilkunde hatten demnach, so Platon im *Staat*, dafür zu sorgen, daß erkrankte Bürger, «die gut geartet sind an Leib und Seele», gepflegt wurden. Chronisch Kranke dagegen sollten, war nur ihr Körper betroffen, in Ruhe sterben können, wenn sie «aber von der Seele her bösartig und unheilbar» waren, getötet werden.[1] Wer unheilbar krank war, erschien als freies Mitglied der Polis ungeeignet. Die körperliche oder seelische Natur des Leidens entschied darüber, ob eine passive oder aktive Euthanasie in Frage kam. Selbst wenn die Tötung von Kranken zunächst der Exekutive zugedacht war, war hiermit eine *ärztliche* «Leitlinie» vorgegeben.[2] Die Mediziner hatten, es sei noch einmal betont, in Platons Modellstaat nur die Aufgabe, *heilbare* Krankheiten zu behandeln. Der todkranke Arzt Herodikos wurde ausdrücklich getadelt, weil er seine Krankheit, «ohne sie heilen zu können», durch Diätetik und Gymnastik verlängerte. Indem er «in schwerem Kampf mit dem Tod dank seines (diätetischen) Wissens ein hohes Alter» erreichte, handelte er unethisch (!).[3] Jahrelange Behandlungen hatte, so Platon, selbst Asklepios nicht vorgesehen. Der Heilgott habe gewußt, daß in einem gesunden Staatswesen «keiner Zeit hat, sein Leben lang krank zu sein und sich therapieren zu lassen».[4] Die Kunst der Medizin, ihre Heilmittel und Operationen dienten der Beendigung überschaubarer, in kurzer Zeit kurabler Erkrankungen und Funktionsstörungen, nicht aber dazu, «innerlich sieche Körper bald zu schröpfen, bald wieder zu füllen und so den Menschen ein langes, aber elendes Leben zu gewähren».[5]

Die Platonische Ethik berief sich auch in gesundheitlichen Fragen auf das Gemeinwohl. Eine «über gewöhnliche Übungen hinausgehende Sorgfalt für den Körper», die womöglich von den bürgerlichen Pflichten ablenkt, galt als ebenso schädlich wie die «Krankheitsfütterung …, denn sie bewirkt, daß man immer glaubt, leidend zu sein».[6] Die Ablehnung von Therapieversuchen bei chronisch Kranken ist prinzipiell, d.h. unabhängig von Stand und Einkommen und gilt auch für Wohlhabende, «selbst wenn sie reicher wären als Midas».[7] Mit Rücksicht auf die übrigen Bürger darf dabei der Wille des Patienten keine Rolle spielen! Erwünscht ist, wenn überhaupt, eine kurze, effektive Behandlung: «Wenn ein Zimmermann krank ist ..., so läßt er es sich wohl gefallen, ein vom Arzt bestimmtes Mittel herunterzuschlucken, um die Krankheit wegzuspeien oder sich von unten reinigen oder auch brennen und schneiden zu lassen, um sie loszuwerden». Ein Handwerker «hat nämlich gar keine Zeit, krank zu sein» und könnte seinem Beruf nicht nachkommen, «wenn er immer auf die Krankheit achten und sein Geschäft vernachlässigen soll». Entweder wird er bald gesund oder, so Platon kühl, «er stirbt und ist aller Händel ledig».[8]

Nicht nur in Platons Staatsutopie, sondern auch im athenischen Alltag hatte der tödlich Erkrankte kaum mit ärztlichem Beistand zu rechnen. Lag es da nicht nahe, schon am Beginn des Lebens jene zu eliminieren, denen aller Voraussicht nach ein unheilbares Leiden bevorstand? Daß dies im *Staat* Platons ebenfalls gefordert wurde, war nur konsequent. Ein Kind, dessen Eltern das «Alter der Fruchtbarkeit» überschritten hatten, sollte erst gar nicht geboren werden. «Sollte dies aber nicht zu vermeiden sein, sei es auszusetzen, weil einem solchen keine Aufziehung zukommt.»[9] Die eugenische Intention wurde durch entsprechende Empfehlungen zur Eheschließung unterstrichen: «Jeder Trefflichste sollte möglichst oft der Trefflichsten beiwohnen, umgekehrt die Schlechtesten ebensolchen. Die Sprößlinge jener sollten aufgezogen werden, dieser dagegen nicht, wenn uns die Herde edel bleiben soll.» Daß solche Pläne auf breite Zustimmung stießen, erwartete Platon offensichtlich nicht, denn er empfahl ein verschwiegenes Vorgehen, «wenn die Gesamtheit der Hüter ... nicht durch Zwietracht gestört werden soll».[10]

Die Vorstellung der Bürgerpflicht gegenüber der Polis veranlaßte den Philosophen allerdings zu einer restriktiven Haltung, was den Suizid betraf. Im *Phaidon* verurteilt der zum Tode verurteilte Sokrates den Selbstmord. Die Götter, «Hüter der menschlichen Herde», hätten über den Moment des Ablebens zu entscheiden, nicht aber der einzelne Mensch. «Bis Gott hierfür die Notwendigkeit verfügt hat», darf sein Leben nicht zu Ende gehen.[11] Angesichts der «Geborgenheit des Menschen in seiner Herde» mahnte auch Kebes, «daß man vor dem Guten nicht zu fliehen braucht». Daß man schwerste Krankheiten euphemistisch als «gut» bezeichnete, ist natürlich schwer vorstellbar. War es nach Platon also doch erlaubt, sich in diesem Fall zu töten? In den *Gesetzen* wird vorgeschlagen, jemanden, der sich «aus Schlaffheit und unmännlicher Feigheit» umbringt, «ruhmlos» zu begraben. Dies gelte besonders für denjenigen, der «gewaltsam das ihm vom Schicksal bestimmte Lebenslos verkürzt, ohne daß es der Staat durch einen Richtspruch angeordnet hätte und *ohne daß er durch ein über die Maßen qualvolles, unentrinnbares Unglück, das ihn ereilte, dazu gezwungen wird …*».[12] Setzt man dieses mit einer unheilbaren Krankheit gleich, wären Suizid bzw. Beihilfe zum Selbstmord bei schwerstem Leidensdruck ohne Aussicht auf Besserung ethisch doch akzeptabel gewesen. Es erscheint freilich problematisch, wenn auch nicht *ganz* abwegig, aus Platons theoretisch-philosophischen Äußerungen Rückschlüsse auf den ärztlichen Alltag zu ziehen.

Auch Platons Schüler Aristoteles (384–322) setzte sich mit medizinethischen Fragen auseinander. Als Naturforscher von Rang faszinierten ihn biologische Zusammenhänge, darunter die «logische», zweckdienliche Ordnung des menschlichen Körpers. Zur Natur des vernunftbegabten Menschen gehören, so seine Überzeugung, auch Wißbegier und Neugierde, welche selbst Forschungen *ohne* eine spätere Nutzanwendung rechtfertigen. Die Physiologie ist für Aristoteles und seine Schüler nicht mehr göttliches Wunderwerk oder gar ein schützenswertes Geheimnis. Sie erfordert vielmehr eine systematische, Ursachen und Zusammenhänge klärende *wissenschaftliche* Untersuchung. Diese erhält «einen humanen und zugleich moralischen Rang»[13] und relativiert den traditionellen Einfluß von Mythos und Religion in Gesundheitsfragen. Naturwissenschaftliche Forschungen, selbst an den niedrigsten Lebewesen, unterstreichen auch Freiheit und Würde des Wissenschaftlers. Tatsächlich ließ der diagnostische und therapeutische Fortschritt – vor allem im Umfeld der zeitgleichen hippokratischen Schule – nicht auf sich warten und wurde in der Ärzteschaft mit Stolz und Dankbarkeit begrüßt.

Biologische und soziale Faktoren sind für Aristoteles eng verbunden. Wie in Platons *Staat* werden in der *Politik* auch eugenische Fragen angeschnitten. Gesundheit und körperliche Beschaffenheit unterliegen einer rigiden staatlichen Kontrolle. Eltern haben ein optimales Zeugungsalter zu beachten; bereits bei der Heirat sind bestimmte Altersgrenzen einzuhalten. «Ihre Natur muß abgehärtet sein, nur nicht gewaltsam und einseitig wie bei den Athleten.»[14] Frauen sollten während der Schwangerschaft «Müßiggang meiden und keine unzureichende Kost genießen». Aus der Empfehlung, «verkrüppelte» Kinder nicht aufzuziehen, ließ sich sogar eine Aussetzungs- oder sogar Tötungspflicht der Eltern begründen. Die Zahl der Sprößlinge wird, vom Alter der Erzeuger abgesehen, durch die Vertreter der öffentlichen Ordnung bestimmt.[15] Stellt sich darüber hinaus Nachwuchs ein, «muß man diese Leibesfrüchte, bevor Gefühl und Leben in sie kommt, abtreiben. Denn was hier erlaubt ist, muß sich nach dem Vorhandensein von Gefühl und Leben richten.»[16] Die Erziehungsanleitungen des Philosophen erscheinen, von der Gymnastik bis zu den freien Künsten, eher noch vom Ideal der Kalokagathia geprägt, wobei er an Lykurgs strenger Pädagogik[17] nur kritisiert, daß sie vor allem *kriegerische* Tugenden förderte.[18]

Strikter als Platon sprach sich Aristoteles allerdings gegen den Selbstmord aus, dessen assistierte Variante er der aktiven Tötung gleichsetzte. Auch wer sich im Zorn umbringt, handelt gegen das Gesetz. Da dieses nicht vorschreibt, sich zu töten, verbietet es, so der Philosoph kühn, was es nicht zu tun befiehlt.[19] «Zu sterben, um der Armut, der Liebe oder irgendeinem Schmerz zu entgehen, zeigt nicht Tapferkeit, sondern Feigheit.»[20] Auch Selbstmord bei schwerer Krankheit oder Beihilfe zur Selbsttötung geschieht nach Aristoteles nur aus Schwäche. Er zitiert den Dichter Agathon, nach dem nur «der schlechte Mann im Kampf mit der Not verzagt und zu sterben wünscht».[21] Damit wird auch jede Form einer ärztlichen Assistenz verurteilt.[22] Im übrigen plädiert Aristoteles für eine beachtliche Patientenethik. «Ein rechtschaffener Mann wird sich auch in Armut und Krankheit ... richtig verhalten.»[23] Ärztliches Mitleid ist nur angebracht, wenn mangelnde Diätetik und ein schlechter Lebensstil als Ursache des Leidens ausscheiden: «Wer von Natur aus mißgebildet ist, dem wirft dies keiner vor. Wer es aber aus Mangel an körperlicher Übung und Gleichgültigkeit geworden ist, den tadelt man. Dasselbe gilt für alle möglichen Gebrechen. Wer von Natur aus blind ist oder durch Krankheit oder infolge einer Verletzung, dem wird dies niemand übelnehmen. Vielmehr wird man ihn bemitleiden. Wer sich dagegen seine Blindheit durch Trunksucht oder Schwelgerei zugezogen hat, den wird man allgemein zurechtweisen. Körperliche Mängel, die in der Sphäre unserer Willensentscheidung liegen, mißbilligt man.»[24] Niemand hat nach Aristoteles das Recht, seine Gesundheit aufs Spiel zu setzen. Tut er es dennoch, muß er die Folgen tragen – und verdient nicht Mitleid, sondern Verachtung. Die Verwandtschaft von Euthanasie und (dem von Platon unter bestimmten Voraussetzungen akzeptierten, von Aristoteles eher abgelehnten)[25] Selbstmord bei schwerer Krankheit, aber auch die prinzipiellen Handlungsunterschiede zwischen Fremd- und Selbsttötung beschäftigen Ärzte, Philosophen und Theologen bis in unsere Zeit.[26]

Ethische Reflexionen können nach Aristoteles nicht alle Grenzfragen lösen. Daß dabei häufig keine absolute Wahrheit zu erwarten ist, sondern nur jener «Grad der Genauigkeit, den der gegebene Stoff zuläßt», wurde schon erwähnt.[27] Gerade in der *medizinischen* Ethik wechseln die (zudem oft umstrittenen) Prämissen allzuhäufig.[28] Jeder Einzelfall bedarf einer gesonderten Betrachtung, nichts darf mit «unbedingter Bestimmtheit» vorgetragen werden.[29] «Was sittliches Handeln oder im Leben Nützliches angeht», variieren Theorien und Ratschläge nach den Umständen. Gilt dies schon allgemein, «so läßt das *Konkrete* noch weniger absolut gültige Vorschriften zu». Moralische Lebensführung hat dabei auch mit Mitte und Ausgleich zu tun. «Übertriebene Körperübungen führen ebenso wie unzureichende den Verlust der Leibeskraft herbei. Desgleichen verdirbt ein Übermaß oder ein Mangel an Speise und Trank die Gesundheit, während das rechte Maß sie erzeugt, stärkt und erhält.[30] Maßlose Handlungen und Lebensführungen werden durch die «dianoetischen»[31] Tugenden vermieden, Krankheiten mit ihrer Hilfe, u.a. durch kluge Planung, therapiert. Nicht weniger sind dem Arzt aber die «ethischen»[32] Tugenden nützlich, welche auf Ausgleich, Maß und Selbstbescheidung zielen. Ethik hat für Aristoteles so stets eine *praktische* Komponente, die sich durch Klugheit (phronesis) bestimmen läßt. Wer über ethische Fragen reflektiert, ohne sein Handeln an den Ergebnissen seines Nachdenkens zu orientieren, *glaubt* nur, zu philosophieren.[33]

Die Ethik des Aristoteles, die hier nur angedeutet werden konnte, übte dank ihrer Rezeption durch führende Vertreter der mittelalterlichen Scholastik, allen voran Thomas von Aquin, eine kaum zu überschätzende Wirkung auf die europäische Geistesgeschichte aus. Die Bedeutung der Prudentia[34] als einer Art Lebenselixier der *Sapientia*, der höchsten «intellektuellen Tugend» (welche *Scientia* und *Intellectus* verbindet), hatte hier ihren Ursprung.[35] Vor allem die westliche wie islamische Medizin des *Mittelalters* wurde durch «den Philosophen» entscheidend geprägt.[36] Petrarca und die frühen Humanisten sahen die Ärzte per se als «Aristoteliker».[37]

5. Unheilbar Kranke und Behinderte im griechischen Alltag

Die erwähnte, bereits in der Antike umstrittene[1] Gleichsetzung von *körperlicher* Vollkommenheit und *moralischer* Rechtschaffenheit konnte zur Ächtung häßlicher wie kranker Menschen führen, die in Sparta, wie Aelian später behauptete, für ihre körperlichen Mängel sogar bestraft wurden![2] Zwerge und Mißgestaltete wurden bereits von den homerischen Helden verlacht.[3] Ein Verständnis antiker Quellen zu Fragen der Euthanasie, Eugenik oder Abtreibung erscheint nur unter Berücksichtigung dieses Menschenbildes möglich. Es führte offenbar nicht selten zu unbarmherzigen und – wie man heute sagen würde – radikal utilitaristischen Konsequenzen. Nach Plutarch urteilten die Ältesten Spartas über die Lebensberechtigung jedes Neugeborenen. «War es schwächlich und mißgestaltet, so ließen sie es zu der sogenannten ‹Ablage› bringen, einem Felsabgrund am Taygetos. Denn sie meinten, für ein Wesen, das von Anfang an nicht fähig sei, gesund und kräftig heranzuwachsen, sei es besser, nicht zu leben, sowohl um seiner selbst wie des Staates willen.»[4] In der Annahme, daß kranke Kinder Weingenuß nicht überlebten, wurden Säuglinge auch in Wein gebadet.[5] Bereits der Gesetzgeber Lykurg förderte eine radikale Eugenik und mokierte sich über Zeitgenossen, «die zwar Hündinnen und Stuten nur von den besten männlichen Tieren belegen lassen …, die Frauen aber einsperren und bewachen und verlangen, daß sie nur Kinder von ihnen gebären, auch wenn sie selbst geistesgestört, überaltert oder krank sind, als ob die Kinder, wenn sie von Untüchtigen erzeugt sind, nicht zuerst denen zur Last würden, die sie haben und aufziehen»[6] (Argumente dieser Art wurden um 1900 von deutschen Eugenikern wie Ernst Haeckel aufgenommen, die sich bewußt auf die Tradition Spartas beriefen!).[7] Ein von Alten oder Kranken zu akzeptierender Beischlaf jüngerer Ehefrauen mit fremden, aber gesunden Männern galt als vorbildlich.

Die Gesetzgebung Lykurgs berührte delikate Fragen, die man heute der ärztlichen Ethik zuordnen würde. Die Fremdentscheidung über die Existenzberechtigung erfolgte unmittelbar nach der Geburt. Obgleich das Lebensrecht Behinderter immer wieder in Frage gestellt wurde, war das «positivistische», auf Auslese und Eugenik zielende Menschenbild Lykurgs wie der großen Philosophen dennoch nicht *absolut* gültig. Nicht zuletzt der *Eid des Hippokrates* beweist, daß Abtreibungen sowie die Tötung unheilbar Kranker auch kritisch gesehen wurden.[8] Nachrichten über die Ausmerzung Kranker bei exotischen Völkern veranschaulichten den Unterschied zur *eigenen* Kultur. Herodot berichtete so über die Padaioi, ein Kannibalen-Volk in Indien: «Erkrankt ein Mitglied ihres Stamms, sei es Mann oder Frau, wird es von den nächsten Freunden getötet. Sie sagen, die Krankheit zehre sein Fleisch auf, so daß es ihnen verloren gehe. Der Kranke aber verleugnet sein Leiden. Sie aber bringen ihn freilich ohne Erbarmen um und essen ihn auf ... Wer aber ein hohes Alter erlangt, den opfert und verzehrt man ebenfalls. Doch nicht viele erreichen ein solches. Sie töten nämlich schon vorher jeden, den eine Krankheit befällt.»[9] Eine solche Rohheit galt den Griechen im wahrsten Sinn des Wortes als «barbarisch».

Dagegen scheint der Selbstmord in aussichtsloser Situation[10] – auch mit fremder Hilfe – von der Gesellschaft toleriert worden zu sein. Der Tod galt Sophokles zuweilen als «bester Arzt von Krankheiten».[11] In einer Komödie des Dichters Menander (342–292) hieß es: «Sobald du bei Zeiten die Herberge verläßt, gehst du mit besserem Reisegeld, weil du niemanden mehr zum Feind hast. Wer aber dort verweilt ..., geht zugrunde und endet als jammervoller Greis.»[12]

Die Vorstellung, daß Gesundheit und Schönheit den Beweis *charakterlicher* Stärke, Krankheit und Behinderung aber das Gegenteil darstellen, war bis in die hellenistische Periode hinein populär. Die auch in *heutigen* Ethikdebatten nie ganz verstummende Frage, was man einem körperlich Mißgebildeten zumute, wenn man ihn überleben lasse, gehörte in diesen Kontext. König Krösus soll sich so, nach Herodots Bericht, geweigert haben, seinen taubstummen Sohn anzuerkennen.[13] Die Tatsache, daß man im Altertum keine öffentliche Fürsorge für Behinderte kannte, verdammte diese in der Regel, sofern sie nicht den Schutz einer Familie genossen, zu Bettelei und Ausgestoßensein.[14] Das platonische Plädoyer gegen die Pflege von Langzeitkranken[15] entsprach der Tradition, heilbare Krankheiten als (passagere) *Wunden* zu deuten, chronische Leiden dagegen eher als substantiellen *Makel*.[16] Behinderung und andauerndes Leiden konnten sogar mit Scham erfüllen. Hilfe der Ärzte war kaum zu erwarten, nicht nur wegen der – aus heutiger Sicht – geringeren therapeutischen Möglichkeiten, sondern weil chronisch Kranke nicht zu ihrem üblichen Klientel zählten.[17] In den *Aphorismen* des Hippokrates wird bei Krebsverdacht ausdrücklich vor Therapieversuchen gewarnt.[18] Die Un*heil*barkeit entzog sich – nicht ohne innere Logik – der *Heil*kunst.[19] An dieser Praxis muß es allerdings Kritik gegeben haben, die der unbekannte Autor der Schrift *Über die Heilkunst* entschieden zurückwies. Wer in solchen Fällen eine Behandlung fordere, könne nicht ernstgenommen werden.[20] Die ärztliche Kunst umfasse vielmehr drei Grundpflichten: «Die Kranken von ihren Leiden zu befreien, die Heftigkeit der Krankheiten zu dämpfen sowie die Behandlung bei Patienten zu unterlassen, welche von der Krankheit schon überwältigt sind».[21]

In der Abhandlung *Über die Brüche* wird aus einem anderen Grund vor der Therapie komplizierter Verletzungen gewarnt: Im Falle eines Mißerfolgs könne leicht der Eindruck entstehen, «man verstünde nichts von der Kunst».[22]

Die hier artikulierte Skepsis – Scribonius Largus sprach kritisch von «Fahnenflucht»[23] – ließ sich auch auf die Behandlung Schwerstkranker übertragen. Noch Jahrhunderte später begründete der römische Enzyklopädist Celsus (1. Jh. n. Chr.) seine Empfehlung, «denjenigen, der nicht gerettet werden kann, nicht anzurühren», mit der Befürchtung, der Arzt könne in Verdacht geraten, «er habe jemanden getötet, den (in Wirklichkeit) sein eigenes Schicksal vernichtet hat».[24] Nicht Einsicht in die eigenen Grenzen, sondern die Angst vor einem Prestigeverlust stand hier im Vordergrund. Ganz ähnliche Ratschläge waren schon im altägyptischen Papyrus *Edwin Smith* (15. Jh. v. Chr.) angeklungen: Erschien der Zustand eines Schwerverletzten als hoffnungslos, wurde dem Arzt der Verzicht auf weitere Behandlungen nahegelegt, «bis die Zeit seines Leidens vorbeigegangen ist».[25]

Ungeachtet gewisser Widersprüchlichkeiten *innerhalb* des *Corpus Hippocraticum*[26] – der Autor der Schrift *Über die Krankheiten* verteidigt den ärztlichen Einsatz selbst «in nicht zu bewältigenden Fällen» durch den «größtmöglichen» therapeutischen Nutzen, welchen der Patient vom Arzt erwarten dürfe[27] – blieb die Position der betroffenen Kranken prekär. Konnte die optimale Therapie – aus ärztlicher Sicht – nicht gerade darin bestehen, der Natur ihren Lauf zu lassen? Eine Behandlung der Epilepsie wurde jedenfalls nur bei «jungen und arbeitsfreudigen Patienten» empfohlen, «bei geistigen Defekten oder nach Schlaganfällen» aber abgelehnt.[28] Der griechische Arzt sah es keinesfalls als seine Aufgabe, den von den Moiren vorbestimmten «Lebensfaden» zu verlängern. Diese medizinisch-pragmatisch,[29] aber auch religiös begründbare Haltung schien mit dem hippokratischen Gebot «Nützen oder nicht schaden» durchaus kompatibel.[30] Sie schloß im übrigen nicht aus, daß der Arzt sich um ein *leichteres* Sterben bemühte. In der Schrift *Über die Gelenke* wurde ihm empfohlen, chronische Krankheiten auch deshalb zu studieren, «damit er nicht nutzlos quäle».[31] Tröstende Worte, Kühlung, beruhigende Medikamente und die Beseitigung störender Umstände konnten demnach zum guten Sterben im Wortsinn (Euthanasia) beitragen,[32] ein Behandlungsverzicht bzw. Passivität im richtigen Moment sogar, so eine populäre hippokratische Meinung, das Leben verlängern.[33] Die Frage der «passiven Euthanasie» ließ sich auf diese Weise ethisch «entschärfen». Dagegen blieb die «aktive» Sterbehilfe in der Regel verpönt. Das im *Eid des Hippokrates* ausgesprochene Verbot der Verabreichung tödlicher Mittel läßt allerdings auf eine gewisse Praxis im Alltag schließen.[34] Zuzugeben, dass man angesichts der meisten chronischen Erkrankungen machtlos war, dürfte vielen Ärzten schwergefallen sein. «Stärker als die stärksten Mittel»,[35] stellten die meisten chronischen Leiden, darunter die «Alterskrankheiten», unlösbare Probleme dar. In solchen Fällen galt es vor allem, die Angehörigen aufzuklären. Wie immer ein Fall ausging – sie waren es, die Ruhm oder Schande des Arztes in die Öffentlichkeit trugen.

6. Euthanasie und assistierter Suizid im alten Rom

In der antiken Kulturgeschichte hatte das Wort *euthanasia* («gutes Sterben») eine positive Bedeutung. Sueton berichtet so über den Tod des Augustus (14 n. Chr.): «Während er noch einige Besucher, die gerade aus Rom gekommen waren, über die Krankheit von Drusus' Tochter befragte, starb er plötzlich in Livias Armen mit den Worten: ‹Livia, denke immer an unsere glückliche Ehe und lebe wohl›. Er hatte das Glück, einen leichten Tod zu haben, wie er ihn sich gewünscht hatte. Fast immer pflegte er nämlich, wenn er von jemanden hörte, der schnell und leicht hatte sterben können, für sich und die Seinen von den Göttern eine solche ‹euthanasia› – das war das Wort, welches er gebrauchte – zu erflehen.»[1] Für den jüdischen Philosophen Philo (20 v.–50 n. Chr.) stellten «ein glückliches Alter und ein ‹guter Tod› die höchsten menschlichen Güter» überhaupt dar.[2] In Wirklichkeit war der Begriff allerdings vieldeutig, ja schillernd. Während in einer Komödie Menanders der «gute Tod» ironisch damit gleichgesetzt wurde, «mit dickem Bauch feist auf dem Rücken zu liegen, mit Mühe zu lallen und kurzatmig zu sprechen: ‹Ich faule vor Lust›»,[3] bedeutete er in der älteren Stoá, nach einem erbaulichen Alter «durch einen irgendwie beschaffenen Tod nach der rechten Art zu enden».[4] In der Komödie *Myrmex* des Dichters Poseidippos (300 v. Chr.) hieß es: «Von dem, was sich ein Mensch von den Göttern erhoffen kann, wünscht er sich nichts besseres als den ‹guten Tod›.»[5] Dieser erscheint als *philosophisches* Lebensziel und läßt sich nach stoischer Überzeugung durch eine von «ataraxia» (Unerschrockenheit) bzw. «apatheia» (Leidenschaftslosigkeit) geprägte Lebensführung herbeiführen. Jedes im philosophischen Sinn gelungene Sterben ist «gutes Sterben». Im Sinne eines «heldenhaften» Todes tauchte der Begriff dagegen bei dem Geschichtsschreiber Polybios (200–115) auf.[6] Nach der jüngeren Stoà konnte die Euthanasie im «natürlichen» Sterben, aber auch durch Selbstmord verwirklicht werden. Entscheidend war die gelassene Akzeptanz des Todes. Benzenhöfer unterscheidet in der antiken Literatur folgende «Spielarten»: ein leichtes Ende ohne vorhergehende Krankheit, ein rasches Dahinsterben, etwa durch Feindeshand, den «rechtzeitigen» Tod in der Jugend (der die Altersmühsale erspart), das (eher ironisch bzw. pädagogisch-literarisch an die Wand gemalte) Sterben im Überdruß, den würdigen Tod im stoischen Sinn sowie den ehrenvollen Schlachtentod.[7]

Für Seneca (4 v. – 65 n. Chr.) bestand die Vorbereitung zur (philosophischen) Euthanasia in einer häufigen, bewußten «meditatio mortis». «Leben muß man das ganze Leben lernen und, worüber du dich vielleicht mehr wundern wirst, das ganze Leben muß man sterben lernen», schrieb er in der Abhandlung *Über die Kürze des Lebens.*[8] Der Tod galt hier als Befreiung aus dem Alltag, aber auch als definitives Ende der körperlichen und seelischen Existenz. «Nichts Böses berührt den Gestorbenen, denn das, was uns die Unterwelt schrecklich macht, ist Märchen», heißt es in der *Trostschrift an Marcia.*[9] Seneca erschien der Gedanke tröstlich, die «Lebensreise» selbstbestimmt beenden zu können. Im neunten Buch an Lucilius mahnt er diesen, im richtigen Moment «mannhaft aufzuhören», um sogleich ein klassisches Beispiel stoischer Euthanasia anzuschließen, nämlich den Hungertod des an einer langwierigen (doch keinesfalls unheilbaren!) Krankheit leidenden Tullius Marcellinus. Nach dem Abschied von Familie und Sklaven hatte dieser «weder Schwert noch Blut nötig. Drei Tage lang enthielt er sich der Nahrung und ließ sich in seinem Schlafzimmer ein Zelt aufstellen. Man brachte eine Badewanne herein, in der er lange lag und, während warmes Wasser von Zeit zu Zeit nachgegossen wurde, seine Kräfte allmählich schwinden fühlte, wie er sagte, nicht ohne eine Art von Genuß ...».[10] Seneca stellt eine solche Todesverachtung positiv den lebensverlängernden Maßnahmen der Ärzte gegenüber. Der Sterbeprozeß erscheint als natürlicher Teil des Lebens. Auch die Tatsache, daß ihm oft langdauernde Krankheiten vorausgehen, spricht nicht dafür, sich ihm allzulange zu entziehen.[11]

Für die Geschichte des ärztlichen Ethos scheint besonders der *assistierte* Suizid von Bedeutung. Im Lustspiel *Mercator* des römischen Komödiendichters Plautus (250–184) ruft der liebeskranke Charinus aus: «Beschlossen ist: Ich werde zum Arzt gehen und mich dort durch ein Gift töten.»[12] Läßt man den Komödiencharakter außer acht, könnte man den Eindruck gewinnen, Ärzte hielten in Rom für jedermann tödliche Gifte bereit.[13] Wahrscheinlicher ist, daß einige als Verkäufer von Drogen fungierten, ohne die Kunden nach deren Anwendung zu fragen. Berühmte Beispiele für ärztliche Hilfen beim Selbstmord stellten Cato der Jüngere und Seneca dar, deren Sterben als Exempel stoischer Gelassenheit galt. Cato unterbrach, wie Plutarch berichtet, die Lektüre von Platons Buch *Über die Seele,* unterhielt sich mit Freunden und stieß sich dann – angesichts eines unverzeihlich erscheinenden politischen Fehlers – ein Schwert in den Leib. «Die Eingeweide hingen ihm größtenteils zum Leib heraus. Er lebte aber noch und hatte die Augen offen. Alle waren von Entsetzen gelähmt. Der Arzt trat jedoch an ihn heran und versuchte, die Eingeweide, welche unverletzt geblieben waren, wieder an ihren Ort zu bringen und die Wunden zuzunähen. Da kam Cato, der sich ein wenig erholt hatte, wieder zu Bewußtsein, stieß den Arzt von sich, griff mit den Händen in die Wunde, zerriß seine Eingeweide und starb.»[14] «Gutes Sterben» bedeutete hier ein Ende nach eigenem Willen und vorsätzlicher Planung.

Seneca dagegen, dem Nero den Selbstmord befohlen hatte, bat, wie Tacitus berichtet, seinen Arzt und Freund Statius Annaeus, «der sich ihm lange durch treue Freundschaft und seine ärztliche Kunst bewährt hatte, das längst vorbereitete Gift zu holen, mit dem die vom Volksgericht der Athener Verurteilten hingerichtet wurden (das Vorbild des Sokrates wurde bewußt angestrebt). Als man es brachte, trank er es, doch ohne Folgen, da seine Glieder schon erkaltet waren und der Körper sich der Wirkung des Giftes verschloß. Endlich stieg er in ein Bassin mit heißem Wasser, wobei er die umherstehenden Sklaven besprengte und hinzufügte, er weihe dieses Naß Jupiter, dem Befreier. Daraufhin in das Dampfbad gebracht und in dessen Qualm erstickt, wurde er ohne jede Leichenfeier verbrannt.»[15] Das Verhalten des Arztes Annaeus, der Seneca einen Freundschaftsdienst erwies, erschien Tacitus untadelig. Immerhin hätte man die Frage stellen können, ob er bei einem von einem Tyrannen *befohlenen* Selbstmord befugt war, den Tod beschleunigende Mittel einzusetzen. Man mußte Annaeus freilich zubilligen, daß hier nicht Beihilfe zur Tötung (der ein verordneter Selbstmord ja nahekommt), sondern die aktive Erleichterung des agonalen Leidens im Vordergrund stand. Tacitus stellt dieser Episode im übrigen ein Beispiel ärztlicher Assistenz *ohne* Einverständnis des Sterbenden gegenüber, das er verurteilt: Nachdem ein Giftanschlag auf Claudius, Agrippinas ersten Mann und Onkel, gescheitert war, machte sich Neros Mutter «das bereits vorher hergestellte Einverständnis des Arztes Xenophon zunutze. Dieser habe dem Kaiser, so glaubt man, als wolle er ihm die Anstrengung beim Erbrechen erleichtern, eine mit schnell wirkendem Gift bestrichene Feder in den Schlund eingeführt. Er wußte wohl, daß größte Verbrechen einzuleiten, mit Gefahr verbunden ist, sie zu vollenden, aber mit Belohnung ...».[16] Hätte Xenophon nur die Erleichterung beim Erbrechen im Sinn gehabt, hätte man sein Handeln als Beitrag zu einem humaneren Sterben verteidigen können. In Wirklichkeit suggerierte er dies dem Sterbenden nur und wurde so zum Mörder.

Mit medizinischer Euthanasie und ärztlicher Gewissensentscheidung hatten diese philosophisch akzentuierten Beispiele nur sekundär zu tun. Entscheidend war der geistige Impetus, der Versuch, die eigene Würde durch selbstbestimmtes Sterben zu retten. Die stoischen Ärzte verweigerten, wie das Beispiel des Statius Annaeus zeigt, hierbei nicht ihre Hilfe. Vorrangig war für sie die Autonomie des Patienten, der gegenüber, anders als bei Platon und Aristoteles, öffentliche Interessen bedeutungslos erschienen. Die Manipulation des Sterbevorgangs stellte für den Durchschnittsarzt kein Problem dar. Die Gefahr des Mißbrauchs wurde offensichtlich gering geachtet.

7. Ärztliche Alltagsethik aus hippokratischer Sicht

Ärztliche und allgemeine Ethik ließen sich in der Antike so wenig trennen wie heute. Auf der Basis der (später im hippokratischen Schrifttum herausgestellten) Maxime «Nützen oder nicht schaden»[1] entwickelten sich, wie im vierten Kapitel gezeigt wurde, seit vorsokratischer Zeit beachtliche, wenn auch teilweise widersprüchliche medizinethische Grundsätze, die naturgemäß durch philosophische, aber auch religiöse und sonstige kulturelle Traditionen beeinflußt wurden.[2] Hippokratische Strömungen vermischten sich dabei nicht selten mit den Pflichtenlehren *anderer* Medizinschulen.

Schon die im *Eid des Hippokrates*[3] festgelegten Richtlinien und Empfehlungen berührten zentrale ethische Themen. Der Arzt lernte die Kunst als Lehrling des Meisters. Wer auf diese Weise ausgebildet worden war, wer über eine entsprechende «Naturanlage, fachliche Unterweisung, eine förderliche Umgebung, gute Erziehung, Fleiß und Zeit»[4] verfügte, sah in den übrigen Heilern naturgemäß unliebsame Konkurrenten. Die Berufsbezeichnung der «Ärzte» (iatroi) war in der Polis nicht geschützt, was – nicht nur aus «schulmedizinischer» Sicht – nahelegte, solche «dem Namen nach» von echten, kompetenten zu unterscheiden.[5] Letztere benötigen nach hippokratischer Einschätzung zunächst einmal praktisch-empirisches Wissen, denn «Unerfahrenheit setzt einem Arzt Tag und Nacht zu, raubt ihm sein Selbstvertrauen und macht ihn ängstlich».[6] In den *Vorschriften* wird betont, daß nicht nur die Sorge um Kranke, sondern auch die «Führung von Gesunden» eine *ärztliche* Aufgabe sei. Patienten, welche den Arzt wechseln, werden wegen ihrer Wankelmütigkeit und Illoyalität getadelt! Tatsächlich wurde die «Diätetik», d.h. die von Ärzten gelehrte und betreute Kunst der gesunden Lebensführung, erst im 19. Jahrhundert aus dem medizinischen Fächerkanon gestrichen! Bei der Feststellung des Honorars solle man nach hippokratischer Auffassung Vermögen und Lebensumstände der Kranken in Erwägung ziehen, ihre Dankbarkeit aber prinzipiell höher einschätzen als jede Geldsumme. Auch handle ein Arzt vorbildlich, der sich im Notfall nicht scheut, Kollegen zu Rat zu ziehen. Selbst kostenlose Behandlungen nützten ihm, da er hierdurch seine Erfahrung erweitert. Verwerflich ist es dagegen, die Dankbarkeit reicher Patienten auszunutzen, die in Wirklichkeit «durch Glück» und ohne ärztliches Verdienst gesund wurden.[7]

In der Abhandlung *Der Arzt*, die allerdings erst in hellenistischer Zeit entstanden sein dürfte, wird dessen (hippokratisches) Idealbild skizziert: «Sein Charakter sei besonnen, was sich nicht nur in seiner Verschwiegenheit, sondern auch in der Lebensführung zeigt ... Er sei allen gegenüber freundlich, aber zurückhaltend, denn allzu beflissenes Entgegenkommen wird verachtet ... Seine Miene sei nachdenklich, ohne streng zu wirken, weil ein allzu selbstbewußter Mensch den Eindruck erweckt, menschenfeindlich zu sein. Wer andererseits immer zum Lachen neigt und allzu vergnügt ist, wird für unfein gehalten. Nicht zuletzt davor muß man sich hüten.»[8] Den psychologischen Empfehlungen folgten praktische Ermahnungen: «Die Kranken haben enge Beziehungen zu Ärzten. Sie geben ihnen die Hand, und diese kommen zu jeder Zeit mit Frauen, Mädchen und ihrem wertvollsten Besitz in Berührung. Deshalb ist Selbstbeherrschung zu üben.»[9] In der für junge Chirurgen und Ärzte konzipierten Schrift wird auch eine ausreichende *Vorbereitung* der Behandlung gefordert: «Man muß darauf achten, daß alles, was man benützt, zweckdienlich sei, vor allem dann, wenn es längere Zeit mit dem kranken Körperteil in Berührung kommen soll». Verbände, Arzneien, Tücher und Pflaster dürfen nur unter höchster Sorgfalt appliziert werden. Von (nur) «schön aussehenden, zur Schaustellung rechtgemachten Verbänden sehe man ab, weil sie nichts nützen. Es handelt sich dabei nur um Wichtigtuerei, welche dem Kranken schadet». Handelt man als gewissenhafter Arzt, «muß man das Mehr oder Weniger bedenken, denn es macht einen großen Unterschied, ob man ... das richtige Maß trifft oder nicht». Auch auf die Pflicht zur «Fortbildung» wird verwiesen.[10] Talent und ärztlicher Begabung komme im Arztberuf allerdings die entscheidende Bedeutung zu. Leider hätten unfähige Ärzte, die sich nur unzureichend um die «Kunst» kümmerten, erkannt, daß die meisten Erkrankungen harmloser Natur sind. Aus diesem Grund könnten sie ihre Inkompetenz oft lange Zeit verschleiern. «Wenn sie aber an eine große, schwere und gefährliche Krankheit geraten, dann werden ihre Fehler und ihre fachliche Unfähigkeit offenbar. Auch ein schlechter Seemann bringt ja bei gutem Wetter sein Schiff in der Regel zum Hafen; im Sturm versagt er dagegen jämmerlich ...»[11]

Solche Vergleiche legen nahe, daß Ausbildungsstand wie «Begabung» der Ärzte Anlaß zur Kritik boten. Dabei handelte es sich hier um «fachinterne» Traktate, welche die Patientenperspektive bestenfalls mit *paternalistischer* Empathie beleuchteten. Kritik in der Öffentlichkeit hätte wohl die folgende Verteidigungsstrategie hervorgerufen: Im Falle ihres unerwarteten Ablebens seien die Patienten selbst schuld, denn «es ist wahrscheinlicher, daß die Kranken unfähig sind, die Verordnungen zu befolgen, als daß Ärzte das Falsche verordnen ...».[12] Plinius der Ältere (23–79 n. Chr.), einer der profiliertesten antiken Ärztekritiker, schien sich in seiner bereits erwähnten Arztkritik – von Catos Vorbild abgesehen[13] – auf diese Passage zu beziehen: «Die Ärzte lernen durch *unsere* Gefahren und experimentieren mit dem Tode ... Sie rügen unsere Unmäßigkeit und wälzen am Ende die Schuld auf die Verstorbenen». Nach Plinius erschleichen sie Testamente, begehen Ehebruch, jagen nach Geld, verlängern Krankheiten und verordnen ihre Therapien nach widersprüchlichen Grundsätzen.[14] Zudem tragen sie durch Lebenswandel und Geldgier zur allgemeinen Sittenverderbnis bei.[15]

Diese Kritik bezog sich vor allem auf medizinische Geschäftemacher, die zur Kaiserzeit zunehmend die Szene beherrschten. Schenken wir dem Autor der *Epidemien* Glauben, hatten hippokratische Ärzte Jahrhunderte früher, in der Absicht, künftige Fehldiagnosen und Irrtümer zu vermeiden, ihre Fehler sogar gewissenhaft vermerkt.[16] Der gute Arzt erschien hier als Interessenverwalter seiner Patienten, welche seiner *Prognostik* vertrauen, deren Verwandtschaft mit der bereits von Aristoteles gerühmten, in der Geschichte der ärztlichen Ethik immer wieder beschworenen Prudentia (Phronesis) offenkundig war.[17]

Der hippokratischen Medizin wird häufig unterstellt, sie habe die Heilkunde vom «Aberglauben» befreit. So bekämpfte etwa der Verfasser der Schrift *Über die heilige Krankheit* die Ansicht, es handle sich bei der Epilepsie um eine von den Göttern gesandte Krankheit. Mit Diller darf man davon ausgehen, daß sich hier ein «aufgeklärter», vielleicht sophistisch beeinflußter Autor zu Wort meldete. Die Ursache der Epilepsie ist demnach «natürlich», d.h. naturwissenschaftlich erklärbar.[18] «Zauberer, Entsühner, Bettelpriester und Schwindler» beanspruchen dagegen ..., mehr als andere zu wissen. Um ihre Unkenntnis zu verschleiern, «behaupten sie, diese Krankheit sei heilig».[19] Demgegenüber wurde in anderen hippokratischen Schriften gerade die religiöse Komponente von Krankheiten, d.h. die letztendlich entscheidende Rolle der Götter, herausgestellt. Nicht zuletzt setzt auch der berühmte *Eid* eine religiöse Grundbindung des Arztes voraus.[20] Auch im Buch *Von der Lebensweise* wird das Gebet des Kranken als selbstverständlich erachtet. Ohne aktive Bemühung um Gesundung erscheint es allerdings fragwürdig: «Beten ist gewiß eine gute Sache. Wenn man aber die Götter anruft, muß man auch selbst etwas zur Sache beitragen.»[21] Der Respekt vor den Numina gehörte so zum Ethos von Arzt und Patient.

8. Der Eid des Hippokrates und seine Rezeption

Man mag sich wundern, daß erst hier auf den berühmtesten und ältesten bekannten Codex zur ärztlichen Ethik eingegangen wird. Bis zu den Forschungen von Edelstein[1] und Lichtenthaeler[2] galt es als ausgemacht, daß er die Basis alteuropäischer Medizinethik darstelle. Jede ärztlich-ethische Diskussion schien hier ihren natürlichen Ausgangspunkt zu haben. Viele Ärzte waren (und sind!) davon überzeugt, dass der *Eid* jahrtausendelang das ethische Rückgrat ihres Standes gebildet habe, wie auch Hippokrates als Autor aller im *Corpus Hippocraticum* zusammengefassten Schriften galt. Beides trifft, wie wir heute wissen, nicht zu (wobei hier auf den umfassenden Philologenstreit über die «authentischen» Schriften nicht eingegangen werden kann).[3]

Hippokrates wurde von Platon und Aristoteles als Zeitgenosse erwähnt.[4] Er hatte den Ruf eines hochberühmten Arztes, der bedeutende Schüler ausbildete. Zeitgenössische biographische Angaben fehlen allerdings.[5] Die Forschung neigt heute zu der These, dass die Schriften des *Corpus* in ihrer Mehrheit nicht von ihm stammen, zumal ihn ein spätantiker Papyrus, der *Anonymus Londinensis* (2. Jh. n. Chr.) – er stellt die neben Platon und Aristoteles älteste Hippokrates-Quelle dar – als eher *sophistisch* orientierten Arzt ausweist[6] (wogegen wiederum einige *pythagoräische* Grundgedanken zu sprechen scheinen).[7] Dies bedeutet, daß der *Eid* vor allem durch seine Rezeptionsgeschichte besticht, über das Ethos der *Mehrheit* der griechischen Ärzte um 400 v. Chr. aber wenig aussagt. Daß er eines der «Grundgesetze ärztlicher Sittlichkeit» (Franz Büchner) darstellt, steht dennoch außer Frage.[8] Wichtig war, daß seine Kernaussagen im großen und ganzen der jüdischen, christlichen *und* islamischen Ethik entsprachen. Daß er von *einem* Autor stammt, gilt heute als unbestritten.[9]

Philosophische Sekten und die Mysterienkulte verlangten von Neumitgliedern häufig einen Schwur, was wiederum auf pythagoräische Gepflogenheiten deuten könnte. Auch die Anweisungen an die Schüler sowie das Gebot der Verschwiegenheit, der enge Zusammenhalt der Mitglieder, die Achtung des Lebens sowie die subjektive Überzeugung, ethisch herauszuragen, könnten in diese Richtung weisen.[10] Demgegenüber plädierte Lichtenthaeler in seiner umfassenden Monographie für einen sophistischen Einfluß.[11] Einige Passagen des *Eids* lassen sich auch durch Gepflogenheiten griechischer Ärzte- bzw. Handwerkerfamilien erklären; der Lehrling und alle ehemaligen Schüler waren so traditionell dem Meister zu Dank verpflichtet. Das Verbot der Abtreibung sowie der Tötung Schwerkranker steht jedoch in deutlichem Widerspruch zum aristokratischen Menschenbild der Kalokagathia, aber auch, wie schon dargestellt, zu entsprechenden Passagen bei Platon und Aristoteles.[12]

Es mag überraschen, daß der *Eid* in keinem erhaltenen Dokument der griechischen Medizin außerhalb des *Corpus* erwähnt wird. Bestimmte Formulierungen in einigen Komödien[13] erscheinen vage. Zum ersten Mal scheint Scribonius Largus (1. Jh. n. Chr.) direkt auf ihn anzuspielen.[14] Kurz darauf erwähnt ihn der stoische Philosoph Sarapion in einem Gedicht, das die «Pflichten des Arztes» thematisierte und auf einer Inschrift des Asklepieions von Athen (3. Jh. n. Chr.) verewigt wurde.[15] Der Arzt Soranos von Ephesus (um 100 n. Chr.) berichtete, dass Ärzte *entgegen dem Hippokratischen Eid* Abortiva verordneten.[16] Im Schrifttum Galens, des einflußreichsten Arztes und medizinischen Autors dieser Epoche, spielt er erstaunlicherweise keine Rolle. Ende des 4. Jahrhunderts erwähnt der Kirchenvater Hieronymus einen Eid, den Hippokrates seinen Schülern abverlangt habe.[17] Etwa zur selben Zeit rühmt der Kirchenvater Gregor von Nazianz an seinem Bruder Kaisarios, einem Arzt, daß dieser den Hippokratischen Eid *nicht* geschworen habe.[18] Erst im frühen Mittelalter wird dieser häufiger genannt. Von einer in das *Lorscher Arzneibuch* (um 790) eingefügten Zusammenfassung abgesehen,[19] blieb ein Exemplar des 10. Jahrhunderts in Venedig erhalten. Die Invokationsformeln wurden früh der christlichen oder islamischen Umgebung angepaßt. In zwei griechischen Manuskripten wurde der Text sogar kreuzförmig tradiert.[20] Im arabischen Mittelalter wurde Galen ein Kommentar zum *Eid* zugeschrieben, der von dem berühmten Arzt Johannitius in Bagdad auch ins Syrische übersetzt wurde.[21] In der *praktischen* Medizin und im Rahmen der ärztlichen Ausbildung spielte der Eid des Hippokrates im 1. Jahrtausend nach Christus jedoch eine völlig untergeordnete Rolle. Erst im 16. Jahrhundert wurde er – in der Regel als einführender Text zu gedruckten Hippokrates-Ausgaben – bekannter. Die erste lateinische Ausgabe von Marco Fabio Calvo erschien 1525, die erste griechische von Francesco d'Asola 1526 in Venedig, während der Paduaner Medizinprofessor Girolamo Mercuriale 1588 eine lateinisch-griechische Ausgabe edierte. In diesem Jahrhundert scheint der *Eid des Hippokrates*, wie die Statuten der Medizinischen Fakultät der Universitäten Wittenberg (1508) und Basel (1570) belegen, erstmals von angehenden Ärzten geschworen worden zu sein.[22] Bis zur zweiten Jahrhunderthälfte wurde er in Italien, Deutschland und England vielfach gedruckt (die älteste *englische* Version 1566!).[23] Eine individuell gestaltete, gesundheitsfördernde «ars vivendi», die entschiedene Ablehnung von Tötung und Abort, die Warnung vor unsittlichen Kontakten mit Patienten und ihren Angehörigen, eine tadellose Lebensführung, die Versicherung, dem Kranken nur zu nutzen und niemals zu schaden, aber auch die ideologische Erhöhung der medizinischen Kunst über das Handwerk bestimmten in Europa zunehmend das ärztliche Selbstverständnis. Daß sich nun auch zahlreiche Humanisten bzw. «Arzt-Humanisten» mit hippokratischen Schriften beschäftigten, etwa Johannes Reuchlin (Tübingen 1512), Janus Cornarus (Basel 1538), Anutius Foesius (Frankfurt 1595) oder Petrus Forestus (Frankfurt 1609),[24] führte zu einer raschen Verbreitung des Eid-Texts.

Der Inhalt des heute in aller Welt berühmten Dokuments lautete:

> «Ich schwöre bei Apollon dem Arzt und Asklepios und Hygieia und Panakeia und allen Göttern und Göttinnen, sie zu Zeugen rufend, daß ich diesen Eid und Vertrag nach meinem Vermögen und Urteil erfüllen werde.
>
> Meinen künftigen Lehrer in dieser Kunst meinen eigenen Eltern gleichzuachten und das Leben mit ihm zu teilen und, falls er in Not gerät, ihn mitzuversorgen und seine Nachkommen meinen Brüdern in männlicher Linie gleich zu halten und sie diese Kunst zu lehren, wenn sie sie erlernen wollen, ohne Entgelt und Vertrag, mit Vorschriften und auch mündlichem Unterricht und dem ganzen übrigen Lernstoff, ferner mitzuversorgen meine eigenen Söhne und die Söhne dessen, der mich unterrichten wird, wie auch Schüler, die den Vertrag unterzeichnet und auch den Eid geleistet haben nach ärztlichem Brauch, sonst aber niemanden.
>
> Die diätetischen Maßnahmen werde ich zum Nutzen der Leidenden nach meinem Vermögen und Urteil treffen, Schaden und Unrecht aber von ihnen abwehren.
>
> Nie werde ich irgendjemanden, auch auf sein Verlangen hin, ein tödliches Mittel verabreichen oder auch nur einen Rat dazu erteilen; ebenso werde ich keiner Frau ein keimvernichtendes Zäpfchen verabreichen.
>
> Lauter und redlich werde ich mein Leben und meine Kunst bewahren.
>
> Nie und nimmer werde ich bei Steinkranken den Schnitt machen, sondern sie zu Handwerkern wegschieben, die mit diesem Geschäft vertraut sind.
>
> In wie vielen Häusern ich auch einkehre, ich werde nur zum Nutzen der Leidenden eintreten, mich von allem vorsätzlichen Unrecht und jeder sonstigen Unzüchtigkeit fernhaltend, zumal von wollüstigen Handlungen an den Körpern von Frauen und Männern, Freien und Sklaven.
>
> Was immer ich bei der Behandlung sehe oder höre oder auch außerhalb der Behandlung im Leben des Menschen, so werde ich, soweit man es nicht weitererzählen darf, darüber schweigen, solches als heiliges Geheimnis achtend.
>
> Wenn ich also diesen meinen Eid erfülle und nicht zunichte mache, so möge mir Erfolg im Leben und in der Kunst beschieden sein, gerühmt bei allen Menschen bis in ewige Zeiten. Wenn ich ihn aber übertrete und meineidig werde, das Gegenteil von alledem.»

Der Text läßt, wie viele Eidesformeln, die in der philosophischen Ethik üblichen *Begründungen* vermissen und hat rein «paränetischen» Charakter. Er kulminiert in dem Leitgedanken, den auch der Autor des ersten Buchs der *Epidemien* unterstrich: Ein Arzt soll niemals schaden.[25] Nutzloser Aktivismus wird nicht nur in hoffnungslosen Fällen verurteilt. Auch muß der Kranke stets *gerecht* behandelt werden. Die Abtreibung – das «(Vaginal)zäpfchen» läßt sich mit einiger Berechtigung als «pars pro toto» interpretieren – wird untersagt, ebenso jede Art von Tötung. Mochten solche «unreine» Tätigkeiten ursprünglich, wie Carrick vermutete, nur das heiligmäßig ausgerichtete Leben des pythagoräischen Philosophen entweihen,[26] für den Arzt erhielten sie nun eine grundsätzliche Bedeutung. Das Verbot chirurgischer Tätigkeit mag heute befremden – es entsprach dem niedrigen Ansehen blutiger Handarbeit in der gesamten Antike. Bereits Heraklit hatte sich darüber mokiert, daß für «Quälereien» dieser Art Geld verlangt wurde, obgleich sie ebenso starke Schmerzen wie die Krankheit selbst hervorriefen![27] Nach einem hippokratischen Aphorismus «heilt das Feuer, was das Messer nicht heilt. Was sich dagegen unter Feuer nicht bessert, muß als unheilbar gelten.»[28] Das «Messer» symbolisierte damit die unterste Stufe therapeutischer Bemühungen. Obgleich er nach Platon nur für kurze, Arbeits- und Bürgerpflicht einschränkende Krankheiten zuständig war[29] und die chronische Krankheit in der gesamten Antike eher ein philosophisch-theologisches Problem» darstellte,[30] fühlte sich mancher ehrgeizige Arzt gerade auch bei «inneren» Erkrankungen herausgefordert.[31] Die im *Eid* akzentuierten «diätetischen Maßnahmen» – im Sinne einer krankheitsverhütenden «Lebenskunst» – sollten zudem die *Eigenverantwortung* des Patienten für seinen Gesundheitszustand unterstreichen. Er benötigt hierbei aber den Rat des Arztes, dessen «ehrbares» Verhalten auch in anderen Schriften angemahnt wurde. Die Verpflichtung zur ärztlichen *Verschwiegenheit* wurde im *Eid* erstmals «kanonisch». Sie muß allerdings auch im Kontext anderer griechischer Schwurformeln, etwa für städtische Beamte gesehen werden.[32] Diskretion galt für Inhaber öffentlicher Ämter als Beweis ihrer Charakterstärke. Seit alters beeinflußte so auch die bürgerliche Etikette das Berufsethos von Ärzten und Beamten.[33]

9. Abtreibung in der griechisch-römischen Antike

Der *Hippokratische Eid* untersagte die Abtreibung wie auch die Tötung bereits Geborener, was nach einigen Autoren der pythagoräischen Tradition der «Ehrfurcht vor dem Leben» entsprach, nach Lichtenthaeler vielleicht auch mit der Vorstellung zu tun hatte, die willkürliche Unterbrechung der gottgewollten Generationenfolge sei sündhaft.[1] Daß die im *Eid* verurteilte Abtreibung bei den großen Philosophen aus *eugenischen* Erwägungen eine beachtliche Rolle spielte, wurde schon erwähnt.[2] Über die Alltagspraxis blieben uns allerdings kaum aussagekräftige Dokumente erhalten. In der (ebenfalls hippokratischen) Schrift *Über die Natur des Kindes* wird eine Tänzerin erwähnt, die, um Ruf und Karriere zu retten, ihr Kind durch eine bestimmte Sprungtechnik abzutreiben suchte.[3] Jütte vermutet, «daß nicht nur Tänzerinnen und Hetären, sondern Frauen aus *allen* Gesellschaftsschichten empfängnisverhütende Mittel und Abortiva aus den unterschiedlichsten individuellen Motiven einsetzten».[4] Nach Triebel-Schubert waren Kindesaussetzung, Kindestötung sowie diverse Methoden der Abtreibung «frei von gesellschaftlichem Makel».[5] Eine derartige Liberalisierung, ja Alltäglichkeit des Aborts wäre, besonders für Griechenland, allerdings zu hinterfragen. In der Tat äußern sich viele antike Autoren – Ärzte wie Laien – skeptisch. Zwar werden selbst im *Corpus hippocraticum* Abtreibungstechniken diskutiert[6] (die diesbezügliche Sonderstellung des *Eids* zeigt sich hier deutlich), doch zählte Aischylos «der Zeugung Raub» immerhin zu jenen Verbrechen, die das Recht auf den Zugang zum Tempel verwirkten.[7] Eine Inschrift am Heiligtum von Sunion untersagte nach einem (auch unfreiwilligen) Abort für 40 Tage den Zutritt. Ein ähnliches Verbot läßt sich für ein Heiligtum im lydischen Philadelphia nachweisen. Das Traumbild eines frommen Besuchers gebot dort, Personen, die Liebeszauber und Verhütungsmittel angewandt, abgetrieben oder Neugeborene getötet hatten, auszuschließen.[8] Ein dem Redner Lysias (um 400) zugeschriebenes Fragment behandelte die Frage, «ob die Fruchtabtreibung nicht gerichtlich belangt werden könnte».[9] Nach Cicero war eine Frau in Milet wegen einer Abtreibung sogar zum Tode verurteilt worden.[10] Deren moralische und politische Legitimität war also durchaus umstritten. Nach Plutarch war ein artifizieller Abort in Rom zur Zeit des Romulus ein Scheidungsgrund.[11] Ein gewisser Antigenes soll seine Ehefrau mit dem Argument verklagt haben, «sie habe verhindert, daß er als Vater eines Kindes gelten konnte».[12] Der Schaden, der dem Ehemann durch die Abtreibung erwuchs, hatte nach Diodorus Siculus (1. Jh. v. Chr.) bei den Ägyptern zu der Praxis geführt, Schwangere, die zum Tode verurteilt waren, erst *nach* der Geburt hinzurichten, «was auch viele Griechen zur gesetzlichen Bestimmung machten».[13] Damit sollte vermieden werden, daß, «nachdem die böse Tat geplant und das Verbrechen ausgeführt war, ein Lebewesen, das noch gar keine Fähigkeit zu selbständiger Überlegung hatte, derselben Strafe zugeführt wurde (wie die Mutter)».[14] Entgegen der eher offenen Haltung vieler Stoiker verurteilte ihr später Vertreter Musonius Rufus die Abtreibung ebenfalls.[15]

Der Embryo war in Griechenland allerdings nicht gesetzlich geschützt, obgleich das (umstrittene) Fragment des Lysias dies nahelegen könnte.[16] Immerhin behauptete der aus Pergamon stammende Galen, der den Föten als kleinen Menschen betrachtete und deshalb seine Tötung ablehnte, Solon und Lykurg hätten Abtreibungen geahndet.[17] Im übrigen gab es in dieser Frage keinen wissenschaftlichen Konsens. Platon war z. B. der Meinung, das Kind erhalte erst im Moment der Geburt eine Seele.[18] Aristoteles vertrat in der *Politik* die für die europäische Geistesgeschichte folgenreiche Auffassung, die Leibesfrucht werde sukzessive durch die *anima vegetativa*, die *anima sensitiva* und die *anima intellectualis* beseelt. Über die Stufe vegetativer Reaktionen, welche dem Pflanzenleben eigen sind, entwickle der Embryo zunächst tierisches, d. h. sensitives Empfinden, um dann über die entscheidende Vernunftseele *menschliche Qualität* zu erlangen.[19] Logischerweise erschien eine Abtreibung vor der «Formung», d. h. solange der Ungeborene noch über keine spezifisch *menschliche* Seele verfügte, unproblematisch – die Frage war nur, wann dies der Fall war. Nach der *Tiergeschichte* des Aristoteles wird die männliche Frucht am 40. Tag der Schwangerschaft «geformt», d. h. beseelt, die weibliche dagegen am Ende des dritten Monats, d. h. nach etwa 90 Tagen.[20] Die meisten antiken Ärzte hatten deshalb an einer Abtreibung im zweiten oder dritten Monat nichts auszusetzen.

In seiner Abhandlung *De placitis philosophorum* faßte der stoisch beeinflußte Historiker Plutarch (46?–120? n. Chr.) die wichtigsten antiken Stellungnahmen zu der Frage zusammen, ob und wann der Fötus über «Leben» verfüge: «1) Platon (sagt), der Fötus sei ein Lebewesen; er bewege sich nämlich im Bauch und ernähre sich. 2) Die Stoiker (sagen), dieser sei ein Teil des Bauchs, kein Lebewesen; denn ebenso, wie Früchte Teile der Gewächse seien und abfielen, wenn sie reif geworden seien, verhalte es sich mit dem Fötus. 3) Empedokles (sagt), der Fötus sei zwar kein Lebewesen, liege aber als atmendes Wesen im Bauch … 4) Diogenes (sagt), die Säuglinge würden zwar seelenlos geboren, aber in Wärme. Daher werde die innere Wärme, wenn der Säugling ausgetrieben wird, in die Lunge eingesogen. 5) Herophilos beläßt den Föten die körperliche Beweglichkeit, nicht aber die geistige. Ursache der Bewegung sei der Muskel. Sie würden erst dann wachsen, wenn sie, frisch geboren, nach etwas Luft schnappten.»[21] Die Unterschiedlichkeit der Auffassungen ist erstaunlich. Allerdings waren Beginn und Entwicklung der

Schwangerschaft selbst für Naturforscher wie Aristoteles, der sich ausführlich mit der Embryologie beschäftigt hatte, physiologisch ein Rätsel. Liest man etwa die erhaltenen, Empedokles zugeschriebenen Fragmente, so ergibt sich im Vergleich zu Plutarchs Angaben ein ganz anderes Bild: Der Fötus erscheint hier gerade *ohne* Odem.[22] Wie bei Pythagoras oder dessen Philosophenkollegen Philolaos[23] bedeutet erst die *Atmung*, d.h. letztlich die Geburt, den Beginn des Lebens.[24] Nach Diogenes von Apollonia enthält zwar bereits der Samen «Seelenpneuma», doch findet die entscheidende *Beseelung* ebenfalls im Moment der Geburt statt.[25] Nach Galen soll Diogenes auch der These entgegengetreten sein, die männliche Frucht bewege sich eher als die weibliche.[26]

In der Praxis scheint der Abort, wie die Geburt, eine Domäne der Hebammen gewesen zu sein, wofür auch die Bemerkung des Sokrates (dessen Mutter Phainarete diesen Beruf ausgeübt haben soll!) spricht, diese wüßten sehr wohl, einen Termin zu einem frühen Termin einzuleiten.[27] Entsprechend berichtete Plinius von allerlei Tricks und Zaubermitteln der Hebammen, denen man niemals vertrauen könne.[28] Ihre *praktische* Zuständigkeit verhinderte allerdings nicht, daß sich viele bedeutende Medizinautoren der Spätantike und des frühen Mittelalters, von Galen und Soranus (2. Jh.) über Quintus Serenus (3. Jh.), Oreibasios und Theodorus Priscianus (4. Jh.), ja bis zu Hildegard von Bingen und der legendären Salernitaner Ärztin und Hebamme Trotula (12. Jh.) mit Fragen der Schwangerschaft und der Geburt auseinandersetzten.[29]

Daß im *Eid des Hippokrates* Pessare bzw. «Vaginalzäpfchen» verboten wurden, läßt darauf schließen, daß entsprechende Verhütungspraktiken durchaus verbreitet waren. Gegner der Abtreibung wiesen auch auf die hohe Kindersterblichkeit hin. In der Tat dürfte in der Antike höchstens ein Drittel aller Neugeborenen das Erwachsenenalter erreicht haben.[30] Unter demographischen Aspekten stellte der Abort deshalb – nicht nur für konservative Bürger – ein ernsthaftes Problem dar. Der Historiker Polybios (2. Jh. v. Chr.) klagte «über die Kinderlosigkeit (ἀπαιδία) und die Abnahme der Bevölkerung (ὀλιγανθρωπία) in ganz Griechenland».[31] Nicht ohne Grund hatte eine hohe Kinderzahl in Sparta für die Eltern zahlreiche Privilegien zur Folge.[32] Seit dem 4. Jahrhundert gab es andererseits, etwa in Korinth oder Theben, Ansätze einer Geburtenkontrolle, die sich an der Gesamtzahl der Einwohner orientierte.[33] Nach Shaw bestand deren Praxis in der Antike vor allem darin, überschüssige Kinder zu töten, auszusetzen oder zu verkaufen.[34] Die aristokratische Familienstruktur der Gesellschaft brauchte Erben, aber nicht zu viele! Gewünscht waren vor allem männliche Stammhalter. Kinderlosigkeit galt stets als Makel der Mutter, weil man die der weiblichen Natur eigene «Kälte» für die Unfruchtbarkeit verantwortlich machte.[35] Seit Anaxagoras vertraten die meisten Philosophen und Ärzte die These, die Frau stelle das «Gefäß» für den männlichen Samen dar, der auch das Geschlecht des Kindes bestimme. Trotz gegenteiliger Ansichten, etwa von Parmenides, blieb die Kinderlose in der Schuld. Nach dem Arzt Soranos (2. Jh.) heiratete die vorbildliche Frau auch nur, um Kinder zu bekommen, nicht aus Vergnügen.[36]

Vorbehalte gegen die Abtreibung scheinen in Rom – im Sinne Galens[37] – durchaus stark gewesen zu sein. Metellus Macedonius (2. Jh. v. Chr.) und Cicero (106–43 v. Chr.) warnten wie ihr Zeitgenosse Polybios vor einer Dezimierung der echten Römer.[38] Unter Augustus setzte sich das «Ius trium liberorum» durch, welches, nach spartanischem Vorbild, Vätern und Müttern von mindestens drei Kindern bestimmte Vorteile zugestand[39] (aus einer römischen Patrizierfamilie gingen im Durchschnitt zwei überlebende Kinder hervor!). Plinius der Jüngere klagte allerdings darüber, daß selbst *ein* Kind häufig als Last angesehen wurde, und Juvenal geißelte die Verwöhntheit reicher Frauen: «Kaum eine wirft im goldenen Bett Junge. Soviel vermögen die Künste, soviel die Medikamente derer, die unfruchtbar machen und gegen Entgelt das Töten von Menschen im Bauch übernehmen.»[40] Octavia, die «im Bewußtsein ihrer bösen Lust die Leibesfrucht abtrieb» und von Nero verbannt wurde, galt hierfür als bekanntes Beispiel.[41] Für luxuriöse Dekadenz stand auch der «übermäßig wollüstige» Domitian, der nach Sueton seine Nichte Iulia zur Abtreibung zwang, an der sie dann starb.[42]

Der Redner Quintilian verwendete das (an sich schon) verwerfliche Beispiel einer Abtreibung, um die Ruchlosigkeit der Tötung eines *fremden*, d.h. bereits geborenen Körpers herauszuheben.[43] Cicero berichtete, eine Frau, die «mit Giftmitteln ihre Frucht abgetrieben hatte», sei hingerichtet worden, weil sie sich von den Miterben des Kindes hatte bestechen lassen.[44] Doch scheint der künstliche Abort in republikanischer Zeit nicht immer bestraft worden zu sein. Erst ein Erlaß des Septimius Severus und Antoninus sprach von einem «crimen extraordinarium».[45] Daß ein Abort große Risiken implizierte, zeigte Ovid in den *Amores*: «Weil sie zu rütteln gewagt an der lastenden Frucht ihres Leibes, liegt nun Corinna und schwebt krank zwischen Leben und Tod. Heimlich vor mir und allein unternahm sie das schreckliche Wagnis.»[46] Wir erfahren auch, daß das Volk nach dem Tode solcher Opfer kaum Bedauern zeigte. Daß andererseits schwangere Frauen häufig den *unfreiwilligen* Abort fürchteten, zeigen magische Praktiken, welche diesem vorbeugen sollten. Nach Plinius verhinderte so das Anbinden bestimmter, in die Haut geopferter Tiere eingenähter Steine an den mütterlichen Körper den Verlust der Körperfrucht.[47]

Auch Verhütungsmittel, erstmals erwähnt bei Aristoteles,[48] spielten in Rom eine wichtige Rolle.[49] Lukrez empfahl, von diätetischen Maßnahmen abgesehen, bestimmte Lagen und Bewegungen während des Geschlechtsakts, «nach dem Vorbild der Huren», die auf diese Weise Schwangerschaften verhinderten.[50] Ärztlicherseits beschäftigte sich erstmals umfassend Soranus von Ephesus (98–138) mit diesem Thema. Er unterschied klar Kontrazeptiva von Abortiva, warnte vor untauglichen Getränken und rezeptierte «wirksame» Mittel. Vor allem beschrieb er mechanisch wirksame Pessare bzw. aus Wolle und Öl hergestellte Hindernisse für die Passage des Sperma.[51] Dabei war auch dieser Arzt noch dem mythischen Denken verhaftet: Granatäpfel, die er als Verhütungsmittel empfahl, hätten einst dazu geführt, daß Persephone, bedingt durch ihren rhythmischen Aufenthalt in der Unterwelt, zur Winterszeit die Erde ihrer Fruchtbarkeit beraubte.[52] In der Praxis standen zahlreiche Pflanzen, Kräuter, Mineralien und Mixturen zur Wahl, wobei der Glaube eine wichtige Rolle spielte.

Die Empfängnisverhütung war in der antiken Welt eine private Angelegenheit. Innerhalb der Familien, vor allem aber «von Frau zu Frau» dürften die entsprechenden Rezepte weitergegeben worden sein. Auch Hebammen hatten hier natürlich, wie bei der Abtreibung, einschlägige Kenntnisse. Im medizinischen Schrifttum rezipierte man in römischer Zeit, was Schwangerschaft und Abtreibung betraf, vor allem griechische Autoren. Scribonius Largus verwies auf den hippokratischen Eid, wonach «der Schwangeren weder ein Abtreibungsmittel gegeben noch von irgendeinem Arzt in Aussicht gestellt werden darf».[53] Viele Römer teilten jedoch die Auffassung der Stoiker. Nach Tertullian glaubten diese, die Seele «werde nicht mit der Bildung des Fleisches ... hervorgebracht, sondern unmittelbar nach erfolgter Geburt dem noch nicht lebendigen Kind von außen eingedrückt». Sei das Fleisch geboren, werde es «noch dampfend vom Ofen des Mutterleibs und aufgelöst durch die Hitze wie zum Glühen gebrachtes Eisen, das man sofort in kaltes Wasser taucht, von der Kälte der Luft getroffen. Es ziehe Lebenskraft in sich ein und gebe schließlich Laute von sich.»[54] Daß die Stoiker der Abtreibung aber nicht gleichgültig gegenüberstanden, bewies Seneca, der seine Mutter dafür lobte, daß sie sich ihrer Kinder weder schämte noch sie abtreiben ließ.[55]

Es sei aber noch einmal betont, daß in der Antike nicht Ärzte, sondern Hebammen und entsprechend kundige Frauen für Geburt, Abtreibung und in gewissem Grad für die Empfängnisverhütung zuständig waren. Der Beginn des Lebens unterstand *nicht* der ärztlichen Kontrolle. Nur in der Theorie, d.h. aus wissenschaftlicher Distanz, beschäftigte man sich mit diesem Thema.

10. Abtreibungsproblematik und ärztliche Ethik in der altjüdischen Tradition

Nach Exodus 21, 22 f. mußte nach einem Raufhandel, der zur Fehlgeburt einer Beteiligten führt, dem Ehemann gegenüber Schadensersatz geleistet werden. Kam die Schwangere dabei um, drohte die Todesstrafe.[1] Dölger verwies darauf, daß hier letztlich altsemitische Gesetzgebungen wie diejenige des Hammurabi Pate standen.[2] Über die Septuaginta-Übersetzung dieser Passage, vor allem aber nach dem Studium der aristotelischen Theorie der Sukzessiv-Beseelung,[3] kam auch der erwähnte Philo von Alexandria zu dem Schluß, daß im Fall des Abgangs eines *beseelten* Föten der Urheber mit dem Tode zu bestrafen sei. Gehe dagegen nur eine *unbeseelte* Frucht verloren, sei eine Geldstrafe angebracht, «weil er frevelhafte Gewalt ausübte und der Natur in den Weg trat».[4] Die Beseitigung nicht lebenstüchtig erscheinender *Neugeborener* erschien Philo als reiner Mord. Wenn schon die Eliminierung der *geformten* Frucht im Mutterleib bestraft wurde, erschien die Tötung des bereits Geborenen als noch schwereres Verbrechen![5] Umstritten blieb freilich auch im jüdischen Kulturkreis der Zeitpunkt der «Formung». Die talmudische Rechtsüberlieferung ging – angeblich unter dem Einfluß eines von Kleopatra angeordneten Experiments[6] – davon aus, daß die in Leviticus 12 vorgeschriebenen Reinigungsfristen *nach* der Geburt auch für die Beseelung des Foeten zu *Beginn* einer Schwangerschaft Gültigkeit hatten. Das Ritual sah für die Mutter eines Knaben – zusätzlich zur siebentägigen menstruationsbedingten Unreinheit – weitere 33 Tage der Reinigungspflicht vor, eine Frist, die im Fall eines Mädchens auf das Doppelte erhöht wurde. Der Zeitraum der Reinigung umfaßte so einmal 40, das andere Mal 80 Tage, woraus sich, übertragen auf die «formatio» ebenfalls 40 bzw. 80 Tage ergaben.[7] Problematisch war freilich, daß nicht jede Schwangerschaft in einem so frühen Stadium erkannt werden konnte. In einem jüdischen Moralgedicht des 1. Jahrhunderts n. Chr. hieß es deshalb: «Eine Frau soll ein Kind als Frucht ihres Mutterleibs (überhaupt) nicht töten. Und (auch) nach der Geburt soll sie es nicht Hunden und Geiern vorwerfen.»[8] Der Historiker Flavius Josephus (100 n. Chr.) betonte, das Gesetz verlange, «*alle* Kinder aufzuziehen und verbot der Frau, die Frucht abzutreiben oder durch eine andere Manipulation zu verderben». Sie erscheint in einem solchen Fall als Kindesmörderin, «weil sie ein Lebewesen vernichtet und ihr Geschlecht vermindert».[9]

Im übrigen äußerten sich viele Autoren widersprüchlich. Philo hielt, obgleich er die Abtreibung des Beseelten einem Mord gleichsetzte, das Ungeborene in jedem Entwicklungsstadium für einen Bestandteil der Mutter», «nach

Ansicht der Naturforscher, die ihr Leben der reinen Wissenschaft gewidmet haben und der hervorragendsten Ärzte, die den Bau des Menschen erforschen».[10] Er versuchte so, zeitgenössisches Wissen mit der altjüdischen Überzeugung zu versöhnen, nach der allein Gott das Leben schenkt und nimmt. Zur Zeit Christi scheint, vielleicht aus Protest gegen die liberale römische Abtreibungs-Praxis, häufiger die Bestrafung derer gefordert worden zu sein, die «den Menschen im Menschen» töten.[11] Umfassend wurde der Abort in der jüdischen Literatur erst wieder im 12. Jahrhundert thematisiert, was Jacobovits – vielleicht etwas zu einfach – damit erklärte, daß es in der jüdischen Gesellschaft kaum Abtreibungen gegeben habe.[12] Der Moment der Beseelung wurde jeweils sehr unterschiedlich mit der Konzeption, der «Formung», aber auch der Geburt, ja der Beschneidung gleichgesetzt, wobei die Rechtsprechung nur vage mit theologischen oder biologischen Konzepten übereinstimmte. Immerhin durfte die Sabbatruhe verletzt werden, um ungeborenes Leben zu retten.[13] Der Embryo erschien jedenfalls nach jüdischer Tradition *vor* der Beseelung, d. h. in den ersten Wochen seiner Existenz, weniger schützenswert.

Wie alle antiken Heilkonzepte wies auch die jüdische Medizin Einflüsse *magischen* Denkens auf. Der Talmud und viele mittelalterliche Gelehrte wiesen auf entsprechende Praktiken hin, Gesundheit oder etwa ein gutes Gedächtnis zu erhalten.[14] Es kam sogar vor, daß Juden christliche Geistliche – bei vermeintlicher Besessenheit durch böse Geister – um exorzistische Reinigung baten.[15] Daß man sich um Kranke in besonderer Weise kümmerte, galt in den jüdischen Gemeinden als selbstverständlich. Häufig entstanden im Mittelalter entsprechende Laien-Vereinigungen. Die Tröstung des Kranken, selbst bei Infektionskrankheiten (mit Ausnahme des Aussatzes) eine moralische Pflicht, sollte allerdings erst erfolgen, «wenn das Fieber verschwunden war». Sein Wohl hatte aber z. B. Vorrang vor der Sorge um den Neubau einer Synagoge.[16] Nach dem Vorbild Davids konnte man für Kranke sogar fasten.[17] Angesichts der uralten Überzeugung, daß Gott selbst Krankheiten schickte und beendete, war der Arztberuf in der altjüdischen Kultur, ähnlich wie im frühen Christentum, nicht unumstritten. An König Asa kritisiert der biblische Text, er habe «in der Krankheit nicht den Herrn, sondern die Ärzte gesucht».[18] Nach einem Mischna-Text gehörte «selbst der beste Arzt in die Hölle».[19] Gläubige Juden erinnerten sich auch der göttlichen Mahnung: «Wenn du auf die Stimme deines Herrn, deines Gottes hörst und tust, was in seinen Augen gut ist, wenn du seinen Geboten gehorchst und auf alle seine Gesetze achtest, werde ich dir keine der Plagen schicken, die ich den Ägyptern geschickt habe. Denn ich bin der Herr, dein Arzt.»[20] Jachwe bestimmt nach biblischer Überlieferung die menschliche Lebensspanne, der irdische Arzt handelt in seiner Vertretung. Im Talmud wurde deshalb die Legitimität, ja Notwendigkeit seines Berufs bestätigt: «Es ist verboten, in einer Stadt zu wohnen, in der kein Arzt ist.»[21] Aus der göttlichen Vorbildrolle folgte andererseits die ärztliche Pflicht, *jedem* Kranken, der es wünscht, zu helfen. Dabei wurde die Bedeutung der freien Arztwahl unterstrichen, «denn es ist dem Menschen nicht beschieden, von *jedem* geheilt zu werden».[22]

Jedes *beseelte* Leben, auch dasjenige Schwerstkranker, galt dabei als unantastbar. Beschleunigte ein Arzt den Tod auch nur geringfügig, war dies für die großen Rabbinen ein blutiges Vergehen.[23] Nach der *Halacha*, dem jüdischen Gesetz,[24] konnte auch kein Mensch beanspruchen, auf seinen Wunsch getötet oder von seinem Leiden erlöst zu werden. Ebenso wurde im Pentateuch jede Beihilfe zum Selbstmord verurteilt, der «von Gott geahndet wird» (Genesis 9,5). Ob Ausnahmen möglich sind – man denke an Sauls Ende (1 Samuel 31) oder das Selbstmordattentat Samsons (Richter 16, 23–31) – blieb theologisch umstritten.[25] «Man bindet den Kiefer (des Sterbenden) nicht, man verschließt keine Öffnung seines Körpers ..., man bewegt ihn nicht und legt ihn nicht in den Sand. Wer einen Sterbenden berührt und ihn bewegt, ist wie einer, der Blut vergießt», hieß es im babylonischen Talmud.[26] Wer ihm «die Augen verschließt ..., gleicht jemanden, der seinen Finger auf ein ausgehendes Licht legt und es dadurch zum Erlöschen bringt».[27] Noch deutlicher äußerte sich Maimonides, eine der großen mittelalterlichen Autoritäten (1135–1204): «Gleichgültig, ob einer einen Gesunden oder Sterbenskranken erschlägt – selbst wenn er einen Sterbenden tötet, ist er des Todes schuldig». Auch der Schriftgelehrte Josef Karo (1488–1575) bestätigte in einem Kommentar, daß sich «derjenige, der einen Menschen erschlägt, welcher infolge einer Krankheit (‹durch die Hand des Himmels›) im Sterben liegt, schuldig macht».[28]

Andererseits hatte bereits im 13. Jahrhundert Rabbi Jehuda Ha-Chassid eingeräumt, der Tod eines Menschen dürfe nicht verzögert werden: «Wenn z. B. in Hörweite eines Sterbenden Holz gehackt wird, so daß der Lärm den Tod aufhält, entfernt man den Holzhacker. Ebenso darf man kein Salz auf die Zunge eines Sterbenden legen, um damit den Eintritt des Todes hinauszuschieben ...».[29] Auch Moses Iserles (1525–1572) argumentiert – in einem Kommentar zu Karos *Schulchan Aruch* – in dieser Richtung: «Wenn ein Umstand das natürliche Sterben aufhält», dürfe man diesen entfernen. Es handle sich dabei um die «Beseitigung der Behinderung eines natürlichen Prozesses».[30] In Wirklichkeit wurde hier aber nur dem nutzlosen, therapeutisch verbrämten Quälen Schwerstkranker eine Absage erteilt. Noch im 19. Jahrhundert schrieb Rabbi Babad (1800–1875): «Sogar wenn der Prophet Elias erscheinen würde, das heißt, wenn wir mit absoluter Sicherheit wüßten, daß der Todkranke nur noch eine Stunde oder einen Bruchteil einer Stunde leben würde, so bleibt doch jede Tat verboten, die seinen Tod nähren könnte».[31]

Die jüdische Tradition der Nächstenliebe[32] beeinflußte auch das ärztliche Ethos. Im etwa 180 vor Christus in Jerusalem entstandenen Buch *Ecclesiasticus (Jesus Sirach)*, das allerdings nicht in den *jüdischen* Bibelkanon aufgenommen wurde, findet man zahlreiche Lebens- und Verhaltensregeln, welche die ärztliche Kunst im Judentum betreffen. Weisheit, Pflichterfüllung, Achtung vor dem Alter, Verschwiegenheit, die Geringschätzung des Äußeren, Selbstbeherrschung und die Ermahnung zu Fleiß und Gewissenhaftigkeit bilden die ethische Basis vieler Berufe. Der Arzt nimmt aber dadurch eine Ausnahmestellung ein, daß Gesundheit «mehr wert ist als Gold». Dies muß freilich auch der Kranke beherzigen, weshalb eine beachtliche Patientenethik und überlegte Lebensführung eingefordert werden. Vermeidbare Laster wie Neid oder Wut schaden und verkürzen das Leben, «Kummer macht vorzeitig alt».[33] Eine Mitverantwortung für die eigene Gesundheit steht außer Zweifel: «Im Übermaß des Essens steckt die Krankheit …, schon viele sind durch Unmäßigkeit gestorben. Wer sich dagegen beherrscht, lebt länger.»[34] Diätetische Verfehlungen haben auch eine religiöse Komponente, denn erst «wer gegen seinen Schöpfer sündigt, muß die Hilfe des Arztes in Anspruch nehmen».[35] Auch Maimonides argumentierte in dieser Richtung. Milde gestand er aber zu, daß die Hindernisse auf dem Weg zur Vollkommenheit (und damit auch Gesundheit) durch die Materie, d.h. die Schwäche des Körpers bedingt sind. Der Mensch ist ein Mängelwesen, dem Gott aber den Intellekt schenkte, damit er mit seinen krankheitsanfälligen Organen bestehen kann. Wie Gott das Universum, den Makrokosmos lenkt, bestimmt er das Schicksal seines Körpers. Der Arzt kann und soll ihm dabei helfen. Außer Zweifel steht aber auch, daß Krankheit und Gesundheit, wie im Falle Hiobs,[36] letztendlich Gottes Ratschluß unterliegen. Der Kranke bemüht sich deshalb auch durch Gebete und Opfer, der Arzt durch Anwendung seiner Kunst und seinerseits durch Gebete.[37]

«Schätze den Arzt, weil man ihn braucht, denn Gott hat ihn erschaffen … Er hat von ihm sein Wissen erhalten, sein soziales Ansehen ist hoch», heißt es im *Ecclesiasticus* weiter.[38] Er wendet Arzneien an, «damit … die Hilfe nicht von der Erde verschwindet».[39] Zur «gegebenen Zeit» (der griechische *kairós* diente als Vorbild!) kann er ein Leiden erfolgreich bekämpfen. Solche Empfehlungen widerspiegelten erneut den Versuch, fromme Überlieferung mit hellenistischer Wissenschaft zu versöhnen. Das «Ärztelob» sollte jene beeindrucken, welche Gesundheit und Krankheit ausschließlich metaphysisch deuteten. Es ist immerhin bemerkenswert, daß Rabi Esra noch im 12. Jahrhundert der Meinung war, Ärzte dürften nur *äußere* Erkrankungen, etwa Verletzungen heilen. Selbst Nachmanides, der selbst medizinisch gebildet war, unterstrich um 1200, daß der wahre Gottvertrauende keinen Arzt benötigt, weil Gott das Elend von den Frommen fernhalte.[40]

Wie der griechische wurde der auch jüdische Arzt für unbeabsichtigte Kunstfehler nicht bestraft. Allerdings wurde eine nachgewiesene Fahrlässigkeit geahndet. Ein Gemeindearzt oder «Aderlasser», der leichtsinnig handelte, verlor nicht selten seine Stelle. Starb ein Patient nach einem Kunstfehler, war es in manchen Gemeinden üblich, daß der Arzt in die Verbannung ging. Hatte der Operierte dem Eingriff nicht zugestimmt, durfte er im Fall eines Mißerfolgs gegen den Arzt *nicht* klagen, wenn zu erkennen war, daß es diesem um seine Rettung gegangen war. Dieser schien aber z. B. belangbar, wenn er jemandem, selbst auf dessen Verlangen hin, ein Auge geblendet oder die Hand abgehackt hatte, «weil er wissen mußte, daß im Ernst kein Mensch verstümmelt sein will».[41] Neben dem Schadensersatz mußte er auch die *Verzeihung* des Geschädigten erwirken. Rabbi Edeles vertrat im 17. Jahrhundert die Ansicht, vor allem der Arzt sei verdammenswert, «der sich selbst für den besten hält und Konsilien mit anderen hochmütig ablehnt».[42]

Jüdische Mediziner erfreuten sich in der Regel eines hohen Ansehens, obgleich ihre Tätigkeit häufig, nicht zuletzt durch bürokratische Vorschriften, eingeschränkt war. Im Köln des 16. Jahrhunderts durften sie sich nur aus beruflichen Gründen, von Ratsdienern begleitet, in der Stadt bewegen.[43] Die Erlaubnis, Christen zu behandeln, die Konzession von Nebentätigkeiten und sonstige Sonderrechte hingen oft von der Protektion einflußreicher Persönlichkeiten ab.[44] Häufig erscheinen Ärzte als Spitalmeister oder Gemeindevorsteher, dazu, wie auch manche Rabbiner, als Geldverleiher.[45] Ihr wissenschaftliches Renommee war schon im Mittelalter bedeutend – an der legendären Gründung von Salerno soll auch ein Jude beteiligt gewesen sein. Die Werke von Rhases oder Isaak Iudaeus (10. Jh.),[46] die auch das ärztliche Ethos abhandelten, wurden an den westlichen Universitäten häufig gelesen.[47] Vom *Canon medicinae* des Avicenna blieben mehr als hundert *hebräische* Übersetzungen erhalten! Manchmal wurde Juden auch das Universitätsstudium verweigert, was eine spätere ärztliche Tätigkeit allerdings kaum verhinderte, da viele *praktisch* tätige Heiler im Hochmittelalter nicht akademisch gebildet waren.[48]

In einem wahrscheinlich im 12. Jahrhundert entstandenen, später Maimonides zugeschriebenen *Gebet des Arztes,* das im 18. Jahrhundert in Deutschland aufgefunden wurde, wird Gott als Schöpfer der Natur gepriesen. Der Arzt bittet ihn entsprechend: «Schenke mir die Liebe zu meiner Kunst und deinen Kreaturen. Verschone mich in meiner Berufausübung vor Geldgier und Ehrgeiz, denn diese stehen Wahrheit und Menschenliebe feindlich gegenüber. Sie könnten vom großen Werk, deinen Geschöpfen Gutes zu tun, ablenken. Erhalte mir die Kraft von Körper und Seele, daß sie zu liebevoller Hilfe in der Lage sind, zur Unterstützung von Armen und Reichen, Guten und Schlechten, Freund und Feind. In demjenigen, der leidet, laß mich nur das menschliche Geschöpf sehen! Erleuchte meinen Verstand, daß er das Klare sieht und auch das, was verborgen ist. Laß mich erkennen, was sichtbar ist, laß aber nicht zu, daß ich mir anmaße zu sehen, was unsichtbar ist, denn durchlässig und unbestimmt sind die Grenzen der großen Kunst, sich um Leben und Gesundheit deiner Geschöpfe zu kümmern. Laß mich niemals im Geiste abschweifen. Mögen keine fremden Gedanken meine Aufmerksamkeit am Krankenbett stören oder meinen Geist bei seinen stillen Tätigkeiten verwirren. Denn groß und heilig sind die Überlegungen, die notwendig sind, um Leben und Gesundheit deiner Geschöpfe zu erhalten.»[49]

11. Frühchristliche ärztliche Ethik

Die frühchristlichen, aber auch viele mittelalterliche Theologen sahen in den paganen Wurzeln der Heilkunde wie des ärztlichen Ethos ein beachtliches moralisches Problem. Ein Anonymus des 4. Jahrhunderts wunderte sich, daß das Heidentum etwas so Wunderbares wie die Medizin geschaffen habe.[1] Noch um 200 nach Christus wurde eine Gruppe christlicher, aristotelisch angehauchter Naturwissenschaftler in Rom von der dortigen Gemeinde exkommuniziert.[2] Eusebius (260–339) bezeugte indigniert, viele Christen hätten Galen hohe Verehrung entgegengebracht.[3] Um sich das Gewissen zu erleichtern, verteidigte man die ärztliche Tätigkeit früh durch Hinweise auf die Krankenheilungen Christi. Die Vorstellung des «Christus Medicus» und seiner im Neuen Testament beschriebenen Heilungswunder (deren Bekanntheit und Popularität nicht zuletzt durch die sich ausbreitende christliche *Kunst* gefördert wurde)[4] erhob die Tätigkeit der Ärzte zur «imitatio Christi» und exkulpierte sie gegen den Vorwurf, mit dem Heidentum zu liebäugeln. «Alle wollten ihn hören und von Krankheiten geheilt werden», hieß es bekanntlich bei Lukas, der selbst als Arzt galt,[5] und Matthäus zitierte Jesaias Prophezeiung: «Er nahm unsere Schwachheiten auf sich und trug unsere Krankheiten.»[6] Daß Gott in der Tradition des Alten Testamentes wie der heidnischen Antike Krankheiten lindern oder beenden konnte, schien plausibel. Konsequenterweise mehrten Kranke wie Ärzte durch jede Heilung seinen Ruhm, weil sich im Wunder seine Allmacht offenbarte[7] – ein Aspekt, der dem ärztlichen Handeln eine zusätzliche Würde verlieh. Nach dem Apologeten Tatian (2. Jh.) galten Ärzte entsprechend als göttliche Werkzeuge: «Auch wenn Ihr euch durch Arzneien heilen laßt, muß man Gott das Zeugnis geben.»[8] Tatian war ein dezidierter Gegner der säkularen Heilkunde, doch fand seine von Marcion, dem gnostisch beeinflußten Verneiner alles Leiblichen (um 150) beeinflußte Lehre großen Widerhall. Die Welt, vom Demiurgen des Alten Testaments erschaffen, erschien ihm als Spielfeld des Bösen; es lohnte sich nicht, um die körperliche Gesundung zu kämpfen. Kam es zu Heilungen, waren sie – mit oder ohne Pharmaka – allein Gottes Willen zuzuschreiben.[9] Das Handeln der irdischen Ärzte blieb suspekt, eine Haltung, die auch Arnobius von Sicca (3. Jh.), der Lehrer des Laktanz vertrat.[10] Dagegen verteidigte Origenes (185–254) die Medizin als «Schöpfung Gottes».[11] Die christlich-ärztliche Ethik distanzierte sich zunächst auch demonstrativ von heidnisch-magischen Praktiken, war doch der Zauberer Simon in der Apostelgeschichte (8, 4–25) hierfür bestraft worden.

Das Ethos der Ärzte wurde besonders durch die im Neuen Testament gerühmten «Taten der Barmherzigkeit» beeinflußt, wo Christus nicht als *medi-*

cus, sondern als *patiens* erscheint («Ich war krank, und ihr habt mich nicht besucht»).[12] Gleichzeitig wird eine zentrale christliche Kernaussage beschworen: «Was ihr dem geringsten meiner Brüder getan habt, das habt ihr mir getan». Christus wird im leidenden Mitmenschen erkannt, der Kampf gegen die Krankheit zur Tugend der «caritas» erhöht, d.h. der Liebe zum Mitmenschen wie zu Christus selbst. Sie stellte im alten Europa – neben dem wissenschaftlichen Interessse – ein vielbeschworenes Fundament ärztlichen Selbstverständnisses dar. Wer als Arzt anderen zur Gesundheit verhalf, handelte im Sinne des Evangeliums. Deshalb behandelte der Arianer Aetios (um 300) auch unentgeltlich[13] – nach dem Vorbild der berühmten «Anargyroi» (Geldlosen) Kosmas und Damian.[14]

Christus wurde erstmals von Ignatius von Antiocheia (110 n. Chr.) mit einem Arzt verglichen: «Einer ist Arzt, aus Fleisch zugleich und aus Geist, gezeugt und ungezeugt, im Fleisch erschienener Gott».[15] Ähnlich argumentierte Clemens Alexandrinus (gest. vor 215): «Deshalb heißt der Logos ‹Heiland›, denn er hat für die Menschen geistige Arzneien gefunden, zu ihrem Wohlbefinden und Heil. Er bewahrt ihre (geistige) Gesundheit, deckt Schäden auf, bezeichnet die Ursachen der Leidenschaften, amputiert die Wurzeln unvernünftiger Begierden, schreibt Diät vor und verordnet den Kranken alle heilsamen Gegengifte.»[16] Allerdings wird «Christus Medicus» hier als *Gegenbild* der irdischen Ärzte gesehen, angesichts deren Ratlosigkeit Kranke oft «zu Recht zürnen», und der *spirituelle* Charakter seiner Heilungen herausgestellt.

Für viele frühe Christen erschöpfte sich die Rolle des Arztes – wie im Judentum – in der Vollstreckung des göttlichen Willens. Das ärztliche Ethos schloß die Überzeugung ein, jede Krankheit verfüge über eine *metaphysische* Komponente. «Die Ärzte mögen sich», kommentierte Origenes (185–254) die Heilung eines Mondsüchtigen durch Christus, «an die Physiologie halten, da sie meinen, es handle sich nicht um einen unreinen Dämon, sondern um ein rein körperliches Krankheitsbild ... Wir jedenfalls glauben dem Evangelium, daß diese Krankheit von einem unreinen, stummen und tauben Geist in den Betroffenen hervorgerufen wird.»[17] Die «wissenschaftliche» Medizin wird als diesseitsorientierte Naturwissenschaft verachtet. Erscheint eine Krankheit oder Verletzung allerdings mit ärztlicher Hilfe heilbar, ist – ungeachtet aller theologischen Vorbehalte – ein Arzt hinzuzuziehen. Sein Erfolg, ja schon das Glück, ihn im Krankheits- oder Unglücksfall in der Nähe zu haben, ist freilich «Gott zu danken».[18] Nicht wenige Fromme lehnten die ärztliche Kunst dennoch kategorisch ab – eine Haltung, welche die Legitimierung des christlichen Arztes bis ins Mittelalter hinein bedrohte. Der alte Vorwurf, die Schulmedizin setze sich nur oberflächlich mit Krankheiten auseinander, klang noch bei Gregor von Nazianz (4. Jh.) an: Sie sehe «wenig in die Tiefe» und beschäftige «sich mehr mit dem, was in die Augen fällt».[19] Viele Ärzte neigten zudem zur Selbstüberschätzung und vertrauten darauf, daß «ihre Opfer sie nicht mehr zur Rechenschaft ziehen können». Ironisch werden sie glücklich gepriesen, «weil ihre Erfolge die Sonne sieht, ihre Mißerfolge jedoch die Erde verbirgt».[20] Tertullians Schmähung des Herophilos als «Arzt oder Metzger, der die Menschen haßte»,[21] paßte ebenso in diesen Rahmen wie das von Prudentius (348–405), dem großen christlich-lateinischen Dichter der Spätantike gebrauchte Bild des «hippokratischen Fleischerladens».[22] Der fränkische Bischof und Historiker Gregor von Tours (540–594) pries in spöttischer Anspielung auf die für die Behandlung von Linsentrübungen im Auge zuständigen «Starstecher» seinen Diözesanpatron, den heiligen Martin: «Unser seliger Bekenner hat nur ein Stahlinstrument, das ist sein Wille, und nur eine Salbe, das ist seine (überirdische) Heilkraft.»[23] Die Konkurrenz zur weltlichen Medizin lag auf der Hand, wobei immer wieder deren paganer Ursprung kritisiert wurde. Nach der ins 2. Jahrhundert zurückzuverfolgenden Vita der hl. Thekla wurde diese in Seleukia von Männern vergewaltigt, die im Auftrag heidnischer Ärzte handelten, die auf ihre Heilkraft eifersüchtig waren.[24] Wollte man die Medizin diskreditieren, erzählte man solche Geschichten natürlich gerne.

Die ethische Beurteilung ärztlichen Handelns blieb umstritten. Basilius der Große (330–379) forderte einen rigorosen Therapieverzicht bei Krankheiten, von denen man annehmen mußte, es handle sich um göttliche Strafen. Eine schonungslose Aufklärung durch den Arzt hält er deshalb aus theologischen und pädagogischen Gründen für «nicht falsch».[25] Der Mönchsvater verteidigte aber die professionelle Medizin gegenüber Magie, Zauberei oder Beschwörungstechniken, «denn daß Gesundheit notwendig ist, kann jedermann, auch der Nichtarzt sagen, wie man sie aber erlangen kann, kann nur der Heilkundige angeben».[26] Man habe so auch allen Grund, diesem dankbar zu sein.[27] Im Vergleich zur *geistigen* Gesundung gilt freilich – wie einst bei Clemens Alexandrinus – die körperliche allerdings als zweitrangig. Entschieden plädierte Basilius allerdings für eine gesunde Lebensführung, hatte doch kein geringerer als Paulus Timotheus gemahnt: «Trink nicht nur Wasser, sondern nimm auch etwas Wein, mit Rücksicht auf deinen Magen und deine häufigen Krankheiten.»[28] Auch andere Kirchenväter griffen mit der Kunst der Diätetik bewußt klassisch-hippokratische Themen auf. Clemens erinnerte an einen «gewissen Artorius», der «in seiner Makrobiotik die Meinung vertritt, man solle nur soviel trinken, wie zur Befeuchtung der Speiseröhre notwendig ist, um sich eines längeren Lebens zu erfreuen».[29] Eine solche Körper und Seele nützliche Askese erschien auch Christen angemessen.

Die meisten frühen Theologen sahen Fürsorgemaßnahmen für den Körper zwar skeptisch, aber doch als notwendig an. Ein Christ hat mit seiner Gesundheit *verantwortungsvoll* umzugehen. Der gläubige Arzt weiß, daß er einem Abbild Gottes gegenübersteht. Eine «einfache, leichte Diät mit eingeschränkter Lebensweise» (Hieronymus), der Verzicht auf «eitlen Sport» und Gebete um körperliches Wohlergehen bildeten die Säulen der neuen, modifizierten «ars vivendi».[30] Zum Baden gab es nach Tertullian vier mögliche Gründe, «die Reinigung, die Erwärmung, die Gesundheit, das Vergnügen. Zum Vergnügen aber soll man nicht baden.»[31] Spazierengehen und Gymnastik wurden zur Erhaltung der Gesundheit teils empfohlen, teils geduldet. Eine christlich akzentuierte medizinische *Fachliteratur* zu diätetischen und ethischen Fragen war bis zum 5. Jahrhundert allerdings nicht nachweisbar. Nach antiker Tradition wurden solche Themen eher von Philosophen und Theologen abgehandelt.

Für die Kirchenväter war es, wie bereits ausgeführt, selbstverständlich, daß Gott über Beginn und Ende des Lebens entscheidet. In seiner *Apologie* bemerkte Tertullian: «Nachdem uns Mord in jedem Fall verboten ist, ist es auch nicht erlaubt, die Frucht im Mutterleib zu vernichten, während das Blut (der Mutter) für den Menschenkeim verbraucht wird. Die Verhinderung der Geburt ist vorweggenommener Mord, und es macht keinen Unterschied, ob man ein Leben *nach* der Geburt raubt oder *vor* der Geburt zerstört. Ein Mensch ist schon, wer es erst werden soll, da die ganze Frucht bereits im Samen vorhanden ist.»[32] Aus diesem Grund verurteilte Tertullian auch die Empfängnisverhütung. Noch strenger urteilte Caesarius, Bischof von Arles (6. Jh.), «daß keine Frau einen Trank nehmen darf, der sie unfähig macht zu empfangen oder die Kraft der Natur in ihr beeinträchtigt, die nach dem Willen Gottes fruchtbar sein soll. *So oft sie hätte empfangen oder gebären können, so vieler Morde wird sie für schuldig gehalten!*»[33] Geburtenkontrolle ist nur auf einem Wege möglich: «Wenn eine Frau keine Kinder haben will, soll sie dies fromm und gewissenhaft mit ihrem Mann bereden, denn eine christliche Frau ist allein durch Keuschheit unfruchtbar».[34] Ebensowenig darf ein Arzt durch allzu gewagte Therapien eine Lebensverlängerung anstreben, bedeutet der Tod für einen Christen doch auch die endgültige *Befreiung*.[35] Gregor von Nyssa bringt dabei die praktische Erfahrung ins Spiel, «daß die Vorteile (verschiedener Medikamente) sich ... in Nachteile verwandeln können; denn die Kranken, die sich an der Schwelle des Todes bewegen, fallen wirksameren Mitteln (auch) leicht zum Opfer».[36]

Kritik ernteten im frühen Christentum verständlicherweise jene (offensichtlich zu allen Zeiten nachweisbaren) Ärzte, die aus Geldgier oder des Ansehens wegen bevorzugt Reiche oder Mitglieder der höheren Gesellschaft behandeln. Origenes bemerkte unter Hinweis auf die biblischen Heilungswunder, die *allen* Schichten zugute kamen, «daß ein Arzt, der für die Gesundheit vieler sorgt, gemeinnütziger handelt als derjenige, welcher sich nur um das

Wohl weniger kümmert».[37] Dabei dürfe er auch Schmerzen bereiten, falls sich sonst die Krankheit «vermehren und verschlimmern könnte». Ebenso seien «täuschende Worte» der Tröstung erlaubt.[38] Origenes findet es sogar verständlich, wenn ein Arzt die Schmerzhaftigkeit eines Eingriffs vorher *nicht* ankündigt, ja etwa «das schneidende und trennende Eisen» unter einem Schwamm verborgen hält[39] (Das antike chirurgische Instrumentarium, etwa Sägen oder Skalpelle, muß in der Tat furchterregend gewesen sein!).[40] Um die Gefahr des Rückfalls zu vermeiden, hat er ferner das Recht, «jemanden eine Zeitlang im Zustand ... der Krankheit zu halten, damit er um so zuverlässiger die Gesundheit wiedererlangt».[41] Auch kann seine pädagogische Klugheit gerade in der Abschreckung bestehen,[42] d.h. in der Ausmalung zu *erwartender* Leiden, falls der Patient weiterhin einer ungesunden Lebensführung frönt. Wer seine Ratschläge nicht befolgt, darf sich nicht über den ausbleibenden Heilerfolg beklagen. Der gute Arzt bekämpft die Krankheit im übrigen niemals schematisch, sondern *individuell.* Suchen ihn «zehn Personen mit zehn verschiedenen Leiden» auf, behandelt er nach Origenes «den einen ... mit einem Verband, einem anderen gibt er ein Medikament, bei einigen legt er ein sogenanntes Ätzmittel auf, einen weiteren beruhigt er durch einen bitteren Trunk, einen anderen durch einen süßen; über die Wunde eines dritten streicht er eine dicke Salbe».[43] Sein Beruf ist hart, denn wie die Propheten des Alten Bundes «sehen Ärzte, welche sich zu Kranken begeben und ... um deren Heilung bemühen, Furchtbares, werden unerfreulicher Dinge teilhaftig und geraten durch die Unglücksfälle anderer selbst in Betrübnis. Ihr Leben ist so stets in Bedrängnis. Denn niemals sind sie mit Gesunden zusammen, sondern immer mit Verwundeten, mit solchen, die Geschwüre haben, mit anderen, die voller Eiter, Fieberhitze und verschiedener Krankheiten sind ...»[44] Ihre Arbeit erfordert einen starken Charakter und geistigen Ausgleich.

Vom erwähnten Topos des «Christus Medicus» abgesehen, wurden Bilder aus der Medizin häufig zur Erklärung des göttlichen Heilsauftrages herangezogen.[45] Die patristische Literatur erscheint voll entsprechender Anspielungen und Analogien. Der Märtyrer Ignatius von Antiochia (gest. 110 n. Chr.) bezeichnete so die Eucharistie als «Antidot gegen den Tod».[46] Augustinus entwickelte, indem er griffige Beispiele und Bilder aus der Medizin benutzte, geradezu eine «theologia medicinalis».[47] Christus rettete zunächst *Seelen* (nach Augustinus fand er dabei bezeichnenderweise nicht *einen* psychisch Gesunden!),[48] deren Heilung auch die leibliche Genesung förderte. Allerdings bildete sich, im Sinne des Kirchenvaters, bald eine Teilung der Zuständigkeiten heraus: Der Priester sah seine Aufgabe in der Seelenrettung, während der Arzt für das körperliche Wohlergehen zuständig war. Die aristotelische Vorstellung der «curiositas» bzw. eines möglichen zweckfreien Wissens um

Natur und Körperfunktion[49] wurde dabei zurückgewiesen. Niemand kann Gottes Weisheit und Ratschluß ergründen. Eine rein «naturwissenschaftliche» Medizin erschien Augustinus suspekt, der ärztliche Beruf dagegen zwingend notwendig.

Zunehmend vermischten sich stoische und hippokratische Traditionen mit dem christlichen Impetus der Nächstenliebe zu einer philanthropisch-karitativen Heilkunde.[50] Zahlreiche byzantinische Florilegien des frühen Mittelalters, die Gedanken der Kirchenväter vermitteln, erlauben bemerkenswerte Einblicke in den ärztlichen Alltag. «Einen vollkommenen Arzt nennen wir nicht denjenigen, der auf jeden Fall behandelt, sondern den, der nichts von den Dingen, die nützlich und heilsam sind, unterläßt», heißt es in einem Lehrsatz, während an anderer Stelle derjenige gelobt wird, «der das Mögliche und das Unmögliche zu unterscheiden vermag».[51] Wenn Isidor von Sevilla (6. Jh.) das Wort *Medizin* etymologisch von *modus* (Maß) ableitet, offenbart sich ein für diese Zeit bereits selbstverständlicher Einfluß heidnisch-antiker Diätetik sowie der klassischen Philosophie auf die «medicina christiana».[52] Der Arzt, aber auch der Kranke, hat demnach Demut zu üben und Maß zu halten, d.h. im Zweifelsfall, in uralter hippokratischer bzw. philosophischer Tradition, den goldenen Mittelweg einzuschlagen.

Viele Kirchenväter schwankten zunächst zwischen «weltlicher» Akzeptanz der Medizin und ihrer theologisch begründeten Relativierung. Krankheit und körperliche Hinfälligkeit galten als Vorzeichen, aber auch als Folgen der vom Menschen durch den Sündenfall selbstverschuldeten Sterblichkeit. Es erschien anmaßend, hierüber zu klagen. Nach Laktanz hält die stetige Gefahr zu erkranken den Menschen demütig und trägt zu seiner sittlichen Reifung bei.[53] Der gute Arzt respektiert diese Zusammenhänge, kümmert sich aber auch um die *Ursache* des Leidens. Seine Kompetenz endet dort, wo Gott sein Urteil über Leben und Tod des einzelnen gesprochen hat. Daß Hieronymus den *Eid des Hippokrates* kannte, wurde schon erwähnt.[54] Er listete einen Verhaltenskodex für Kleriker auf, der frappant an das heidnische Vorbild erinnerte: Ein junger Priester solle u.a. Kranke besuchen, sich deren Familie gegenüber würdevoll verhalten und Geheimnisse bewahren können. Kleidung und Verhalten sind den Umständen anzupassen, Zunge und Augen züchtig zu gebrauchen. Aussehen und Attraktivität einer Frau sind ihm dagegen gleichgültig ...[55]

Mittelalter

12. Klöster und Hospize – die Ethik der Mönchsärzte

Die Gründung des ersten westlichen Klosters in Montecassino (529) durch Benedikt von Nursia hatte auf das Ethos und Selbstverständnis der *medici* nachhaltigen Einfluß. Der an bestimmten *Schulen* theoretisch wie praktisch ausgebildete Arzt antiken Typs, der die klassischen Autoritäten studiert hatte, hielt sich nur noch in größeren Städten, an den Höfen und im byzantinischen Kulturraum. Die medizinische Grundversorgung der Bevölkerung ging auf die Klöster über, deren Bibliotheken in der Regel über eine umfassende *Fachliteratur* verfügten. Nach dem Zeugnis Cassiodors (480–562), der in Süditalien ein Modellkloster (Vivarium) gegründet hatte,[1] war dem Mönchsarzt die Lektüre eines regelrechten Kanons antiker Werke vorgeschrieben, u.a. «die ins Lateinische übersetzten Werke des Hippokrates», ferner die Schrift *Über die Medizin* des Arztes Caelius Aurelianus (um 400) sowie eine irrtümlich Hippokrates zugeschriebene Zusammenstellung von Heilkräutern. Falls er Griechisch beherrschte – Cassiodor begrüßt eine solche Bildung ausdrücklich! –, sollte er zudem den *Dioskurides* studieren, «der die Feldgräser mit bewundernswürdiger Genauigkeit beschrieben und gemalt hat». Der Brückenschlag zur alten heidnischen Literatur war damit, ungeachtet einiger prominenter Bedenkenträger,[2] vollzogen; die fachlich-theoretische ärztliche Fortbildung erschien auch *ethisch* geboten.[3] In den *Institutiones* mahnte Cassiodor seine Mitbrüder, sich auch um die Gesundheit jener Menschen zu kümmern, die von *außen* die Klöster aufsuchten, wodurch, nebenbei bemerkt, eine anhaltende abendländische Tradition flächendeckender ärztlicher Versorgung begründet wurde! «Mit selbstlosem Eifer» hatten sie jenen zu dienen, «die von Schmerzen gezeichnet» sind. Belohnung hierfür war, wie der ehemalige Senator betonte, allein von Christus zu erwarten, «der ewigen Lohn für zeitliches Tun gewährt». Er mahnte die Mönche, Heilpflanzen und Arzneimittel sorgfältig zu studieren, fügte aber hinzu: «Setzt die Hoffnung nicht (allein) auf die Kräuter und die Heilung nicht nur auf menschlichen Ratschlag. Diese kommt nämlich von Gott.»[4] Die klösterliche Krankenversorgung war dabei vor allem Aufgabe der *Laienmönche*, deren ethische Qualitäten Cassiodor rühmte: «Nach dem Vorbild der Priester schmücken euch einige Sakramente: Ihr versprecht euren Lehrern, die Ungerechtigkeit zu hassen und die Gerechtigkeit zu lieben.»[5] Moralisch korrektes Verhalten und praktizierte Nächstenliebe ließen den Mönchsarzt als Vorbild für die übrigen Christen erscheinen.

Die Verfechter einer praxisorientierten, doch wissenschaftlich fundierten Klostermedizin beriefen sich vor allem auf Augustinus (354–430), der den

Mönchen neben Gebet und Meditation auch *praktische* Tätigkeiten ans Herz gelegt hatte.[6] Neben einem strengen Arbeitsethos forderte der Kirchenvater ein Engagement für Arme und Schwache, für die man «in barmherzigem Mitleid» einzustehen hat.[7] Hier setzte auch die berühmte Benediktusregel an, welche konkrete Empfehlungen für den Umgang mit Kranken enthielt, zunächst allerdings die Gesundheit der *Mönche* im Auge hatte. Im Lauf der Jahrhunderte wurde freilich auch bei den Benediktinern die Pflege «externer» Patienten selbstverständlich. Hierbei galt die *imitatio Christi* als Leitmotiv: «Für die Kranken soll man vor allem Sorge tragen, daß ihnen so gedient werde, wie in Wahrheit Christus dem Herrn, denn er hat gesagt: ‹Krank bin ich gewesen, und ihr habt mich besucht› und ‹Was ihr einem von diesen Geringsten getan habt, das habt ihr mir getan›» (Kap. 36).[8]

Zur Krankenpflege wurden im Kloster ein besonderer Raum und entsprechendes Personal zur Verfügung gestellt. Kranke Brüder waren im Alltag privilegiert und durften z. B. öfters baden als Gesunde, ja, waren sie sehr schwach, «zu ihrer Genesung Fleisch essen». Die Gesunden sollten ihnen liebevoll und einfühlsam begegnen. Gab es mit ihrer Pflege Probleme, fiel die in Mt. 25, 36–40 angesprochene Schuld, so Benedikt, auf den Abt zurück, der die Mönche «wie ein weiser Arzt» zu führen hat (Kap. 28). Mit erkrankten Greisen und Kindern sollte man besonders nachsichtig verfahren (Kap. 37).[9] Die benediktinische Alltagsethik berücksichtigte auf vorbildliche Weise menschliche Bedürfnisse und Schwächen. Die Vorschriften für die *geistliche* Therapie entsprachen dem Vorgehen eines *weltlichen* Arztes, die psychologische Führung der Mönche orientierte sich an der ärztlichen: In hartnäckigen Fällen sollte der Abt «zuerst lindernde Umschläge und Salben der Ermahnung» anwenden, «dann die Arzneien der heiligen Schrift und schließlich, gleichsam wie ein ärztliches Brenneisen, Ausschließung und Rutenschläge. Wenn er daraufhin erkennen muß, daß seine Mühe keinen Erfolg hat, greife er zu dem, was noch stärker wirkt: Er und alle Brüder beten für den kranken Bruder, daß der Herr … ihm die Heilung schenke. Wenn er sich aber selbst dann nicht heilen läßt, setze der Abt das Messer an» (Kap. 28).

Wie einst Origenes verlangte auch Benedikt eine beachtliche *Patientenethik*. Nörgelnde Bitten an die übrigen Brüder bzw. jene, die sie pflegten, werden verurteilt: «Die Kranken mögen bedenken, daß man ihnen dient, um Gott zu ehren; sie sollen ihre Brüder, die ihnen zur Verfügung stehen, nicht durch übertriebene Ansprüche traurig machen» (Kap. 36). Aus dem ersten Korintherbrief (1 Kor. 7,7) wird das Recht abgeleitet, «das Maß der Ernährung anderer» festzulegen. Gerade über eine sinnvolle Diätetik und mittels ausgesuchter Speisepläne glaubte Benedikt, die Gesundheit der Mönche erhalten zu können. «Als tägliche Hauptmahlzeit reichen, wie wir glauben, *zwei* gekochte Gerichte wegen der verschiedenen schwächlichen Veranlagungen, so daß etwa derjenige, welcher von dem einen nicht essen konnte, von dem andern erquickt wird» (Kap. 39). Eine derartige «Steuerung» des Wohlergehens war für den ältesten Mönchsorden des Westens charakteristisch. Sie gehörte zum Ethos der Gemeinschaft. Entsprechend hatte Johannes Cassianus (360–435), dessen *Institutiones Coenobiorum* Benedikt besonders schätzte,[10] dafür plädiert, die diätetischen und moralischen Alltagsvorschriften auch der Lage und dem Klima eines Klosters sowie den Lebensbedingungen des einzelnen Kranken anzupassen.[11] Wer einer körperlich anstrengenden Arbeit nachging, durfte nach Benedikt selbstverständlich mehr essen, wobei jedes Unmaß vermieden werden sollte. Minderjährige sollten weniger (!) konsumieren als Erwachsene.[12] Der Abt (wie der Mönchsarzt, der in seinem Auftrag wirkt) ist sich bewußt, daß er «die Sorge für gebrechliche Menschen übernommen hat, nicht die Gewaltherrschaft über Gesunde» (Kap. 27). Letztere sollten über einen kranken Mitbruder nicht rhetorisch oder therapeutisch «siegen», sondern ihm mitleidsvoll begegnen: «Vor allem übe der Gesunde Demut. Kann er einem Bruder nichts geben, dann schenke er ihm wenigstens ein freundliches Wort» (Kap. 32). Wolle man die Menschen gerecht behandeln, müsse man ihre Ungleichheit berücksichtigen! Die Benediktiner strebten jene Harmonie der Lebensgestaltung an, von der auch heidnische Ärzte gesprochen hatten. Begriffe wie Gerechtigkeit, Rücksicht, Maß, Mitte, Bescheidenheit, Klugheit, Wahrheit, Frömmigkeit und Fasten ersetzen im christlichen Umfeld die gymnastischen Übungen, welche Herodikos oder Galen vorschlugen.[13] Die Würde des einzelnen wird mit erstaunlicher Sensibilität gegen (in der Monastik sonst durchaus übliche) kollektive Ideen und den Druck der Gemeinschaft geschützt. Gelehrte Mönche erkämpften die Gesundheit freilich mit *geistigen* Mitteln, wie sie Boethius (ca. 480–524), der ehemalige Kanzler Theoderichs, in der *Consolatio philosophiae* beschrieben hatte. Die «Schau des Göttlichen» stellt «einen Funken zu deiner Wiederherstellung dar», erklärt dort die personifizierte «Philosophia» ihrem «Patienten». Gott, der die Weisheit verkörpert, zeigt dem philosophisch Interessierten auch Mittel der Rettung.[14]

Spätestens seit dem Mailänder Toleranzedikt (313)[15] gab es, vor allem im Osten des Reichs, christliche Institutionen zur Betreuung Hilfsbedürftiger. Die durch das Konzil von Nizäa (325) in jeder Diözese vorgeschriebenen Hospize (Xenodocheia) wurden zu «Keimstätten des Hospitalwesens christlicher Prägung».[16] Ihre Gründung verhinderte die körperliche und seelische Verelendung vieler Armer, Alleinstehender, Waisen, Kranker und Pilger (und beendete so ein düsteres, im allgemeinen kaum wahrgenommenes Kapitel der antik-heidnischen Kulturgeschichte!). Die Krankenpflege stellte dabei nur *eine* Aufgabe dieser asylähnlichen Institutionen dar. Ärzte hatten hier in der Regel kein Wirkungsfeld; sie behandelten – wie schon in der heidnischen

Antike üblich – in *Ambulatorien,* die seit den ersten Klostergründungen zunehmend durch monastische Einrichtungen abgelöst wurden. In der *Didaskalia,* einer syrischen Kirchenordnung (3. Jh.), wurden *Frauen* gemahnt, die Kranken in der Gemeinde zu betreuen.[17] Langsam entwickelte sich im Osten ein organisiertes Spitalwesen, das durchaus Krankenhaus- (und nicht nur Asyl)charakter besaß und in dem griechische Medizin, römische Organisationstradition und christliche Haltung eine bemerkenswerte Synthese eingingen.[18] Rund um das Mittelmeer sind noch heute zahlreiche Ruinen alter christlicher Pilgerstätten und ihrer Xenodocheia erhalten.[19]

Prototyp war das vom Kirchenvater Basilius in Caesarea in Kappadokien errichtete Hospiz für Aussätzige (um 372), ein «Schatzhaus der Frömmigkeit», wie Gregor von Nazianz formulierte: «Basilius übernahm es zuerst, die Gemeinschaft davon zu überzeugen, ihre Mitmenschen nicht zu verachten und Christus nicht durch Gleichgültigkeit gegenüber Menschenwesen zu beleidigen.»[20] Der aus Nächstenliebe tätige Arzt ging davon aus, daß die Aussätzigen, aber auch kranken Mönche, Pilger und Alten seine Ratschläge befolgten, wobei «Schneiden, Brennen, die Schmerzen scharfer und bitterer Arzneien, Hunger, genau bestimmte Diät und die Enthaltung von schädlichen Dingen» sowohl therapeutische wie *pädagogische* Maßnahmen darstellten. «Oft fallen wir in Krankheiten, damit wir erzogen werden», betonte Basilius in Anspielung auf Origenes.[21] Die Medizin hat die Aufgabe, die körperliche Gesundheit soweit herzustellen, daß der Patient sich ungestört um sein Seelenheil kümmern kann.[22] Allein auf einen gesunden Körper zu bauen, erschien theologisch allzu dürftig, ja, so Basilius wörtlich, «tierisch». Entscheidend sei der rechte Gebrauch dieses Gottesgeschenks, das Gebete nicht überflüssig mache. Auch Johannes Chrysostomus (um 400) unterhielt in seinem Bistum Konstantinopel mehrere Krankenhospize («Nosokomeia»), deren geistlichen Leitern Ärzte, Köche und «wohlgesinnte ledige Krankenwärter» zu Seite gestellt wurden.[23] Nachdem Ende des 11. Jahrhunderts in Jerusalem der Johanniter-Orden gegründet worden war, entstanden entlang der Kreuzfahrerrouten zahlreiche Hospize zur Pflege kranker Brüder und Pilger. Ärzte wurden hier erstmals systematisch in den Hospitalbetrieb eingebunden. Regelmäßige Visiten und Krankenberichte waren vorgeschrieben, die Sorge um Notleidende wurde *organisiert.* Täglich wurden die Betten gereinigt, jeder Kranke erhielt «Pelz, Schuhe und eine Wollmütze» für den Toilettengang. Für Kleinkinder von Pilgerinnen hielt man sogar Wiegen bereit, Köche sorgten dafür, daß frisches Fleisch, Obst und Gemüse angeboten wurden.[24] Wert wurde natürlich auch auf eine *geistliche* Diätetik gelegt, die das Heil der Seele sichern sollte.[25] Mut vor dem sarazenischen Feind paarte sich im Idealfall des Ordensritters mit der Demut vor dem Kranken. Sein letztes Ziel war es freilich, dessen Seele zu retten.

Die Hospiz-Idee der Johanniter wurde bald auch im Westen kopiert, wo die um 540 von König Childebert in Lyon veranlaßte Spitalgründung eine Jahrtausende anhaltende Tradition begründet hatte.[26] Adel und das erstarkte Bürgertum erließen seit etwa 1200 entsprechende Stiftungen, welche zuvor vor allem *Klöstern* zugekommen waren.[27] Damit reagierte man auch auf soziale Umwälzungen: Viele Arme und Kranke mußten in den Städten auf jene Hilfe und Solidarität verzichten, die in der Großfamilie ländlicher Hofgemeinschaften selbstverständlich gewesen waren. Die Johanniterordnung von 1187 galt deshalb als vorbildlich. Sie wurde z. B. auch vom Marburger Hospital übernommen, das nach dem Tode seiner Gründerin, der heiligen Elisabeth, in die Hand des Deutschordens überging.[28] Heilige wie Elisabeth wurden zu populären Vorbildern für die neuen Pflegegemeinschaften. Ihre hohe Verehrung in allen Schichten – bei ihrer Beisetzung erbot sich Kaiser Friedrich II. von Hohenstaufen, den Sarg mitzutragen! – läßt erahnen, wie bedrohlich die Furcht vor Krankheit und Leiden war und wie begrenzt die Möglichkeit einer Heilung schien. Ärzte spielten in den städtischen und geistlichen Hospizen – im Gegensatz zur Johannitertradition – eher eine untergeordnete Rolle, waren aber, entgegen einer alten medizinhistorischen Legende, keinesfalls ausgeschlossen. Das Sagen hatten die Trägerorden, unter denen seit dem 12. Jahrhundert die «Brüder vom Heiligen Geist», welche Kranke als ihre «Herren» betrachteten, eine herausragende Rolle spielten.[29] Im Nürnberger Heilig-Geist-Spital sollten die Brüder laut Stiftungssatzung sogar den (spätestens seit 1486 vertraglich angestellten) Hospitalarzt an seine ethischen Verpflichtungen erinnern. Ebenso wurden die hauseigenen Apotheker zur Sparsamkeit gemahnt.[30] Früh schon differenzierten sich auf bestimmte Krankheiten *spezialisierte* Orden, etwa die Lazariten, welche die Aussätzigen um sich scharten, oder die Antoniter, die sich bereits im 11. Jahrhundert konstituierten, um die am «Antoniusfeuer», einer Mutterkornalkaloid-Vergiftung Erkrankten zu pflegen, ja durch Diät zu therapieren.[31] 1254 stiftete Ludwig der Heilige in Paris ein Blindenhospiz, seit 1462 existierte in Köln ein Spital «wahnsinniger Leute».[32] Ärztliche «Spezialisten» traten freilich noch nicht in Aktion – es waren karitative Einrichtungen, die sich technisch und organisatorisch auf bestimmte Behinderungen einstellten. Der Einfluß von «prudentia» und «caritas», der höchsten christlichen Tugend,[33] auf das Ethos von Ärzten, Schwestern und Pflegern war offensichtlich.[34]

Im klösterlichen Umfeld des Westens entwickelte sich im Früh- und Hochmittelalter auch eine respektable theoretisch-medizinische *Forschung*, die auf den «freien Künsten» basierte und einem Kreis von geistlichen Schülern umfassende Fachkenntnisse vermittelte. Nicht mehr ein ständisch gebundener Arzt wie in der heidnischen Antike, aber auch (noch) kein «akademisch» gebildeter Mediziner kümmerte sich um die Kranken. Der Ruf mönchischer

Ärzte war häufig legendär. Notker, Mönch in St. Gallen (10. Jh.) – im dortigen Totenbuch wurde er als «benignissimus doctor et medicus» bezeichnet –, wurde von Bischöfen, Äbten und Herzögen aufgesucht und schließlich als ärztlicher Experte an den Hof der ottonischen Kaiser berufen. Die rasche Entwicklung der karolingischen Klöster und ihr Auftrag zur Krankenversorgung erforderte bald ein regelrechtes Gesundheits*management*. Nachdem das Konzil von Aachen (817) Heilkunst wie Pflegedienst erneut den Mönchen und Nonnen zugewiesen hatte, unterschied der berühmte St. Galler Klosterplan von 820 bereits Armenhospiz, Gästehaus, Krankenflügel, Arzttrakt, Aderlaßhaus, Bad und Kräutergarten.[35]

Es ist verständlich, daß sich Äbte wie Mönchsärzte auch über durch das Klosterleben hervorgerufene Krankheiten Gedanken machten. Mönchsväter wie Augustinus (354–430) oder dessen erwähnter Zeitgenosse Johannes Cassian[36] sahen vor allem in übertriebenen Formen von Einkehr und Meditation ein Risiko. Cassian wandte sich so gegen das Laster der *acidia*, der durch Tagträumerei und destruktive Langeweile charakterisierten mönchischen Hauptsünde.[37] Evagrius Ponticus (gest. 399), ein Diakon aus Konstantinopel, reihte das mit Depression und Lebensekel kombinierte Laster, das alle Klosterinsassen bedrohte, unter die acht sündhaften Gedanken ein, welche die Grundlage der (später durch Gregor den Großen kanonisierten) sieben Todsünden darstellten. Ärztliches Handeln zielte auf die Vermeidung entsprechender Gefahren,[38] wobei ein *karitatives* Engagement als effektivstes gegen Depressionen galt. Wer zur Melancholie neigte, wurde von den Mitbrüdern konsequenterweise nicht selten mangelnder Nächstenliebe verdächtigt.

Auch im Osten gebot es das Ethos des Mönchsarztes, die Kranken unter Berücksichtigung *individueller* Gesichtspunkte, etwa ihrer sittlichen Bereitschaft zu behandeln. Zeigt es sich nämlich, daß ein Patient, der aus eigener Schuld – etwa infolge maßlosen Essens und Trinkens – erkrankt ist, «unter der Heilung des Körpers die Seele vernachlässigt, ist es besser, ihn seinen Schmerzen zu überlassen, die er aus seiner eigenen Unmäßigkeit erleidet».[39] Inwieweit solche Regeln Ärzte in der Praxis festlegten, ist natürlich schwer zu eruieren, doch kann kein Zweifel bestehen, daß die geistlichen Heiler sie zumindest berücksichtigten.

Die Mönchsärzte sahen es auch als ihre Aufgabe, dubiosen Therapieversuchen Einhalt zu gebieten. Selbsternannte Heiler, charismatische Persönlichkeiten beiderlei Geschlechts, die auf heidnisch-magische Traditionen zurückgriffen, wurden an den Pranger gestellt. Dabei spielte – wie in der heidnischen Antike – auch Konkurrenzdenken eine Rolle. Da der wahre Arzt den *ganzen* Menschen berücksichtigt, benötigt er, wie es Isidor von Sevilla[40] ausdrückte, eine umfassende, «enzyklopädische» Bildung.[41] Er ist psychologisch, pädagogisch und philosophisch geschult und weiß, daß sein Beruf hauptsächlich durch Gott legitimiert ist. Daß die Heilkunde von manchen Theologen allerdings noch lange in Frage gestellt wurde, zeigt die ärztliche Rechtfertigung des unbekannten Autors des um 790 im karolingischen Kloster Lorsch entstandenen, nach Gundolf Keil ältesten erhaltenen Arzneibuchs aus dem deutschsprachigen Raum, für den die menschliche Gesundheit, wie es schon frühchristliche Autoren angenommen hatten,[42] aus drei Gründen gefährdet erschien: Indem Gott Krankheiten als Strafe bzw. zur Sühne schickt, ferner, wenn diese, wie bei Hiob, eine Bewährungsprobe darstellen und schließlich, wenn eine besondere «Leidensanfälligkeit» besteht, etwa bei körperlicher Disposition oder infolge von Fehlmischungen der Körpersäfte. Nur im letzten Fall ist christliche Nächstenliebe und konkrete Hilfe durch den Arzt angezeigt. Die religiöse Bedeutung zahlreicher Erkrankungen rechtfertigte um so mehr die in den Klöstern häufige Personalunion von Arzt und Kleriker. Der ideale Arzt rettet so Körper *und* Seele.[43]

13. Universitäten, Prüfungen, Approbationen: Die Institutionalisierung der Medizin

Mit der Gründung von Universitäten und medizinischen Fakultäten seit dem 11. und 12. Jahrhundert, etwa in Salerno, Montpellier oder Bologna, wurde die Medizin auf ein akademisches Niveau gehoben. Sie verlor weitgehend die klösterliche Bevormundung und orientierte sich wieder stärker an der Antike, vor allem aber, unter dem Einfluß bedeutender, etwa in Montecassino, Toledo und Sizilien bestehender Übersetzungsschulen,[1] an *arabischen* Autoritäten. Infolge des Einflusses nichtchristlicher Autoritäten, etwa des Averroes (12. Jh.) mußte sie sich – wie im frühen Christentum – des Vorwurfs heidnischer Indoktrination erwehren. «Von drei Ärzten glauben zwei nicht an Gott», lautete im 13. Jahrhundert ein zunächst auf die Pariser medizinische Fakultät gemünzter, später aber gängiger Vorwurf.[2] Noch im 12. Jahrhundert hatte der Zisterzienser Bernhard von Clairvaux (gest. 1153) ihnen vorgeworfen, «das Leben in dieser Welt» erhalten zu wollen.[3] Doch war der Triumphzug der «wissenschaftlichen» Medizin nicht mehr aufzuhalten.

In Salerno, wo sich erstmals in Europa «nicht nur eine Mediziner-Universität, sondern auch eine geregelte ärztliche Ausbildung» (Gerhard Baader) nachweisen ließ,[4] aber auch in Bologna, Padua, Neapel, Montpellier, Paris und Oxford studierte man die Heilkunde nach einem von der Hochschule festgelegten Curriculum. Der Lehrstoff variierte in gewissen Grenzen, wobei die lateinische Sprache und scholastische Methodik die Konstanten blieben. Auch die Beachtung ethischer Richtlinien, etwa Arme kostenlos zu behandeln, Schwerkranke zur Beichte anzuhalten, bestimmte Arzneihändler und Apotheker nicht zu bevorzugen oder in keinem Fall aktive Euthanasie zu betreiben, wurde angemahnt. Es war Friedrich II. von Hohenstaufen (1215–1250), der für seine italienischen Herrschaftsgebiete erstmals eine *Approbation* für Ärzte einführte (für den normannisch-sizilischen Herrschaftsbereich hatte allerdings bereits sein Großvater Roger II. 1140 ein Vorläufergesetz verabschiedet, das auch die Rechte und Pflichten der Apotheker regelte),[5] «Wer den Arztberuf ausüben will, möge sich unseren Amtsträgern und Richtern vorstellen, damit er sich ihrem Urteil unterwerfe. Hat er sich die Ausübung unbedachterweise angemaßt, soll er unter Beschlagnahmung seines Vermögens in den Kerker geworfen werden»,[6] hieß es im berühmten, den Konstitutionen von Melfi (1231) eingefügten *Liber Augustalis*. Laienärzte, Magier, Scharlatane, Wunderheiler und mancher Kräuterkundige verloren an Ansehen, da sie *keine* entsprechende Prüfung aufwiesen. Die Pflicht zu «Staatsexamen» und «Approbation» wurde gesetzlich verkündet: «Da wir den schweren Nachteil und den irreparablen Schaden bedenken, der aus der Unerfahrenheit von Ärzten erwachsen kann, befehlen wir, daß künftig keiner, der den Titel eines Arztes führt, zu praktizieren oder zu heilen wagt, wenn er nicht zuvor in Salerno in öffentlicher Sitzung der Professoren offiziell approbiert wird und mit amtlichem Zeugnis über seine Zuverlässigkeit und sein ausreichendes Wissen sowohl von den Professoren als unseren Beauftragten in unserer Gegenwart wie unserer Abwesenheit vom Reiche in Anwesenheit dessen, der als unser Stellvertreter dort verbleibt, erscheint, und wenn er nicht von uns oder diesem die Genehmigung zum Heilberuf erhält».[7]

Ferner legten die Konstitutionen von Melfi Details des Medizinstudiums fest, das eine vertiefte fachliche, aber auch charakterliche Bildung zum Ziel hatte und *zentral* geregelt werden sollte. Als Arzt zu arbeiten, ohne nach den neuen Vorschriften ausgebildet zu sein, hätte dem ärztlichen Ethos wie den Interessen des Staates widersprochen. Ein naturwissenschaftlicher «Fachidiot» erschien undenkbar: «Da niemand die medizinische Kunst beherrschen kann, ohne etwas von Logik zu wissen, bestimmen wir, daß keiner Medizin studieren darf, wenn er nicht zuvor drei Jahre diese Wissenschaft studiert hat. Danach soll er, wenn der Wunsch besteht, sich dem Studium der Medizin widmen, das er fünf Jahre betreiben soll, und zwar so, daß er die Chirurgie, die ein Teil der Medizin ist, innerhalb der genannten Zeit (mit)erlernt. Danach und nicht vor diesem Zeitpunkt soll ihm die Erlaubnis zum Praktizieren gegeben werden, nachdem er sich nach den geltenden Regeln unseres Hofes einer Prüfung unterzogen und außerdem ein amtliches Zeugnis über die gesamte Studienzeit erhalten hat». Interessant sind die *moralischen* Richtlinien, die dem jungen Mediziner mit auf den Weg gegeben werden. «Der fertige Arzt soll schwören ..., daß er, sofern es zu seiner Kenntnis gelangt, daß jemand bei der Herstellung von Arzneien nicht einwandfrei arbeitet, dies dem Hof meldet und daß er ferner Arme kostenlos behandeln will. Er hat seinen Patienten mindestens zweimal am Tag zu besuchen und, sofern der Kranke dies möchte, einmal nachts. Von diesem soll er für einen Tagesbesuch, wenn er deshalb die Stadt oder den Ort nicht zu verlassen braucht, nicht mehr als eine halbe Tarene Gold nehmen. Von einem Kranken aber, den er außerhalb der Stadt besucht, soll er für einen Tagesbesuch nicht mehr als drei Tarenen, wenn der Kranke die Unkosten bezahlt, oder nicht mehr als vier Tarenen, wenn er (zunächst) selbst seine Unkosten übernimmt, erhalten ... Die Apotheker haben die Arznei ferner nach dem Gutachten der Ärzte auf ihre Kosten, gemäß der Anweisung unserer Verordnung, herzustellen. Sie sollen zu deren Fertigung nur zugelassen werden, nachdem sie den Eid geleistet haben.»[8] Die eingefügte «Apothekerverordnung» knüpfte inhaltlich an die erwähnte Verordnung des Normannenkönigs Roger II. an, in welcher es hieß: «Den treffe das Todesurteil, der schlechte und schädliche Heilmittel zur Beraubung der Sinne oder aber Gifte verkauft.»[9]

«Keiner soll nach Beendigung seines Studiums», so weiter der Wortlaut des *Liber Augustalis*, «praktizieren, ohne zuvor ein Jahr lang unter Aufsicht eines erfahrenen Arztes gearbeitet zu haben». Die Einbindung der in der Antike wie an den *mittelalterlichen* Fakultäten verachteten Chirurgie in die medizinische Ausbildung war Friedrich ein besonderes Anliegen. Die scholastische Heilkunde sollte von ihrer Praxisferne, aber auch vom intellektuellen Dünkel befreit werden: «Auch verordnen wir in heilsamer Bestimmung, daß kein Chirurg zur Ausübung der Praxis zugelassen werden soll, wenn er nicht Zeugnisse von Professoren der Medizinischen Fakultät vorweisen kann, daß er mindestens ein Jahr dieses Teilgebiet der Medizin gelernt hat, welches die Chirurgie lehrt, besonders die Anatomie des menschlichen Körpers.»[10] Interessanterweise achteten die Autoren der kaiserlichen Medizinalgesetzgebung auch auf die Bewahrung einer intakten Umwelt. Fischern wurde verboten, «Taxus oder ähnliche Kräuter, durch die Fische sterben oder getötet werden, in die Gewässer zu werfen. Denn dadurch werden die Fische selbst giftig, wie auch die Gewässer, aus denen Menschen und Tiere öfters trinken.»[11]

1240 wurde auch in Montpellier eine Reform der ärztlichen Ausbildung erlassen. Seit 1309 mußte man dort bei der Prüfung ein sechsjähriges Fachstudium vorweisen – inklusive einer einjährigen allgemeinbildenden Propädeutik, welche an der «artes»-Fakultät zu absolvieren war. Hatte man die «freien Künste» bereits an einer anderen Hochschule erlernt, wurde die Studiendauer vor Ort auf fünf Jahre reduziert.[12] Ähnlich sah der Studiengang in Bologna aus, wo – wohl nach dem Vorbild des staufischen Gesetzes – seit 1405 für angehende Ärzte ein dreijähriges Philosophie-Studium vorgeschrieben war.[13] Man legte an den mittelalterlichen Universitäten Wert darauf, daß ein «physicus» in der Lage war, Krankheiten philosophisch, psychologisch und naturwissenschaftlich zu ergründen. Die Gesetzgebung Friedrichs II. war hier richtungsweisend.

Bemerkenswerterweise mußte sich bis zum 13. Jahrhundert, von dem Edikt Rogers II. von 1140 abgesehen,[14] kein mittelalterlicher Laienarzt *formal*, etwa durch einen Eid, einem Ethik-Kodex verpflichten. Man bot seine Dienste nach Abschluß der Ausbildung, des Studiums oder einer Lehre an, ohne sich gegenüber der Obrigkeit oder der Kollegenschaft auf *konkrete* sittliche Grundsätze festzulegen. In freiem Wettbewerb wurde behandelt, wer um ärztliche Hilfe bat und bezahlen konnte.[15] Ein Arzt, dessen Ruf ruiniert war, mußte deshalb nicht selten in eine andere Kommune übersiedeln. Nicht nur der handwerkliche Wundarzt, sondern auch der promovierte Physicus arbeitete bis zum 13. Jahrhundert, handelte es sich nicht um fürstliche Leibärzte oder bestallte Stadtärzte, erstaunlich frei und weitgehend unabhängig. Nach 1200 konstituierten sich allerdings in manchen Städten nach handwerklichem Vorbild ärztliche Gilden bzw. Collegia, deren Satzungen – zumindest formal – einen hohen moralischen Standard voraussetzten und in der Regel beeidet wurden. Ihnen gehörten anfangs, wie etwa in Paris, vor allem Chirurgen an,[16] nicht selten aber auch, wie im Florenz des 15. Jahrhunderts, akademisch gebildete Ärzte.[17] Da die *Collegia* besonders zu Pestzeiten eine wichtige Rolle spielten, werden sie in dem betreffenden Kapitel abgehandelt.[18]

14. Zwischen Ethik und Propaganda: «Leitlinien» mittelalterlicher Ärzte

Im europäischen Hochmittelalter waren vor allem medizinethische Texte aus dem arabischen und byzantinischen Kulturraum verbreitet, deren Wurzeln in die Antike zurückreichten.[1] Die Mahnungen und Empfehlungen der Verfasser entsprachen sich häufig. Überschneidungen und Wiederholungen waren die Regel, ausgewählte Abschnitte älterer Schriften wurden geschickt mit Thesen des «neuen» Autors vermischt. An Stil und Inhalt ließ sich auch der Einfluß bestimmter Hochschulen oder Orden erkennen. Herausgestellt wurde besonders die ärztliche Pflicht zu Fürsorge, Wahrheit, Bescheidenheit, uneigennützigem Verhalten und Fortbildung. Zuweilen wurden aber auch psychologische Tricks empfohlen, um Vertrauen, Dankbarkeit und die pekuniäre Großzügigkeit des Kranken zu erhalten. Dies galt vor allem für die erstmals von Henschel und de Renzi vorgestellte Schrift *Über den Umgang des Arztes mit dem Kranken.*[2] Sie entstand im 11. Jahrhundert im Umfeld von Salerno und stellte wohl das erste nachantike medizinische Werk dar, das sich ausschließlich mit dem moralischen Verhalten des Arztes auseinandersetzte.[3] Der ärztliche Leser wird zunächst daran erinnert, daß sein Erfolg von Gott verfügt wird, dessen Engel ihm – wie einst dem Tobias, der für seinen blinden Vater ein Heilmittel fand – den richtigen Weg weist.[4] In den folgenden Passagen vermischen sich allerdings hippokratische Ethik, christliche Moral und eine gewisse Bauernschläue. Die ersten Fragen an den Kranken sollen klären, ob er gebeichtet und die Absolution empfangen hat, worauf der Arzt einfühlsam die Beschwerden zu erkunden hat. Erscheint der Patient traurig oder verzweifelt, ist er durch wohlüberlegte Worte zu trösten. Jedes Anzeichen von Arroganz ist verpönt, schon die Begrüßung muß «bescheiden» (humili vultu) erfolgen. Allerdings sind im Bedarfsfall Schmeicheleien erlaubt, um sich den Kranken gewogen zu halten. Laden Angehörige den Arzt zum Essen, sollte er in demonstrativer Bescheidenheit die Ehrenplätze zurückweisen, sich während der Mahlzeit aber wiederholt nach dem Befinden des Patienten erkundigen: «So wird dir der Kranke höchstes Vertrauen entgegenbringen, wenn er sieht, daß du ihn selbst beim Vergnügen nicht vergißt!»[5] Es empfehle sich dabei – wiederum eher aus purer Berechnung –, weibliche Angehörige, etwa die Ehefrau oder Töchter der Kranken, nicht «oculo cupido» zu betrachten. Die ethische Ambivalenz des Traktats zeigt sich vor allem in der berühmten Mahnung, jede Erkrankung als ernst darzustellen, «weil du dann, wenn der Kranke überlebt, höheren Verdienst und Ruhm erntest. Stirbt er dagegen, werden alle bezeugen, du hättest von Anfang an an seiner Gesundung gezweifelt.»[6] Bemerkenswert ist, daß ethisch gerechtfertigte wie anrüchige Ratschläge in bunter Mischung erscheinen. Dem Arzt sollten praktische Tips vermitteln werden, um im Alltags- und Konkurrenzkampf zu bestehen.

Seriöser erscheint uns heute das im 12. Jahrhundert in Toledo ins Lateinische übersetzte *Buch für Almansor* (Liber ad Almansorem) des Bagdader Arztes und Schriftstellers Rhases (865–932), das konkrete moralische Mahnungen für Kollegen enthielt. Unter anderem werden Selbstüberschätzung und mangelnde Selbstkritik an den Pranger gestellt:[7] «Zu den Dingen, welche das Volk *gewissenhaften* Ärzten abspenstig machen, dagegen Betrügern im medizinischen Geschäft Gehör verschaffen, gehört der Wahn, daß ein Arzt alles wisse und nichts zu fragen brauche.»[8] Rhases, dessen Werk auch an den christlichen Universitäten studiert wurde, kritisierte, daß sich viele Kollegen heimlich bei Familienangehörigen Informationen über die Kranken verschafften, um ihren Nimbus der Allwissenheit zu erhöhen. Daß die Diagnostik stets den Regeln der «seriösen» Schulmedizin zu entsprechen habe, erläuterte er durch eine Anekdote: «Bei einem berühmten Arzt ... meldete sich eine Frau mit einem Uringefäß. Ein Schüler, der hinausgegangen war, um zu sehen, wer da sei, ließ sich den Urin zeigen und sagte: Der Urin stammt von einem Christen, der gestern Linsen aß und in dem und dem Stadtteil wohnt. Die Frau bestätigte dies, bezahlte ihn und entfernte sich. Der Arzt, der dies durch das Fenster gehört hatte, fragte den Schüler: Woher weißt du, was ich selbst nicht wissen konnte? Er schlug ihn hierauf, bis dieser bekannte: Den Christen erriet ich aus den Abbildungen auf dem Tuche, worin das Uringefäß eingehüllt war. Daß er gestern Linsen aß, dachte ich mir, da die Christen am Freitag Linsen zu essen pflegen. Den Stadtteil erkannte ich an dem roten Lehm an ihren Fußstapfen. Der Arzt verwies nun den Schüler mit der Bemerkung aus seiner Nähe, die Heilkunde stelle eine ernsthafte Wissenschaft dar, in der es nicht erlaubt sei, geheime Kunstgriffe anzuwenden.»[9] Ein ganzes Buch würde nach Rhases nicht ausreichen, alle Tricks aufzulisten, welche unseriöse Heiler verwendeten: «Da gibt es welche, die sich rühmen, die Epilepsie heilen zu können. Sie machen einen kreuzförmigen Einschnitt am Hinterkopf und geben dann vor, etwas aus der Wunde herausgezogen zu haben, was sie zuvor in der Hand verborgen hielten.»[10] Rhases war freilich davon überzeugt, daß solche Schwindler irgendwann überführt werden, weshalb man, «wenn man weise ist ..., niemals sein Leben auf eine so billige Art und Weise aufs Spiel setzen» sollte.

Der «zweite» konsultierte Arzt unterliegt naturgemäß der Versuchung, sich in ein günstiges Licht zu setzen, da er die Möglichkeit hat, den erstbehandelnden Kollegen zu diffamieren: «Manchmal bewirkt der geschicktere Arzt eine Besserung, die aber noch nicht sichtbar ist. Der Kranke wird dann einem anderen übergeben, der nach kurzer Zeit die Heilung vollbringt, und sie wird diesem zugeschrieben.»[11] Der «gute» Arzt, eine Art «Hausarzt», kennt den Patienten über viele Jahre (weshalb dieser ihm seinerseits die Treue halten muß!) und zieht Lebensumstände, Familienstruktur, Umweltfaktoren und individuelle Gegebenheiten in seine Therapieplanung ein.

Das hier favorisierte Bild eines durch Bescheidenheit und ethische Reife geprägten Mediziners entsprach der zeitgenössischen Idealvorstellung. Werke dieser Art stellten im 13. Jahrhundert noch ein Desiderat dar, was ihre Akzeptanz und Rezeption im Westen natürlich förderte. Die Apologetik einer *menschlichen* Heilkunst, die sich auch ihrer Grenzen bewußt ist, hatte Rhases besonders am Herzen gelegen. Wohl nicht ohne Grund hatte auch Constantinus Africanus, Arzt und Mönch in Montecassino, dem das Abendland wichtige Übersetzungen aus der arabischen Medizinliteratur verdankte, um 1000 notiert: «Der Magister lehre nur *würdige* Schüler. Unwürdige strebe er von der ärztlichen Wissenschaft fernzuhalten.»[12]

Auch Isaak Iudaeus (ca. 850–950), der in Kairo und Kairouan gewirkt hatte, warnte in seinem ebenfalls übersetzten *Leitbuch für Ärzte* vor «allwissenden» Kollegen und mahnte eine vorbildliche Lebensführung an. «Kein Schlemmer und Prasser» zu sein, war für gutverdienende Ärzte seiner Zeit offensichtlich ein hartes Gebot. Andererseits sollte niemand sein Licht unter den Scheffel stellen: «Je mehr du für deine Behandlung forderst, je teurer du deine Kuren ansetzst, desto prestigeträchtiger werden sie in den Augen der Leute sein ...».[13] Wenn 400 Jahre später der flämische Arzt Jan Yperman (gest. 1330) den idealen Arzt charakterisierte, hatte er immer noch arabische Vorbilder vor Augen: «Er muß wohlgestaltet und von gesunder und stabiler Konstitution sein und eine gute Ausstrahlung haben, denn Rhases sagt, ein unangenehmes Äußeres läßt sich nicht mit einem guten Herzen vereinen, und Avicenna behauptet, ein schönes Gesicht verbirgt wahrscheinlich auch einen lauteren Charakter.[14] Ein Chirurg brauche wohlgeformte Hände und schlanke Finger und müsse kräftig und stark sein. «Seine Finger sollten nicht zittern, und er sollte scharf sehen.»[15] Ein halbes Jahrhundert später ergänzte der englische Chirurg Johannes von Arderne wohl nicht ohne Anlaß: «Er sollte auch saubere Hände und wohlgeformte Nägel haben, frei von aller Schwärze und Schmutz ...». Bei der Visite hat sich der Arzt die Kleriker zum Vorbild zu nehmen, die ihrerseits seit Hieronymus das idealisierte Ethos der Ärzte bewunderten.[16] Auch beim Essen und in Gesellschaft gibt er sich keine Blöße. Er ist zurückhaltend in Wort und Speisenwahl, seine Sprache fest und präzise, aber keinesfalls laut. Nur selten wird er sich zu einem Schwur hinreißen lassen. Mit alkoholischen Getränken hält er sich ebenfalls zurück, «denn Trunkenheit zerstört jede Tugend». Im übrigen flieht er «die Gesellschaft von Gesindel und unehrenhaften Menschen»,[17] selbst wenn es sich um hilfesuchende Kranke handelt (!).

In seiner Abhandlung *Über ärztliche Maßnahmen* (De cautelis medicorum habendis) gab der Bologneser Professor Alberto de Zancariis (ca. 1280–1348) zu bedenken, daß der glaubwürdige Arzt zwar einfühlsam und kundig sein solle, aber nicht *zu* vertrauensselig, um am Ende nicht einfältig zu erscheinen». Alberto ist sehr um das Image seines Standes besorgt. «Wenn er zu Fuß oder zu Pferd unterwegs ist», sollte ein Arzt die Ehrerbietungen des Volkes ruhig annehmen, dafür aber auch anderen – je nach Rang – Achtung erweisen.[18] Kranken muß er stets taktvoll und sensibel gegenübertreten – hier dürfe das Ansehen keine Rolle spielen. Falls das Ende nahe, dürfe man dies dem Betroffenen niemals direkt sagen (ein Argument, das an Hufelands berühmte Warnung vor einer allzu radikalen Aufklärung erinnert).[19] Alberto erniedrigte sich nicht zum simplen Interessenvertreter seines Standes. Er geht vielmehr auf die (aus seiner Sicht berechtigte) Kritik der Laien und Patienten ein und ist bemüht, den guten Ruf der Ärzteschaft durch Ermahnung zur Redlichkeit und charakterlichen Integrität zu fördern.[20]

Besonders das 14. Jahrhundert war für die Ärzte eine Periode relativ geringen Ansehens. Der Schwarze Tod führte seit 1348 allen vor Augen, daß die Medizin keine wirklich effektive Therapie gegen die Pest bieten konnte. Selbsternannte Heiler und Scharlatane setzten sich in Szene, worunter auch das Image der *studierten* «physici» litt. Bezeichnend ist eine Bemerkung Boccaccios im *Decamerone*: «Bei dieser Erkrankung taugte oder nützte weder der Rat eines Arztes noch eine Medizin. Sehr wenige nur wurden geheilt, sei es, daß dies die Natur der Krankheit nicht zuließ oder weil die Ärzte, deren Zahl, abgesehen von den studierten Leuten, durch Männer und Frauen, die nie eine medizinische Ausbildung genossen hatten, sehr groß geworden war, sich ihre Ursache nicht erklären konnten ...».[21]

Doch hatte das Image der Mediziner schon *vor* der Pest gelitten. Viele sahen die Ursache in der ehrenrührigen Konkurrenz von Alternativheilern. Der französische Chirurg und Arzt Henri de Mondeville klagte um 1300, für das Volk sei ein Chirurg «seit undenklicher Zeit ... ein Dieb, Mörder und Schwindler». Schuld daran seien die selbsternannten Vertreter dieser Kunst, welche die Wissenschaft nicht «durch die für den Eingang bestimmte Pforte» betreten.[22] Konkurrenten verschiedenster Couleur wurden gebrandmarkt: «Durch die Fehler solcher Leute, besonders der Wahrsager, Geistlichen, Mönche und Eremiten, und selbst der Klausner, zu denen das Volk großes Vertrauen hat, werden ursprünglich heilbare Krankheiten unheilbar oder sie verschlimmern sich. Sie zerstören die erkrankten Organe völlig, und sehr oft bringen sie die Patienten um.»[23] Henri forderte deshalb die Kollegen auf, reiche Patienten, falls sie mit der Zahlung zögerten, «geschickt und eloquent» auf solche Aufschneider und Betrüger aufmerksam zu machen, die «rein mechanisch, wie es im Schneiderhandwerk üblich ist», operierten. Ein echter

Chirurg habe sein Wissen dagegen durch Studium, Vorlesung und Prüfungen erworben und deshalb «einen höheren Lohn» verdient.[24] Henri beschwört den lauteren, gebildeten Fachmann: «Ist euch nicht klar, daß er die Gesundheit erhält, die Krankheit bekämpft, erkrankte Glieder repariert und somit das Leben rettet?» Auch normale, d.h. nicht chirurgisch tätige Ärzte werden als Konkurrenten ausgemacht. Ihnen stünden allerdings sehr wenige (paucissimi) fähige *Chirurgen* gegenüber, denen zu Recht hoher Ruhm gebühre.[25] Mondeville schlägt eine offizielle Aufteilung der ärztlichen bzw. chirurgischen Kompetenzen vor, wie man «zwischen den Besitzungen von Brüdern und Verwandten» scharfe Grenzen ziehen muß, um Streit zu vermeiden. Der Chirurg sei, so sein Vorschlag, für Krankheiten zuständig, die *außen* am Körper sichtbar sind oder sich durch Funktionsausfall bzw. Schmerzen lokalisieren lassen, während Erkrankungen *innerhalb* der Körperhöhlen – abgesehen von Steinleiden – den eigentlichen Ärzten zustünden. Mondeville klagt aber, «daß sich weder Chirurgen noch Ärzte mit den vorgezeichneten Grenzen zufrieden geben», ja daß sie «ohne Unterschied die einzelnen Behandlungen an sich reißen».[26] Der Leibarzt Philipps des Schönen, dessen Werk an der Pariser Universität Standardlektüre war, vertrat im übrigen eine «vorsichtige» Medizin und forderte, nur dann zu therapieren, «wenn man sicher sei, daß auf diese Weise eine größere Gefahr verhindert werde». In hippokratischer Tradition mahnte er die Kollegen, von hoffnungslosen Fällen die Finger zu lassen.[27] Andererseits skizziert er das neue Selbstbewußtsein des *akademisch* geschulten Chirurgen. Erst Bildung und Kenntnis der «auctoritates» sowie der korrekte Umgang mit dem Kranken adeln manuelle Geschicklichkeit, die sonst banalem Handwerk gleichzustellen wäre. Mondeville verschweigt nicht, daß ethisch korrektes Verhalten nicht nur durch *reverentia* und *honor* belohnt wird, sondern sich auch finanziell auszahlt.

Mondevilles Attacken auf die Alternativheiler und «Handwerker» waren aus seiner Sicht nicht unberechtigt. Exemplarisch wäre hier für Deutschland Nikolaus von Polen zu nennen, ein Dominikaner und Volksheiler (13. Jh.), der immerhin in Montpellier ausgebildet worden war. In seinem 1270 verfaßten *Antipocras* (Anti-Hippokrates) geißelte er seinerseits die Schulmedizin. Er repräsentierte eine religiös begründete, antiintellektuelle Strömung der mittelalterlichen Medizin und war davon überzeugt, Gott bewirke die wunderbarsten Heilungen mit Hilfe der verachtetsten Materien (wie Kröten, Spinnen, Schlangen, Würmern, Tierblut, Urin oder Exkrementen). Folgerichtig propagierte er die berühmte «Dreckapotheke», die auf dem *Theriak* aufbaute, einem Sammelsurium von etwa 80 Pflanzen und Stoffen, das bis ins 18. Jahrhundert in Europa eine gewisse Popularität hatte. Krötenpulver, Schlangenöl und -salben, pulverisierte Skorpione, zu Pillen verarbeitete Frösche usw. wurden als effektive Mittel gerühmt und verkauft.[28] Alternativärzte wie

Nikolaus dürften die ärztliche Praxis des Mittelalters wesentlich mitbestimmt haben. Sie waren im Grunde keine Betrüger, da sie von der Wirksamkeit ihrer Behandlungen überzeugt waren. Im 13. und 14. Jahrhundert gab es viele Gruppen solcher Heiler, deren Ausbildungsgänge sich durchaus überschneiden konnten. Mondeville hatte es deshalb für nötig erachtet, einheitliche Ausbildungen und Abgrenzungen zu fordern.

Umstritten blieb, wie angedeutet, der Status der *Chirurgie*. Während einflußreiche Mediziner wie Pietro d'Abano in Padua (um 1300) sie als einzigen Zweig der Medizin rühmten, der «eine gewisse Sicherheit bot»,[29] fand das technische und blutige Fach an den Hochschulen zunächst wenig Gegenliebe. Schon aus äußeren Gründen verachtete man den *schneidenden* Arzt, dessen Profession sich aus dem Handwerksstand entwickelt hatte. Pietros Zeitgenosse Guglielmo da Saliceto, Medizinprofessor in Bologna, skizzierte dagegen, ähnlich wie Mondeville,[30] dessen Idealbild: Er sollte über eine umfassende Bildung verfügen, praktisch begabt und menschlich einfühlsam sein.[31] Auch weist er eine gewisse *solemnitas* auf, d.h. jene Würde, die ihn auch im privaten Umfeld auszeichnet.[32] Die Verordnungen Friedrichs II., aber auch die zunehmende Kooperation von Chirurgen *und* studierten Ärzten in den Collegia (Henri de Mondeville, Guy de Chauliac und Guglielmo da Saliceto hatten neben einer gründlichen chirurgisch-handwerklichen Ausbildung bereits ein akademisches Curriculum durchlaufen!) zeigen freilich, daß die Trennung in der Praxis nicht konsequent durchgehalten wurde und die akademische Arroganz letztlich auf den universitären Bereich beschränkt blieb.[33] Wie die übrigen Ärzte distanzierten sich die Chirurgen ihrerseits gerne von Quacksalbern und Laienheilern und bevorzugten, wie die richtigen *physici*, betuchte und berühmte Patienten.[34]

Gilles de Corbeil (13. Jh.), der Leibarzt Philipp-Augusts von Frankreich, kritisierte dagegen den Einfluß des Aristotelismus auf die medizinischen Fakultäten. Eine theoriebeladene Neugier, die vor allem auf der Lektüre der antiken Autoritäten, aber auch arabischer Lehrtexte basierte, bestimme dort den Alltag. Junge Ärzte brüsteten sich mit ihren philosophischen Kenntnissen, provozierten die «altmodischen» Praktiker und gefährdeten nach Gilles die Kranken. Der aufgeplusterte «Lehrling seiner Kunst, welcher frisch von der Doktorschmiede kommt, mit Worten um sich wirft, doch faktisch nichts kann»,[35] stellte für ihn das neue Feindbild dar. In Wirklichkeit hätten die jungen Kollegen «Aufklärung und die Rute» nötig. Resigniert, wenn auch in übertreibender Verklärung, erinnerte der Domherr von Notre-Dame an den vertrauenswürdigen Arzt alter Schule, «den Anstand angenehm macht, Frömmigkeit schmückt, Anmut des Benehmens auszeichnet, der die Naturgesetze und Schriften der Alten in sich trägt, der milde und im Gespräch bescheiden ist und dessen Worte Verstand verraten ...».[36] Der Verfasser wichtiger Lehrgedichte präsentierte auch Reformvorschläge. So warb er für strengere, praxisbezogene Prüfungsordnungen, längere Ausbildungszeiten und ein höheres Alter (!), d.h. für mehr *Erfahrung* der neu ordinierten Hochschullehrer.[37] Der Streit um die Methodik und das richtige «Wissenschaftsparadigma» spaltete die Ärzteschaft, deren jüngere Vertreter mit sektiererischer Selbstüberzeugung neue Wege und therapeutische Akzente verteidigten, nicht weniger als heute.

Ärzte wie Nichtärzte zeigten sich um das ärztliche Ethos besorgt und kritisierten die verwirrende Vielfalt der Heilslehren. So klagten die Scholastiker Henri d'Andeli, der die Medizin als «ars lucrativa» verachtete, und sein Zeitgenosse Johannes von Salisbury (12. Jh.) Habsucht und Dünkel der Ärzte an, dazu ihre arrogant wirkende, dem Laien unverständliche Fachsprache. «Nimm das Geld, solange der Schmerz da ist», soll eine ihrer Devisen gewesen sein. Das «Donnergetöse» ihrer Worte und eine unangenehme Aufgeblasenheit überspiele in Wirklichkeit nur ihre Unsicherheit. «Eines weiß ich», fügte der vielgelesene Autor kritisch hinzu, «gegenteilige Meinungen (hinsichtlich der Therapie) können nicht wahr sein».[38] Ärzte sollten zudem nicht quälen, sondern sich in ihre Patienten einfühlen. Auch das bekannte Plinius-Argument, sie würden berufsmäßig töten, ohne bestraft zu werden, wird aufgenommen.[39] Der alte Vorwurf der Geldgier, ein Topos mittelalterlicher Ärztekritik, wurde sogar von Thomas von Aquin kolportiert: Aus der «Kunst des Heilens» habe sich eine solche «des Geldscheffelns» entwickelt.[40]

Offenbar etablierte sich im 13. Jahrhundert eine Art Kanon der Arztkritik, der Ärzte und Autoren wie Gilles de Corbeil, Roger Bacon und Arnald von Villanova beeinflußte.[41] Arnald kommentierte in diesem Zusammenhang den berühmten ersten Aphorismus des Hippokrates, nach welchem «das Leben (des Arztes) kurz, die Kunst lang, der entscheidende Moment flüchtig, der Versuch trügerisch und die Entscheidung schwierig» sei.[42] Um den hieraus resultierenden Anforderungen gewachsen zu sein, benötigt der Arzt, wie es auch Henri de Mondeville oder Guglielmo da Saliceto vorgeschlagen hatten, eine breite Erfahrung und Bildung, psychologisches Gespür und genaueste Informationen, was die Krankheitsgeschichte und das Umfeld des Patienten angeht (eine Forderung, die ebenfalls hippokratischen Ursprungs war).[43] Ohne Sorgfalt sei auf Dauer kein Erfolg zu erwarten. Daß eine hohe Bezahlung nichts Anrüchiges hat, ist für Arnald selbstverständlich, denn belohnt werde eine kompetente Hilfestellung gegenüber Menschen, die Not leiden und Beistand, ja oft genug existentielle Rettung erhalten.[44]

Nicht alle Anhänger frühmittelalterlicher bzw. frühchristlicher Medizintradition waren bereit, das Feld kampflos den neugegründeten Hochschulen und ihren selbstbewußten Protagonisten zu überlassen. So verurteilte Guido von Arezzo, ein Schüler des Chirurgen und Autors Roger Frugardi von Parma, in seinem *Liber mitis* (um 1180) den naiven «Arabismus» der Kollegen ebenso wie ihre kritiklose Akzeptanz der «Lateiner»: «Sehen sie einen Mann, der nicht den trockenen Johannitius erlernt hat, der nicht in Montpellier, von alters her erbärmlich, und im wahnsinnigen Salerno studiert hat, so zeigen sie ihre Verachtung.»[45] Es war offensichtlich ihre akademische Arroganz, welche die scholastischen Ärzte – im wahrsten Sinn des Wortes – auch vom Puls des Volkes entfernte. Weniger Nächstenliebe (*caritas*) als Wissenschaft (*scientia*) bestimmte ihr Selbstverständnis. Daß das Leben an den Hochschulorten im übrigen recht locker ablief (im 15. Jahrhundert war das Gebäude der Pariser Fakultät in der Rue de la Bucherie vor allem für seine «Mädchen und Huren» bekannt!),[46] dürfte das Mißtrauen konservativer Kollegen und Patienten gegenüber der scholastischen Universität nur bestärkt haben.

An den medizinischen Fakultäten wurden alte Fragen neu gestellt. Welches waren die Pflichten eines *guten* Arztes? Welche Vorbildung, welche Universität garantierte die erfolgreichsten Therapien? Durfte man auch der eigenen Erfahrung vertrauen? Wann endete die ärztliche Zuständigkeit? Mußte man Schwerkranke zur religiösen Besinnung mahnen? War die wachsende Solidarität unter den Kollegen gerechtfertigt oder ein entsprechender Corpsgeist ethisch eher anrüchig? Reichte es, Aristoteles und Plinius studiert zu haben, oder war auch die Lektüre arabischer Ärzte wie Avicenna, Rhases oder Averroes angezeigt? War es verdammenswert, wenn nichtakademische Heiler auf die Wirkungskraft von (bei Aristoteles oder Theophrast *nicht* berücksichtigten) exotischen Pflanzen bauten? Mußte man sich daran stören, daß die Hochschulmedizin im allgemeinen nur wohlhabenden Schichten zugute kam? Waren Arme, sofern man sich überhaupt um sie kümmerte, umsonst zu behandeln? Gehörten die Geburtshilfe, die Chirurgie oder die «erste Hilfe» zu den Aufgaben akademischer Ärzte? Warum weigerte man sich traditionell, sich die Hände schmutzig oder blutig zu machen? Waren magische Heilmethoden verachtenswert oder nicht doch ein selbstverständlicher therapeutischer Weg? Stellte die Astrologie einen wichtigen Teil der Heilkunde dar oder war der gewissenhafte Arzt gerade derjenige, der, wie später Petrarca behauptete, auf ihr Studium *keinen* Wert legte? Die Antworten hierauf waren nicht *nur* sachlich begründbar: Guy de Chauliac plädierte mit dem einleuchtenden Argument für eine breite Bildung, besonders in den «freien Künsten», sonst würden auch «Gerber, Zimmerleute und Hufschmiede ihre Tätigkeit aufgeben und Ärzte werden».[47] Die Vorrangstellung der scholastischen Universitäten begünstigte den Akademiker-Arzt, der durch Fachwissen wie Allgemeinbildung imponieren wollte.[48]

Wie ging dieser Theoretiker nun aber mit Kranken um und nach welchen Prinzipien forschte er? Methodische Exaktheit im Sinne heutiger Naturwissenschaften war dem Mittelalter noch fremd. Der englische Franziskaner und

Naturforscher Roger Bacon (geb. 1214) hielt Ärzten und Naturforschern vor, arrogant und ohne Selbstkritik zu sein. Ein echter Arzt verhalte sich «gegenüber Bauern, alten Frauen und Kindern demütig ..., da die Schlichten und Ungebildeten vieles wissen, was der Aufmerksamkeit des Gebildeten entgeht. Keiner soll deshalb mit seinem Wissen prahlen.»[49] Der irreale Anspruch der Heilkunde, führte der Gelehrte aus Oxford in seiner Schrift *Über die Irrtümer der Ärzte* aus, würde täglich widerlegt, denn «die Mehrheit der Ärzte kennt selbst einfache Medikamente nicht und vertraut den (der Heilkunde) unkundigen Apothekern, die sie, wie die Ärzte selbst wissen, nur hereinlegen wollen. Sie betrügen sie dabei auf vielfältige Art und Weise: einmal über den Preis der Arzneien (der den Patienten aufgebürdet wird), dann durch deren schlechte Qualität.»[50] Viele Ärzte wüßten auch nicht, welche Teilsubstanz eines *Compositum* welche Wirkung habe und ob sich die Bestandteile gegenseitig neutralisierten. Kritiklos berufe man sich auf Aristoteles, dessen Werke «nur zum Teil verstanden werden können, weil sie noch neu sind, denn erst seit 20 Jahren werden diese Dinge gelehrt ...».[51]

In der Tat wurden die ärztlichen Autoren des 13. und 14. Jahrhunderts, die sich mit ethischen Fragen auseinandersetzten, fast ausnahmslos auf das Werk des Aristoteles eingeschworen. Dabei wurde, wie bereits gezeigt wurde, vor allem eine *praktische* Ethik angemahnt.[52] In der (von den «artes»-Fakultäten angebotenen) Propädeutik des Medizinstudiums spielte *der Philosoph* – ungeachtet des Protests Konservativer wie Gilles de Corbeil[53] – die entscheidende Rolle. Albertus Magnus und Thomas von Aquin hatten seine Werke – nach ihrer aufsehenerregenden Rezeption (vor allem) aus dem arabischen Kulturkreis[54] – zur Basislektüre *jedweder* Forschung erhoben.[55] Ergab sich ein ethisches Problem, erinnerte sich ein Arzt an die aristotelische Lektüre seiner Studienzeit. Dazu kamen als inspirierende Texte Schriften der Kirchenväter, Aristoteleskommentare und – seit dem 14. Jahrhundert – Ciceros *De officiis*.[56] Unter Berufung auf Cicero wurde an das *Naturrecht* appelliert, das – als göttliche Schöpfung – im Zusammenspiel mit dem Gewissen Orientierung und Hilfe bot. Grundsätzliche Fragen, etwa das Verhältnis zur Wahrheit, der Stellenwert eines Versprechens oder die Entscheidung zwischen öffentlichem und persönlichem Vorteil wurden frei erörtert. Angesichts der sich berührenden Interessen von Ärzten und Obrigkeit (etwa zu Pestzeiten)[57] erschien die Autorität Ciceros, der primär *politische* Pflichten anmahnte, von besonderer Bedeutung. Aristoteles hatte zwar zur Erläuterung philosophischer Zusammenhänge häufig Beispiele aus dem medizinischen Alltag verwendet,[58] zur praktischen Alltagsethik jedoch weniger konkrete Aussagen gemacht. Seine überragende Autorität, die auch von theologischer Seite anerkannt wurde, machte ihn vor allem als Naturwissenschaftler unangreifbar. Unter seinem Einfluß präsentierten führende Professoren wie Pietro d'Abano die

Medizin als rationale Wissenschaft, die rein logisch erfaßbar sei. Es war klar, daß hierbei der Aspekt der «Kunst» (ars), der sie seit Hippokrates auszeichnete, in den Hintergrund geriet. Manch kritischer Geist hatte aber auch die Grenzen modisch-dialektischer Gedankenspiele erkannt. «Das Experiment allein gibt in diesen Dingen eine Gewißheitserkenntnis», schrieb Albertus Magnus demonstrativ und betonte, daß die Aussage der Autoritäten für eine naturwissenschaftliche Beweisführung nicht ausreiche.[59] So forderte er – für die damalige Zeit sensationell – die *Reproduzierbarkeit* eines Experiments: «Viel Zeit ist erforderlich, um festzustellen, daß bei einer Beobachtung alle Täuschung ausgeschlossen ist ... Es genügt nicht, die Beobachtung nur auf eine bestimmte Weise anzustellen. Man muß sie vielmehr unter den verschiedensten Umständen wiederholen, damit die Ursache der Erscheinung mit Sicherheit ermittelt wird (!).»[60] Albert betonte zudem, daß logische Schlüsse, die zur Wahrnehmung im Widerspruch stünden, unannehmbar seien: «Ein Grundsatz, der mit der experimentellen Sinneswahrnehmung nicht übereinstimmt, ist in Wirklichkeit kein Grundsatz, sondern ein fundamentaler Fehler ...».[61] Das Experiment im modernen Sinn – keinesfalls handelte es sich nur um eine autoritative «Absicherung» anhand antiker oder arabischer Texte – hielt nun auch in der Medizin Einzug. Allerdings unterstrich Roger Bacon, daß Ärzte am Krankenbett «wegen der Vornehmheit der Materie, an der sie arbeiten», niemals Experimente durchführen dürften. Dies gelte selbst dann, wenn der verzweifelte Patient dies wünschen sollte.[62]

Im 13. Jahrhundert stellte Thomas von Aquin den *Ordo vitalis* «als Regel oder Maß für die menschlichen Handlungen» heraus,[63] welcher selbstverständlich auch die *Gesundheitsfürsorge* einschloß. Der Mensch galt als optimale Kreatur, hatte doch schon Laktanz betont, daß der Schöpfer Kosmos und Welt wie den Mikrokosmos des Individuums harmonisch geschaffen habe.[64] Krankheit galt Thomas zunächst als Zerstörung dieser Ordnung (disordinatio corporis). Hiermit war ein philosophischer Ansatz geschaffen, auf dem Theologen wie Hippokratiker aufbauen konnten. Es erschien moralisch geboten, in sich selbst – privat wie beruflich – Maß, Ordnung und Harmonie zu verwirklichen. Glückte dies nicht, waren Gesundheit und Heilerfolg gefährdet.

Der aristotelisch gebildete christliche Arzt und Forscher fühlte sich in diesem «Ordo» bestätigt. Der Makrokosmos des Weltalls, der Mikrokosmos des Körpers, Sterne, Himmelsrichtungen, Elemente und Körpersäfte, die himmlischen Hierarchien, Tugenden und Laster, die freien und mechanischen Künste, die Taten der Barmherzigkeit, die Zahl der Todsünden und das Wechselspiel der Tages- und Jahreszeiten standen in einem geheimnisvollen, durch Zahlenmystik symbolisierten Kontext und beeinflußten das menschliche Befinden.[65] An den Fassaden, Portalen, Kapitellen und Fenstern der Kathedralen, auf Fresken und Altarbildern, aber auch in privaten Andachts- und Erbauungsbüchern wurde hierauf verwiesen. Gesundheit hatte deshalb für viele Menschen nur Bestand, wenn sie die kosmisch-metaphysische Dimension der Krankheit berücksichtigte. Auch Hildegard von Bingen (1098–1179), die berühmteste Ärztin der Epoche, orientierte ihr Heils- und Heilprogramm an dieser Symbolwelt, die von christlicher Tradition, aber auch philosophischer Spekulation geprägt war. Die «profetissa teutonica» sah sich bei der Behandlung Kranker vor allem als Werkzeug des heiligen Geistes,[66] Frömmigkeit galt ihr als ärztliche Tugend. Der Alltag der von ihr gegründeten Klöster orientierte sich an der Benediktiner-Regel,[67] aber ebenso an Natur und Umwelt. Die hier propagierte ärztliche Ethik stand – vom urchristlichen Gebot der Barmherzigkeit abgesehen – im Zeichen der Fürsorge für Körper und Seele, welche in das kosmische Geschehen eingebunden sind. Therapieversuche ohne Philosophie und religiöse Reflexion bleiben deshalb Stückwerk. Die Vernachlässigung des Heilkräutergartens – Hildegard bezeichnete ihn als «Gottes Gabe» – wie auch die Unkenntnis von Pflanzenkräften und -symbolen, galten als verantwortungslos. Mit Empathie und Sensibilität, durch Gebet und mystische Versenkung, aber auch in souveräner Kenntnis der Arzneien wie des ärztlichen Wissens ihrer Zeit half die Ärztin und Seherin *allen* Kranken.[68] Die von ihr bevorzugte religiös motivierte und häufig symbolisch erklärte Phytotherapie hatte im übrigen wenig mit «Alternativmedizin» zu tun, sondern entsprach der durch die Klöster tradierten, aber ebenso an den Universitäten vermittelten aristotelisch-galenischen Lehrtradition.

15. Autonomie und Verantwortung in der mittelalterlichen Medizin

Das frühe Christentum wie die mittelalterlichen Philosophen standen dem in der heutigen Ethik-Debatte so häufig thematisierten Autonomiegedanken, welcher die freie Entscheidung des Kranken und seines Arztes voraussetzt, eher skeptisch gegenüber. Clemens Alexandrinus (2. Jh.) lehnte die stoische Auffassung ab, der Mensch habe das Recht, aus Vernunftgründen bzw. unter Berufung auf die Freiheit seines Handelns, etwa um ein unheilbares Leiden zu beenden, aus dem Leben zu scheiden.[1] Origenes (ca. 185–254) hatte den Neuplatoniker Celsus auch deshalb kritisiert, weil dieser das Recht auf Suizid gegenüber der christlichen Moral verteidigt hatte.[2] Den christlichen Theologen erschien die Option Senecas, im Unglück, aber auch situations*unabhängig* jederzeit Selbstmord begehen zu dürfen, ethisch nicht akzeptabel. Der Verzicht auf eine ärztliche Behandlung, um ein Leben zu verkürzen, wurde so fast ausnahmslos verdammt – Ärzte, die beim Suizid assistierten, schienen an die verachteten heidnischen Wurzeln der Medizin anzuknüpfen. Nach Augustins *Gottesstaat* schien der Mensch immerhin in der Lage, zwischen irdisch-tierischer und geistiger Präferenz zu wählen[3] (eine Alternative, die Pico della Mirandola noch im 15. Jahrhundert in den Vordergrund stellte!),[4] doch bedeutete seine Freiheit ein Gnadengeschenk. Es befreit ihn «zur Entscheidung für Gott» wie zur Annahme der von diesem vorbestimmten Glücks- und Unglücksfälle. Insofern erschien Augustinus eine absolute Autonomie des Menschen – gerade auch im Krankheitsfall – illusorisch. Leiden hat ferner, mag es auch schwer verständlich erscheinen, stets einen Sinn, Krankheit eine «transzendentale Verwiesenheit» (Holzem).[5] Sie erleichtert die vom Gläubigen anzustrebende *imitatio* Christi und führt zur *compassio* von dessen Leidensweg.[6] Fehlt jede Hoffnung auf Heilung, darf der Kranke, wie Augustinus am Beispiel einer krebskranken Frau aus Karthago schildert, ärztliche Maßnahmen zurückweisen, auch wenn diese sein Leben verlängert hätten (!). An die Stelle der Medizin treten Gebete sowie die *meditatio mortis*.[7] Auch Gregor von Nyssa forderte die Einstellung der Therapie, sobald ein Nutzen nicht mehr zu erwarten sei, die Kostenfrage ungeklärt bleibe und alle Bemühungen letztlich nur die Angst des Kranken verstärkten.[8]

Die in Kapitel 11 geschilderte frühchristliche Auseinandersetzung um die Legitimität ärztlichen Handelns bzw. die Kompatibilität von Medizin und Christentum berührte immer wieder die Frage, ob sich Christen überhaupt gegen Krankheiten wehren dürften. Bedeutende Theologen von Gregor von Tours[9] bis Bernhard von Clairvaux[10] lehnten dies ab und betrachteten die Inanspruchnahme ärztlicher Hilfe als Irrweg. Akzeptierte man das ärztliche Wissen und die Wirkkraft der Heilkräuter dagegen als Gottesgeschenk, erschien es angemessen, daß man sich ihrer bediente. Auf die Hilfe des Arztes zu verzichten, war nach Meinung vieler Theologen dann verdammenswert, wenn berechtigte Aussicht auf Rettung bestand und der Verzicht als modifizierter Selbstmord gedeutet werden konnte. Clemens Alexandrinus zufolge schützt Gott das Leben, und der Arzt gilt als sein «Mithelfer».[11] Schon früh galt so die *Ablehnung* irdischer Arzneien, d.h. die Verwerfung der von Gott angebotenen Heilmittel als ethisch umstritten.

Johannes von Salisbury, der erwähnte Bischof von Chartres (ca. 1115–1180), verurteilte die stoische These, niemandem sei es zuzumuten, größeren Schmerz zu erdulden, als er möchte. Er zeigte dennoch für Ärzte Verständnis, die «alles tun, um den bevorstehenden Tod zu verhindern», nicht aber für jemanden, der ihn, etwa unter bewußter Zurückweisung ihrer Hilfe, herbeiführt.[12] Seine proärztliche Haltung war umso bemerkenswerter, als der Gelehrte der scholastischen Universitätsmedizin durchaus skeptisch gegenüber stand.[13] Auch der in Paris lehrende Alexander von Hales (1185–1245) verurteilte den Selbstmord wie den Therapieverzicht bei Schwerkranken, da das Leben *nicht* in der Verfügungsgewalt des Menschen stehe. Auch durch das Neue Testament würden solche Handlungen nicht legitimiert.[14] «Der selbstgewählte Tod ist eine schlechte Handlung», lautete sein Verdikt.[15] Thomas von Aquin vertrat – der aristotelischen Tradition gemäß – die Meinung, alles, wozu der Mensch *von Natur aus* neige, sei gut, vernunftgemäß und folglich in die Tat umzusetzen. In freier Willensentscheidung sei er «Herr seiner selbst». Diese Selbständigkeit betreffe aber nicht den Tod, wie sie auch keinen Freibrief für *willkürliches* Handeln darstelle. Menschliche Autonomie erscheint «nur in Rückbindung an ein allumfassendes Prinzip»[16] (Holzem), d.h. an Natur und Vernunft sinnvoll. Ein Behandlungsverzicht stehe der «natürlichen» Neigung zum Selbsterhalt entgegen. Das Individuum hat nicht das Recht, gegen die Natur zu verstoßen. Da das Leben göttlichen Ursprungs ist, fehlt ein Selbstmörder auch gegen Gott, «gerade wie, wer den fremden Sklaven umbringt, gegen den Herrn sündigt, dem der Sklave gehört».[17] Selbsttötung wie Behandlungsverweigerung gelten ferner, wiederum nach aristotelischem Vorbild,[18] als Handlungen *gegen die Gemeinschaft*, der Tod, der in Kauf genommen wird, zudem als das «größte Übel». Auch deshalb «ist es dem Menschen nicht erlaubt, sich umzubringen, um zu einem glücklicheren Leben hinüberzugehen».[19] Im Gegensatz zum Tier hat er nämlich Einblick in das göttliche Naturgesetz, ja die Fähigkeit, dieses *intuitiv* zu erkennen. Thomas stützte somit die kirchenrechtliche These des *Decretum Gratiani* (um 1140), Ärzte müßten selbst in aussichtslosen Fällen eine Therapie wagen.[20] Gott allein wisse nämlich, ob ein Leben nicht doch gerettet werden könne.

Auch Albertus Magnus, der Lehrer des Thomas, hatte diese Augustinus und Gregor von Nyssa widersprechende[21] Haltung verfochten.[22] Ebenso betrachtete es Bonaventura (1217–1274) als religiöse und ethische Pflicht, Schwerkranken Hilfe zu gewähren.[23] Der hl. Antoninus, im 15. Jahrhundert Bischof von Florenz, verbot den Mitgliedern von Pflegeorden, bei Selbsttötungsversuchen – selbst bei schwerster Krankheit – zu assistieren. Er betrachtete ihre Sünde aber als weniger schwer, wenn sie in großer Unwissenheit oder gar aus vermeintlicher Nächstenliebe handelten. Für Antoninus hat ein Arzt schwerkranke Arme *kostenlos* zu therapieren, da er sie sonst indirekt töten könnte.[24] Der Patient seinerseits muß ihm bedingungslos gehorchen, denn der Mensch ist «durch seine Verwiesenheit dem Leben verpflichtet». Allerdings fand der ärztliche Autonomie-Gedanke, d.h. zumindest die Freiheit, den Patienten über seinen Zustand aufzuklären, seine Grenze im Glauben selbst: Das 4. Laterankonzil (1215) verpflichte ihn bei Androhung des Kirchenausschlusses, vor die Behandlung eines Schwerkranken die Beichte zu stellen,[25] d.h. ihn über den Ernst der Lage zu informieren.

Im Spätmittelalter, aber auch noch in der Reformationszeit unterstrichen einige Theologen, darunter der Nürnberger Stadtschreiber Lazarus Spengler und Luther, ihre *religiöse* Autonomie, indem sie ihren Glauben in einer Art «Testament» festlegten. Kein Andersgläubiger, kein Dämon, keine Selbsttäuschung sollte sie auf dem Sterbebett verwirren können.[26] Mögliche Widerrufe «ante mortem» wurden im Vollbesitz der geistigen Kräfte von vorneherein für ungültig erklärt. Eine solche «ratio fidei meae», die auf katholischer Seite auch von dem Straßburger Münsterprediger Geyler von Kaisersberg empfohlen wurde, sollte spätere Stellungnahmen relativieren und erinnert an heutige «Patiententestamente». Falls angesichts des Todeskampfs oder bei Bewußtseinstrübungen Unklarheiten über die Einstellung des Kranken bestanden, konnte der Geistliche auf das früher verfaßte Zeugnis zurückgreifen.[27] Während die Sitte der «Glaubenstestamente» durchaus verbreitet war, sind uns allerdings keine «Patiententestamente» überliefert. Sie waren im 15. und 16. Jahrhundert auch nicht notwendig: Der Todesmoment wurde von der «Natur» bestimmt. Kein Arzt hätte Bewußtlose mit künstlichen Mitteln am Leben erhalten können.

Der Begriff «autonomia» wurde in der mittelalterlichen Philosophie und Medizin auf vielfältige Weise interpretiert.[28] Die Akzeptanz der göttlichen Entscheidung bzw. der an ihr orientierten Vernunft galt den meisten Scholastikern als vorbildlich. Man strebte eine Art Synergismus von göttlichem und menschlichem Handeln an. Folgte das ärztliche Verhalten einer gewissenhaften, durch «prudentia» ausgezeichneten Entscheidung, entsprach es, so die vorherrschende Überzeugung, der göttlichen Ordnung. *Medizinische* Hilfe wurde deshalb kaum noch, wie zur Zeit der Kirchenväter, als umstrittener

Eingriff in Gottes Plan oder Vorsehung in Frage gestellt.[29] Der aristotelische Teleologie-Gedanke verband Ärzte, Geistliche und Philosophen!

Die zunehmende Rezeption des Hippokratischen Eids, der, ungeachtet einiger mittelalterlicher Erwähnungen,[30] erst im 16. Jahrhundert wirklich populär wurde,[31] förderte nach Veatch im Abendland allerdings den ärztlichen Paternalismus, d.h. die unangefochtene Entscheidungsbefugnis des Arztes.[32] Die im Eid herausgestellte Mahnung, «nach meinem Vermögen und Urteil» im Sinne des (mündigen!) Patienten zu entscheiden, scheint den ärztlichen Alltag bis ins 20. Jahrhundert geprägt zu haben. Die ethischen Richtlinien, auf die man an den medizinischen Fakultäten und Kollegien eingeschworen wurde, waren zwar nicht einheitlich, doch von der Vorstellung des *unmündigen* Kranken bestimmt. Sie wurde zunächst nicht etwa aus Überheblichkeit, sondern aus dem Mitleidsgedanken geboren. Jeder Gedanke an Tötung oder Selbsttötung zum Zweck einer Leidensbeendigung wurde so a priori verworfen. Selbst die humanistische Begeisterung für Platons Schriften, in denen eine Behandlung chronisch Kranker verurteilt, ja ihr Ableben befürwortet wurde,[33] schloß zunächst entsprechende Erwägungen aus.[34]

Im frühen 17. Jahrhundert befaßte sich der englische Theologe John Donne (1573–1631) mit dem Selbstbestimmungsrecht des leidenden bzw. sterbenden Menschen. In seinem Werk *Biathanatos* bestritt er die thomistische These, der Selbsterhaltungstrieb sei naturrechtlich begründet und besitze deshalb universelle Gültigkeit.[35] Selbsterhaltung sei bestenfalls eine Sekundärpflicht; als entscheidende Instanz sei dagegen das Gewissen zu respektieren. Da das Problem des Suizids im biblischen Schrifttum, vor allem in den Zehn Geboten, nicht thematisiert worden sei, blieben Selbstmord oder Therapieabbruch nach Donne eine Frage der individuellen Abwägung.

16. Ärztliche Ethik zu Pestzeiten

Der Schwarze Tod, der Europa und die Länder des Mittelmeers seit 1348 dezimierte, stellte für die Ärzte eine besondere Herausforderung dar. Wie der Klerus oder die Notare sahen sie sich extremer Gefahr ausgesetzt. Viele setzten mutig ihr Leben aufs Spiel. Gentile da Foligno, einer der bedeutendsten Mediziner der Epoche, dessen Infektionstheorien einem vom französischen König der Pariser Medizinischen Fakultät abgeforderten «Pestgutachten» zugrunde lagen,[1] starb so, wie sein Sohn berichtete, im Arbeitsalltag: «Im Monat Juni stellte der ehrwürdige Magister Rezepte für Pillen zusammen, die man dreimal in der Woche nehmen sollte. Daraufhin erkrankte Gentile selbst, weil er sich zu sehr um die Pestkranken gekümmert hatte. Dies geschah am 12. Juni. Er lebte noch sechs Tage und starb dann.»[2] Auf ähnliche Weise, d.h. nach Ansteckung durch Patienten, kamen viele Ärzte zu Tode. Der anonyme Verfasser des *Breviarium Italicae Historiae* (1354) erzählt, wie er selbst als Patient einen Arzt infizierte, der ihn zur Ader ließ: «Das Blut, das herauslief, spritzte ihm ins Gesicht. Und am gleichen Tag wurde er krank und starb am darauffolgenden. Ich selbst kam freilich durch Gottes Gnade davon.»[3]

Die Grausamkeit des Pestalltags bedeutete eine Art *crucial point* für das ärztliche Ethos. Zahlreiche Fragen erhoben sich. War es angesichts der zunehmenden Dezimierung der Mediziner lobens- oder tadelnswert, wenn, wie der Florentiner Marchionne di Coppo berichtet, viele den Puls «nur mit abgewandtem Gesicht» fühlten und den Urin «von weitem» beurteilten.[4] War es vertretbar, für *einen* das Leben zu riskieren, so daß unter Umständen Hunderte auf ärztliche Betreuung verzichten mußten? Diese Fragen wurden auch von Theologen unterschiedlich beantwortet: Luther, der in Wittenberg 1527 die Seuche überlebte, hielt den ärztlichen Beistand auch in höchster Gefahr für eine Christenpflicht, während Theodor Beza, ein Schüler Calvins, das Interesse der Allgemeinheit in den Vordergrund stellte, der ein überlebender Arzt im Zweifelsfall mehr nützte als ein toter.[5] Wir wissen heute zwar, daß die damaligen Pestbehandlungen wenig effektiv waren (und eine Verringerung der Ärztezahl auf die Ausbreitung der Seuche kaum Auswirkungen haben konnte), doch stellte die Frage einer ausreichenden ärztlichen Versorgung, gerade zu Krisenzeiten, auch ein *psychologisches* Problem dar: Welche Verzweiflung muß Kranke erfüllt haben, wenn der Arzt ausblieb! Bewundernd nimmt man zur Kenntnis, wie manche Mediziner während des Schwarzen Todes lebensgefährliche Forschungen durchführten, etwa Sektionen von Pestopfern, um hinter das Geheimnis der Seuche zu kommen. «Sie fanden, dass nahe am Herzen ein giftiger Blutschwamm war. Das Blut ließen sie über eine Vene am Herzen abfließen ...».[6] In Trient sollen, wie der Chronist Johannes von Parma berichtete, zahlreiche Ärzte, «und gerade die besseren», umgekommen sein.[7] Ihre Rolle und Situation war tragisch. Obgleich sie «Pesttraktate» verfassten und Rezepte kompilierten, mussten sie im Grunde erahnen, was Lorenzo de Monacis, ein venezianischer Chronist, offen verkündete: «Keine Kunst vermochte etwas, kein Kraut nützte, keine Arznei richtete etwas aus.»[8] Mancher Mediziner «staunte» nur, wie Petrarca, der kritische Zeitgenosse, ironisch kommentierte.[9] Einige Ärzte überlebten nur, weil sie die Flucht ergriffen. Hatte nicht Galen selbst, neben Hippokrates die große medizinische Autorität der Antike, Rom während einer Seuche den Rükken gekehrt und seine Patienten im Stich gelassen?[10] Auch Guy de Chauliac, der erwähnte Chirurg des 14. Jahrhunderts, gab offen zu, dass er aus Avignon geflohen wäre, hätte er nicht die Blamage gefürchtet.[11] Aus Sicht der meisten Mediziner wäre es pure Scharlatanerie gewesen, an der Doktrin Galens zu zweifeln, der die Pest durch eine (durch einen Überschuß an Hitze und Feuchtigkeit induzierte) Fäulnis des Organismus erklärt hatte.

Angesichts der offenkundigen Wirkungslosigkeit der Therapien erschien die Flucht vor den pestbringenden Miasmen letztlich nicht verwerflicher als der faktische Selbstmord übereifriger ärztlicher Idealisten, die in kürzester Zeit der Seuche erlagen. Ob die zynisch klingende Meinung des Chalin de Vinario verallgemeinert werden darf, ist allerdings zu bezweifeln. Unverblümt erklärte er, als in Avignon die Pest ausgebrochen war: «Wir (Ärzte) sind uns selbst die Nächsten. Keiner von uns ist von solchem Wahnsinn geblendet, dass er sich mehr um die Rettung der anderen als um die eigene kümmert, zumal bei einer so raschen und ansteckenden Krankheit.»[12]» Ob ein solches Verhalten wirklich dem ärztlichen Ethos widersprach, blieb umstritten. Doch behandelte derselbe Arzt, dem jedes moralische Schwadronieren fern lag, im Pestalltag mutig Kranke, ganz im Gegensatz zu dem von Petrarca beschriebenen Medizinertypus, der viel redete, aber in der Praxis versagte, ja entgegen allen Phrasen die Flucht ergriff.[13]

Pestzeiten waren aber auch Momente, in denen sich Angeber und Besserwisser in Szene setzten. Ein gewisser Dionysus Secundus Colle, der Duftstoffe aller Art als Reinigungsmittel der Luft und somit als Pestprophylaktika empfahl, pries sich selbstbewußt als Retter seiner Gemeinde: «Ich habe meinen Mitbürgern, die von allen verlassen waren, durch meine Ratschläge geholfen. Und dank des Mitleids des höchsten Gottes konnte ich viele am Leben erhalten und vor der Pest bewahren.»[14] Solch großspurige Worte waren unter «Pestärzten» nicht selten. Das Volk argwöhnte zu Recht, daß es mit dem Fachwissen dabei nicht weit her war. Keck verkauften selbsternannte Heiler Scheinerfolge als Wunderheilungen und verlangten dafür Honorare.

Dies galt auch für Apotheker und Pillenverkäufer, deren Läden vielerorts neben den Kirchen die einzigen öffentlich zugänglichen Gebäude blieben. Der geprellte Patient lief am Ende Gefahr, jedem zu mißtrauen, der ihn behandelte oder beriet. Petrarca (1304–1374), der wohl einflußreichste europäische Intellektuelle des 14. Jahrhunderts, favorisierte zu Pestzeiten zunehmend den schweigenden Arzt, gute Medizin wurde für ihn, wie es bereits Vergil formuliert hatte, zur *stummen* Kunst.[15]

Andererseits konnten es sich im 14. Jahrhundert nur bestimmte Menschen leisten, im Krankheitsfall überhaupt Ärzte zu konsultieren. Da nach den Chronistenberichten vornehmlich die Reichen flohen, traf die Flucht mancher Mediziner die breite Bevölkerung wohl weniger hart, als man vermuten könnte. Nicht wenige Prominenten- und Leibärzte begleiteten ihre wohlhabenden Patienten in deren Refugien, während die Massen in den Städten zurückblieben, wo sich, wie schon *vor* der Pest, kaum ein *studierter* Arzt um sie kümmerte. Allerdings gab es in Frankreich und Italien schon seit dem 13. Jahrhundert amtlich bestellte «Stadtärzte», die von den Regierungen zur Behandlung von Pestkranken verpflichtet und für ihre Tätigkeit pauschal bezahlt wurden. Auch sie flohen verständlicherweise häufig, riskierten dabei aber hohe Strafen. Noch im 17. Jahrhundert sah der berühmte englische Arzt Thomas Sydenham, wie einst Galen, allerdings in der Flucht vor der Pest keinen Widerspruch zu seinem Berufsethos.[16]

Angesichts der tödlichen Gefahr, der sich die Pestärzte ausgesetzt sahen, forderten Kommunen und Landesherren von ihnen eine besondere Loyalität, die sich an ethischen Normen zu orientieren hatte, die bisher aber kaum fixiert worden waren. Den Regierungen ging es dabei weniger um Moral als um das Gemeinwohl. Wenn schon Richtern, Notaren oder städtischen Beamten im Fall eines Fluchtversuchs das Bürgerrecht entzogen wurde,[17] konnte auch von Ärzten erwartet werden, daß sie ihrer Pflicht nachkamen. Die Verhinderung der Seuchenausbreitung unter den Armen, welche die Mehrheit der Einwohner stellten, war für jede Stadt von existentieller Bedeutung.[18] In Venedig und Florenz war bereits 1348 eine Art Notstandsgesetzgebung verabschiedet worden, die Ärzten und Beamten konkrete Aufgaben zuwies.[19]

Eine zunehmende Bedeutung erhielten während der Pestseuchen die (bereits mehrfach erwähnten) ärztlichen Collegia. Seit dem 13. Jahrhundert kontrollierten sie nicht nur Ausbildung, Leistungsstand und Zulassung ihrer Mitglieder, sondern legten auch auf deren untadeliges Verhalten Wert. Neue Mitglieder wurden auf entsprechende *Satzungen* eingeschworen.[20] Während sich Chirurgen in *handwerklichen* Zünften organisierten, kooperierten die (für akademisch gebildete Ärzte zuständigen) Collegia in der Regel mit den örtlichen *Universitäten*.[21] Ein neues Standesdenken, aber auch die Reflexion über Pflicht und Moral waren hier charakteristisch. Entsprechende Richtlinien sollten auch das *gesellschaftliche* Prestige der Mediziner erhöhen. Heilige Schutzpatrone wie Kosmas und Damian, Lukas oder Pantaleon unterstrichen den Ernst der Bemühungen. Ein zunehmendes Elitebewußtsein war unverkennbar, erkannte man doch, daß Selbstbewußtsein und Korporationsgeist den gesellschaftlichen Einfluß stärkten. Vorsteher der Collegia waren im allgemeinen Universitätsprofessoren oder Leibärzte von Fürsten oder Bischöfen. An deren vornehmen Tafeln diskutierten die ärztlichen Standesvertreter eventuelle Notlagen. Es war verständlich, daß hier die Flucht von Kollegen verdammt und ein Engagement auf Leben und Tod gefordert wurde, um die Kommune oder das Land vor einer existentiellen Krise zu bewahren.[22] Im übrigen konnten Ärzte auch legal, d.h. ohne kommunale oder Standesvorschriften zu verletzen, eine Stadt verlassen, wenn nämlich Universitäten ihren Lehrbetrieb in seuchenfreie, «sichere» Gebiete verlegten.[23]

In den Siebzigerjahren des 14. Jahrhunderts, als man bereits genügend Pesterfahrungen gesammelt hatte, forderte der französische Arzt Johannes Jacobi die Kollegen auf, Pestkranken jederzeit nach den Regeln der Kunst zu helfen, dabei aber alle denkbaren Vorsichtsmaßnahmen zu beachten. Ein Minimalethos kristallisierte sich heraus: Der Arzt sollte in jedem Fall Neuerkrankte aufsuchen, die seinen Besuch wünschten, da sie ein Recht auf Diagnosestellung hätten. Handelte es sich wirklich um die Pest, stand es dem Mediziner frei, einen Therapieversuch zu wagen.[24] Welborn verwies in diesem Zusammenhang auf die uralte deontologische Tradition, unrettbare Seuchenkranke *nicht* zu behandeln.[25] Wer sich dennoch um sie kümmerte, stand eher im Verdacht, geldgierig oder angeberisch zu sein![26] Selbstlose Primärhilfe bei maximalem Schutz – dies war der neue Tenor, der das ärztliche Handeln bei Gefahr für Jahrhunderte zumindest der Theorie nach bestimmte. Ein *sinnloser* ärztlicher Einsatz blieb verdächtig.

Nicht die Liebe zum Kranken, sondern die Sorge um die Ärzteschaft bestimmte die bereits 1348 ausgesprochene Empfehlung des Jacme d'Agremont, eines Arztes aus Lerida in Spanien, zu Pestzeiten nie an Lohn oder Gewinn zu denken, da die Lebensgefahr zu groß sei. Alle Schätze der Welt hätten unzählige Kollegen nicht vor einem jämmerlichen Ende bewahrt. Der Konflikt lag auf der Hand: Verweigerten die Ärzte die Behandlung oder ergriffen sie die Flucht, riskierten sie den Ruf der Feigheit. Halfen sie unter Lebensgefahr oder in aussichtslosen Fällen, bezichtigte man sie der Geldgier.[27] Die Vorwürfe wurden umso lauter, je mehr das Vertrauen in die ärztliche Therapie verlorenging. Nach wie vor galt es auch als Pflicht der Ärzte, den Kranken zur Beichte aufzufordern, damit er mit Gott seinen Frieden schließe. Der Ruf nach dem Priester war in den Augen vieler wichtiger als die Inspektion des Urins oder das Tasten des Pulses.[28]

Das ärztliche Verhalten zu Seuchenzeiten wurde zunehmend reglementiert. Allerdings gibt es hierüber bisher – im Gegensatz zur Geistlichkeit – kaum Untersuchungen. Man kann davon ausgehen, daß die meisten in Städten tätigen Mediziner – wie auch die Kleriker und Notare – der Seuche zum Opfer fielen. Ungeachtet einer verbreiteten, durch die frühen Humanisten akzentuierten Kritik[29] vermutete Rath mit sympathiegetragenem Optimismus, daß bei sorgfältigster Abwägung von Pflichttreue und -vergessenheit, Nächstenliebe und Egoismus, Mut und Ängstlichkeit «sich die Schale tief zugunsten echter selbstloser ärztlicher Haltung» neigte.[30] Das Ethos Hunderter von Ärzten, die starben, erschien vielleicht auch weniger erinnerungswürdig als das spektakuläre Versagen anderer, das die Öffentlichkeit empörte. Erinnert sei auch an die klaglose Arbeit unzähliger Ordensbrüder und Nonnen, die in Hospitälern Kranke pflegten – und selbst umkamen.

Die überragende Rolle, welche die Gelehrten, was die Ursache der Pest betraf, der Astrologie zuwiesen,[31] förderte bei manchen Medizinern allerdings eine fatalistische Grundeinstellung. Waren Infektion, Prognose und Verlauf der Krankheit vorherbestimmt, ließ sich zwar ein therapeutisches Schema entwickeln, doch erschien der Erfolgsspielraum letztlich determiniert. Ob man selbst erkrankte und starb, war ebensowenig zu beeinflussen wie das Schicksal des Patienten, zumal die Pest von vielen als Strafe Gottes angesehen wurde.[32] Sollte ein Arzt gegen höhere Gewalt angehen können und dürfen? Solche Fragen behielten auch zu pestfreien Zeiten eine beunruhigende Aktualität.

Beeindruckend bleibt, daß viele Probleme, die mit der Pest in Zusammenhang standen, im 16. und 17. Jahrhundert noch dieselbe Aktualität besaßen wie im Spätmittelalter. Auch in der Renaissance gaben Ärzte ihr Leben für Kranke. Johann Thuile (1590–1630), ein aus Tirol stammender, in Padua und Freiburg lehrender Medizinprofessor, erlag der Seuche ebenso wie fast 300 Jahre zuvor Gentile da Foligno,[33] und der französische Chirurg Ambroise Paré erinnerte seine Kollegen daran, daß zwar Gott über Leben und Tod bestimmt, es aber ihre Pflicht sei, den Leidenden bis ans Ende beizustehen.[34] In Samuel Pepys' berühmtem Bericht über die Pest in London 1666 rechtfertigte der Arzt Jonathan Goddard seine Flucht aus der Stadt vor der Royal Society mit dem Hinweis, seine (vornehme) Klientel habe London ebenfalls verlassen.[35] Der Apotheker William Boghurst appellierte dagegen an das Pflichtgefühl der Ärzte und Apotheker, das sich gerade in der Gefahr bewähre, denn «Geistliche müssen predigen, Offiziere kämpfen und Ärzte haben sich um Kranke zu kümmern».[36]

Seuchen hatten allerdings schon lange *vor* 1348 das Ethos von Ärzten und Behörden herausgefordert. Obgleich der *Aussatz* dank seiner geringeren Infektiosität eine weitaus harmlosere Seuche als die Pest darstellte, ging von der «Schicksalshaftigkeit» (Keil) der Erkrankung eine starke Faszination aus: «Man wußte von ihrer Unheilbarkeit, erkannte sie als ansteckend, beobachtete rätselhafte Verlaufsformen, erschrak vor ihren verstümmelnden, vielfach das Antlitz entstellenden Folgen und fürchtete ihren progredienten Verlauf.»[37] Nachdem verschiedene Konsilien über die Behandlung Lepröser beraten hatten, griff das 3. Laterankonsil (1179) auf die Bestimmungen des Langobardischen Rechts (Edictus Rothari) von 643 zurück. Folge war die – allerdings nie systematisch und ausschließlich durchgeführte – Aussonderung des Kranken, der in einigen Gegenden «wie ein Toter» (tamquam mortuus), d.h. über eine Seelenmesse (!), die Gemeinschaft der Gesunden verließ und in der *Gegenwelt* der Leprosorien sein restliches Leben fristete. Die abendländische Gesellschaft und die Kirche tolerierten dies. Die Auflösung der Ehe des Aussätzigen wurde allerdings kirchlicherseits nie anerkannt.[38] Hinsichtlich der Erb- und Lehensunfähigkeit der Kranken verfuhr man regional unterschiedlich. Ärzte waren natürlich an der *Lepraschau* beteiligt, jener berüchtigten Untersuchung, die zur Sequestrierung führte. Unter der Masse der Verdächtigen und Denunzierten wurden im Hochmittelalter allerdings nur etwa 10 Prozent als Aussätzige ausgesondert.[39] Ab dem 14. Jahrhundert verlor die Krankheit ihren Schrecken; Infektiosität und Letalität bildeten sich weiter zurück. Mancher Mittellose versuchte sogar, sich als Simulant in die sozialökonomisch relativ sichere Welt der Leprosorien – sie versprach z.B. eine sichere Altersversorgung! – einzuschmuggeln.[40] 1320/21 wurden Aussätzige in Aquitanien allerdings noch zusammen mit den Juden verfolgt.[41] Im 17. Jahrhundert siedelte man die Bewohner der Leprosorien vielerorts in innerstädtische Arbeitshäuser um.[42] Ihre Behandlung im Hoch- und Spätmittelalter zeigte die ethische Ambivalenz der christlichen «Caritas»-Tradition. Im Moment der Gefahr stand die öffentliche Sicherheit, nicht das Schicksal einzelner Kranker im Vordergrund. Ärzte und Geistliche fanden dies angemessen. Diagnosestellung, Separierung und die «Organisation» der Seuche, nicht Empathie oder Leidensminderung galten im Notfall als vorrangig. Wie den Pestkranken hatte die Medizin auch Aussätzigen bis zum 20. Jahrhundert keine nachhaltige Therapie anzubieten.

17. Anatomie, Chirurgie und das Blutige an der Medizin

Der Umgang mit der menschlichen Leiche erforderte seit alters vom Arzt eine besondere Sensibilität. In der antiken Tradition spielten Sektionen, von der alexandrinischen Ärzteschule des 3. Jahrhunderts und ihren Protagonisten Herophilos und Erasistratos einmal abgesehen, so gut wie keine Rolle.[1] Die seit der Renaissance weitgehend akzeptierte Vorstellung, die menschliche Anatomie lasse sich am besten durch «Selbstinspektion» (autopsia) des Leichnams erlernen, setzte sich im christlich-islamischen Mittelalter zunächst kaum durch. Am Jüngsten Tag wird der Mensch, so die Sichtweise der zeitgenössischen Theologen, mit seinem irdischen Leib vor dem Richter erwartet, weshalb es als Affront galt, diesen zu zerstückeln. Da man zudem glaubte, die Anatomie sei in Alexandria «an den Körpern Lebender wie Toter»[2] betrieben worden, erschienen Leichenöffnungen nach Art der Heiden unethisch und inhuman.[3] Ein Beschluß der Synoden von Clermont (1130), Reims (1131), Tours (1163) und des 4. Laterankonsils (1215), Klerikern (die im Westen infolge der traditionellen Anbindung der Heilkunde an die Klöster immer noch eine starke ärztliche Fraktion darstellten) jede chirurgische Tätigkeit zu untersagen, ließ sich erst recht gegen die Manipulation an *Leichen* verwenden. Hände, welche täglich die Hostie berührten, sollten nicht durch Blut befleckt, Männer, die sich geistlich betätigten, nicht in weltliche Händel hineingezogen werden.[4] Frevelhaft erschien besonders der Gedanke der *Vivisektion*. Kein Wunder, daß der Friedrich II. von Hohenstaufen kritisch gegenüberstehende Franziskaner Salimbene von Parma abgestoßen berichtete, der Kaiser habe nach einer befohlenen Mahlzeit die Mageninhalte zweier Verbrecher untersuchen lassen, um die Stufen der Verdauung zu analysieren – eine Legende, die der Dichter Jansen Enikel, Verfasser einer Weltchronik, kurze Zeit später zu einer literarisch ausgeschmückten *Sektionsszene* umgewandelt hat.[5] Salimbene berichtet aber auch, daß 1286 während einer Seuche «ein Arzt ... einen toten Menschen öffnen ließ».[6] Es hätte sich demnach um eine pathologisch-anatomische Leichenöffnung zur Aufdeckung der Todesursache gehandelt. Nachdem Friedrich II. die Teilnahme an Autopsien für angehende Ärzte vorgeschrieben hatte,[7] schien sich gegen Ende des 13. Jahrhunderts in der europäischen Medizin tatsächlich ein gewisser Wandel zu vollziehen; jedenfalls lassen sich auch in Bologna um diese Zeit mehrere Sektionen nachweisen. Ihnen ging eine behördlich kontrollierte Exhumierung und Leichenschau voraus. Daß die Autopsien zunächst noch als anrüchig galten, zeigt allerdings die Tatsache, daß die Ärzte, welche dazu verpflichtet wurden, durch das Los bestimmt werden mußten.[8]

Auch in der schöngeistigen Literatur wurde die Manipulation und Öffnung von Leichen negativ gesehen. Aus dem 15. Jahrhundert blieben mehrere Buchillustrationen erhalten, die Nero zeigen, wie er – abweichend von den Quellentexten des Tacitus, Sueton und Cassius Dio – weintrinkend seine sezierte Mutter Agrippina betrachtet. Literarisch ausgeschmückt – selbstverständlich ebenfalls unter moralisch negativen Vorzeichen – findet sich die Szene bereits in der *Weltchronik* des erwähnten Dichters Jansen Enikel (1280), ebenso in derjenigen Heinrichs von München (nach 1300) und im *Roman de la Rose* des Guillaume de Lorris (1227) und seines Nachfolgers Jean de Meun (um 1270).[9] Vor allem aber wurde das lasterhafte Verhalten Neros in Boccaccios *De casibus virorum illustrium*, einer verbreiteten Sammlung von Lebensgeschichten berühmter Männer und Frauen seit Adam und Eva, thematisiert, welche durch eigenes Verschulden ins Unglück gerieten.[10] Selbstverständlich erschien die Sektion auch hier als Beispiel besonderer Frevelhaftigkeit.

1302 wurde in Bologna, auf Veranlassung der Behörden, die erste historisch dokumentierte *gerichtsärztliche* Sektion durchgeführt. Ihr folgten zwei weitere 1335. Bereits zuvor hatte, in derselben Stadt, der Arzt Taddeo Alderotti Leichen geöffnet.[11] Offen bekannte auch der Anatom Mondino dei Liuzzi, daß er im Jahr 1316 mehrere Frauenkörper seziert hatte (anathomizavi). Mondinos Lehrbuch von 1316 ist das erste anatomische Werk des Mittelalters, das auf konkret beobachtete Sektionen menschlicher Leichen Bezug nimmt. Die schleichende Säkularisierung der Medizin hatte offensichtlich dazu geführt, daß die Öffnung einer Leiche *per se* nicht mehr verwerflich erschien. 1318 ist freilich auch ein Prozeß dokumentiert, in welchem vier aus Mailand und Piacenza stammende «scolares in medicinali» angeklagt wurden, den Leichnam eines Hingerichteten heimlich ausgegraben und für den anatomischen Unterricht benutzt zu haben. Neben der gerichtsmedizinisch bzw. durch die Neugier des Pathologen begründeten Leichenöffnung hatte sich inzwischen auch die *anatomische* Lehrsektion etabliert.[12] Für Guy de Chauliac, den bedeutenden Chirurgen des 14. Jahrhunderts und Leibarzt des Papstes (in Avignon) wie des französischen Königs, galt sie (1363) neben der Lektüre der antiken Autoritäten als ein völlig normaler und legitimer Weg, Kenntnisse über den Bau des Körpers zu gewinnen.[13] Allerdings wurde der Leichnam in der Regel von einem nicht akademisch gebildeten Prosektor, d. h. einem hierauf spezialisierten Handwerker geöffnet, während der Medizinprofessor den Vorgang nur entsprechend kommentierte. Erst im Zeitalter Vesals machte sich der Arzt wirklich die Hände blutig.[14]

Man darf davon ausgehen, daß die Autopsie – wie der Umgang mit Toten außerhalb des Beerdigungsrituals – in einer Grauzone des öffentlichen Bewußtseins stattfand. Neben progressiven gab es konservative Ärzte, neben Freigeistern gläubige, welche die Sektion aus religiösen Gründen ablehnten und sich traditionsbewußt auf das Wissen der «auctoritates» verließen. Bis zu Vesal gab es jedenfalls keine *systematische* Erforschung des Körpers durch visuelle Überprüfung.[15] Weite Kreise der Gesellschaft, aber auch zahlreiche Ärzte und selbst Anatomen (!) hatten Bedenken. 1299 erließ Bonifaz VIII. eine Bulle gegen die Zerstückelung und Kochung von Leichen, «einen Mißbrauch, dem nach einer schrecklichen Sitte einige Gläubige unversehens anhängen».[16] Es war nämlich üblich geworden, daß die Skelette von Kreuzfahrern, aber auch berühmten Persönlichkeiten, wenn sie auf Reisen starben, durch Kochung oder «Wässerung» von den Weichteilen getrennt und zur Beisetzung in die Heimat gebracht wurden. Daß diese Sitte das Gewissen von Ärzten belasten konnte und es schwierig wurde, zwischen wissenschaftlicher bzw. gerichtsmedizinisch indizierter Sektion und Auskochung aus Transportgründen zu unterscheiden, zeigt das Beispiel Mondinos, der die «Auskochung» (decoquatio) aus religiösen Gründen ablehnte, obgleich sie zur Erforschung der Knochenanatomie, d.h. gewisser Schädelstrukturen nützlich gewesen wäre («Wegen der Sündhaftigkeit habe ich mich daran gewöhnt, das zu unterlassen»).[17] Gelegentlich mögen sich – entgegen der eigentlichen Intention des Papstes – auch Gegner von Sektionen auf die Bulle berufen haben. Jedenfalls spricht der italienische Anatom Guido von Vigevano (gest. 1349) davon, «daß es kirchlicherseits verboten sei, an der menschlichen Leiche Anatomie zu betreiben».[18] Nach Mondino brauchte man, selbst wenn man Leichen nur einbalsamieren wollte, ein kirchliches «privilegium». Damit war ein weiteres traditionelles Motiv für eine Sektion angesprochen, das bei der Vorbereitung der Beisetzung von Königen bis ins 20. Jahrhundert eine wichtige Rolle spielte.[19] Allgemein kam aber mit dem Verbot der Kochung zu Transportzwecken auch die «wissenschaftliche» Sektion in Verruf.

Trotz dieser Vorbehalte etablierte sich die anatomische Lehrsektion im Verlauf des 15. Jahrhunderts. 1427 bemühte sich die Universität Siena um einen Gehenkten, während in Perugia 1457 zwei Verbrecherleichen der Anatomie zur Verfügung gestellt wurden. In Ferrara beschaffte der Podestà jährlich einen Leichnam; auch in Pavia sorgte die Obrigkeit für die Durchführbarkeit anatomischer Sektionen.[20] In Wien und Prag entwickelte sich im 15. Jahrhundert ein respektabler anatomischer Lehrbetrieb. Es ist bemerkenswert, daß die Bulle Bonifaz' VIII. durch Sixtus IV. (1482) zumindest relativiert wurde: Es war nunmehr gestattet, die Leichen hingerichteter Verbrecher «nach den Regeln und der Praxis der Ärzte» zu zergliedern.[21] Auch in Tübingen und Leipzig wurden – wenn auch in unregelmäßigen Abständen – Sektionen für Studenten durchgeführt.[22] Diese Sitte setzte sich im 16. Jahrhundert fort. Nach 1540 galt es an der damals führenden europäischen medizinischen Fakultät, Padua, als unseriös, die Aussagen der Alten nicht an der Leiche zu überprüfen.[23] Wohl nach dem Vorbild der «Bamberger Halsgerichtsordnung»

(1507) sah auch die *Constitutio Criminalis Carolina* Karls V. (1532) bei unklaren Todesfällen eine Autopsie vor. Gründe waren Suizid, fahrlässige Tötung, Totschlag und andere «unnatürliche» Todesursachen.[24] 1521 wurde sogar ein Papst, Leo X., seziert, da Verdacht auf Giftmord bestand. Die Autopsie wurde zunehmend ein standestypisches Privileg für den Adel und hohen Klerus, während für die anatomische *Didaktik* jahrhundertelang nur Leichen Ausgestoßener und Hingerichteter verwendet wurden.[25] Daß seit Ende des 15. Jahrhunderts auch Künstler an Autopsien teilnahmen, sei hier nur am Rande vermerkt.[26]

Irritieren mußte die Tatsache, daß seit dem 16. Jahrhundert an manchen Orten, wenn auch nicht ohne zeitgenössische Kritik, anatomische Spektakel inszeniert wurden. Ärzte waren dabei die Hauptdarsteller. Dies galt für den von Rembrandt verewigten Dr. Tulp ebenso wie für den Heidelberger Dekan Georg Franck von Franckenau, der 1680 «alle lauter gesinnten» Bürger zur feierlichen Anatomie eines Gehenkten einlud.[27] Wenn Erschlagene und Mordopfer unter Anleitung eines akademisch geschulten Medicus von Wundärzten seziert wurden, wurde dies von der ärztlichen Avantgarde angesichts des didaktischen Vorteils selbstverständlich begrüßt. In einigen Städten existierten allerdings «Totenbrüderschaften», deren Mitglieder das Privileg hatten, selbst unter keinen Umständen seziert zu werden.[28] Auch stieß die Gepflogenheit, Leichname von Übeltätern bzw. Hingerichteten zur medizinischen Didaktik heranzuziehen, wie angedeutet, nicht nur auf Zustimmung. Daß die menschliche Biographie, die Höhen und Tiefen des Lebens, auch das Äußere eines Leichnams prägen, war im 17. Jahrhundert zwar noch nicht allgemeine Auffassung, doch ging die Jurisprudenz zunehmend davon aus, daß der tote Körper schützenswert war. Der Vater der deutschen Strafrechtswissenschaft, Benedikt Carpzow, vertrat die These, daß selbst Verbrecherleichen Anspruch auf Integrität hätten (morte crimen finitur) und wandte sich gegen die Auffassung, die Sektion stelle eine legitime «zweite Hinrichtung» (secunda executio) dar.[29] Der didaktische Gedanke *allein* konnte das Gewissen vieler Juristen und Ärzte nicht beruhigen. Der dänische Anatom Nils Stensen, Entdecker der Muskelfibrillen und des Ausgangs der Parotis-Drüse, legitimierte die Sektion auch damit, daß sie – angesichts des deprimierenden Anblicks von Leichen – erahnen lasse, was dem Menschen die *Seele* bedeute. Für den deutschen Barockdichter Barthold Hinrich Brockes (um 1700) konnte angesichts einer Sektion «kein Atheist ein Atheiste» bleiben.[30] Obduziert wurden – es sei noch einmal wiederholt –, ob aus gerichtsmedizinischer oder anatomisch-didaktischer Intention, vornehmlich Verbrecher, «ehrlos» Verstorbene, Selbstmörder, Opfer von Gewalttaten und unbekannte Leichen. Noch 1811 wurde auf dem Koppenschen Armenfriedhof in Berlin ein Haus «zur Ausstellung tot gefundener Leichname und zur Obduktion derselben» eingerichtet.[31]

Zeitlose Fragen

18. Sterbehilfe und Euthanasiegedanke von der Antike bis ins 19. Jahrhundert

Wie die Selbsttötung, die man mit der Person des Verräters Judas (Matth. 27) verband, galten im Christentum, wie schon gezeigt, auch aktive Sterbehilfe und die Beihilfe zum Suizid als schwere Sünde.[1] Im siebten Höllenkreis Dantes zerrissen ununterbrochen Harpyen die Zweige der in Bäume verwandelten Selbstmörder.[2] Der gläubige Christ hatte seine Todesstunde, wie in Kapitel 15 gezeigt wurde, demütig anzunehmen. Die mittelalterliche Sterbe-Literatur sah für den Arzt im Moment des Todes keine klar definierte Rolle vor (im Fall des *Klerikerarztes* und im klösterlichen Alltag mag die Praxis dennoch anders ausgesehen haben). In den Sterbeszenen der bildenden Kunst des Mittelalters und der Renaissance sieht man ihn abseits stehen, während sich Angehörige und Geistliche um den Kranken kümmern; am Ende besiegt der Tod die ärztliche Kunst.[3] Auch das Sterbebüchlein des Johannes Gerson (15. Jh.) zielte, um ein literarisches Beispiel zu nennen, völlig auf das Seelenheil, nicht auf die leibliche Gesundung.[4] Die gottgewollte Begrenztheit menschlicher Existenz zu akzeptieren, war ein zentraler Bestandteil ärztlicher Ethik. Freilich wurde diese Regel häufig insoweit mißachtet, als Ärzte – wider besseres Wissen – verzweifelten Patienten suggerieren konnten, es bestehe Hoffnung auf Überleben, was ethisch nicht in jedem Fall verwerflich schien.[5] Seit Origenes hatten immer wieder auch Theologen eine solche Lüge gebilligt.[6] In einer vom 4. Laterankonzil (1215) verabschiedeten Verordnung wurden die Ärzte aber aufgefordert, einen Priester rufen zu lassen. Im übrigen warteten sie den Tod des Patienten wohl kaum passiv ab. Daß sie einen schmerzgekrümmten Patienten in der Agonie im Stich ließen,[7] schien für, wie es in einer bekannten Avicenna-Handschrift hieß, von Liebe zum Mitmenschen geprägte «Diener Gottes»[8] (Abbildung 3) schon aus religiösen Gründen inakzeptabel. Tatsächlich begleiteten die meisten den Sterbenden bis zum Ende, wenn auch «in der zweiten Reihe».

Nach dem aristotelischen Paradigmenwechsel des 12. und 13. Jahrhunderts konnte es kaum verwundern, wenn der Arzt mit dem Selbstbewußtsein des Wissenschaftlers und «Fachmanns» in infausten Fällen Schmerzbehandlung und Sedierung in die Hand nahm. Noch im 17. Jahrhundert klagte allerdings Francis Bacon, es gehöre zur ärztlichen «Religion …, bei den für verloren gehaltenen Kranken zu bleiben und sie zu beklagen», statt sich um eine «Linderung ihrer Schmerzen» zu kümmern.[9] Bacons Vorwurf, aber auch historische Äußerungen prominenter Ärzte[10] führten zu der in der Medizingeschichte populären Auffassung, der Arzt habe moribunde Patienten verlassen und die

«Sterbebegleitung» ausnahmslos dem Priester übertragen. Tatsächlich stand letzterem die *geistliche* Betreuung zu, was die *ärztliche* Präsenz aber keinesfalls ausschloß. Todeskrankheit und Tod entsprachen zwar dem Willen Gottes, doch hatte dieser den Menschen *auch* die Heilkunde geschenkt. Medizinisches Handeln bedeutete deshalb selbst angesichts des Todes keine Anmaßung.

Die für die mittelalterliche Medizin und Philosophie charakteristische negative Haltung zur *Euthanasie* wurde in der Renaissance zumindest hinterfragt. Im 16. Jahrhundert wird die Möglichkeit, das Leben von tödlich, aber auch chronisch erkrankten Menschen zu beenden, wie in der Antike offen diskutiert. Luther plädierte dafür, einen geistig schwer behinderten «Wechselbalg» – es handelte sich um den konkreten Fall eines zwölfjährigen Kindes aus Dessau – zu ertränken. Er hielt das Kind «für ein Stück Fleisch, eine Masse carnis …, da keine Seele innen ist», und unterstellte, daß niemand als der Teufel solche Wesen «leiblich besitzet, da sie weder hören, sehen, noch etwas fühlen, (denn) er macht sie stumm, taub und blind».[11] Bedenklich erscheint uns heute, daß das behinderte Kind als «vom Teufel unterschoben» galt. Auch den Selbstmord hielt der Reformator nicht in jedem Fall für verwerflich. Häufig wird nämlich, so seine These, der Betroffene von finsteren Mächten manipuliert: «Diejenigen, welche sich selbst erhängen oder sonst töten, leiden Gewalt vom Teufel, wie der, welcher von einem Räuber getötet wird. Sie sind ihrer selbst nicht mächtig. Deshalb kann ich sie nicht verdammen.»[12] Der Selbstmörder – wie auch das erwähnte Kind – ist für Luther eher passives Opfer: «Mein Grund dafür: Sie tun es nicht gerne, sondern werden von der Macht des Teufels überwältigt, als ob jemand in einem Wald von einem Wegelagerer ermordet würde.»[13] Freilich sieht er vom Freitod eine sittliche Gefahr ausgehen, weshalb «man dies dem Volke nicht sagen soll». Leichen von Selbstmördern seien demonstrativ zu verbrennen, «damit die Welt geschreckt werde».[14] Die Obrigkeit solle dabei, bemerkt er in einer Tischrede, «in der Sache streng sein». Der Ärzteschaft wirft er in diesem Zusammenhang vor, das *diabolische* Element des Leidens zu übersehen: «Sie sehen nicht auf den Teufel als Urheber der sonst natürlichen Ursache einer Krankheit. Er kann die Krankheiten und ihre Ursachen sofort und leicht ändern.»[15]

Luthers Ansicht zum Suizid stand in deutlichem Gegensatz zu Äußerungen des spanischen Kanonikers Martinus Navarrus (1568), der jede Form des Selbstmords wie der aktiven Euthanasie streng verurteilte. Auch ein Arzt, der ein tödliches Mittel aus Nächstenliebe oder um dem Kranken einen Gefallen zu tun verabreicht, sündigt schwer.[16] Navarrus berief sich auf den Theologen und Juristen Panormitanus (1386–1445), der erklärt hatte, wer Kranke pflege, habe sich davor zu hüten, aus Mitleid deren (krankheitshalber) «pervertierten Wünsche» zu erfüllen.[17] War es schon verwerflich, wenn

Abb. 3: Gerhard von Cremona, Avicenna-Handschrift (14. Jh.). Bibliothèque Nationale, Paris, Cod. Lat. 1436

ein Arzt dabei dem Willen seines Patienten entsprach, mußte nicht extra betont werden, daß Euthanasie *ohne* dessen Einwilligung ein besonders schweres Verbrechen darstellte. Werke dieser Art hatten großen Einfluß, zumal sie mit den religiösen und Rechtsauffassungen von Juden und Muslimen konform gingen. Was die Ärzteschaft anging, unterstützte der «Hippokratische Eid», der in Europa zumindest seit Beginn der Reformationszeit eine wichtige Rolle spielte, mit seinem Verbot, jemandem ein tödliches Mittel zu verabreichen, die moralische Vorgabe der Kirche.[18]

Erstaunlicherweise griffen die meisten Verfasser utopistischer Gesellschaftsentwürfe der Renaissance den Euthanasie-Gedanken positiv auf. Platon und Aristoteles, deren Schriften man begeistert rezipierte, dürften hier Vorbilder gewesen sein. In der *Utopia* des Thomas Morus (1478–1535) hieß es: «Sogar unheilbar Kranken erleichtern sie (d.h. die Leute von Utopia) ihr Los, indem sie sich zu ihnen setzen, ihnen Trost zusprechen und überhaupt alle möglichen Erleichterungen verschaffen. Ist die Krankheit aber nicht nur unheilbar, sondern auch andauernd qualvoll und schmerzhaft, so reden Priester und Behörden dem Kranken zu, da er doch – allen Anforderungen des Lebens nicht mehr gewachsen, den Mitmenschen lästig und sich selbst unerträglich – seinen eigenen Tod bereits überlebt habe, nicht darauf zu bestehen, sein unheilvolles Leiden noch länger zu nähren, und nicht zu zögern zu sterben, da das Leben nur eine Qual für ihn sei. Er solle sich so getrost und hoffnungsvoll aus diesem bitteren Leben wie aus einem Kerker oder einer Folterkammer befreien oder sich willentlich von anderen herausreißen lassen. Dabei handle er klug, da der Tod nicht Freuden, sondern nur Qualen beende.»[19] Im Modellstaat von *Utopia* (1516) legte man aber Wert darauf, daß der Patient mit seiner Tötung einverstanden war: «Wer sich dazu überreden läßt, beendet sein Leben entweder durch freiwilligen Verzicht auf Nahrung, oder er wird eingeschläfert und er geht dahin, ohne es zu merken. Lehnt einer aber ab, so schaffen sie ihn nicht etwa aus der Welt oder behandeln ihn deshalb mit weniger Zuwendung ...» Die *nicht* durch die Behörden bzw. Priesterschaft legitimierte Selbsttötung oder Euthanasie bleibt freilich streng verpönt, ja führt zur sozialen Ächtung der Suizidenten («Statt die Leiche zu begraben, wirft man sie kurzerhand in einen Sumpf»).[20] Ungeachtet der Tatsache, daß es bis heute umstritten blieb, ob diese Passagen des Morus, der für seine katholische Glaubensüberzeugung 1535 immerhin hingerichtet wurde, die persönliche Haltung des Autors widerspiegeln, verwundert die organisierte Kälte der «Utopier». Begeistert von ihrer Verfassung erscheint zunächst allerdings nur der Reisende «Hythlodaeus», dessen Gesprächspartner «Morus» sich von der Theorie der «Gleichheit des Lebens und der Lebenshaltung» doch deutlich distanziert.[21] Daß zunächst die «Priester und Behörden» auf die «Unheilbarkeit» des Leidens zu sprechen kommen, d.h. die Diskussion über eine aktive Beendigung des Lebens nicht vom *Kranken* eröffnet wird, befremdet besonders. Dieser muß den Eindruck gewinnen, in der Gemeinschaft unerwünscht zu sein. Das Argument, er könne den Mitmenschen zur Last fallen, kennzeichnet ein klassisches, vielfach mißbrauchtes Argument der Euthanasie-Befürworter bis weit ins 20. Jahrhundert. Obgleich man weiß, daß Morus, von Platons *Staat* einmal abgesehen, die Erzählung des Jambulos von Diodorus Siculus (1. Jh. v. Chr.) kannte, in welcher von einem Inselstaat berichtet wird, wo Gelähmte, körperlich Behinderte oder Menschen, die das «gesetzliche» Alter erreicht hatten, gesetzlich gezwungen wurden, aus dem Leben zu scheiden,[22] bleibt sein Modell unheimlich und seine Intention rätselhaft. Benzenhöfer hält es für möglich, daß der Lordkanzler Heinrichs VIII., unter dem Einfluß von Erasmus' *Lob der Torheit* (1509), «in warnender Absicht» zeigen wollte, wozu eine rein *rationale* Gesellschaftsplanung führen kann.[23]

Es ist nicht ohne Reiz, Morus eine ideologisch völlig konträre Persönlichkeit, nämlich Michel Montaigne (1533–1592), gegenüberzustellen. In einem Essai bemerkte der französische Philosoph «Unvermeidbares muß man zu ertragen lernen».[24] Der Mensch hat zu erkennen, daß sein Schicksal, sein Gesundheitszustand, Geburts- und Todestag von der *Natur* bestimmt werden. Der Tod stellt, wie einst für die Stoiker, nur den unausweichlich letzten Akt des Lebens dar. Montaigne propagiert deshalb eine säkularisierte «ars moriendi», die bei unerträglichen Schmerzen eine Verkürzung des Lebens einschließt. Er bewunderte seinen Onkel, der auf die Drohung eines Arztes, er werde sterben, falls er die von ihm verordnete Therapie verweigere, antwortete: «So bin ich halt ein toter Mann.»[25] Auch als Sterbender hat man, wie in allen Situationen des Lebens, der *Natur* zu gehorchen.[26] Der *ärztlichen* Kunst steht Montaigne folgerichtig skeptisch gegenüber, denn «ich lasse die Natur machen».[27] Hat der Sterbeprozeß begonnen, darf man ihn nicht aufhalten. Entschieden lehnt Montaigne den traditionellen *geistlichen* Beistand ab. Wie bei den Hippokratikern wird der «gute» Arzt – sofern es ihn gibt – als «Diener der Natur» (und nicht mehr Gottes) definiert. Die Ethik des Sterbens wird profanisiert, der Tod ist ein Akt natürlicher Selbstregulierung, die allerdings, wie Montaigne gesteht, «gewaltig und mitleidslos» ist. Dabei gewinnt das Leben selbst einen hohen Wert. Eine qualvolle Existenz ist – erscheinen Not und Qualen einigermaßen erträglich – immer noch erstrebenswerter als das Nichtsein, wobei Montaigne sich, in gewissem Gegensatz zu seinem Onkel, auf Maecenas und den Kyniker Antisthenes berief, der, als ihm Diogenes wegen seiner schweren Erkrankung zum Suizid geraten hatte, geantwortet haben soll, er wolle von seinen Qualen, nicht aber vom Leben befreit werden.[28] Es ist im übrigen natürlich und menschlich, Schmerz und Angst, gerade auch angesichts des Todes, zu *zeigen*.[29]

In seiner Schrift *Über die Würde und den Fortgang der Wissenschaften* (1623) unterschied der protestantische englische Philosoph Francis Bacon (1561–1626) – wie sein katholischer Landsmann Morus erreichte er das hohe Staatsamt des Lordkanzlers – eine «euthanasia interior», d.h. die seelische, geistliche Vorbereitung auf den Tod, von der «euthanasia exterior», welche das Lebensende des Menschen nach dem Vorbild des Augustus erleichtert, d.h. sich durch eine höchstmögliche Beschwerdefreiheit auszeichnet. *Würdiges* Sterben, erkannte Bacon, ist unter *entwürdigenden* Umständen schwierig. Wie er schon in der 1605 erschienenen Abhandlung *Vom Nutzen und Fortschritt der göttlichen und menschlichen Wissenschaft* ausgeführt hatte,[30] ist es eine ärztliche wie allgemein menschliche Pflicht, Leiden auch dann zu verringern, «wenn ganz und gar keine Hoffnung mehr vorhanden ist, durch Linderung der Qualen aber ein sanfterer und ruhigerer Übergang aus diesem in jenes Leben verschafft werden kann. Denn es ist fürwahr kein kleiner Teil der menschlichen Glückseligkeit …, daß man ein sanftes Ende habe.»[31] Ein weiteres Argument für die *ärztliche* Sterbebegleitung ist vom zeittypischen Optimismus des Naturphilosophen geprägt: Unheilbare Krankheiten seien zu wenig erforscht, was sich daran zeige, daß viele «Sterbende» überlebt hätten.[32] Der «hoffnungslose» Fall erscheint für den Arzt gerade *auch* aus wissenschaftlichen Gründen interessant. Bacons «euthanasia exterior» (excessus e vita lenis et placidus) zielt also *nicht* auf Tötung, sondern auf Erleichterung der Agonie. So habe auch Epikur einst, nach dem Bericht des Diogenes Laertius,[33] durch Weingenuß seine Schmerzen betäubt und sich einen «leichten Tod» gesichert. Im «Notfall» nimmt Bacon die Lebensverkürzung aber in Kauf. Seine Argumente lassen erahnen, daß im 17. Jahrhundert über solch heikle Fragen offen diskutiert wurde. Später kritisierte man, das Konzept der «euthanasia exterior» hätte sich nur auf die «pharmakologische» Linderung bezogen. Es fehle gerade die psychologische und geistige Betreuung des Moribunden.[34] Dem wäre entgegenzuhalten, daß diese Aufgabe in der frühen Neuzeit primär der Familie und der Geistlichkeit zukam, was freilich das Problem der Schmerzlinderung nicht löste, selbst wenn man annehmen muß, daß hierfür gewisse Hausmittel zur Verfügung standen. Jeder Geistliche und jeder normale Mensch wußte aber (und weiß jedenfalls noch heute), daß ein würdiger Abschied unter heftigsten Schmerzen und agonalen Qualen nicht möglich ist. Hier war die «euthanasia exterior» gefragt.

Man könnte vermuten, daß der Gedanke der «Patienten-Autonomie» in der Renaissance-Gesellschaft zunehmend Anklang gefunden hatte und somit «aktive Euthanasie» wie assistierter Suizid zumindest als mögliche Optionen galten. Nach allem, was wir heute wissen, war dies in den europäischen Ländern *nicht* der Fall. Daß die Modelle von Morus oder Bacon nicht verallgemeinert werden dürfen, zeigte bereits die Position des schwäbischen Pietisten und Rosenkreuzers Johann Valentin Andreae (1586–1654), der in seinem ebenfalls utopistisch angehauchten Werk *Christianopolis* (1619) die Tötung Schwerstkranker scharf verurteilte. Die Bürger der christlichen Stadt kümmern sich um die Unheilbaren, wobei Frauen und Witwen eine besondere Rolle zukommt.[35] Krank zu sein bedeutet Christus nachzufolgen, Kranke zu pflegen und zu trösten, nicht weniger. Die Pflege stellt, auch wenn sie gefährlich sein sollte, in Christianopolis, wo die Medizin in hohem Ansehen steht, eine Herausforderung für *alle* dar. «Wenn die Pest wütet, so ist es wunderbar zu sagen, daß sie keineswegs fliehen, sondern der Hand Gottes harren». Besonders kümmert man sich auch um Behinderte: «Menschen, deren Geist verwirrt oder gestört ist, dulden sie unter sich, wenn es erträglich ist. Ist dies nicht der Fall, so gelangen diese unter gelinde Aufsicht. Ebenso hält man es mit den ungewöhnlich Mißgestalteten. Denn die Vernunft gebietet, daß die menschliche Gesellschaft sich derer, die die Natur stiefmütterlich behandelt hat, besonders gütig annimmt. Auch Gott erträgt uns ja mit unendlicher Güte und Langmut – nicht wie er uns wünscht, sondern wie wir sind.»[36] Jeder Gedanke einer «Euthanasie» fehlt im übrigen auch bei dem Dominikaner Tommaso Campanella (1568–1639), dessen 1602 im Gefängnis entstandene Abhandlung *Der Sonnenstaat* (Civitas solis) eher sozialpolitische Intentionen verfolgte, obgleich auch hier Platons Staat als Vorbild diente.[37] Andererseits galt hier die Eugenik, d.h. die öffentliche Planung eines gesunden Nachwuchses, als Vorbedingung staatlicher Wohlfahrt. Sie stellte einen Weg dar, jene Krankheiten, welche Platon an Euthanasie oder Suizid denken ließen, zu vermeiden. Die Obrigkeit bestimmt deshalb im «Sonnenstaat», in enger Zusammenarbeit mit Ärzten und Astrologen, wer, wo, wann und mit wem Beischlaf hält. Ältere Frauen und ein *maestro maggiore*, «der ein großer Arzt ist und Amor untersteht», kontrollieren die Praxis.[38] Der Arzt sieht sich ganz selbstverständlich als Diener der Staatsführung und kontrolliert in deren Auftrag die Gesundheit künftiger Generationen. Das Interesse des Kollektivs steht über allen anderen.

Daß – jenseits aller utopistischen Entwürfe – der frühneuzeitliche medizinische Alltag, etwa nach Unfällen, bei Katastrophen oder im Krieg, rauh und unbarmherzig ablief und das ärztliche Ethos auf eine harte Probe stellte, zeigt eine Tagebuchpassage des französischen Chirurgen Ambroise Paré, die 1536 während eines Italien-Feldzugs entstand: «Ich stieß auf vier tote Soldaten und drei, die an die Mauer gelehnt waren, weil ihr Gesicht vollkommen zerstört war. Sie sahen nichts mehr, sie hörten nichts mehr, sie sprachen nicht mehr, und ihre Kleider flammten noch von dem Kanonenpulver, das sie verbrannt hatte. Als ich sie noch voller Mitleid betrachtete, kam ein alter Soldat herein, der mich fragte, ob es noch eine Möglichkeit gäbe, sie zu heilen. Ich verneinte dies. Da näherte er sich schnell und schnitt ihnen die Kehle durch, sanft und ohne Zorn. Als ich diese große Grausamkeit sah, sagte ich ihm, er sei ein schlechter Kerl. Er antwortete mir, daß er Gott bäte, daß, wenn er einmal auf solche Art verstümmelt sei, sich auch jemand fände, der ihm denselben Dienst täte, so daß er nicht elend dahinsiechen müßte.»[39] Parés Tagebuch verrät im übrigen einen sensiblen Autor, den das Schicksal der Kranken auch nachts verfolgte. Aus seinen Notizen geht allerdings nicht hervor, ob er selbst in entsprechender Weise aktive Euthanasie betrieben hat. Der Alltag des Chirurgen besteht naturgemäß aus Siegen und Niederlagen. Bescheiden notierte der prominente Arzt: «Wenn uns freilich einmal eine lobwürdige Behandlung gelingt, dürfen wir sie nicht uns zuschreiben, sondern Gott». Auch in hoffnungslos erscheinenden Fällen habe man – aus Barmherzigkeit und Demut – Hilfe anzubieten. Berühmt wurde seine lakonische Beschreibung der geglückten Behandlung eines Adligen: «Ich verband ihn bis zum Ende der Behandlung, und Gott heilte ihn.»[40]

Ähnlich äußerte sich einige Jahrzehnte später der aus Hilden stammende Wilhelm Fabry (1560–1634), «der erste wirklich große deutsche Chirurg» (Karl Sudhoff). Ärzte wie Patienten haben, wie bereits Paré betont hatte, Gottes Entscheidung zu akzeptieren, der die Stunde des Todes festlegt. Allein der *Gedanke* an eine aktive Lebensbeendigung erscheint sündhaft. Folgerichtig wird selbst die alte Kunst der Prognostik hinterfragt, weil kein Mensch weiß, «was Gott der Allmächtige in seinem ewigen Ratschluß mit dem Kranken beschlossen hat».[41] Behinderten und Schwerkranken hat die Gesellschaft mit Hochachtung und Liebe zu begegnen, zumal sie körperliche Defizite häufig durch geistige und künstlerische Fähigkeiten ausgleichen. Mißgebildete und schwächliche Kinder sollten nach Fabry, um sie vor einer vorurteilsbeladenen Umwelt zu schützen, möglichst zu Hause gehalten und in beschützter Umgebung in «den freien Künsten», in «Kunst und Tugend» erzogen werden. Der Chirurg schließt nicht aus, daß sie unter einer gottlosen Gesellschaft leiden, die «hier oft bald ganz unbedacht ein Urteil fällt».[42] Häßlichkeit und Behinderung ist für den weitgereisten «Hildanus» oft mit Frömmigkeit und «Gottesfurcht» kombiniert, während mancher «schöne Leib» nur einen schlechten Charakter verbirgt.[43] Die christliche Moral ist der einzige Garant dafür, daß Behinderte und chronisch Kranke nicht gequält, erniedrigt und verspottet werden. Aus ihr schöpft nach Fabry auch die Medizin ihre Kraft. Nicht nur die Ärzte, sondern alle Mitbürger sind zum Schutz der Schwachen aufgerufen.

Das Problem der «Erleichterung des Sterbens» wurde in der Folgezeit häufiger diskutiert. 1687 verurteilte der Theologe Christian Scriver in seinem Moraltraktat *Gotthold's Siech- und Siegesbett* Bacons These der «euthanasia exterior». Er bestritt, daß die Frage der Erleichterung der Agonie von praktischer Bedeutung sei und bemerkte kühn: «Ich habe wenige Seelen Gottesfürchtiger sterben sehen, bei denen man solche natürlichen Mittel gebraucht hätte.»[44] Scriver wandte sich deshalb auch dagegen, das Leiden Sterbender mit Medikamenten zu lindern, da der Schöpfer Art und Weise des Todes vorbestimmt habe (!). Die «gottergebene» Haltung Scrivers widerspiegelte sich vor allem im zeitgenössischen calvinistischen und pietistischen Schrifttum. Im 18. Jahrhundert gab es zu dieser Frage viele ärztliche Stellungnahmen. In seiner Hallenser Dissertation *De Euthanasia Medica. Vom Leichten Todt* (1735) verwirft auch Zacharias Philippus Schulz Bacons These der «euthanasia exterior» und beruft sich dabei auf Scriver. Der junge Arzt verbindet mit dem Begriff einen «sanften, ruhigen und schnellen Verlauf des natürlichen Todes», der sich natürlicherweise im Alter eher einstelle als in der Jugend und nach *langer* Krankheit häufiger zu beobachten sei. Ein erfahrener Arzt könne seine Zeichen leicht erkennen, etwa eine gewisse Stille und Gelassenheit des Kranken oder die «facies hippocratica», das «eingefallene Antlitz des nahen Endes».[45] Menschen, die auf diese Weise friedlich ihrem Ende entgegenblickten, solle man keine Medikamente geben. Nur Pflege- und Linderungsmaßnahmen wie die Benetzung der trockenen Zunge dürfe ein Arzt veranlassen. Beruhigende Mittel, welche den Tod beschleunigen könnten, sind dagegen verpönt und widersprechen, so Schulz, der christlichen Nächstenliebe.[46] Doch betont der Autor an anderer Stelle, man solle einem Moribunden nicht «das Ende schwer machen». Im bekannten *Universal-Lexikon* von Zedler (1734) wird die Euthanasie – unter Hinweis auf die bereits zitierte Sueton-Stelle[47] – als «ein ganz leichter und geringer Tod» dargestellt, «welcher ohne schmerzhafte convulsiones geschieht».[48] Sie gilt als hochstehendes Ziel verantwortungsbewußter Ärzte. Entsprechend spricht die *Encyclopédie* von Diderot und d'Alembert (1756) von der «mort heureuse, ou passage doux et tranquille, sans douleur, de ce moment en l'autre».[49] Im Sinne der bürgerlich-protestantischen Aufklärung plädierte auch der Dichter Christoph Martin Wieland (1805) für eine «Euthanasie», d.h. dafür, «im Bewußtsein eines wohlgeführten Lebens … mit Ruhe und frohem Mut» zu sterben.[50]

Es bleibt festzustellen, daß die große Mehrheit der ärztlichen Autoren des 18. und frühen 19. Jahrhunderts in Deutschland eine Manipulation des Todestermins – selbst bei schwerstem Leiden – ablehnte. Man verwarf in der Regel jede aktive Euthanasie bzw. Tötung auf Verlangen, während die Leidensverringerung *ohne* Lebensverkürzung, war sie technisch möglich, zunehmend selbstverständlich wurde. Immerhin war auch diese Hilfe – aus heutiger Sicht schwer begreiflich – lange Zeit umstritten, da jede Form des «natürlichen» Todes als gottgewollt galt! 1796 erschien im *Neuen Magazin für Aerzte* ein Beitrag des Leydener Medizinprofessors Nicolaus Paradys (1740–1812), in welchem die «natürliche Euthanasie» als die Kunst umschrieben wurde, «den Tod so leicht, so erträglich als möglich zu machen, soweit dieses in unserer Gewalt steht und von natürlichen Ursachen abhänget».[51] Für Paradys gehört es allerdings zu den selbstverständlichen Aufgaben des Arztes, das Ende des Patienten durch schmerzstillende oder beruhigende Mittel zu erleichtern. In diesem Sinne äußerte sich eine Generation später (1826) der Göttinger Pathologe und Pharmakologe Karl Friedrich Heinrich Marx, der die leidensmindernde Euthanasie neben Prophylaxe und Heilung zu den zentralen ärztlichen Pflichten zählte («Drängt sich dem umsichtigen, erfahrenen Arzte die Überzeugung auf, daß die Tage des Kranken gezählt seien, so konzentriert sich seine Tätigkeit darauf ..., eine Euthanasie zu bereiten»).[52] Marx ging es dabei weniger um eine heroische Behandlung im finalen Stadium, sondern um die «geistige», sich durch Einfühlsamkeit und tröstende Worte auszeichnende Begleitung, «soweit Kunst und Liebe es ermöglichen».[53] Auch er verurteilt entschieden – sei es auf Bitten des Kranken oder nach Gutdünken des Arztes – jede aktive Lebensverkürzung: «Wie kann es denn erlaubt sein, daß derjenige, der gesetzlich dazu verpflichtet ist, Leben zu erhalten, zum Urheber oder Mithelfer seiner Zerstörung wird?»[54] Auch der Physiologe Johann Christian Reil (1759–1813) sprach sich – im Sinne der «euthanasia exterior» Bacons – für eine Milderung der «Plagen der Krankheit» und eine seelisch-psychische Stärkung des Moribunden aus. Der sterbende Mensch ist für ihn «eine heilige Sache», von der «alle unangenehmen Eindrücke, physische und moralische, abzuwenden sind». Schlimmstenfalls sei es sogar erlaubt, «das Bewußtsein desselben zu verdunkeln».[55] Zur Linderung des Schmerzes wie der Angst bedarf es einer überlegenen Arztpersönlichkeit, «von feiner Bildung, vieler Weltkenntnis». Nur ihr wird es glücken, «das Zutrauen der Kranken bis an den letzten Hauch ihres Lebens zu erhalten». Reil plädiert deshalb dafür, stets einen Funken Hoffnung am Leben zu halten. «Arzneigläser» am Bettrand, d.h. die fortgesetzte, selbstverständlich erscheinende Verabreichung von Pillen und Medikamenten, könnten dabei zu «Strohhalmen» werden, «an welchen diese Hoffnung klebt».[56] Der Schöpfer des Wortes *Psychiatrie* (1803) betonte aber auch, daß Tod und Geburt unvermeidliche Stationen des Lebens darstellen. Während es für die Geburtsbegleitung aber die alte Kunst der Hebammen gebe, hätte der Mensch am Ende kaum Unterstützung zu erwarten («Dafür, daß man erträglich wieder hinauskomme, ist fast nichts getan»).[57] Reil sah hier ein bedenkliches Defizit der zeitgenössischen Heilkunde und verwies auf historische Reformvorschläge: «Die Kunst, dem Tode sein Schreckhaftes zu nehmen und seine Bitterkeit zu mindern, empfiehlt Bacon den Ärzten und meint, die Heilkunde habe dann erst ihre Vollkommenheit erreicht, wenn sie neben der Fertigkeit, den Tod zurückzuhalten, sich auch darauf verstehe, das unvermeidliche Ende so sanft als möglich zu machen ...».[58]

Auch nach den *Allgemeinen Medizinischen Annalen* (1806), einer damals bekannten Ärztezeitschrift, stellte «die Beförderung der Euthanasie» einen «nicht genug beachteten Gegenstand der Heilkunst dar». Dabei wird vor einem rein naturwissenschaftlichen Menschenbild gewarnt. Der Arzt dürfe «nicht bloßer Mechaniker sein, der seine Kranken als eine in Unordnung geratene Maschine ausbessert». Vielmehr hat er ihnen bei ihrem Hinscheiden «in herzlichen und freundschaftlichen Verhältnissen … als schützender Genius zur Seite» zu stehen.[59] Der Alltag sah wohl, wie der anonyme Autor einräumte, häufig anders aus: «Dennoch macht man noch täglich die traurige Erfahrung, daß unheilbare oder solche Kranke, deren Qualen nur der Tod endigt, von den Ärzten aufgegeben und ihrem Schicksal überlassen werden. Darum wird zur Schande unseres Humanität affektierenden Zeitalters immer noch in den Instruktionen für Praktizierende die Pflicht herausgehoben, Unheilbare und Sterbende *nicht* zu verlassen.» Fälle, «wo die Kunst sich vergeblich bemüht, Hilfe zu leisten und wo durch die Heilung wenig oder gar keine Ehre zu erreichen ist», erschienen vielen Kollegen unattraktiv und lästig. Nicht wenige Sterbende seien freilich auch «mißmutig, eigensinnig, launisch» und fielen «den Ärzten mit ihren Grillen sehr zur Last». Man müsse so fast Verständnis zeigen, wenn mancher Mediziner sich «aus dem Handel zu ziehen sucht und sich das traurige Geständnis macht, daß seine Kunst hier scheitere».[60] Die *Annalen* stellten eine anerkannte Fachzeitschrift dar, deren Lesern gerade auch ethische und «philosophische» Überlegungen ans Herz gelegt wurden.

Besonders bekannt wurde die Stellungnahme von Christoph Wilhelm Hufeland (1762–1836), dem großen Arzt der Goethezeit. Der Autor des Buchs *Makrobiotik oder die Kunst, das menschliche Leben zu verlängern* (1796), eines medizinischen Bestsellers des 19. Jahrhunderts, schrieb 1806, der gute Arzt müsse nicht nur heilen, «sondern auch bei unheilbaren Krankheiten das Leben erhalten … Selbst im Tode soll er den Kranken nicht verlassen … und wenn er ihn nicht retten kann, ihm wenigstens das Sterben erleichtern.»[61] Er berief sich explizit auf den Eid des Hippokrates: «Jeder Arzt hat geschworen, nichts zu tun, wodurch das Leben eines Menschen verkürzt werden könne.»[62] Als erfahrenem Praktiker war es Hufeland klar, daß angesichts eines qualvollen Sterbevorgangs mancher Kollge verführt würde, «eine aktive Beendigung dieses Zustands zu erwägen». Es könne gerade in der «Seele des Bessern der Gedanke aufsteigen: Sollte es nicht erlaubt, ja sogar Pflicht sein, jenen Elenden etwas früher von seiner Bürde zu befreien?»[63] Für den moralisch denkenden Arzt sei ein solches Handeln, vor dem bereits Navarrus gewarnt hatte,[64] freilich unannehmbar: «Er soll und darf nichts anderes tun als Leben erhalten, ob es ein Glück oder Unglück sei, ob es Wert habe oder nicht, dies geht ihn gar nichts an. *Und maßt er sich einmal an, diese Rücksicht in sein Geschäft mit aufzunehmen, so sind die Folgen unabsehbar, und der Arzt wird der gefährlichste Mann im Staate.* Denn ist einmal die Linie überschritten, glaubt sich der Arzt einmal berechtigt, über die Notwendigkeit eines Lebens zu entscheiden, so braucht es nur stufenweise Progressionen, um den Unwert und folglich die Unmöglichkeit eines Menschenlebens auch auf andere Fälle anzuwenden.»[65] Hufeland war somit einer der ersten, welche die Gefahr des ethischen *Dammbruchs* an die Wand malten. Historisch gesehen – man denke an die Exzesse der Nationalsozialisten in Deutschland – hatte er recht. Für den prominenten Mediziner, der mit Goethe und der preußischen Königin korrespondierte, verboten Religion und Moral – gerade infolge des durch die Aufklärung bedingten Wissensschubs und angesichts des neuen Trends zu Autonomie und Freiheit – jede Form aktiver Euthanasie. Hufeland verlangte auch, hier wiederum seiner Zeit vorausgreifend, höchste Vorsicht bei Experimenten an Patienten, die der Arzt zunächst an sich selbst durchführen sollte.[66]

Um 1800 wurde die Euthanasiediskussion heftiger, obgleich sich die Ärzteschaft in ihrer Mehrheit immer noch auffallend konservativ verhielt. 1843 verlangte der Arzt Friedrich Wilhelm Theile in der *Allgemeinen Enzyklopädie der Wissenschaften und Künste*, Ärzte müßten sich ausnahmslos jenen (im Alltag offensichtlich nicht seltenen) Verfahren entziehen, «durch die man ebenfalls die Agonie abzukürzen sucht, dem Wegziehen des Kopfkissens, dem Bedecken des Gesichtes mit einem Tuche, dem Umlegen des Kranken aufs Gesicht, dem Zubinden oder sonstigen Verstopfen der Nase und des Mundes».[67] Passagen wie diese lassen vermuten, daß das Schicksal der Alten und Schwerkranken in der bürgerlichen oder bäuerlichen «Großfamilie» weit weniger idyllisch war, als es unser Bild von der «guten alten Zeit» suggeriert! In ähnlicher Weise betonte zwei Jahre später Theiles französischer Kollege Maximilien Simon in der *Déontologie médicale*, ein Arzt dürfe niemals aktiv ein Menschleben beenden, wolle die Medizin ein «Zweig der Caritas» bleiben. Wahre Euthanasie lag für den gläubigen Christen (unter den Kollegen des 19. Jahrhunderts war diese Auffassung keine Selbstverständlichkeit![68]) in der «intimen Einheit mit Gott». Aufgabe des Arztes sei es allein, das Sterben mit allen psychologischen und – im Notfall – physischen Mitteln zu erleichtern.[69] Entsprechende Standpunkte wurden auch in der angloamerikanischen Medizin vertreten. 1835 propagierte Jacob Bigelow eine sanfte Palliativmedizin, welche die von ärztlicher Selbstüberschätzung gekennzeichnete «heroische» Therapie am Sterbebett ersetzen sollte. Die einschlägige Diskussion war zu dieser Zeit nicht von der Entwicklung brauchbarer Schmerzmittel und Narkotika zu trennen, die in der Einführung der kontrollierbaren Anästhesie 1846 durch Morton einen Höhepunkt fand.[70] Wenn der Engländer Joseph Bullar 1856 bei fortgeschrittener Tuberkulose für die Anwendung von Opium und – zehn Jahre später – im finalen Stadium für eine Schmerzbehandlung mit Chloroform plädierte, beeilte er sich hinzuzufügen, daß *Linde-*

rung (und nicht Lebensverkürzung) sein Ziel sei und hohe Dosen solcher Schmerzmittel angesichts der unübersehbaren Nebenwirkungen bestenfalls die Kühnheit des behandelnden Arztes unterstrichen.[71]

Inzwischen hatte sich das Paradigma des naturwissenschaftlichen Positivismus der Medizin bemächtigt, der die Alltagsethik von Ärzten und Wissenschaftlern entscheidend beeinflußte. Die in der Aufklärung manifestierte Kritik an überkommenen Werten und moralischen Traditionen ließ konservative bzw. christliche Autoren wie Hufeland bald obsolet erscheinen. Während von der Spätantike bis zur Mitte des 19. Jahrhunderts nur wenige philosophische Utopisten eine aktive Euthanasie in Erwägung zogen, gaben nun zunehmend die Ärzte selbst ihre traditionellen Hemmungen auf.

19. Abtreibung und Kontrazeption: Theologie gegen Medizin?

Mit der Einführung des Christentums hatte die eher liberal geführte Abtreibungsdiskussion der heidnischen Antike, vordergründig betrachtet, ein Ende gefunden. Der Beginn und das Ende des menschlichen Lebens lagen in Gottes Hand,[1] und kein Mensch schien, wie die *Didache*, das älteste christliche Pastoralhandbuch (um 150) lehrte, berechtigt, die Frucht im Mutterleib zu eliminieren.[2] Schon in der Synode von Elvira (306) wurden Frauen, die ihre unehelichen Kinder abgetrieben hatten, «mit archaisch anmutender Unnachsichtigkeit»[3] durch lebenslange Exkommunikation bestraft, wobei sowohl der Ehebruch wie die Tötung gebrandmarkt wurden. Auch die *Apostolischen Konstitutionen* des 4. Jahrhunderts verdammten den Abort, wobei das Konzil von Ankyra (314) allerdings nur noch eine zehnjährige Bußzeit vorsah.[4] Umstritten war zunächst die im Judentum überlieferte aristotelische Sukzessivbeseelungstheorie, ja die *physiologische* Vorstellung der Menschwerdung überhaupt. Die Verbreitung der (im 3. Jahrhundert v. Chr. aus dem Hebräischen ins Griechische übertragenen) *Septuaginta*[5] und die dortige Interpretation von Exodus 21, 22 f. legte die Frage nahe, zu welchem Zeitpunkt eine Abtreibung unter das Tötungsverbot fiel, d. h. wann die *Beseelung* des Kindes im Mutterleib stattfand, die man phänotypisch mit der (natürlich unsichtbaren) menschlichen Gestaltung (*formatio*) gleichsetzte. Die Abtreibung eines nicht «geformten» Föten konnte bestenfalls Schadensersatzansprüche, aber keine Bestrafung nach sich ziehen. Natürlich erschien auch die der heidnisch-römischen Rechtskultur entliehene Vorstellung, dem «pater familias» komme das Recht über Leben und Tod der Nachkommen zu (ius vitae et necis), mit der christlichen Lehre völlig unvereinbar.[6]

Die ärztlichen Vorstellungen zur menschlichen Physiologie bzw. Embryologie waren so zunächst untrennbar mit den *theologischen* Aussagen zur Menschwerdung verbunden. Im Gegensatz zur Lehre der *Sukzessivbeseelung* sah Tertullian (160 – ca. 220) «den ganzen Menschen» schon im Samen vorgegeben (Traduzianismus). Selbst die Empfängnisverhütung wurde so in die Nähe der Tötung gerückt, die «Verhinderung der Geburt» galt, wie schon erwähnt,[7] als «vorweggenommener Mord».[8] Für den bereits genannten Caesarius von Arles (6. Jh.) wurde eine Frau nicht nur mit jeder Abtreibung, sondern auch durch Anwendung empfängnisverhütender Praktiken zur Delinquentin.[9] Nach Basilius bestand *eine* gottgewollte Strafe schon darin, daß viele Schwangere infolge eines Aborts, der selbstverständlich mit Mord gleichgesetzt wurde, selbst starben. Der Mönchsvater schlug deshalb vor, sich über die Frage der «Formung» nicht «allzu tiefe» Gedanken zu machen.[10] In der westlichen Kirche vertrat vor allem Augustinus die Theorie der Sukzessivbeseelung.[11] In einem Kommentar zum alttestamentlichen Heptateuch (Exodus 21, 22) unterstrich er, eine noch ungeformte Frucht könne die Seele nicht beherbergen, da ihr das notwendige Empfindungsvermögen fehle.[12] Diese These lag auch der pseudo-augustinischen Schrift *De spiritu et anima* zugrunde. Ohne «anima rationalis» kann der menschliche Körper demnach «weder leben noch geboren werden».[13] Nach Augustinus hatte auch Moses die Meinung vertreten, die Seele könne im Körper nicht vor dessen Formung wohnen. Schon Adam habe von Gott den Odem des Lebens erst dann empfangen, als er nach dessen Vorbild «geformt» war.[14] Den Traduzianisten wurde auch kritisch entgegengehalten, daß nach ihrer Theorie «täglich viele Seelen mit dem Samenfluß zugrunde gingen». Schließlich müsse «zuerst die Behausung erstellt sein, bevor der Bewohner einziehe».[15] Das Problem der Beseelung, ja der Entstehung des Lebens überhaupt erschien medizinisch wie theologisch widersprüchlich. Selbst Augustinus gestand, daß es «aus den Schriften nicht leicht zu lösen» sei.[16] Seine der aristotelischen Vorstellung verwandte Grundhaltung – in Anlehnung an die in Joh. 2, 20 f. vorgegebene Bauzeit des Tempels in Jerusalem von 46 *Jahren* ging er von einer analogen Körperentwicklung von 46 *Tagen* bis zur Beseelung aus[17] – machte ihn freilich mitnichten zum Abtreibungsbefürworter. Verhütung wie ein Abort selbst «Ungeformter» galten ihm vielmehr als Beweise sündhafter Triebhaftigkeit. Nicht Ehebande vereinten ein Paar, das sich auf solche Praktiken einlasse, sondern Unzucht.[18]

Die meisten Theologen verteidigten die aristotelische Frist von 40 Tagen, die auch Laktanz vertreten hatte.[19] Voller Mißtrauen gegenüber den Ärzten vermutete der 317 verstorbene Theologe, man habe entsprechende Erkenntnisse über die Entwicklung im Mutterleib aus abgetriebenen Föten gewonnen, deren düsteres Schicksal man eigentlich bekämpfte. In Wirklichkeit dürften eher Aristoteles, vor allem aber das jüdische Vorbild richtungsweisend gewesen sein.[20] Auch das *Decretum Gratiani* (12. Jahrhundert) griff auf die Sukzessivbeseelungslehre zurück. «Wer *vor* der Beseelung abtreibt», galt deshalb kirchenrechtlich *nicht* als Mörder. Dagegen wurde der Abort des *beseelten* Föten im kanonischen Recht zumindest als Tötung interpretiert. Die Empfängnisverhütung wurde zwar in der *Bußpraxis* als Todsünde verurteilt, nicht aber nach dem Kirchenstrafrecht.[21] Dagegen entstand nach der Lehre des *Generatianismus*, die z. B. von Gregor von Nyssa (334–394) vertreten wurde, die Seele im Moment der Zeugung. Jeder Abort galt somit als Mord. Auch einige Anhänger des *Kreatianismus*, nach dem die Seele in einem bestimmten Stadium der Schwangerschaft von Gott geschaffen wird, plädierten hier für einen sehr frühen Zeitpunkt.[22]

Die Tatsache, daß schon der *Versuch* der Tötung der Leibesfrucht (so die Reichung eines Abtreibungstrunks) in den germanischen Stammesrechten, etwa bei den Westgoten, Alemannen oder Bayern, mit harten Strafen geahndet wurde, spricht dafür, daß sie, zumindest *nach* der Christianisierung,[23] als schlimmes Vergehen galt. Hinrichtungen verschiedenster Art, u.a. die Verbrennung in einer Holzkiste, Peitschenhiebe, Blendung, der Verlust von Standesprivilegien (wobei – im Sinne des altjüdischen Ius Talionis[24] – nach dem gesellschaftlichem Status der Schwangeren differenziert wurde), Gefängnis und Sippenhaftung, darunter mehreren Generationen auferlegte Geldbußen, waren möglich.[25] Daß in karolingischer Zeit wie im Hochmittelalter die Abtreibung in *weltlichen* Gesetzgebungen weniger Aufmerksamkeit fand (weder im Schwaben- noch im Sachsenspiegel wurde sie erwähnt!), sollte nicht zu dem Trugschluß verleiten, das Thema hätte an Brisanz verloren. Die Divergenz der Strafen war vielmehr durch die Tatsache begründet, daß die Frage der Formung, der Beseelung und des Lebensbeginns nicht einheitlich geklärt werden konnte.[26]

Im Mittelalter sah man für den Abort harte Bußübungen vor. Die *Canones Hibernenses* (Irland, 5. Jh.) differenzierten die Dauer der Bußen nach dem Reifegrad des Föten. Handelte es sich nur um eine «feuchte Masse» (liquor), war die Kirchenstrafe milder, als wenn bereits «Fleisch und Seele» beseitigt worden wären. Die frühmittelalterlichen *Bußbücher* (Libri poenitentiales) orientierten sich meist am «Fristenmodell» der Septuaginta.[27] Da der Reifegrad in der Praxis naturgemäß nicht überprüft werden konnte, spielte die Theorie der «vierzig Tage» eine umso größere Rolle. Nach einem Beda Venerabilis (673–735) zugeschriebenen Poenitentiale erschien es immerhin gerecht, zu unterscheiden, ob eine Mutter aus materieller Not gehandelt hatte oder etwa, um ihrem Ehemann gegenüber eine außereheliche Schwangerschaft zu verschleiern.[28] Innozenz III. sah 1211 in der Beihilfe zur Abtreibung eines Unbeseelten keine als kirchliches Weihehindernis wirksame «Irregularität».[29] Entscheidend war, daß sich unter dem Einfluß des kanonischen Rechts auch Thomas von Aquin (1224–1274) der Sukzessivbeseelungslehre anschloß, was für einen Vertreter der aristotelisch bestimmten Hochscholastik des 13. Jahrhunderts natürlich nahelag.[30] Bei einer Gefährdung der Schwangeren hatte nach Thomas deren Leben aber, in einer Art Selbstverteidigung, Vorrang vor der Existenz des beseelten Kindes. Keinesfalls sollte nämlich der Fötus zum «Muttermörder» werden![31] Wie sein Lehrer Albertus Magnus vertrat er die Meinung, der Abort *vor* der Beseelung stelle keine echte Tötung dar. Albert hatte allerdings an anderer Stelle die Theorie der Sukzessivbeseelung, konkret der aufeinanderfolgenden Entstehung einer «anima vegetabilis», «anima sensibilis» und «anima rationalis» verworfen und behauptet, daß die «anima intellectualis» die *gesamte* fötale Entwicklung bestimme.[32]

Sah man in ihr nun die *einzige* oder die *überlegene* Seele – ihr Eintritt in das Leben des Kindes bedeutete für die meisten katholischen Theologen bis zum 17. Jahrhundert, so etwa auch für Johannes de Regina (14. Jahrhundert), die entscheidende Zäsur. Allerdings betonten bereits die mittelalterlichen Scholastiker, daß Berechnungsversuche der Schwangerschaftsdaten, d.h. «der Beseelung wie der Geburt» (Albertus Magnus), mehr als unsicher seien.[33]

Die mittelalterliche kirchliche Buß- und Rechtspraxis wurde – ungeachtet der durch Thomas von Aquin vertretenen Sukzessivbeseelungslehre – vor allem durch Regino von Prüm[34] (840–915) geprägt, nach dem jeder Abort – unabhängig vom Stadium der Schwangerschaft – als Mord zu werten war. Mildernde Umstände verdiente nur die Empfängnisverhütung: «Hast du irgendeine Droge – seien es Kräuter oder andere Dinge – zu Dir genommen, um keine Kinder zu bekommen oder sie einem anderen gegeben oder einen Menschen durch einen todbringenden Trank umbringen wollen oder einen Dritten hierin unterwiesen oder von männlichem Samen gekostet, um deine Liebesfähigkeit zu steigern oder geweihtes Salböl getrunken oder einem anderen weitergegeben ..., hast du solcherlei Machenschaften getan, so büße sieben Jahre. Hast du dagegen vorsätzlich die Früchte deines Leibes getötet, so büße zehn Jahre, und wenn du Sohn oder Tochter getötet hast, zwölf Jahre. Und ist dies im Mutterleib vor der Empfängnis (d.h. durch Empfängnisverhütung) geschehen, ein Jahr, falls danach, drei.»[35] Abtreibung wird also fast wie die Tötung eines geborenen Kindes (quasi homicidia) gewertet, wobei man auf die erwähnten Konzilsbeschlüsse von Elvira und Ankyra verwies.[36] Angesichts der Strenge Reginos waren seine moralischen Differenzierungen von sekundärer Bedeutung. Seine Härte bestimmte die katholische Bußauffassung für Jahrhunderte.

20. Abtreibung und Verhütung in der alltäglichen Praxis

Die mittelalterliche Schulmedizin verfügte, wie im vorigen Kapitel angedeutet, über keine *heutigen* wissenschaftlichen Erkenntnissen vergleichbaren Vorstellungen von der Entstehung menschlichen Lebens und der Entwicklung des Embryos. Bis zur Revolution der Anatomie im Zeitalter Vesals (1514–1564) ging man so von einer Gebärmutter mit sieben Kammern aus.[1] Geschlecht und Temperament des Neugeborenen wurden dadurch bestimmt, welche «Kammer» der Samen des Mannes erreichte.[2] Auch Sinn und Grund der Menstruation blieben bis zum 19. Jahrhundert unklar. Noch für George Buffon, den großen französischen Naturforscher und Systematiker des 18. Jahrhunderts, glich der samenspendende Mann einem Bildhauer und das Menstruationsblut dem Marmorblock.[3] Dabei darf man davon ausgehen, daß die Verhütungsberatung, aber auch die Abtreibung selbst bis zur europäischen Aufklärung eine Domäne der Hebammen, «weisen Frauen» (sages-femmes) und anderer charismatischer Helferinnen war. «Geburt, Krankheit und Tod hielten», ja schweißten «ihre Gemeinschaft zusammen».[4] Daß Ärzte diese Entwicklung zuweilen kritisch kommentierten, war verständlich. Ob sie allerdings *völlig* ausgeschlossen blieben, ist dennoch zu hinterfragen. Im frühen 15. Jahrhundert handelte der hl. Antoninus, Erzbischof von Florenz, immerhin die Abtreibung in einem Werk ab, das den Titel *Über die Laster der Ärzte* trug,[5] also an deren Adresse gerichtet war.

Die Techniken des Aborts lassen sich, wie diejenigen der Empfängnisverhütung, nur vage rekonstruieren. Meist vertraute man der Wirksamkeit aus dem Mittelalter tradierter Pflanzen, wobei magische Vorstellungen eine wichtige Rolle spielten.[6] In Europa wurde häufig das Mutterkorn als Abortivum verwendet, zu dessen Bestandteilen Ergotamin gehört, das tatsächlich Wehen verursachen kann, aber auch die Rauwolfia-Wurzel, welche ebenfalls den Geburtsvorgang einzuleiten vermag. Vor allem scheint aber der Sadebaum, «anscheinend das verbreitetste Abtreibungsmittel der frühen Neuzeit», eine einschlägige Rolle gespielt zu haben; vor ihm wurde besonders gewarnt, da er zur Verhütung wie zur Abtreibung tauglich schien.[7] Die sagenhafte, menschengestaltige Mandragora stand dagegen im Ruf, unerwünschte Schwangerschaften zu verhindern. Zahlreiche deutsche Apothekerordnungen und Zunfteide verboten den Verkauf solcher «Arzneien». Entsprechende Edikte (etwa in Ulm 1588, Augsburg 1613, Trier 1619 oder Köln 1628) erlaubten ihre Abgabe immerhin dann, wenn ärztliche Verschreibungen vorlagen.[8] Die Hebammen hatten demnach – zumindest theoretisch – Rücksprache mit einem Arzt zu halten. In der Regel besorgten sich die Betroffenen, darunter natürlich auch viele Prostituierte, Abtreibungsmittel auf dem Schwarzen Markt, etwa bei wandernden Quacksalbern oder Kräuterhändlern. Die Abtreibung spielte sich somit, wie die Empfängnisverhütung, in einer Grauzone ab, die von den Ärzten wie der Obrigkeit beklagt, aber auch geduldet wurde.

Im 16. Jahrhundert beschrieb der Paduaner Anatom und Medizinprofessor Gabriele Falloppio (1523–1562) – wie schon Jahrhunderte vor ihm Soranus von Ephesus[9] – ein salbengetränktes Kondom, das syphilitische Infektionen verhüten sollte.[10] Gegen 1700 waren in Italien, Deutschland, Frankreich und England bereits Kondome aus Darm- bzw. Tierhäuten käuflich, deren kontrazeptive «Nebenwirkung» immer mehr in den Vordergrund trat. Ob hierdurch, wie McLaren vermutete, tatsächlich die männliche Entscheidungsgewalt bezüglich der Kinderplanung gestärkt wurde, blieb umstritten.[11] Vor allem in protestantisch-puritanischen Ländern nahm die staatliche Kontrolle des Sexual- und Intimlebens (bis hin zur Bestrafung bestimmter Techniken des Geschlechtsaktes) zu. Das Problem der Empfängnisverhütung wurde nunmehr auch *öffentlich* diskutiert, wobei Ärzte die Obrigkeit berieten. Neben Kondomen wurden auch «weibliche» Verhütungstechniken, so die Anwendung von Schwämmen und Tampons oder Scheidenspülungen beschrieben.[12] Die weite Verbreitung der «mechanischen» Verhütung zeigte auch deren Thematisierung in der «schöngeistigen» Literatur, etwa bei de Sade, Casanova oder der Madame de Sévigné.[13]

Im 1530 erschienenen Kräuterbuch des Arztes und Botanikers Otto Brunfels (1489–1534) waren immerhin 32 Pflanzen aufgelistet, denen man eine abortive Wirksamkeit zuschrieb. Nieswurz (Helleborus Niger) und Weißer Germer (Helleborus Albus) sollten demnach die Frucht töten, wenn sie in die Scheide eingeführt wurden. Andere Pflanzen mußten, etwa zusammen mit Honig, erst zu Zäpfchen verarbeitet werden. Räucherungen der Geschlechtsteile, Bäder und exotische Trankmischungen wurden ebenfalls empfohlen. Dabei enthielt die deutsche Ausgabe des Brunfelschen Buches auch *moralische* Warnungen. Bei allen dem Efeu zugeschriebenen *positiven* Heilwirkungen sollte man den Pflanzensaft gerade wegen seiner abtreibenden Wirkung meiden. Der Straßburger Arzt erwähnt die Abortiva auch nur, um gefährdeten Frauen zu helfen und deren tote Frucht ohne Schaden zu entfernen, nicht aber, um eine Tötung *lebender* Föten zu ermöglichen.[14] Entsprechend rechtfertigten sich in der Regel auch die Autoren der seit dem 16. Jahrhundert verbreiteten *Hebammenbücher.* Eucharius Rößlin, Verfasser eines Werks mit dem blumigen Titel *Der Schwangeren Frauen Rosengarten,* empfahl hautreizende Bäder, Pflaster und Räucherungen sowie vaginale Manipulationen. Wie Hieronymus Bock, ein weiterer Kräuterbuch-Autor dieser Zeit, war auch er ein unversöhnlicher Gegner der Abtreibung. Sein italienischer Kollege Piero Andrea Mathioli assoziierte bei künstlichen Aborten sogar den bethlehemitischen Kindesmord.[15]

Es leuchtet ein, daß die theologisch-philosophische Unterscheidung zwischen beseeltem und unbeseeltem Fötus in der Praxis, mangels sicherer Erkenntniskriterien, eine untergeordnete Rolle spielen mußte. Angesichts der unsicheren Diagnostik war es erstaunlich, daß die *Peinliche Gerichtsordnung* Karls V. (Constitutio Criminalis Carolina, 1532) dem kanonischen Recht folgte, welches die für Abtreibung vorgesehene Todesstrafe nach dem Abgang einer *belebten* Frucht («eyn lebendig kindt») forderte. Die kursächsischen Konstitutionen von 1572 gingen allerdings von einer Beseelung zur *Mitte* der Schwangerschaft aus,[16] was eine beachtliche Entschärfung der Gesetzeslage bedeutete. 1648 stellte auch die medizinische Fakultät in Kopenhagen auf Anfrage fest, eine 13 Wochen alte Leibesfrucht könne nicht als «vollkommen» gelten. Die europäische Schulmedizin schien im 17. Jahrhundert ein embryologisch-physiologisches Konzept zugunsten der Frau anzusteuern, obgleich sie, vertrauen wir den Standesordnungen, dem Abort ausnahmslos kritisch gegenüberstand. Die Hebammen mußten sich weiterhin dazu verpflichten, *uneheliche* Schwangerschaften und Geburten anzuzeigen, da bei unverheirateten Müttern häufiger Abtreibungen erwartet wurden. Heinrich II. von Frankreich ließ sogar jede geheimgehaltene Schwangerschaft, die mit dem Tod des Kindes endete, als Mord bestrafen. Ähnlich verfuhr seit 1624 die englische Gesetzgebung.[17] 1598 setzte Nürnberg eine Belohnung für Hinweise aus, die der Aufklärung von Abtreibungsdelikten, Unzuchtsfällen und unehelichen Schwangerschaften dienten. Die Beteiligung der Ärzte an solchen Aktionen war regional unterschiedlich, doch agierten die Collegia auch hier an der Seite der Obrigkeit.[18] Angesichts der schwierigen Beweislage fielen die Strafen allerdings sehr viel milder aus, als es der strenge Gesetzestext der *Carolina* vermuten ließ.

Im 17. und 18. Jahrhundert ergriffen ärztliche Collegia und medizinische Fakultäten, wie der Kampf gegen die Abtreibung zeigt, bewußt die Chance, Staat und Regierung in delikaten medizinischen Fragen zu beraten.[19] Die medizinische Betreuung des «gemeinen Volkes» lag aber weiterhin hauptsächlich in den Händen von Chirurgen, Badern, Wundärzten, Hebammen oder Kurpfuschern. Sie wurden auch – wohl nicht immer zu Unrecht – mit illegaler Abtreibung und der offiziell verpönten Verhütungsberatung in Zusammenhang gebracht. 1660 wurde eine Pariser Hebamme zum Tode verurteilt, weil sie über 600 Abtreibungen vorgenommen hatte. Am Hof des Sonnenkönigs hatte eine gewisse Cathérine Voisin sogar 2500 Aborte durchgeführt, weshalb sie 1680 ebenfalls hingerichtet wurde.[20] Hebammen gaben ihr Wissen in der Regel – nach dem Vorbild handwerklicher Lehrverhältnisse – innerhalb der Familie weiter.[21] Ihre Ausbildung und Aufsicht ging allerdings in der zweiten Hälfte des 18. Jahrhunderts in ärztliche Hände über. Verhütung und Abtreibung wurden zur Zeit der Aufklärung offensichtlich ein vieldiskutiertes gesellschaftliches Phänomen, so daß die Ärzteschaft vehement um ihren diesbezüglichen Einfluß kämpfen mußte. Pädagogen, Geistliche und Mediziner forderten weniger die Bestrafung als die *Umerziehung* der «Delinquentinnen». Gefängnisaufenthalte hatten ihrer *Läuterung* zu dienen. Ausgefeilte staatliche Kontrollsysteme sollten eine von den Frauen selbst gesteuerte Geburtenkontrolle *mit*beeinflussen. Arbeitsprogramme ließen hoffen, daß sich dadurch die für «Unzucht» und unehelichen Geschlechtsverkehr notwendige «Freizeit» reduzieren ließ. Militärs und Herrscher sahen in jedem Abort natürlich auch den Verlust eines künftigen Soldaten bzw. Staatsbürgers. Durch Kindermord, schrieb 1781 ein unbekannter Arzt, riskiere die Gesellschaft den Verlust relativ weniger «Menschen in Vergleichung der unzähligen Menge, welche ihr durch Verhinderung und durch Vernichtung der Schwangerschaften entzogen wird».[22] Die Abtreibung erschien vielen Gesundheitsplanern und Moralisten demographisch bedrohlicher als die Tötung bereits Geborener, die zudem leichter bewiesen und verfolgt werden konnte. In vielen Schriften gegen die Tötung «unschuldiger Kinder» wurde sie mitbehandelt. Die Autoren gingen davon aus, daß vor allem junge, ledige Frauen der unteren Gesellschaft, etwa Dienstmägde, verhüteten oder abtrieben.[23] Heute gilt es dagegen als sicher, daß Familienplanung inklusive Verhütung im 17. und 18. Jahrhundert in *allen* Schichten betrieben wurde.[24] Ältere Thesen, daß sich die höhere Gesellschaft *heimlich* mit den Praktiken der Unterschicht vertraut machte, diese gleichzeitig aber lautstark verdammte, oder daß das Volkswissen «weiser Frauen» – auch über Empfängnisverhütung und Abtreibung – durch deren Aburteilung als Hexen ausgelöscht worden sei, erscheinen allerdings unhaltbar.[25] Zwar wurden einige Hebammen, wie im frühen 17. Jahrhundert in Köln, tatsächlich verfolgt und sogar verbrannt, aber in der Regel nach Verurteilung wegen «Schadenszaubers» oder Hexerei, d.h. *nicht* auf Grund ihres beruflichen Wissens oder der Kenntnis empfängnisverhütender Mittel.[26] Ihre Profession scheint dabei zweitrangig gewesen zu sein. Das Problem war, daß – vor allem bei unehelichen, «peinlichen» Schwangerschaften – häufig ungeprüfte Frauen mit schillerndem Leumund ihre Hilfe anboten.

Die Schulmedizin der frühen Neuzeit lehrte, daß ein Coitus während der Regelblutung (sie galt im Volk als empfängniserschwerend!) häufiger mißgebildete Kinder zur Folge hatte, weshalb er auch von der Kirche in alttestamentarischer Tradition als Todsünde verdammt wurde.[27] Die Ablehnung aller kontrazeptiven Praktiken durch die Geistlichkeit und konservative Ärztekreise war freilich zum Scheitern verurteilt – auch unter *staatlicher* Aufsicht des Hebammen- und Apothekerwesens blieb im Volk ein einschlägiges «Geheimwissen» vorhanden.

Es entsprach der jahrhundertealten Erfahrung mit der Syphilis, wenn die Gegner des außer- und vorehelichen Geschlechtsverkehrs, darunter Vertreter der neu etablierten staatlichen Gesundheitsbehörden, die Gefahr von Geschlechtskrankheiten an die Wand malten.[28] Aus behördlicher wie kirchlicher Sicht erschien hier nicht das Kondom als ideale Prophylaxe, sondern die vor- und außereheliche Enthaltsamkeit. Mit Beginn der Aufklärung erkannte man aber auch die Nöte unverheirateter (nicht immer freiwillig) Schwangerer, die man jahrhundertelang moralisch nur verurteilt hatte. Der Gesundheitsplaner und Aufklärer Johann Peter Frank beschrieb deren Situation einfühlsam, wenn auch nicht ohne Pathos: «Die Stärke der Leidenschaften auf die menschliche Seele zeiget sich in keiner Stellung so mächtig als in derjenigen eines sonst wohlerzogenen Mädchens, das zum ersten Mal spüret, daß es in seinen Eingeweiden ein lebendiges Geschöpf herumtrage, welches in Unordnung empfangen worden ist. Dieser für eine ehelos Schwangere schreckliche Augenblick bemeistert sich bald ihres ganzen Gemüts: Schamhaftigkeit, Furcht, Schrecken und Verzweiflung lösen sich wechselweise ab, und selbst der Tod wird hier dem sonst so schüchternen Geschlechte ein Gegenstand seiner sehnlichsten Wünsche.»[29] Frank geht noch weiter: «Wo ist das verunglückte Mädchen, das hier, wenigstens im Anfange ihres Entsetzens, untätig geblieben und nicht in eigene Eingeweide gewütet hat, um noch in der Stille sich eines Feindes zu entledigen, dessen täglicher Anwuchs ihr immer gewissere Gefahren gedrohet.»[30] Reformer wie Frank sahen die uneheliche Schwangerschaft als organisatorische und – im wahrsten Sinn des Wortes – *aufklärerische,* d.h. pädagogische Herausforderung. Es galt, «Vorsorge zur Erhaltung der Leibesfrüchte» zu treffen. Der Tübinger Arzt Wilhelm Gottfried Ploucquet (1744–1814) schlug deshalb allen Ernstes vor, «jede unverheiratete Weibsperson» zwischen 14 und 48 Jahren monatlich auf eine Zunahme des Leibesumfangs zu kontrollieren.[31] Er gehörte zur ersten Generation von Ärzten, die während der Untersuchung den Unterleib Schwangerer betasteten. Zunächst standen dabei vor allem Prostituierte und alleinstehende «Verführte» zur Disposition. 1751 wurden in Göttingen Reihenuntersuchungen an 135 ledigen Schwangeren durchgeführt.[32] Der hierbei ermittelte durchschnittliche Zeitpunkt der erstmals wahrgenommenen Kindsbewegung sollte dazu dienen, eine komplikationslose Gravidität in ihrem «normalen» Ablauf darzustellen. Um den gefürchteten Kindsmord zu verhindern, schickten sich die Gesundheitsbehörden an, die Schwangerschaft zu «normieren» und zu kontrollieren, vor allem aber öffentlich zu machen. Scheu, Peinlichkeit, Scham oder Intimität wurden einem neuen ärztlichen Ethos untergeordnet, das sich am staatlich-epidemiologischen Interesse der aufgeklärten Obrigkeit orientierte.

Renaissance und frühe Neuzeit

21. Gabriele Zerbis «Opus perutile»

Die ärztliche Ethik der Renaissance war – von zahlreichen aus der Antike und dem westlichen wie arabischen Mittelalter rezipierten Schriften abgesehen[1] – bereits im 15. Jahrhundert in Gabriele Zerbis Schrift *Opus perutile de cautelis medicorum* (1495) auf eine solide, im übrigen recht traditionelle Basis gestellt worden.[2] Wie schon Arnald von Villanova und anderen mittelalterlichen Autoren[3] ging es Zerbi, einem Paduaner Medizinprofessor (der später in der Türkei ermordert worden sein soll, weil er einen Pascha erfolglos behandelt hatte), um die *Zuneigung* des Patienten, die der Arzt durch solide Beherrschung der Kunst, durch ständige Weiterbildung und Übung («Medicus non potest esse perfectus nisi exercitatus») sowie dank eines vorbildlichen Lebenswandels erwerben muß.[4] Das Urvertrauen des Kranken stellt die Voraussetzung jeder erfolgreichen Kooperation dar. Verstöße gegen das ärztliche *Decorum* untergraben deshalb den Erfolg der Behandlung. Die christliche Moral bietet hierbei nach Zerbi die wichtigste Orientierung: Die Ethik des «medicus prudens»[5] respektiert zunächst, abgesehen von den heidnisch-antiken und arabischen «auctoritates», die *Zehn Gebote* und die im Matthäusevangelium erwähnten *Taten der Barmherzigkeit*.[6]

Zerbis Buch entstand in einer Epoche, in der die Früchte humanistischer Philologie auch die medizinische Welt bereicherten. Der Autor zitiert Hippokrates, Galen, Horaz, Alkindi, Avicenna und andere Gelehrte, deren Schrifttum nun neu ediert und interpretiert wurde und dank der Buchdruckkunst allgemein zur Verfügung stand. Wie einst Thomas von Aquin mahnt der Aristoteliker Zerbi, «menschliche Handlungen» mit «prudentia» anzugehen, also ihren Zweck und ihr Ergebnis *im voraus* zu bedenken.[7] Jeder Arzt hat Selbstkritik zu üben. Vorwürfe gegenüber Kollegen werden verurteilt, ja moralisch einer Lüge gleichgesetzt. «Gute Ärzte» erscheinen freilich, wie Zerbi bedauernd feststellt, in der Minderheit.[8] Vor allem sollte der gewissenhafte «physicus» jeden Anschein von Lüge und Täuschung vermeiden, die nur «Ruhmlosigkeit und Schande» zur Folge hätten.[9] Beruflich wie privat zeichnet ihn ein vorbildlicher, geradezu priesterlicher Lebenswandel aus. Er «giert nicht maßlos nach Ehre»,[10] ist niemals neidisch, schmeichelt nicht und spricht über keinen «mit zwei oder drei Zungen»,[11] er bleibt diskret und redet nur das nötigste[12] (Zerbi nimmt hier den Topos der «geschwätzigen Ärzte» auf, den schon Petrarca benutzt hatte).[13] Der vorbildliche Arzt streitet ungern und ist weder nachtragend noch rachsüchtig.[14] Bei einem Gastmahl konsumiert er, wie es schon die alten Autoren gefordert hatten,[15] äußerst maßvoll. Vor allem achtet er darauf, nicht zuviel zu trinken, «da Wein dem Gehirn schadet».[16] Gesänge, öffentliche Musikdarbietungen und derbe Unterhaltungen sind ihm zuwider. Er besucht selbstverständlich keine Prostituierten, ebensowenig hat er mit Mördern und zweideutigem Gesindel Umgang. Niemals würde er öffentliche Ämter annehmen, «denn hier liegt der Keim zur Vernachlässigung seines Berufs». Auch betätigt er sich nicht in der Landwirtschaft oder umstrittenen Wissenschaften wie der Alchemie.[17] Bei der Visite verhält er sich zurückhaltend, einfühlsam und schamvoll, ist aber wachen Geistes. Sein Auftritt ist voller Würde, sein Urteil gerecht.[18] Verschiedene Kapitel Zerbis umreißen zentrale ärztlich-ethische Anliegen, so die Sorgfalt des Studiums und der Ausbildung (Kap. 1), die religiöse Einbettung des Arztes, des «eifrigsten und treuesten Verehrers Gottes» (Kap. 2), die Formung seines Charakters, «damit er trügerische und wichtige Täuschungen vermeide» (Kap. 3), den Umgang mit dem Patienten, der nur der Krankheitsbeseitigung dient, «wobei alles andere an Bedeutung verliert» (Kap. 4), aber auch den Kontakt mit dessen Angehörigen, besonders den weiblichen (Kap. 5). Der fachlich «schlechte Arzt» gilt Zerbi auch *moralisch* als fragwürdig, denn «er hat nicht die Gesundung, sondern Krankheit und Tod des Patienten im Sinn».[19] Der hier dargestellte Verhaltenskodex wird mit ausgewählten Zitaten aus der antiken und arabischen Literatur untermauert – für den humanistisch versierten Mediziner fördert auch *Bildung*, d.h. allein schon das Kennenlernen berühmter Vorbilder, die Moral.[20]

Betritt der Arzt das Haus des Patienten, ist er frei von unzüchtigen Gedanken. Sein Vorbild ist kein geringerer als Hippokrates.[21] Schmeicheleien, auch der Familie gegenüber, erscheinen verpönt, zumal sie nicht selten fachliche Mängel überspielen sollen, «denn dem Namen nach gibt es viele Ärzte, nach Begabung und Fähigkeit nur wenige».[22] Der einfühlsame Medicus erweist sich als «beflissener Diener und Helfer» (diligens minister et adiutor) des Patienten, dem er mehr durch das «Band des Mitleids» als durch die «Gnade des zu erhaltenden Honorars» verbunden ist. In kritischen Situationen erscheinen deshalb, im Sinne von Celsus oder Origenes,[23] Notlügen erlaubt (Kap. 4): «Der Arzt stellt die Heilung in Aussicht. Er versetzt das Gemüt des Patienten durch süße Versprechungen in Freude und Entzücken und nährt dessen Hoffnung». Letztere ist von besonderer Bedeutung, denn «der Zustand des Körpers hängt mit der Stimmungslage der Seele zusammen». Schon Cassiodor habe erkannt, daß eine «natürliche Therapie» darin bestehe, dem Patienten Mut zu machen («Laß den Kranken sich freuen – und er wird gesund»).[24]

Der Kranke soll den Arzt nach seinen Vermögensverhältnissen bezahlen, d.h. der Reiche viel, der ganz Arme nichts. Entsprechend dem Hippokratischen Eid[25] dürfe der Arzt niemals – wer immer ihn darum bäte (nullius rogatu) – ein tödliches Mittel verabreichen. Er hat hierzu auch keine Anweisungen zu geben. Ebensowenig darf er nach Zerbi einer Frau einen Trunk «zur Tötung des Föten»[26] rezeptieren. Kranke Schwangere sind ausschließlich in Gegenwart weiterer Frauen zu behandeln, da die Beziehung zwischen Arzt und Patientin heikel ist und angesichts möglicher Mißverständnisse juristische Probleme drohen. Er wird so häufig «nicht allein des Aborts angeklagt, wenn dieser eintritt».[27] Auch sonst fügten Patientinnen oft und gerne ihrem Arzt Schaden zu. Das diagnostische Gespräch hat sich deshalb stets allein auf die Beschwerden zu beziehen. Der Untersucher meide auch jede Berührung und betrachte die Kranke ohne Anzüglichkeit, «um nicht die Flamme der Begierde zu entzünden».[28] Lachen und Scherzen erscheinen im Umgang mit Patientinnen und weiblichen Angehörigen von Kranken nicht weniger verpönt als obszöne Worte.[29]

Andererseits fallen bei Zerbi Empfehlungen auf, die erstaunlich unverblümt und einseitig die Interessen des Arztes berücksichtigen und darauf zielen, ihm Ärger und Schwierigkeiten zu ersparen. Mit unordentlichen, unzuverlässigen und widerspenstigen Kranken habe man nur Probleme – vor ihrer Behandlung solle man sich deshalb hüten. Dem Umgang mit «Plebeiern» widmet der Autor sogar ein eigenes Kapitel.[30] Sie drehten die Worte des Arztes ins Gegenteil, und es sei unmöglich, ihren anmaßenden Wünschen auch nur halbwegs zu entsprechen. Besonders delikat erscheint der *hoffnungslose* Fall. Verschlimmere sich der Zustand des Kranken, solle der «physicus» die Familie bitten, ihn morgens über dessen Zustand zu informieren, sich selbst aber vom Krankenbett fernhalten. Bleibe der erwartete Bote der Familie aus, deute dies auf den Tod des Patienten hin. «Der Arzt fliehe, so weit es geht, Patienten, die im Sterben liegen, und unternehme an denen, die an der Schwelle zum Tode stehen, nichts mehr, damit man nicht, wenn jemand daraufhin stirbt, sagt, er habe ihn umgebracht. Er darf auch nicht dabei sein, wenn es mit einem Menschen zu Ende geht.»[31] Auch solle man möglichst nicht die Behandlung von Kindern, Schwangeren oder Augenkranken[32] übernehmen, da hieraus nur ein «schlechter Ruf» (infamia) resultiere. Kein Arzt darf jedenfalls zur Behandlung jedes beliebigen Falles gezwungen werden. Einen Schwerstkranken im Stich zu lassen erschien Zerbi ethisch akzeptabler als eine aussichtslose Therapie einzuleiten. Letzteres bringe den Arzt leicht in den Verdacht von Maßlosigkeit, Selbstüberschätzung und Geldgier. Gottes Fatum entgegenzuwirken galt für den Autor auch als *unchristlich.*

Ein weiteres Kapitel widmete er dem ärztlichen Honorar. Das Handeln des Arztes darf niemals unter pekuniären Aspekten erfolgen, denn Gott belohnt ihn am Ende für seine Leistungen. Schon gar nicht dürfen Behandlungen verlängert werden, nur weil sie lukrativ erscheinen. Die Begründung hierfür mag erstaunen und zeigt, daß eher pragmatische Überlegungen den Ausschlag gaben. Zerbi befürchtete nämlich, daß ein solches Verhalten auch dem ärztlichen *Ruf* schaden könnte.[33] Die Vergütungsfrage bringe am wenigsten Ärger, wenn der Patient *während* oder unmittelbar *nach* der Behandlung bezahle, möglichst aber, «solange er Schmerzen hat». In solchen Momenten fühle er sich dem Arzt gegenüber noch dankbar, «betrachtet ihn als Freund» und gesteht ihm das Maximum zu. Zu einem späteren Zeitpunkt ist die Situation aus ärztlicher Sicht weitaus nachteilhafter. Erscheint dem Patienten die geforderte Summe zu hoch, sind ihm die positiven Ergebnisse der durchgeführten Therapie, aber auch die ursprünglichen Schmerzen und Leiden noch einmal drastisch vor Augen zu führen. Seine Honorarforderung solle der Arzt aber stets in freundlichem und gemäßigtem Ton vorbringen, vor allem bei gereizten oder cholerischen Patienten. Verzichtet er auf ein Honorar, etwa bei Armen, wird er, tröstete Zerbi den Leser, durch das Image belohnt, das ihm seine Großzügigkeit in der Öffentlichkeit verleiht. Materielle und immaterielle Vorteile sind so im Einzelfall stets abzuwägen.

Gespräche und Kontakte mit Angehörigen sollten ausschließlich der Krankenheilung dienen. Ausgewählte Diener der Familie (der «ideale» Patient war nun einmal wohlhabend und verfügte über Personal!) haben die ärztlichen Anordnungen auszuführen. Jeder therapeutische Schritt ist zu überlegen, denn der geringste Irrtum kann schlimme Konsequenzen haben. Die Kooperation mit den Angehörigen ist, wie süffisant bemerkt wird, auch deshalb wichtig, da diese später den *Ruhm* des Arztes verkünden sollen. Sie sich geneigt (benivolos) zu machen, hält Zerbi deshalb für taktisch klug. Man lobe ihren Pflichteifer und die Art, wie sie sich in Liebe um den Patienten kümmerten. Zeigt sich die Familie dagegen widerspenstig, muß sie sanft zurechtgewiesen werden.[34]

Zerbi ist es auch ein besonderes Anliegen, die «corporal identity» seines Standes zu fördern. Jede Kollegenkritik ist deshalb, wie angedeutet, verpönt. Betreuen mehrere Ärzte einen Fall, ist dies von Vorteil, denn sie «könnten ein heilbringendes Mittel finden, das einer nicht findet».[35] In lebensbedrohenden Fällen sei es grundsätzlich besser, andere in den Fall miteinzubeziehen, wobei Zerbi sich erneut als Pragmatiker erweist: «Das Zusammenwirken mit Kollegen nimmt nicht den Lohn (der ja beliebig erhöht werden kann!), während eine alleinige Aktion unter Umständen den Ruf schädigt.» Handele es sich beim Patienten um einen Freund oder Vertrauten, sei es noch ratsamer, nicht allein zu behandeln.[36] Natürlich kooperiert man niemals mit Neidern oder bösartigen Konkurrenten, sondern eher mit «vertrauenswürdigen älteren» Praktikern. Die gemeinsame Behandlung nützt dem Kranken, exkulpiert aber auch – und dies war Zerbi nicht weniger wichtig – den Arzt, falls dieser stirbt.

Der italienische Arzt plädiert auch dafür, daß ein Medizinprofessor seine Kunst kostenlos und «ohne Vertrag» lehrt – sein Basiseinkommen erscheint ja durch die Krankenbehandlungen gesichert! Gelderwerb erscheint jedenfalls ungerecht, «si doctor legens fuit». Wer viel weiß, «es aber verschmäht zu lehren», werde nur unglücklich. *Pflicht* der Professoren sei es, «vom Wissenswerten, das in den Büchern der Autoritäten enthalten ist, die Wahrheit kundzutun.»[37] Für den Renaissancearzt Zerbi ist die antike (und arabische) «auctoritas» noch eine unkritisierbare Quelle; selbst die zynisch klingenden Abschnitte seiner Anweisungen waren dort vorgegeben.[38] Interessanterweise sollten ethische Fragen schon während des Medizinstudiums diskutiert werden. Bereits angehende Ärzte müßten lernen, sich vor Irrtümern zu hüten. Von der Theorie, deren Nützlichkeit ihnen zu vermitteln ist, sollten sie aber bald zur Praxis schreiten und nicht die ganze Jugend mit Spekulationen zubringen. Zerbis Buch diente zahlreichen Werken, die im 16. und 17. Jahrhundert das ärztliche Ethos abhandelten, als Vorbild. Seine Empfehlungen, Verbote und bildhaften Beispiele erinnerten zum Teil an ältere Autoren, widerspiegelten aber auch den Alltag – offensichtlich gab es Anlaß, sie auszusprechen. Schon im 15. Jahrhundert dürfte die «Ethik» der «Praxis» hinterhergeeilt sein! Sie belegen auch, daß das Medizingewerbe in der Renaissance wie in der frühen Neuzeit vom freien Markt der Nachfrage bestimmt wurde. Es erschien kaum ehrenrührig, wenn ein Arzt auch als Geschäftsmann kalkulierte. Sein Ethos orientierte sich – wie selbstverständlich – auch am Erfolg.

22. Ärztliche Ethik bei Paracelsus und Wilhelm Fabry

Einer der profiliertesten Ärzte des 16. Jahrhunderts, Theophrastus Bombastus von Hohenheim (1493/94–1541), der als Paracelsus bekannt wurde, verdient in der Geschichte der ärztlichen Ethik besondere Beachtung. Er propagierte eine nur dem Gewissen verpflichtete kritische Distanzierung von überkommenen Lehr- und Therapietraditionen und wandte sich in Büchern und Flugblättern gegen den ärztlichen Standesdünkel,[1] der unter den zeitgenössischen Ärzten, welche die akademische Doktorzeremonie mit dem Ritterschlag des Adels gleichsetzten und oft genug ein entsprechendes Selbstbewußtsein entwickelten,[2] wohl recht häufig war. Paracelsus hinterließ Teile seines Vermögens «armen, elendigen, dürftigen Leut» und forderte Offenheit und Mut gegenüber Fürsten, Universitäten und Autoritäten; sein berühmter, kaum übersetzbarer Wahlspruch «Alterius non sit qui suus esse potest» (etwa: Wer sein eigener Herr sein kann, soll sich nicht einem anderen unterwerfen) signalisierte, daß ihm politische wie wissenschaftliche Unterwürfigkeit verachtenswert erschien.[3] Tatsächlich beweisen allein die Widmungen zahlreicher medizinischer Werke bis hin zu den Kräuterbüchern des 16. und 17. Jahrhunderts, daß politischer Mut oder gar Widerstand gegenüber der Obrigkeit kaum die Stärke der Ärzte war. Daß sie sich, nicht nur in Seuchenzeiten, gerne auf die Seite der Mächtigen schlugen, reizte Paracelsus zum Spott. Nicht das Ethos der Mediziner hatte seiner Meinung nach so zur Gründung der Collegia geführt, sondern die Möglichkeit, andere Heiler als Konkurrenten *auszuschließen*. Auch die ökonomischen und materiellen Präferenzen vieler Kollegen, «die doch in Seide, goldenen Ringen usw. gingen» oder «an den Fürstenhöfen» weilten, wurden scharf gegeißelt.[4]

Paracelsus lebte in einer Zeit, in der sich das europäische Sozial- und Wirtschaftsgefüge radikal änderte. Die Macht der alten Aristokratie ging auf das Stadtbürgertum über, und der reformatorische Geist revolutionierte das menschliche Selbstbewußtsein. Die meisten Ärzte standen dem Bürgertum nahe. Das Schicksal des gemeinen Volkes interessierte den karrierebewußten Mediziner des 16. Jahrhunderts weniger.[5] Im Bauernkrieg schlug man sich in der Regel auf die Seite der Städte oder Feudalherren, und die Widmungen mancher Schriften des Hohenheimers verraten, daß er selbst zuweilen versucht war, durch Schmeichelei eine Anstellung als Stadtarzt oder Professor zu erhalten.[6]

Das Handeln des guten Arztes orientiert sich nach Paracelsus am *ganzen* Menschen, dessen «Lebenswelt» in den Therapieplan miteinzubeziehen ist. Um Wahrheit, Gesundheit und Krankheit zu ergründen, hat er sich auf die Philosophie zu stützen, den «ersten Grund der Arznei».[7] Sie verpflichtet ihn, die *Natur* zu überdenken und so die Position des Kranken, der einen den Makrokosmos widerspiegelnden Mikrokosmos darstellt, zu verstehen. Ein Arzt ohne philosophische Bildung gilt deshalb als ein «grob Ding»: «Was die Natur dem Kranken gibt, das wird ihm durch einen solchen Arzt entzogen.»[8] Ärztliche Diagnostik und Therapie erfordern ihre Zeit, ja eine gewisse Demut. Die Philosophie erschließt dabei «alle Krankheiten und Zufälle, Gesundheit und Trübsal, alle Glieder und Gliedmaßen, Teile und der Glieder Teilung, soviel am Menschen und im Menschen ist».[9] Vor allem die Naturbeobachtung öffnet Dinge, die der Masse verborgen bleiben, weshalb auch «die Augen, die Ohren, die Stimme, der Atem ..., die Beweglichkeit, die verdauenden Organe» beurteilt werden müssen. Der «philosophische Arzt» erkennt das letzte «Fünklein» im «inneren Menschen». Daß seine Lehre «nicht aus dem Menschen» kam, sondern «aus Himmel und Erde, Luft und Wasser»,[10] d.h. aus der Natur schöpfte und deshalb, wie er glaubte, der scholastisch-aristotelischen Doktrin mit ihren erstarrten Regeln entgegenstand, wurde von Paracelsus immer wieder betont.

Eine weitere Säule der Medizin stellt nach dem *Opus Paragranum* die *Tugend* dar. Sie wurde von Gott geschaffen, um dem Menschen das Mysterium der Natur zu offenbaren.[11] Der Arzt muß gewissenhaft, aber auch gottesfürchtig die Zeichen der Pflanzen deuten, deren hermetische Symbolik dem schlechten Kollegen, der nur die Schriften der Autoritäten studiert hat, verborgen bleibt. Der gute Arzt gleicht einem «Lammarzt», während sich der (üblicherweise die Medizin repräsentierende) Wolfsarzt durch «Mörderei, Erwürgen, Verkrümmen, Erlähmen, Verderberei, Schinderei, Diebstahl und Raub» hervortut.[12] Sich mit «ungewisser» Kunst, d.h. unter bloßer Vorspiegelung ärztlicher Kenntnisse, zu ernähren, ist für Paracelsus nichts als Diebstahl. Vom Kranken darf der Lammarzt allerdings Loyalität erwarten, «denn Treue auf Treue gebührt sich, Wahrheit auf Wahrheit». In der Vorrede der *Bertheonea* wirft Paracelsus den Patienten sogar – nicht weniger als die Schulmediziner – vor, mit «Ausreden, Ränken, Finanzereien und aller Undankbarkeit» den «guten» Arzt, der sich «Tag und Nacht um sie sorge», oft um sein Salär zu prellen, ja zu «zernichten». Häufig sei der Kranke nur solange «gehorsam und gutwillig, bis er aus den Banden entrinnt».[13] An der paternalistischen Rolle des guten Arztes hegt also auch Paracelsus keinen Zweifel. Angesichts vielfältiger Demütigungen und Ungerechtigkeiten dürften die *guten* Kollegen aber nicht verzagen. «Ein Frommer bringt ... für Hundert Bezahlung ein und gleicht es für hundert solcher Bescheißer aus», und «um eines Frommen willen sollte der Arzt zehn Bösen dreimal Hilfe erweisen ...».[14] Kollegenschelte und Patiententadel gehörten – wie bereits im Mittelalter bei Henri de Mondeville oder Gilles de Corbeil – zur Paracelsischen Polemik.[15] Daß Autoren wie Zerbi die Kritik am eigenen Stand verurteilt hatten, kümmerte den «Luther der Medizin» dagegen nicht.

In einigen von dem Medizinhistoriker Karl Sudhoff vorgestellten Fragmenten beschäftigte sich Paracelsus speziell mit der Ethik des Chirurgen. Der vorbildliche Wundarzt benötigt einen stabilen Charakter, muß die anatomischen und physiologischen Zusammenhänge kennen und hat seine «Kunst» mit Liebe und jener spezifischen Begabung auszuüben, die einen vertrauensvollen Umgang mit dem Kranken erst ermöglicht.[16] Er soll seine Fähigkeiten nicht überschätzen und Erfahrungen anderer berücksichtigen. Vor allem ist er seinem Gewissen verpflichtet. Sinnlose oder spektakuläre Therapieversuche, wie sie im schillernden Grenzbereich von Wundarznei und Scharlatanerie üblich waren («dem Kranken umbsonst») werden verdammt. Der «perfekte Chirurg» ist «nüchtern, bedacht, mild, keusch» und besticht durch einen «guten» Lebenswandel. Er handelt aus «Erfahrenheit und Wissen» und hängt «mehr der Kunst als dem Geld an». Die Zahl seiner Patienten sollte überschaubar bleiben, da sonst die Gefahr besteht, «daß du sie bescheißest».[17] Gewisse Standesregeln sind selbstverständlich: Ein Wundarzt (der in der Renaissance häufig aus dem Handwerker- oder Barbierstand kam!) dürfe keine Tätigkeit als «Hurenwirt oder Henker» ausgeübt haben. Auch soll er nicht in anderen Berufen, etwa als Schulmeister, Dichter oder Spielmann, versagt haben oder gar entlaufener Mönch («apostata») sein.[18] Ebensowenig sollte sich «kein Larvenmann, kein altes Weib, kein Henker, kein Lügner, kein Leichtfertiger» in der Heilkunst üben.[19] Auch ein Geistlicher eigne sich für dieses Amt nicht, denn «die Arznei bedarf einer eigenen Persönlichkeit», wie auch der Klerus einen besonderen Charakter benötigt. Die ethischen Mahnungen des *Liber antimedicus Theophrasti* galten Wundärzten wie ihren studierten Kollegen, wobei der Autor immer wieder versucht, die beiden Fraktionen des Heilberufes einander anzunähern.[20]

Im Namen der Kranken forderte Paracelsus auch eine kritisch-empirische Überprüfung der Arzneimittel. Wie bei der Verurteilung des Guajak-Holzes, das seit 1514 aus Mittelamerika nach Europa importiert wurde, zögerte er nicht, die wirtschaftlichen Interessen der Händler (in diesem Fall der Fugger) anzuklagen. Der ideale Arzt beruft sich, was die Therapie betrifft, weniger auf Hippokrates und Avicenna, sondern urteilt unabhängig bzw. aus eigener Erfahrung. Medizin ist für Paracelsus vor allem eine *praktische* Angelegenheit: Wie ein Zimmermann sich beim Bau eines Hauses auskennen muß, durchschaut der Arzt seinen Patienten. Diese Befähigung wird aber – Paracelsus unterstreicht dies immer wieder – durch die übliche Universitätsbildung zerstört bzw. verhindert: «Den rechten Arzt, welchen die Natur gegeben hat, der aus der Experienz geboren ist, denselbigen haben sie dahin gebracht, daß er sich als untüchtig ansah, als unwissend und als einen Toren», mit der Konsequenz, daß er «von der Natur abfiel und den Ehrgeizigen folgte».[21] Wie einst Petrarca sah Paracelsus in der methodischen Einseitigkeit des Medizinstudiums eine Ursache des *moralischen* Niedergangs der Ärzteschaft.

Scharf verurteilte er auch Ärzte, die nur aus der Theorie, d.h. auf linkische Weise handeln, denn es ist besser, wenn der Patient ohne Behandlung zugrundegeht «dan durch dich». Auch soll die Therapie nicht – nach Art eines «Geldarztes» oder «Seckelarztes»[22] – «wie auf einer Geige» heruntergeleiert werden. Nicht selten greift Paracelsus, der wahrscheinlich in Ferrara studiert hatte, auch auf antike und mittelalterliche Deontologien zurück: Der Arzt soll demnach keusch sein, fern jeder «Geilheit», «Hoffart» und allem «Argen», von Pomp und Pracht. Zudem zeichnen ihn Bescheidenheit und Maß, Wahrheit und Liebe zum Kranken aus. Beim Studium der Geheimnisse der Natur ist er «allein Gott» Rechenschaft schuldig.[23]

Paracelsus' griffige Alltagsbeispiele zeigen auch, daß die Heilberufe im 16. Jahrhundert alles andere als sozial abgesichert waren. Viele Kollegen verschwanden unversehens, andere tauchten über Nacht auf. Betrüger reisten von Ort zu Ort. Ihre Ausbildung blieb oft unklar. Neben Scharlatanen meldeten sich «Ärzte» in zerrissenen Kleidern, die behaupteten, «vor sechzig Jahren» mächtige Leute gewesen zu sein. Sie seien «im Weinfaß verdorben, etliche mit vielen Pferden geritten und um der Fürsten willen in den Krieg gezogen, hätten in der Schlacht von Navarra verloren; etliche hat der Türke aus der Walachei und Siebenbürgen vertrieben. Etliche haben Weib und Kind verlassen und ziehen dem Evangelium nach. Etliche, wenn ihnen keiner etwas geben will, sind willentlich arm; etliche entblößen sich der Kleidung; dieser sei nackt, dieser bärtig, der von der Dritten Regel, der ein Klotzbruder, der ißt kein Bein, dieser keine Gräten, der muß auf der Bank liegen, dieser jede Nacht eine neue Herberge haben – und wenn solche von der Arznei reden, so hat sie der hl. Geist eingeblasen ...».[24] Ironisch kritisiert der Hohenheimer auch, daß manche Kollegen «Vieh und Leut» gesund machten, die Schwarze Kunst beherrschten, vom «Venusberg» kamen, «mit dem Tannhäuser eine Blutwurst gegessen» hatten, mit geheimen Zeichen und Tetragrammen operierten, bei den Griechen als Hebräer, bei diesen als Griechen und bei den Dorfpfaffen als «theologi» galten. Fahrende Heiler gaben häufig vor, genau dort gelernt zu haben oder geboren zu sein, wo ihr gutgläubiges Publikum niemals gewesen sein konnte.[25]

Paracelsus war durchaus auch Ironiker. Seine Sprache, seine ätzende Kritik an Kollegen und sozialen Zuständen erinnerte an Luther, den er bewunderte («Wer dem Luther Feind ist, ist auch mir verhaßt»).[26] In den Augen vieler Deutscher stieg er deshalb zu einem Heroen der Medizingeschichte auf. Ob er dieses Prädikat verdient, ist dennoch zu hinterfragen. Wie seine Gegner ihn verabscheuten, haßte er sie ohne Versöhnungsbereitschaft. Doch ermöglicht sein oft «dunkles» und zweideutiges Schrifttum einen faszinierenden Einblick in die ärztliche Alltagswelt des postreformatorischen Deutschland. Die traditionelle, aristotelisch-scholastisch geprägte Universitätsmedizin wie auch das ständisch geprägte Selbstbewußtsein seiner Kollegen stellte der unruhige Geist (dessen Selbstbewußtsein und moralische Überheblichkeit nicht unproblematisch waren) nachhaltig in Frage. Seine Krankheitstheorie begünstigte, von ethisch-religiösen Aspekten einmal abgesehen, besonders die Entwicklung der europäischen Alchemie.[27]

Weniger bekannt als Paracelsus, doch für die Geschichte des medizinischen Ethos fast ebenso bedeutsam war einige Jahrzehnte später der schon erwähnte Hildener Wundarzt Wilhelm Fabry (1560–1634).[28] Wissenschaften, Medizin und Moral enthüllten sich für den berühmtesten deutschen Chirurgen der Epoche vor allem im religiösen, d.h. christlichen Kontext. Leiden und Krankheit schienen, im hippokratischen Sinn, nur unter Berücksichtigung von Persönlichkeit und Umwelt erklärbar. Wie Paracelsus wechselte «Hildanus» häufig Wohnort und «Arbeitgeber», wie dieser attackierte er die Konkurrenten und klagte, daß das Volk «jedem Landstreicher, unnützen, leichtfertigen und unerfahrnen Gesellen und dem ersten, der da kompt, vertrawe».[29] Stimmungen, Gemütsschwankungen und Charakter spielen, wie Fabry erkannte, bei der Krankheitsentstehung, aber auch im Heilungsprozeß eine wichtige Rolle, weshalb der Arzt auch *seelische* Faktoren zu ergründen hat. Patienten erscheinen ihm als «Gleichberechtigte», ihre umfassende, *wissenschaftlich* zu begründende Aufklärung ist notwendig, «damit sie die praecepta und Rathschläg des Arztes recht verstehen und fassen können». Nach Fabry kommt jede Heilung von Gott, der die ärztliche Kunst schuf, weshalb all diejenigen gottlos handeln, «welche zu ihren Kranckheiten keine Ärzte gebrauchen». Voller Anmaßung erwarten sie, in Gebete vertieft, eine «wunderbare Heylung» und «mißbrauchen die Schrift».[30] Der Patient hat die Genesung seinerseits durch Disziplin und Selbstkontrolle zu fördern. Verweigert er ärztliche Hilfe, handelt er wider die göttliche Planung.[31] Bleibt die Heilung aus, ist dies im Zweifelsfall «wegen der Sünden» (propter peccata) *auch* als Strafe Gottes – und nicht nur als Versagen des Arztes – zu interpretieren, was dem Kranken nachdrücklich erklärt werden muß! Der Arzt hat ihn entsprechend, in alter Tradition, zu Läuterung und Buße zu mahnen.[32] Für den Betroffenen hat jedes Leiden auch einen *metaphysischen* Sinn, denn «wegen seiner Sünden läßt Gott die Krankheit aufkommen». Dies darf den Arzt aber nicht hindern, nach den Gesetzen der *Kunst* tätig zu werden. Handelt er nachlässig, verstößt er gegen den Willen des Schöpfers, der ihm die Heilkunde zur gewissenhaften Anwendung überließ. Als frommer und gewissenhafter Christ ist er sich auch der Tatsache bewußt, daß ihm der Kranke als *Ebenbild Gottes* gegenübersteht.

Das Vertrauen in Alternativheiler und ungewöhnliche therapeutische Praktiken wird, der Tradition entsprechend, verurteilt: «Andere verlassen Gott in ihrer Krankheit, verachten seine Mittel ... und nehmen ihre Zuflucht zu Beschwörern, Seligsprechern und Schwarzkünstlern.»[33] Alchemisten und *Empiriker* (für Fabry Leute, die «nichts als die bloße Erfahrenheit» anbieten) gelten – wie alle nicht in Lehre oder Studium ausgebildeten Wundärzte – als «verlogene Menschenverderber».[34] Jedes Mißtrauen gegenüber der traditionellen Heilkunst wird als Verstoß gegen die göttliche Ordnung gebrandmarkt (was herbe Kritiken an den verkrusteten Strukturen und der wissenschaftlichen Rückständigkeit der zeitgenössischen Heilkunde, etwa am in Deutschland üblichen Verzicht auf Sektionen, allerdings nicht ausschloß!).[35] Die optimale Kenntnis und sorgfältige Anwendung der Kunst war für Fabry Bedingung jedes Heilerfolgs: «Der Medicus aber und der Wundarzt hat des Menschen Leib zu seinem subjecto ... Deshalb ist es vonnöten, daß er ... die überaus wunderbarliche und göttliche Zusammensetzung desselben wisse und verstehe.»[36] Im Gegensatz zu den Irrtümern eines normalen Handwerkers seien die Fehler des Chirurgen allerdings irreparabel und tragisch. Bezeichnenderweise zog Fabry bei schwierigen Eingriffen Vertreter von Behörden, Geistliche sowie, wie einst Zerbi, renommierte Kollegen hinzu, welche sich von der Seriosität seines Vorgehens überzeugen sollten.[37] Von der Pflege der Chirurgie abgesehen, forderte er eine Reform der Erziehung Jugendlicher, welche auch gesundheitliche Aspekte einschloß und z.B. Alkoholmißbrauch und Müßiggang entgegenwirken sollte.[38] Der «gute Arzt» hatte somit auch *soziale* Verantwortung, wie dies als einer der ersten der Gelnhausener Arzt Joachim Struppius in seiner Schrift *Nützliche Reformation zu guter Gesundheit und christlicher Ordnung* (1573) betont hatte. Wie Fabry mahnte dieser, «daß wir unsere Leiber nicht als *unser*, sondern *Gottes* Ebenbild in Ehren halten sollen». Vor allem wird hier die *Gemeinschaft* in die Pflicht genommen. Im gesunden Staat sei, so die simple These, auch der einzelne gesünder, dessen leibliches und seelisches Wohlergehen andererseits als Vorbedingung jedes (ethisch wünschenswerten) *sozialen* Engagements zu betrachten ist.[39] An den Höfen in Darmstadt und Heidelberg, wo Struppius wirkte, fielen seine Thesen auf fruchtbaren Boden.

Nach J. Meyer war die ideale Begegnung von Chirurg und Patient bei Fabry, der sich, wie schon erwähnt, auch für den Schutz Behinderter einsetzte,[40] durch fünf Punkte gekennzeichnet: 1) die Herstellung eines Vertrauensverhältnisses, 2) das Vetrauen in religiöse, d.h. christliche Glaubensinhalte, 3) die metaphysische Erklärung schwerer oder nicht heilbarer Krankheiten, wobei die Grenzen von Medizin und Naturwissenschaft verdeutlicht werden, 4) gewissenhafte Untersuchungen und aufklärende Gespräche vor Eingriffen, wobei der Patient für den Arzt zur «partnerschaftlichen» Autorität wird, und

5) die Überzeugungsfähigkeit bei notwendigen Amputationen und schweren Eingriffen, wobei nicht selten Leiden und Überleben abzuwägen sind.[41]

Wie im 13. Jahrhundert Henri de Mondeville möchte Fabry erneut Chirurgie und akademische Medizin versöhnen: Der Wundarzt lernt im Idealfall beim *akademischen* Arzt, mit dem er freundschaftlichen Umgang pflegt: «Er soll die Ärzte bei schweren Fällen und besonders vor großen Operationen zu sich berufen, ihnen sein Vorhaben darlegen und mit ihnen beratschlagen, denn vier Augen sehen mehr als zwei ...».[42] Der alte Standesunterschied zwischen Akademiker-Arzt und Chirurg scheint in diesem Modell aufgehoben; beide kümmern sich *gemeinsam* um den Kranken. Fabry, «der deutsche Paré», war ein erstaunlich vielseitiger, für ethische Fragen aufgeschlossener Arzt und Autor. Da aus der Feder frühneuzeitlicher Chirurgen und Wundärzte weitaus weniger Zeugnisse vorliegen als von «internistisch» ausgebildeten Ärzten, sind seine Thesen von besonderer Bedeutung: Sie dokumentieren, daß auch in der *handwerklichen* Heilkunst ethische Verhaltensregeln existierten. Besonders die Gilden legten hierauf Wert, da sie Identität und «Korporationsgeist» der Wundärzte förderten.

23. Der Streit um Lüge und Betrug in der frühneuzeitlichen Medizin

Die Frage, ob ein Arzt in bestimmten Situationen den Patienten «belügen», mithin über seinen wahren Zustand täuschen darf, hatte Zerbi – unter Hinweis auf die Bedeutung einer heiteren Grundstimmung für die Genesung – positiv beantwortet.[1] Die meisten mittelalterlichen Verhaltenskodizes hatten vom Arzt zunächst einmal verlangt, in *Gesellschaft,* etwa an der Tafel von Fürsten, stets die Wahrheit zu sagen. «Nie darf auch nur ein zweideutiges Wort aus seinem Mund kommen; läßt sich ein solches nachweisen, werden nur noch wenige oder gar niemand seinen Handlungen vertrauen», schrieb der Engländer Johannes von Arderne im späten 14. Jahrhundert.[2] Daß es auch im beruflichen Alltag Situationen geben kann, wo der Arzt aus humanen oder therapeutischen Gründen das Recht, ja die Pflicht hat, zu lügen, hatten bereits ärztliche Autoritäten der Antike zugestanden.[3] Nach dem Autor der hippokratischen *Epidemien* ließ sich eine psychisch bedingte Ohrenerkrankung dadurch behandeln, daß der Arzt vorgab, einen Gegenstand aus dem Ohr gezogen zu haben. Um den Patienten zu täuschen, warf er diesen (in Wirklichkeit einen bereitgehaltenen Wollbausch!) blitzschnell ins Feuer – und der Patient fühlte sich befreit.[4] Galen schrieb in einem Kommentar, daß der Arzt ausschließlich «einsichtige Menschen» mit der Wahrheit konfrontieren dürfe, während ein «dummer und furchtsamer» Patient nur hören solle, was seine Gemütslage bessere, «ohne daß du dich einer allzugroßen Lüge schuldig machst».[5] Der «therapeutische Betrug» hatte also eine lange Tradition. Unter Berufung auf die genannte Galen-Stelle hielt auch Rodericus Castro, ein jüdischer Stadtarzt im protestantischen Hamburg, in seiner Schrift *Medicus Politicus* (1614) ärztliche Tricks und Lügen unter bestimmten Voraussetzungen für ethisch vertretbar.[6] Ein «medicus prudens» täuscht den Kranken, der seine Worte und Miene zu interpretieren sucht, schon dadurch zu dessen *Vorteil,* daß er seine Körpersprache verstellt. Auch Zerbi hatte in dieser Richtung argumentiert.[7] Entsprechende Ratschläge reichten, wie Schleiner zeigen konnte, weit in die Philosophiegeschichte zurück.[8] Nach Platon kann die Lüge «als Heilmittel nützlich» sein, weshalb er sie ganz selbstverständlich mit dem ärztlichen Beruf assoziiert![9] Der verantwortungsvolle Arzt verspricht im Notfall, so Castro, selbst dann Gesundheit, wenn die prognostischen Zeichen das Gegenteil ankündigen. Nicht immer hat er dabei zu lügen; es reiche, die Wahrheit durch Schweigen zu «umschleiern». Castro unterschied allerdings die schädliche (mendacium nocivum) von der pflichtgemäßen Lüge (mendacium officiosum), die bei Schwerkranken Rettung bringen kann und die Tugend der «prudentia» respektiert.[10] Ähnliche Schlußfolgerungen zog zu Beginn des 17. Jahrhunderts der Spanier Alfonso Ponce de Santacruz. Im «lügenden Arzt» (medicus fingens) sah der Leibarzt Philipps II. einen begabten Strategen gegen die Krankheit.[11] Auch sein römischer Kollege Iulius Alexandrinus verglich 1557, wohl unter platonischem Einfluß, den «medicus» mit einem Fürsten, der im Interesse des Gemeinwesens lügen darf, ja muß (der uralte Vergleich von Mikro- und Makrokosmos, von ärztlicher und politischer Zuständigkeit war den Zeitgenossen natürlich wohlvertraut!).[12] Der päpstliche Leibarzt Paolo Zacchia, ein musisch begabter Gelehrter, der auch als Begründer der wissenschaftlichen Gerichtsmedizin gilt, verurteilte in den *Quaestiones medico-legales* (1621–1635) nur die schuldhafte «böse Absicht» (dolus malus) des Arztes.[13] Ihr stellte er die therapeutisch wirksame ärztliche List gegenüber. Nach der Lektüre von Platons *Staat* vertrat der Bologneser Medizinprofessor und ehemalige Barbier Giovanni Battista Cortesi (1554–1636) die Auffassung, daß umgekehrt der Patient – zumindest dem «öffentlichen» Arzt, etwa einem Stadtarzt oder Universitätsprofessor – keine Kenntnis und kein Symptom vorenthalten dürfe, so wenig «wie der Matrose seinem Kapitän».[14] Ärzten dagegen sei es zwar nicht prinzipiell, aber z.B. im öffentlichen Interesse erlaubt zu lügen (Seuchenzeiten hatten hierfür vielfältige Beispiele geboten!).[15] Habe ihre Lüge dagegen nur den Zweck, die Kompetenz eines Kollegen in Zweifel zu ziehen, stelle sie allerdings einen schweren Verstoß gegen das Standesethos dar.

Eine besondere Rolle spielte die «therapeutische Lüge» bei psychischen Erkrankungen. Der portugiesische Arzt Abraham Zacuto (1575–1642) beschrieb den Fall eines verwirrten Patienten, der Wahnvorstellungen hatte und sich von Gott verdammt glaubte. Sein Arzt «organisierte» – als letztes Mittel – die «Erscheinung» eines künstlichen Engels mit Fackel und Schwert, der ihm die Erlösung zusicherte. Der Patient glaubte an eine Vision und fühlte sich danach geheilt.[16] Die Legitimität solcher magischer bzw. «psychologischer» Heilpraktiken war im 16. und 17. Jahrhundert anerkannt. Krankheitsbilder, die im weitesten Sinn – nach heutiger Nomenklatur – Neurosen, aber auch Psychosen zugeordnet werden könnten, wurden häufig mit entsprechenden Methoden kuriert.[17] Auch der erwähnte Alexandrinus hielt es für notwendig, melancholischen Patienten besondere Hoffnungen zu machen, selbst wenn dies prognostisch nicht gerechtfertigt erschien. Es sei nicht ungebührlich, hier regelrechte «Lügengebäude» zu spinnen[18] – nur dies verspreche in ernsten Fällen Rettung!

1551 sprach der italienische Arzt Giovanni Argentario im negativen Sinn von einer Lüge bzw. «vorgespiegelten Ausbildung» (simulata eruditio), wenn Ärzte, statt sich praktische Erfahrung anzueignen und den eigenen Verstand (ratio) walten zu lassen, ständig nur Autoritäten zitierten.[19] Viele seiner Kollegen hätten außer dem Auswendiglernen berühmter Passagen nichts zustande gebracht oder gelernt, vor allem keine «ethica philosophica».[20] Ein solch praxisferner Arzt erfuhr nach 1500, ungeachtet möglicher «therapeutischer Indikationen», herbe Kritik. Wer die Kunst nur unzureichend beherrscht, wer gleichsam nur die ärztliche *Maske* (figuram) trägt, betrügt, wie auch 1637 der sizilianische Arzt Pietro Castelli ausführte,[21] den Patienten am meisten. Verkommt die ärztliche Rolle zur Schauspielerei, wird die Medizin zum Lügengewerbe.

Dieser Vorwurf wurde natürlich auch gegen mißliebe Konkurrenten erhoben. Häufig wurde die ganze Alternativmedizin mit Begriffen wie «Unwahrheit», «Betrug» oder «Scharlatanerie» in Verbindung gebracht. Auch vor jüdischen Kollegen wurde mit diesem Argument gewarnt. Nur wenn keine christlichen Ärzte zur Verfügung standen oder bestimmte Kapazitäten gefragt waren, war es nach dem Ferrareser Arzt Battista Codronchi (1591) erlaubt, Juden zu konsultieren.[22] Eher sollten noch, wie der Franzose Francois Ranchin 1627 zugestand, Barbiere, Chirurgen und selbst «weise Frauen» befragt werden (denen man sonst ihrerseits Lügen und Betrug unterstellte). Nach Laurent Joubert (16. Jh.) erschienen Frauen ansonsten für ärztliche Tätigkeiten «naturgemäß» ungeeignet, da sie von Eitelkeit und eben der Neigung zur Lüge besessen seien. Nur die Hebammentätigkeit war ihnen, vor allem aus Gründen der Schicklichkeit, zuzugestehen, allerdings nur, solange sie unter Aufsicht eines studierten Arztes erfolgte.[23] Der französische Arzt Guy Patin behauptete, die Frau sei «ein Geschöpf mit halbem Verstand ..., ein stupides Tier, das sich in unseren Beruf einmischt».[24] Man zitierte in der Renaissance allerdings gerne – so im *Gynaikeion* des Thomas Heywood (1624) – die von dem antiken Autor Hyginus überlieferte Anekdote von der Ärztin und Hebamme Agnodice, die ihre Kunst in Männerkleidern, also «betrügerisch» erlernte, in der Praxis aber großen Erfolg hatte und von ihren neidischen Kollegen wegen Korruption angezeigt wurde. Von den Richtern des Areopags wurde sie dennoch freigesprochen und als tüchtige Hebamme anerkannt.[25] Randgruppen der Heilberufe wurden so schon im Altertum stigmatisiert. Man warf ihnen in der Regel *absichtliche*, d.h. betrügerische oder *unabsichtliche*, auf Unfähigkeit beruhende Kunstfehler vor. Entscheidend war, daß sie nicht zur durch eine gemeinsame Ausbildung und ein identisches Selbstverständnis ausgezeichneten *science community* gehörten. Wich ein Arzt vom von der Schulmedizin vorgegebenen Weg ab, stand er im Falle eines Mißerfolgs am Pranger. Der einflußreiche Universitätsprofessor Giovanni Filippo Ingrassias, von den Zeitgenossen als «sizilianischer Hippokrates» gepriesen, gab einem Abschnitt seines Werkes *Iatropologia* (ca. 1550) den programmatischen Titel *Buch, in dem vieles gegen die Barbarenärzte, aber auch die Regel des Collegiums dargestellt wird*.[26] Daß die Alternativheiler hier als Lügner und Betrüger attackiert wurden, war fast selbstverständlich. Mit starken Worten plädierte auch Castro dafür, solch «Unbelehrbaren» die Berufsausübung zu untersagen. Gerne erhoben auch Mediziner den Lügenvorwurf, die als «zweite Ärzte» an das Krankenbett gerufen wurden und Behandlungsirrtümer ihrer Vorgänger zu sehen glaubten. Die Verführung zur Kollegenschelte war hier so groß, daß, wie schon gezeigt, bereits mittelalterliche Autoren davor gewarnt hatten.[27] Die Beweislage war allerdings schwierig. Methode, Form, Sprache und kühne Prognostik, nicht aber der mangelnde Erfolg, waren in der Regel Steine des kollegialen Anstoßes. Der Vorwurf mangelnder Effizienz hätte im 16. und 17. Jahrhundert wohl ebenso die an den Universitäten gelehrte, scholastische Medizin treffen müssen. Das Volk unterschied hier kaum. Der schwäbische Arzt und Humanist Heinrich Steinhöwel kritisierte in seiner Aesop-Ausgabe (1476/77) so die moralische Verkommenheit und mangelnde Effizienz der *gesamten* Heilkunde. Alle könnten sich als «Ärzte» ausgeben, ob sie ihr Wissen nun «von alten Weibern oder alten Büchern» erlangt haben. Schul- und Alternativmedizin sei die Gewinnsucht durchaus gemeinsam. Das Interesse des Patienten spiele dabei keine Rolle, denn «sie machen wenig gesund und töten viel».[28]

Die ärztlichen Irrtümer und Lügen werden so, wie schon im 13. Jahrhundert bei Roger Bacon, in der Renaissance erneut zum Topos.[29] Benutzte ein erfolgreicher Arzt ungewöhnliche Mittel und Praktiken, geriet er leicht in Generalverdacht. Schleiner hat eine Reihe entsprechender Publikationen des 16. und 17. Jahrhunderts aufgelistet.[30] Kein Wunder, daß viele «rational» bzw. traditionell ausgebildete Ärzte in «Chemikern» oder «Paracelsisten» ebenfalls «Lügner» sahen. Der Kampf um die richtige wissenschaftliche Methodik bewegte die Gemüter nicht weniger als heute. Ob ein angeblicher Betrüger *bona fide* handelte oder seinen Patienten nur etwas vorspielte, war nicht leicht zu erkennen. Selbstbetrug und Betrug lagen häufig eng beieinander. Castro sah in dubiosen Heilern allerdings, wie Steinhöwel, eine Gefahr für den ganzen Stand.[31] Aus «großspurigen, in Wirklichkeit höchst obskuren Prinzipien leiteten sie ihre Weisheit ab», die sie mit geheimnisvoll klingendem Vokabular verhüllten, «damit das Gottesgeschenk, von überlegenen Geistern erkannt, nicht Gemeingut wird». Daß sie sich dabei gegen Galen, Avicenna, Platon, Aristoteles und die Asklepiaden erheben, zeige nur ihre Hybris.[32] Konsequenterweise verdammt der Hamburger Arzt auch die «Sekte der Empiriker», deren Lehre sich gegen die Vernunft richte. Vor allem Charakter und Geldgier der Gegner wurden angeprangert, so dass der Begriff «error» weniger mit «Irrtum» als mit «Betrug» oder «Lüge» zu übersetzen war.[33]

Unangefochten blieb dagegen die Bedeutung heiliger Nothelfer und Beschützer vor Krankheiten – allein gegen die Pest standen prominente Heilige wie Sebastian und Rochus, aber auch etwa die jeweiligen lokalen Kirchenpatrone zur Verfügung. Im Vergleich zur Zeit der heiligen Elisabeth hatte sich hier wenig geändert. 1595 erschien (post mortem) in Leuven das *Medicorum ecclesiasticorum diarium* des Johannes Molanus, ein Kalender aller Ärzteheiligen.[34] Paracelsus, der dem Protestantismus zuneigte, soll einem Patienten, der beteuert hatte, er habe am gleichen Tag «nichts als den Leib des Herrn» zu sich genommen, geantwortet haben: «Da ihr euch schon nach einem anderen Arzt umgesehen habt, bin ich hier überflüssig.»[35] Dem Ungläubigen bzw. Andersgläubigen erschien selbstverständlich auch der Fromme als Lügner. Gerade protestantische Ärzte neigten dazu, katholische Riten und Zeremonien zur Abwehr von Krankheiten als «Betrug» bzw. «Hokuspokus»[36] abzutun.

Eine aus katholischer Sicht existentielle Problematik ergab sich aus der traditionellen, schon im Mittelalter betonten Verpflichtung des Arztes, Todgeweihte zur Beichte aufzufordern. Dies setzte natürlich die Aufklärung über den Ernst der Lage voraus. Paolo Zacchia erklärte freilich, es sei *nicht* Aufgabe des Arztes, dem Kranken sein Ende anzukündigen, sofern dieser nicht ausdrücklich um Auskunft bitte oder nach seinem Tod – etwa im Fall eines Prominenten, der noch keine Verfügungen bzw. kein Testament verfaßt hat! – mit Unruhen oder Gefahren zu rechnen sei. Doch selbst dann sei es besser, wenn Angehörige oder ein Priester ihn informierten.[37] Keinesfalls dürfe man einen Moribunden aber belügen, da er sonst eventuell sein Seelenheil verspiele. Auch aus der Sicht des Klerus war es keine *ärztliche* Aufgabe, Sterbende zu «begleiten».[38] Nach Giovanni Colle (1558–1630), einem Paduaner Professor und fürstlichen Leibarzt am Hof in Urbino, sollten Schwerkranke möglichst schonend und einfühlsam aufgeklärt werden. Auf diese Weise lasse sich der Konflikt zwischen *religiösem* Interesse, d.h. der Pflicht, den Kranken zur Beichte zu mahnen und der *ärztlichen* Intention, seine Angst zu zügeln und ihm (therapeutische) Hoffnung zu machen, zumindest entschärfen. In der Praxis zeichneten sich folgende Zuständigkeiten ab: Der Arzt konnte sich mit eher vagen Angaben begnügen, während der Priester definitiv zur Beichte mahnte, die auch dann gerechtfertigt schien (und hierauf wies er manchen deprimierten Kranken hin!), wenn *keine* Lebensgefahr bestand. Zweifellos gab es aber im katholischen Umfeld für die therapeutische Lüge weniger Spielraum als bei den Protestanten.

Einige Autoren, wie der Pisaner Medizinprofessor Girolamo Bardi in seinem Buch *Medicus Politico-Catholicus* (1644), forderten sogar die Personalunion von Priester und Arzt. Nur geistliche Ärzte schienen in der Lage, echte Krankheiten von göttlichen Erprobungen oder teuflischen und dämonischen Versuchungen zu unterscheiden, welche eher durch Exorzismus oder entsprechende *Gebete* zu bekämpfen waren. Sie seien, im Gegensatz zu gewöhnlichen Ärzten, gegen satanischen Lug und Trug gefeit. Der gute Arzt sorgt als

Priester dafür, daß der Kranke mit Gott Frieden schließt und wendet daraufhin irdische Medikamente an. Interessanterweise spielte Bardi noch auf das alte Verbot ärztlicher Tätigkeit für Geistliche an. Hiervon sei «leicht eine Dispens» zu erreichen.[39] Eine ganz andere Position nahm hier etwa Luther ein, der für eine strikte Ämtertrennung plädierte: «Sie haben sich um Kranke zu kümmern wie die Theologen um Sünder.»[40] Theologisches und ärztliches Denken unterschieden sich demnach, wie auch Paracelsus glaubte,[41] fundamental.

Die Lüge spielte auch in jenen karikierenden Deontologien eine Rolle, wie sie der erwähnte «Hippokratiker» Pietro Castelli in seiner Schrift *Über den Krankenbesuch – zur Unterweisung seiner Hörer und Studenten in der Praxis* präsentierte. In umständlicher, arroganter Sprache wird hier das «klassische», bereits in den Salernitaner Schriften erwähnte Sich-in-Szene-Setzen am Krankenbett zur *Lehranekdote* erhöht: «Deshalb sagt der Arzt zu den Angehörigen, daß die Erkrankung höchste Aufmerksamkeit erfordere, äußerst ernst sei – auch wenn sie zunächst leicht erscheint, denn manchmal lauert die Schlange im Gras! – und deshalb die Arzneien sorgfältigst anzuwenden wären. Hat er nämlich erklärt, daß die Krankheit sehr bedrohlich sei und von anderen kaum behandelt werden könne, hofft er, daß sie durch seine Sorgfalt und den Gehorsam des Patienten geheilt wird. Gewinnt dieser daraufhin seine Gesundheit zurück, wird man sie dem Pflichteifer und der Kenntnis seines Arztes zuschreiben. Stirbt er dagegen, wird der Eindruck entstehen, der Arzt habe dies auf Grund des Ernstes der Erkrankung vorausgesehen. Bezeichnete er dagegen die Krankheit als leicht (wo sie doch auch schwer sein konnte), wird er im Fall der Genesung des Kranken kein Lob ernten, da die Krankheit, wie er es dargestellt hatte, eben nur leicht war. Stirbt der Patient aber, wird dies sogar als Fehler des Arztes gelten, der sich in Diagnose und Prognose geirrt habe ...».[42] In der Renaissance vertraten einflußreiche Ärzte wie der Paduaner Mercuriale und – ungeachtet seiner skeptischen Haltung gegenüber der radikalen Aufklärung – Paolo Zacchia ähnliche zynisch klingende Positionen.[43] Es waren nicht etwa karikierende Ärztehasser, sondern seriöse Mediziner, welche Ratschläge dieser Art verfaßten! Zacchia behandelte in seinem Opus im übrigen zahllose Fragen, die das weite Feld zwischen ärztlicher Ethik und Gerechtigkeit berührten. Der vorbildliche Umgang mit Dementen und Wahnsinnigen, aber auch Neugeborenen verschiedenster Lebenskraft wird ausführlichst und auf sensible Weise geschildert.

Die kritische Haltung des Paracelsus[44] darf nicht darüber hinwegtäuschen, daß in der Medizin der frühen Neuzeit auch *magische* Praktiken – in protestantischen wie katholischen Regionen – weit verbreitet waren. Sie hatten aus zeitgenössischer Sicht nichts mit Betrug zu tun. Magie ergänzte den christlichen Glauben, begleitete selbstverständlich aber auch die Wissenschaften, wie die «pansophischen» Untersuchungen des Abtes von Sponheim und Paracelsus-Freundes Johannes Trithemius (1462–1516) unterstrichen.[45] Die «magische Naturphilosophie», ein «gelehrtes Konstrukt» (van Dülmen), zog – es kann kaum verwundern – vor allem *Ärzte* in ihren Bann.[46] Sie griff auf die uralte Analogie-Vorstellung von Mensch und Kosmos zurück und hatte im 16. und 17. Jahrhundert nichts Anrüchiges an sich. Eine entsprechende «spezifisch primitiv-unterschichtige Denkform» (Glowatzki) läßt sich frühestens seit dem 18. Jahrhundert assoziieren.[47] Wissensdurstige Ärzte und Naturforscher sahen hier eine untadelige Chance, die sie zum Vorteil der Kranken zu nutzen suchten.[48] Auch Zacutos geschilderte Inszenierung einer Engelserscheinung ist in diesem Kontext zu beurteilen.[49] Ebenso bediente sich die Alchemie, welche – über ihren naturwissenschaftlichen Kern hinaus – die Offenbarung «okkulter» Dinge zum Ziel hatte, geheimnisvoller Gläser, Ringe, Spiegel oder Kristallkugeln. Gerade das 17. Jahrhundert – man denke an die Welt der Rosenkreuzer und Alchemisten in Prag oder Heidelberg – hatte für die «geheimen Wissenschaften» eine besondere Schwäche.[50] Wenn der Münsteraner Arzt Christian Franz Paullini in seiner *Heilsamen Dreckapotheke* noch 1696 behauptete, mit Kot und Urin «fast alle, ja auch schwerste gifftigste Kranckheiten und bezauberte Schäden» therapieren zu können, erschien dies kritischen Zeitgenossen vielleicht merkwürdig, aber keinesfalls ethisch verwerflich.[51] Daß sich aus dem Dunklen, Schmutzigen und Bedrohlichen positive Heilkräfte freisetzen ließen, stand für viele Kranke außer Zweifel.

Zwischen Magie, Selbsttäuschung und simplem Betrug bewegten sich auch jene fahrenden Heilkünstler, die vor allem im 17. und 18. Jahrhundert Gesundheitssuchende in ihren Bann zogen. Wurzelkrämer, Pillenverkäufer, Zahnbrecher, Bruchchirurgen und Starstecher zogen von Dorf zu Dorf. Öffentlich, häufig auf Schaubühnen, wurden dem faszinierten Publikum erfolgreiche Therapien demonstriert.[52] Bedeutende Maler wie Adrian Brouwer, Adriaen van Ostade, David Teniers oder William Hogarth setzten entsprechende Szenen ins Bild (Abbildung 4). Die akademische «Schulmedizin» verachtete natürlich die «Quacksalber» und «Scharlatane», deren Bezeichnung sich vielleicht von den scharlachroten Roben ableitete, die sie häufig trugen, um Professoren ähnlich zu sehen.[53] Vor allem im 17. Jahrhundert mehrten sich kritische Stimmen. «Alte Weiber, Beutelschneider, Crystallenseher, Dorfgeistliche, Einsiedler, Fallimentierer, Gaukler, Harnpropheten, Juden, Kühe- und Kölberärzte, Landstreicher, Marktschreier, Henker, Ofenschwärmer, Ratten- und Mausfänger, Segensprecher, Teufelsbanner, Unholde (Hexen, Zauberinnen), Waldheinzen (Wurzelgräber) und Zigeuner» wurden so in der *Politia Medica* des Ludwig von Hörnigk (1638) an den Pranger gestellt. Voller Abscheu und verdächtiger Empörung beschrieb der schon in jungen Jahren geadelte Marburger Professor die «Verbrechen» dieser Konkurrenten.[54] Auch Pietro Castelli und Rodericus Castro attackierten die Wunderheiler erbarmungslos;[55] ihr negatives Urteil suggerierte der Nachwelt, daß hier ausschließlich Lug und Trug am Werk gewesen wären. War schon die Kritik an gleichrangigen akademischen Kollegen beliebt, gehörte die Verurteilung der Alternativheiler zum alltäglichen Handwerk. Tatsächlich dominierte bei diesen der äußere Schein. Manche hielten sich eigene Ausrufer oder Komödianten, um das Publikum anzulocken. Simplicissimus, der Protagonist in Grimmelshausens Roman (1669), versuchte selbstproduzierten «Theriak» zu verkaufen, brachte ihn aber nicht an den Mann, «weil ich viel zu blöd war und mir auch sowohl die Sprach als storgerische Aufschneiderei nicht von statten gehen wollte».[56] Zweifellos setzte der Scharlatan die Lüge als Propagandamittel ein. Daß die Effektivität seiner Therapien gering war, war ihm wohl bewußt. Gerne bot man so den legendären Theriak, dessen wertvollste Teilsubstanz exotische Schlangenextrakte darstellten, zu Dumping-Preisen an – man mischte ihn, bevor man an einem Ort eintraf, aus billigen Materialien der Region und behauptete, es handle sich um aus Indien oder Arabien importierte Wundersubstanzen.[57] Doch was war im 17. und 18. Jahrhundert schon eine in ihrer Wirkung überprüfbare, seriöse Medizin?

Auf dem Lande gab es kaum studierte Ärzte, so daß der Zahnkranke, Starblinde oder Bruchpatient «Quacksalbern», die auf ihre Beschwerden eingingen, noch dankbar sein mußte, zumal sie für jedes Leiden ein Mittel versprachen. In der Krankenversorgung füllten sie eine wichtige Lücke. «In der Nähe zum Patienten, im täglichen Umgang mit Wunden und Brüchen, mit Verdauungsstörungen und Herzbeschwerden, kurz, in der praktischen Erfahrung, war der Scharlatan dem studierten Arzt meist überlegen.»[58] Der Kölner Ratsherr und Chronist Hermann Weinsberg hatte im 16. Jahrhundert jedenfalls Mühe, zwischen beiden zu unterscheiden![59] Moralische Skrupel plagten den Quacksalber weniger, weshalb ihm vor allem vier «Hauptsünden» vorgeworfen werden konnten: Die Anwendung gefälschter Mittel, die aggressive, die eigene Unfähigkeit häufig überspielende Propaganda, die Behandlung Kranker ohne staatlich bzw. behördlich anerkannte Ausbildung (was nicht ausschloß, daß eindrucksvolle Erfolgsmeldungen aus anderen Orten, «Dankesurkunden» hoher Herren und exotische Urkunden aller Art präsentiert wurden!) sowie die Ausnützung des aus heutiger Sicht skandalösen Umstandes, daß der größte Teil der Bevölkerung nie einen studierten Arzt zu Gesicht bekam. Allerdings übertraf die «Schulmedizin» – es wurde schon darauf hingewiesen – die Quacksalber kaum an Effektivität. Placebo-Effekte, ihre praktische wie psychologische Erfahrung sowie die starke persönliche Ausstrahlung vieler Alternativheiler führten zu Erwartungshaltungen, die

Abb. 4: Adriaen Brouwer (1606–1638), Der Quacksalber.
Karlsruhe, Staatliche Kunsthalle

durch psychische «Rückkoppelungseffekte» verstärkt wurden. Viele hatten auch – wie der berühmte Dr. Eisenbart (1663–1727) – trotz hoher Begabung aus *finanziellen* Gründen auf ein Studium verzichten müssen (das berühmte, von Gottsched verfaßte Spottlied entstand, nebenbei bemerkt, erst 1818!),[60] wobei ihre Leidenschaft für die Medizin bestehenblieb. Selbstbetrug und Betrug berührten sich, ohne daß Schuldgefühle aufkamen. «Unsicherheit, Gehorsam bis zur Unselbständigkeit, Indolenz, Uneinsichtigkeit, naive Frömmigkeit und abergläubische Einstellung» kennzeichneten ihr gutgläubiges Publikum.[61] Selbstverständlich spielten auch psychosomatische, hypochondrische bzw. hysterische Momente in der Alternativtherapie eine wichtige Rolle, manche «Heilung» – etwa bei «Krebs» – beruhte wohl auf Fehldiagnosen, die weder der Scharlatan noch sein Patient durchschaute. Viele Patienten erwarteten auch, wie Castro kritisierte, regelrechte Ferndiagnosen (daß «du, wenn Gott es gefällt, Geschlecht, Alter, Beschwerden erahnst, ja an welchem Körperteil der Kranke leidet und in welchem Teil der Welt er wohnt ...»).[62] Daß sich hier schillernde Persönlichkeiten herausgefordert fühlten und seriöse Ärzte die Erwartungen eher enttäuschen, lag auf der Hand. Doch konnte nicht jeder Alternativheiler als «Betrüger» gelten.

In Spanien hatten die Schulmediziner im 16. Jahrhundert Moriskenärzte, d.h. zum Christentum konvertierte muslimische Heiler, verdächtigt, das Volk zu betrügen.[63] Tatsächlich wuchs auf der Halbinsel das Interesse an der autochthonen, empirischen Heilkunde arabischer Herkunft. Die Mehrheit des Volkes hatte gegenüber der «wissenschaftlichen», d.h. galenischen Medizin – nicht zuletzt aus Enttäuschung über deren Versagen zu Pestzeiten – zunehmend Vorbehalte. Dabei beschäftigten sich die Morisken eher unfreiwillig mit alternativ-magischen Heilkonzepten. Da ihnen das Universitätsstudium aus politischen Gründen verweigert worden war,[64] wurden sie zwangsweise auf bäuerliche Bedingungen und eine mittelalterlich-empirische «Kräutermedizin» zurückgeworfen, deren Systematik allerdings – angesichts der arabischen Tradition konnte dies nicht verwundern – mit der galenischen Heilkunde Verbindungen aufwies. Da sich viele christliche Ärzte ihrerseits scheuten, die «Kaste» (García-Ballester) der ehemaligen Muslime zu behandeln, blieben die Morisken für diese oft die einzigen erreichbaren Heiler. Das Konkurrenzdenken der akademischen Ärzte war umso verständlicher, als sich die Morisken-Heiler, die sich ebenfalls «Doktoren» bzw. «Chirurgen» nannten, im Bürgertum zunehmender Beliebtheit erfreuten, weshalb sie zunächst kaum echten «Zensuren» unterworfen wurden.[65] Doch war die Schulmedizin nicht willens, ihre Tradition in die «offizielle» Methodik zu integrieren. Um 1600 landeten zahlreiche Moriskenheiler vor dem Inquisitionstribunal. Ihre Kunst wurde – wohl auf Betreiben der akademischen Kollegen – mit Hexerei und Betrug in Zusammenhang gebracht. Letztlich stand sie aber der scholastischen Medizin – auch was die Einbindung *religiöser* Aspekte anging – näher, als diese es wahrhaben wollte.[66]

Die Überzeugung, daß Geheimrezepte, Wundermittel oder Zaubersprüche Krankheiten besiegen könnten, war auch im 18. Jahrhundert noch weit verbreitet. Man erlag einer Art kollektivem Selbstbetrug. Alles wurde für möglich gehalten, Magie, Zauberei, Gebete oder Suggestion schienen, wie selbstverständlich, die Naturgesetze beeinflussen zu können. Von dem Schotten James Graham, der ein magnetisches Heilbett «für alle Krankheiten» konstruiert hatte, dem Schweizer Michael Schüppach, der aus Befragungen und der Urinschau jedwede Leiden heilen zu können glaubte, bis zum «Grafen von Saint-Germain», dem der französische Adel um 1750 zu Füßen lag, oder zu Cagliostro, der als Hochstapler, Alchemist, Geheimbündler und Diplomat selbst die Königin von Frankreich umgarnte, reichte die Liste skrupelloser, aber auch faszinierender Persönlichkeiten, die von ihren Patienten häufig geradezu angebetet wurden.[67] Besonders schwierig ist unter ethischen Gesichtspunkten die Tätigkeit von Buonafede Vitali (1686–1745) zu beurteilen, der als «Saltimbanco» auf Jahrmärkten «kurierte», aber auch ein akademisches Studium mit Auszeichnung durchlaufen hatte. Der venezianische Dichter Carlo Goldoni beschrieb ihn als «Scharlatan der ganz seltenen Sorte». Wie einst Paracelsus kritisierte Vitali leidenschaftlich die Schulmedizin und ihre Professoren, «denen ihre Bequemlichkeit zuviel gilt».[68]

Vitalis Beispiel zeigt, wie sich «seriöse» Schulmedizin und «unseriöse» Alternativmedizin immer wieder berührten. Daß zuweilen selbst die «gelehrte» Medizin mit Scharlatanerie in Verbindung gebracht wurde, verdankte sie paradoxerweise ihrem Selbstverständnis: Viele bedeutende Ärzte – etwa Heinrich Meibom (1638–1709) in Helmstedt[69] – hatten sich als Universalgelehrte oder «Polyhistoren» betrachtet. Mit wachsendem Bildungsstoff und explodierendem «Allgemeinwissen» wurde eine souveräne Auseinandersetzung mit *allen* Disziplinen und Wissensstoffen schwieriger. Viele Mediziner beharrten aber auf dem Nimbus der Allwissenheit. Die Karikatur sah sie zunehmend als verschrobene Bücherwürmer oder sich als Gelehrte aufplusternde Sonderlinge, denen das reale Leben und die Not der Kranken nur noch aus der Theorie bekannt waren.[70] Nicht ohne Grund attackierten selbst Ärzte wie Giovanni Argentario diese Art «verlogener Bildung».[71] Bereits Sebastian Brant, Verfasser des berühmten *Narrenschiffs* (1494), und der Theologe und Schriftsteller Thomas Murner, Autor der *Narrenbeschwörung* (1512), hatten über die ärztliche Theorielastigkeit und «Buchgelehrtheit» gespottet.[72] Diese Praxisferne der Universitätsmediziner nützte natürlich ihren Konkurrenten, die dem Volk «aufs Maul» schauten und die Bedeutung des Scheins und des Theatralischen beim Heilungsprozess erkannt hatten.

24. Der Arzt als Helfer, der Arzt als Wissenschaftler – Medizinethik im 16. und 17. Jahrhundert

Der Topos der ärztlichen Lüge, aber auch die (angebliche) Fixierung der Medizin auf das *körperliche* Wohlergehen, schreckte nicht wenige Renaissance-Gelehrte ab, sich mit diesem Fach auseinanderzusetzen.[1] Aus humanistischer Sicht galt es, in der Tradition Petrarcas, des wohl bedeutendsten Medizinkritikers der Kulturgeschichte,[2] lange Zeit als unschicklich, Arzt werden zu wollen. Im Schlepptau des «Petrarchismo» befürchtete so 1569 der Philosoph Alessandro Piccolomini, durch ein Medizinstudium «würden die Studien vernachlässigt, welche den Weg zur Tugend wiesen» (August Buck).[3] Im 15. Jahrhundert hatte bereits Enea Silvio Piccolomini, der spätere Papst Pius II., vor der Schädlichkeit naturwissenschaftlicher bzw. medizinischer Themen für die Gewissensbildung gewarnt.[4] Natürlich versuchte man, über *Standesregeln* dieses Image zu korrigieren. Es galt deshalb, wie schon im Mittelalter und in der Renaissance, als ehrenrührig, andere Ärzte öffentlich zu kritisieren. Die jeweilige Anbindung an Schulen, Universitäten oder eine herausragende Autorität begründete Vorurteile und Rangansprüche. Status und Selbstbewußtsein eines Arztes hingen im 16. und 17. Jahrhundert vom Ausbildungsort und von der Anstellung ab, wobei die Biographie Cardanos (1501–1576) zeigt, wie abenteuerlich und unkonventionell sich der berufliche Alltag gestaltete. Ein frei tätiger Arzt sah sich vielen Widerwärtigkeiten ausgesetzt. Neid, Haß und Konkurrenzdenken schienen, so der Tenor seiner *Lebensbeschreibung*, jedes berufliche Ethos im Keim zu ersticken. «Was vermögen nicht alles Ehrgeiz und Geldgier, gerade wenn sie mit ehrbarer Wissenschaft verbunden sind?», klagte der große Arzt, Mathematiker und Literat, nachdem zwei Professorenkollegen versucht hatten, ihn bei der Fakultät in Pavia zu verleumden.[5] Sein schon erwähnter Kollege Rodericus Castro behauptete, Habgier, Stolz und Neid seien bei Ärzten «fast angeborene Krankheiten» (quasi congeniti morbi). Die berufsspezifische Trias der Laster erkläre sich durch bestimmte, aus Eitelkeit geborene Wünsche: Angenehme, lukrative Arbeitsbedingungen, Beziehungen zu Fürsten und Obrigkeit, höhere Bestallungen, den Ruf der Gelehrsamkeit sowie Erfolg und Ansehen in der Gesellschaft. Oft genug beruhe das Glück eines Arztes schlicht auf dem Pech und Unglück der Kollegen![6]

An den Universitäten stritt man sich – nicht weniger als heute – über wissenschaftliche und «methodische» Fragen. Der Dichter Rabelais (1494–1553), selbst ein ausgebildeter Arzt, schrieb in *Gargantua und Pantagruel*: «Ich muß mich darüber wundern, daß so viele Philosophen und Ärzte ihre Zeit damit vergeuden, sich darüber zu zanken, ob die Wärme dieser Quellen von dem in der Erde lagernden Borax oder Alaun oder Salpeter herstamme.»[7] Streitsucht war seit dem Mittelalter ein Topos der Arztkritik. 1561 klagte Gabriele Falloppio dem Naturforscher Ulisse Aldovrandini gegenüber, die Kollegen vernichteten sich gegenseitig durch Vorwürfe, «so Rondoletio und Salviano, ebenso wie Mattiolo, Amato ... oder wie Fuchs und Gessner».[8] Berühmt wurde sein Resümee: «Nichts als Haß ist dort zu hören, wo doch eigentlich Liebe sein müßte».[9] Erwähnt sei hier auch der Plagiatsstreit zwischen dem Tübinger Arzt, Botaniker und Humanisten Leonhart Fuchs (1501–1566) und seinem Marburger Kollegen Janus Cornarus (1500–1556). Fuchs, hochgebildet, aber kampfeslustig und eitel, verfaßte ein Buch mit dem Titel *Irrtümer der Ärzte in jüngster Zeit*, das zu zahlreichen «Gegendarstellungen» führte.[10] Ein halbes Jahrhundert später (1614) sprach Rodericus Castro von einem «Meer des Neids» und verglich die Medizin mit einer «von Ehrgeiz zerfressenen Hydra».[11] Erfolglos forderten die Collegia – zumindest nach außen – Solidarität und Zurückhaltung. Nach Iulius Alexandrinus durfte sich ein Arzt über seine Erfolge zwar freuen, aber nicht damit brüsten.[12] Der Vorwurf von Textmanipulationen und wissenschaftlichem Betrug hatte bereits Vesals Stellung gefährdet.[13] Neid und Konkurrenzdenken überdauerten nicht selten sogar die physische Existenz des Gegners. Nach dem Tode des berühmten «Iatrochemikers» van Helmont ereiferte sich Guy Patin (1601–1672), ein führendes Mitglied der Pariser Fakultät: «Es war ein böser Galgenstrick, der da vor wenigen Monaten tollwütig gestorben ist». Andere Kollegen bezeichnete er sogar als «Affen der Medizin», und Du Cheyne, der Leibarzt Heinrichs IV., galt ihm als «Scharlatan, großer Trunkenbold und schamloser Ignorant». Lazare Rivière, der die «chimiatrie» nach Montpellier gebracht hatte, wurde dagegen als «medicus proletarius» verspottet,[14] Marcello Malpighi, einer der großen Anatomen des 17. Jahrhunderts, von seinen galenistischen Gegnern sogar in seinem Privathaus überfallen.[15] Die Zerstrittenheit der Ärzteschaft irritierte natürlich auch die Bevölkerung. Leonardo bezeichnete die Ärzte als «Zerstörer von Leben» (destruttori di vite), und der Dichter Ariost sprach von solchen, «die besser mit Gift zu töten wissen als die Kranken mit Sirup zu heilen».[16] Angesichts unzähliger Theorien, geheimer Rezepte und umstrittener «Schulen» argwöhnten nicht wenige, daß ausschließlich «Lug und Trug» den ärztlichen Alltag bestimmten. Petrarcas These, Medizin und Ethik stellten natürliche Gegensätze dar, schien sich allzuoft zu bewahrheiten.[17]

Das ärztliche Selbstbewußtsein ertrug solche Attacken allerdings gelassen. Die führenden Mediziner Europas hatten bis zum frühen 17. Jahrhundert vor allem *italienische* Universitäten besucht. Nach 1500 entstand in Deutschland und England, nicht zuletzt unter ehemaligen Bologneser, Paduaner oder Ferrareser Studenten, ein entsprechendes *Elitebewußtsein*.[18] Thomas Linacre, der in Padua studiert hatte, gründete in London das Royal College of Physicians, wo Zerbis Gedanken weiterentwickelt wurden. Wer Mitglied werden wollte, wurde explizit auf ethische Grundregeln eingeschworen, die John Caius, ebenfalls ein ehemaliger Paduaner Student, 1563 «aus Respekt vor der Würde des Arztes» durchgesetzt hatte. Natürlich achtete man, nach dem Vorbild der *italienischen* Collegia, darauf, Ruf und Einfluß der Mitglieder zu schützen. Es war deshalb streng untersagt, Laien in die Geheimnisse der Heilpflanzen einzuweisen oder Kollegen zu kritisieren. Bereits *vor* Caius' Initiative hatten «penal statutes» das Ausmaß der hierfür vorgesehenen Strafe festgelegt.[19]

In Mitteleuropa neigte man dazu, jene Ärzte gering zu achten, die keine *peregrinatio academica* vorweisen konnten. Die sprunghafte Zunahme renommierter nordalpiner Universitäten im 16. und 17. Jahrhundert führte allerdings dazu, daß viele begabte Mediziner nun auch in Deutschland oder den Niederlanden studierten. Die besten wurden an den Hochschulen angestellt, während «niedergelasse» Physici ein geringeres Sozialprestige genossen. Die beeindruckende Unterwürdigkeit *beider* Gruppen gegenüber Herrschern und Obrigkeiten wurde schon erwähnt – selbst Paracelsus war ja von dieser Schwäche nicht frei gewesen.[20] Die Behandlung von Fürsten, vor allem aber die zunehmend in Mode kommende Herausgabe medizinischer Aufklärungsbücher in der Landessprache versprach nicht weniger Ruhm als heutige Fernsehauftritte. Vor allem *Laien* wurden hier angesprochen, der «gemeine Mann» wurde als Publikum entdeckt.[21] Wer lesen konnte, hatte nun die Möglichkeit, sich über Prognosen und Therapien bestimmter Krankheiten selbst zu informieren. Auch eine in sonstigen Fachbüchern unübliche «Rücksichtnahme auf die Lebensverhältnisse» (Telle) trug zur Popularisierung solcher «Hausbücher» bei. Armen wurden statt teurer «Composita» eher «einfältige» Kuren mit «heimischen Tieren und Pflanzen» ans Herz gelegt. Wohlhabende erinnerte man daran, daß auch unscheinbare, billigere Mittel wirksam sein konnten. Viele Autoren hatten, unterstützt von der Obrigkeit, eine Art *Volksaufklärung* im Sinn.[22] Die Tatsache, daß manche sogar den lateinischen Universitätsunterricht in Frage stellten, warf auf ihre Werke ein leicht revolutionäres Licht. «Warum sollte ich nicht in deutscher Sprache lernen können, wie ich einem Kranken helfen kann», fragte der (mit dem erwähnten Johann Valentin Andreae befreundete) Marburger «Polyhistor» Johann Balthassar Schupp 1667, nachdem er schon 1638 konstatiert hatte: «Es ist kein Sprach an eine Facultet gebunden.»[23] Natürlich teilten nicht alle Kollegen diese Meinung, schien sie doch gerade die Beherrschung des Lateins (und das damit verbundene Fachidiom) vom Volk und den Scharlatanen zu unterscheiden. Daß die Kräuterbücher ärztliche Konsultationen häufig überflüssig machten, lag nicht in ihrem Interesse. Viele flüchteten – von der

Wortwahl bis zur Kleidung – in einen demonstrativ «wissenschaftlichen» Habitus, um ihre Überlegenheit gegenüber der «Volksmedizin» herauszustellen. Castro beschwor in Hamburg behende das Ärztelob des biblischen «Ecclesiasticus» und betonte, daß – bei allem Gottvertrauen – im Krankheitsfall «Rat, Fleiß und Gewissenhaftigkeit» eines *Arztes* erforderlich seien.[24] Das sich emanzipierende Laienpublikum sollte zu Vorsicht und Loyalität gemahnt werden. Allerdings steht es heute außer Zweifel, daß sich Laienheilerinnen wie Philippine Welser, die Schwiegertochter Kaiser Ferdinands, mit ihren über 150 Rezepten zur Gesundheits-, Schönheits- und Körperpflege auf der Höhe der zeitgenössischen «Forschung» bewegten.[25] Eine moralische Empörung über ihren Einfluß ist entsprechend weder bei Ärzten noch unter der Bevölkerung dokumentiert.

Auch die philosophisch orientierten Artes-Fakultäten, an denen Ärzte zu Beginn ihres Studiums in den *freien Künsten* unterrichtet wurden (ein Mediziner ohne ein Mindestmaß an Allgemeinbildung erschien bis ins 19. Jahrhundert unvorstellbar!), litten unter Vetternwirtschaft und Selbstüberschätzung. Nach Giordano Bruno (1548–1600) war der Begriff «Philosoph» in der Bevölkerung gleichbedeutend mit «Spitzbube, Nichtsnutz, Rechthaber, Scharlatan oder Hansdampf in allen Gassen».[26] «Schmutzige Eigenliebe» kennzeichne die meisten Universitäten – bis hin zu den theologischen Lehrstühlen.[27] Selbst Hochschulen wie Oxford standen, wie Bruno im *Aschermittwochsmahl* (1583) ausführte, «unter dem Stern des Dünkels und verstocktester pedantischer Unwissenheit, gepaart mit bäurischer Unhöflichkeit».[28] Die Aufnahme in renommierte Akademien wurde manipuliert und politisch beeinflußt. Leibärzte Prominenter, häufig durch Abstammung und Beziehungsgeflechte erfolgreich, versuchten Mitbewerber und jüngere Kollegen zu verleumden. Bei Ärzten stellten Überfälle, da man – im Gegensatz zur Antike und zum Mittelalter – die Patienten zunehmend zu Hause aufsuchte, sogar ein gewisses Alltagsrisiko dar und ließen die potentiellen Opfer nicht selten selbst verrohen. In Rom herrschten «solch verwilderte Zustände, daß viele Ärzte ... ihr Leben einbüßten» (Cardano).[29] Dabei war, wie ausgeführt, der Kontakt mit wirklichen Randgruppen selten. Totengräber, Henker, Amtsbüttel, Gefängniswärter, Schäfer, Hirten, Türmer, Nachtwächter, fahrendes Volk, Spielleute oder Prostituierte übertrugen nämlich nach landläufiger Meinung ihre Stigmatisierung auf jene, die mit ihnen zu tun hatten.[30] «Mißgeburten», Monster und Krüppel galten geradezu als unberührbar, was *ärztliche* Behandlungen in der Regel ausschloß (es waren – unzählige Legenden beweisen es – einzig die populären *Heiligen*, auf die solche Menschen ihre Hoffnung setzen konnten).[31] Die seit dem 15. Jahrhundert vor allem für italienische Humanisten charakteristische, neuplatonisch beeinflußte Begeisterung für alles Schöne mag ebenfalls dazu beigetragen haben, daß sich sensible Ärzte hier abgestoßen fühlten.[32] Kümmerten sie sich dennoch um Arme und Ausgestoßene, riskierten sie, selbst marginalisiert zu werden. Auch Zerbi hatte ja seine Kollegen vor den «Plebejern» gewarnt.[33]

Angesichts dieser problematischen Haltung war es erstaunlich, daß es überhaupt *Verteidiger* der Heilkunde gab. Während viele Intellektuelle, auch außerhalb Italiens, für Petrarcas Ideen schwärmten – der Dichter des 14. Jahrhunderts hatte den aus seiner Sicht strukturellen Gegensatz von Moral und Medizin wortreich und nachhaltig kritisiert[34] –, brach kein geringerer als Erasmus von Rotterdam eine Lanze für die Medizin. In seinem 1518 erschienenen *Lob der Heilkunst* stellte er ihre Nützlichkeit, aber auch ihre moralischen Qualitäten heraus.[35] Erasmus rief zur Dankbarkeit gegenüber den Ärzten auf, die seit alters eine übermenschliche Aufgabe erfüllt hätten. Oft genug hätten sie Todkranke zum Leben erweckt, viele herausragende Menschen wären ohne ihre Hilfe nicht mehr am Leben. Auch könne die Seele des Menschen nur gesunden, wenn der Körper funktioniere, dessen Intaktheit Frömmigkeit fördere, das Denken ermögliche und tugendhaftes Verhalten begünstige. Medizin wird für Erasmus deshalb zur *moralischen* Wissenschaft: «Wer rät dem Kranken nachdrücklicher (als Ärzte), zuerst die *Seele* vom Unrat der Laster zu reinigen?»[36] Unter Lebensgefahr kämpften sie für die Gesundheit anderer, jederzeit bereit zu helfen und zu trösten. «Wenn wir eine Sache nach ihrer Würde schätzen», fragt der Humanist rhetorisch im Hinblick auf die Heilkunst, «was ist da herrlicher, als mit Gott an Wohltätigkeit zu wetteifern?»[37] In ähnlicher Weise verteidigte Sir Thomas Elyot in seinem Oliver Cromwell gewidmeten *Castell of Helthe* (1536), dem ersten in englischer Sprache verfaßten Buch zu Gesundheitsfragen,[38] die Heilkunst. Immer mehr wurde, wie auch in dem volkssprachlichen Traktat *Vom einfachen Leben* (Sulla vita sobria) des Venezianers Alvise Cornaro,[39] der *Laie* angesprochen, dem – bei Befolgung der Regeln – Gesundheit und langes Leben in Aussicht gestellt wurden. Auch hier wurden die Heilkunde als legitime und nützliche Wissenschaft und die Ärzte als ehrbare und sozial engagierte Bürger gerühmt.[40]

Daß man sich schweren oder gar ekelerregenden Krankheiten nur ungern zuwandte, hing auch mit dem während des Studiums vermittelten Bewußtsein zusammen, die vornehmste ärztliche Herausforderung bestehe in der *Forschung*. Für Francis Bacon (1561–1626) war jedenfalls der naturwissenschaftlich tätige Arzt der eigentliche Wohltäter der Menschheit. «Nicht irgendeine bestimmte Erfindung zu machen, wie nützlich sie auch immer sei, sondern ein Licht in der *Natur* anzuzünden», sei seine Aufgabe.[41] Jeder Sieg über eine Krankheit komme einer «Schlacht» gleich, die für die Menschheit gewonnen wurde. Während die Masse der Ärzte im scholastischen Habitus erstarrte, fühlte sich die Avantgarde von der Idee einer naturwissenschaftlich-technischen Zivilisation fasziniert, wie sie Bacon in seiner utopistischen Schrift *Nova Atlantis* (1638) propagierte. Das erstrebte «Wohlergehen» der Menschheit erforderte experimentelles Denken. «Von einer der Nächstenliebe verpflichteten Forschung kann es nie genug geben» («of charity is no excess»)[42] lautete die neue, zukunftsweisende Devise – Gerechtigkeit und Freiheit seien ihre Konsequenz. Selbstverständlich schließt die neue Wissenschaft auch *Tierversuche* ein. An «Säugetieren und Vögeln» werden «Sektionen» durchgeführt, um einen «Einblick in den menschlichen Körper zu gewinnen», ebenso Experimente «mit allen Giften, Gegengiften und anderen Heilmitteln, sowohl auf medizinische als auch auf chirurgische Weise».[43] In der Bibel fand Bacon keine überzeugenden Gegenargumente, im Gegenteil: Gott hatte die Menschen aufgefordert, die Erde auch wissenschaftlich zu erkunden. Naturforschung hat dabei eine zweifache Legitimität, nämlich «als epistemisch freie, nur um der Erkenntnis willen betriebene, ebenso wie als humanitäre, menschlichen Zielen dienende Forschung» (Otfried Höffe).[44] Nicht mehr Theologen und Philosophen stellten die Elite der Wissenschaft, sondern Entdecker und Erfinder, die sich auf unterschiedlichsten, in der Regel *naturwissenschaftlichen* Gebieten bewähren.[45] Allerdings stand es für Bacon auch außer Frage, daß der Mensch – allem Forscheroptimismus zum Trotz – stets ein Mängelwesen bleiben wird. Doch hatte sich das ärztliche Ethos – ein Novum in der Medizingeschichte – nunmehr *auch* am Stand der Forschung zu orientieren. Der Kampf und die Propaganda gegen Alternativheiler, gegen «Gaukeleien, Trugbilder, Vorspiegelungen und Sinnestäuschungen» (Bacon) wurden härter. Daß das in *Nova Atlantis* geschilderte, auf Verstand und Experiment gebaute «Haus Salomons» auch Gefahren barg, wurde angesichts des «Reichtums» seiner Wissenschaften kaum bemerkt.

Bereits die zitierten *Lebensregeln* Cardanos[46] (1501–1576) hatten – auf der Basis von Gottesvertrauen, stoischer Akzeptanz des Schicksals, der Verehrung Älterer, des Erhalts von Freundschaften, demütiger Naturbetrachtung und der absoluten Priorität von *Erfahrung* gegenüber *erlernter*, d.h. von den antiken und arabischen Autoritäten übernommener Wissenschaft – ein ebenso individualisiertes wie an strenger *Wissenschaftlichkeit* orientiertes Ethos verraten.[47] Daß Religion und klassische Bildung dabei entscheidende Impulse gaben, stand – wie bei den Zeitgenossen Zacchia und Cortesi – immer noch außer Frage. Durch die Herausstellung der *experientia* knüpfte Cardano an ein neues, Bacon antizipierendes Paradigma an, das seit Vesal (1514–1564) viele Ärzte begeisterte. Auch Cardanos Zeitgenosse Jean Fernel (1497?–1558), ein philosophisch orientierter Medizin-Professor der Sorbonne, pries begeistert die *klinische* Erfahrung.[48] Ebenso zeigten Parés Aufzeichnungen eine vorher in der medizinischen Literatur kaum bekannte Beobachtungsgabe.[49]

Die Herausstellung der Empirie durch Vesal, Fernel und Cardano widerspiegelte letztlich – fast ein Jahrhundert *vor* Francis Bacon[50] – eine breite Unsicherheit, was die ärztliche *Methodik* betraf. Bereits nach Montaigne (1533–1592) mußte ein Arzt «auf zu viele Dinge, Kräfte und Wirkungen ... achten, um einen (therapeutischen) Plan richtig zu entwerfen».[51] Aus unzähligen diagnostischen Details und Zeichen hätte er allzu komplizierte *Gesetze* abzuleiten: «Wenn er sich in einem dieser Dinge nur ein wenig versieht, wenn von all diesen Kräfte nur eine widerwärtig wirkt, so sind wir (Patienten) schon verloren.»[52] Unter Hinweis auf ihren unmenschlichen Pflichten- bzw. Bildungskatalog schloß der scharfsinnige Literat auf eine chronische *Überforderung* der Mediziner, deren ethisches Versagen in einer traditionellen *Selbstüberschätzung* bestehe. In Wirklichkeit hingen Hygiene, Physiologie, Pathologie, Therapie, ja das ärztliche Denken überhaupt von eher zufälligen Zeichen (Indikationen) ab, die für den Patienten allerdings einschneidende Konsequenzen hätten. Selbst der Begriff «ärztliche Erfahrung» wird hinterfragt: Ist nicht oft genug «eine banale Feststellung, eine Allerweltserfahrung, die sich mit Leichtigkeit in den ärztlichen Jargon übersetzen lässt»,[53] das ganze Geheimnis fachlicher Überlegenheit? Weiß der gemeine Mann manchmal nicht ebensoviel über seinen Zustand wie der Arzt? Ist es nicht problematisch, aus der zufällig einem Mediziner bekannten Patientenschar durch fragwürdige Deduktionen «Erfahrung» und Wissen abzuleiten, von Fragen des Zufalls, der «Eingebung» oder des Gefühls ganz abgesehen? Zu viele Faktoren habe der Arzt zu berücksichtigen, «bevor er bei dieser zahllosen Menge der Dinge dahin gekommen ist, zu wissen, was ... unter allen Krankheiten die Epilepsie, unter so vielen Temperamenten das melancholische, unter allen Jahreszeiten der Winter, unter allen Nationen die französische, unter allen Altern das rechte, unter allen Konstellationen die Zusammenkunft von Venus und Saturn, unter allen Gliedmaßen des Körpers der Finger ist. Da er auf all dies weder durch Schlüsse noch Konjekturen noch durch Beispiele noch göttliche Eingebung hingeführt wird, sondern durch bloße Leitung des Schicksals, geschieht es (in Wahrheit) durch ein völliges, künstliches, methodisches und regelmäßiges Ungefähr. Und wäre nun die Genesung wirklich erfolgt, wie könnte er zuverlässig wissen, dass es nicht durch einen Zufall oder deshalb so gekommen sei, weil die Krankheit ihre Periode erreicht hatte, ohne die Einwirkung einer anderen Sache, welche der Kranke an dem Tag gegessen, getrunken oder berührt hat!»[54]

Montaignes Attacken auf das ärztliche Selbstverständnis nahmen jene Zweifel vorweg, die schließlich Descartes im *Discours de la méthode* (1637) zusammenfasste.[55] Der gute Wissenschaftler und Arzt war demnach an der exakten, logisch stringenten Methodik zu erkennen. Scharlatane, Betrüger und Geldschinder zeichneten sich dagegen durch nicht überprüfbare und effekthaschende Handlungen aus. Descartes forderte im zweiten Teil des *Discours* die *Evidenz* einer wissenschaftlichen Behauptung, d.h. er lehnte Vermutungen und damit allein das «Wahrscheinliche» als ausreichendes Wahrheitskriterium ab.[56] Dies sollte das medizinisch-naturwissenschaftliche Denken, wie ein Brief von Huygens an den Philosophen im gleichen Jahr beweist,[57] nicht unbeeinflußt lassen. Daß er auch die *Ethik* der Ärzte und Forscher im Auge hatte, zeigt der dritte Abschnitt des für die europäische Geistes- und Wissenschaftsgeschichte so wichtigen Werks. Hier wird eine «provisorische Moral» entworfen, die den Menschen vor Handlungsunfähigkeit schützen soll und «aus drei oder vier Grundsätzen» besteht. Man solle den Sitten und Bräuchen, besonders der Religion folgen, an einmal gefaßten Entschlüssen festhalten sowie Schicksalsschläge weise hinnehmen. Ferner habe man sich, schreibt Descartes selbstkritisch, «in allen anderen Dingen nach den maßvollsten und am weitesten vom Exzeß entfernten Meinungen ... zu richten»,[58] einen einmal eingeschlagenen Handlungsweg durchzuhalten und «eher mich zu besiegen als das Schicksal».[59] Daß der *Discours* lange Passagen zur Anatomie des Menschen enthielt und Grundsätzliches zum Verhältnis von Leib und Seele ausdrückte, dürfte aus ärztlicher Sicht seine Bedeutung noch erhöht haben. Descartes fordert die Leser, «welche in der Anatomie nicht bewandert sind», sogar auf, «das Herz irgendeines großen, durch Lungen atmenden Tieres vor sich aufzuschneiden ... zu lassen»,[60] sich also auf urmedizinischem Terrain fortzubilden. Gewiß war sein berühmtes Werk für die Wissenschaft im *allgemeinen* geschaffen, doch orientierte sich das medizinische Ethos der frühen Neuzeit immer mehr am cartesianischen Zeitgeist.

Für die ärztliche Ethik wie Theorie war zudem die von Descartes vorgenommene Teilung des Organismus in einen dem Regelwerk eines Automaten verwandten *Körper* und eine autonome *Seele* von Bedeutung. Für viele Ärzte bedeutete sie eine Art Säkularisierung des Leibes. Obgleich von Descartes nicht beabsichtigt, schien somit der Weg in eine «seelenlose» Medizin gewiesen. Mit Hilfe von Mathematik und Geometrie, d.h. im weiteren Sinn durch «Technik», sollte die Körperwelt (res extensa) erforscht werden. Nicht erfassen ließen sich mit dieser Methode freilich Seele, Bewußtsein und Denken (res cogitans), geschweige denn der Einfluß Gottes (res infinita) auf den Menschen, von dem man im 17. Jahrhundert noch weitgehend überzeugt war. Die Gesundheit des Menschen wurde zunehmend *gemessen*. Der gesunde Körper schien kein Geheimnis mehr zu bergen, das Unbekannte, d.h. auch die Ursache von Krankheiten und Beschwerden, galt den meisten Cartesianern als das «noch nicht bekannte».[61] Immerhin kritisierte Descartes' Zeitgenosse Pascal ironisch: «Die Rechenmaschine zeigt Wirkungen, die dem Denken näher kommen als alles, was Tiere vollbringen, aber keine Wirkung, von der man sagen könnte, daß sie *Willen* habe wie die Tiere.»[62]

Das Menschenbild der «messenden Ärzte» unterschied sich entscheidend von demjenigen eines Pico della Mirandola, Marsilio Ficino oder Giannozzo Manetti, die sich im 15. Jahrhundert über die Würde des Menschen Gedanken gemacht hatten. Manetti hatte die Zweckmäßigkeit und Perfektion der Anatomie und Physiologie betont, um die herausragende Stellung des Menschen deutlich zu machen, die auch seine Würde unterstreicht.[63] Auch Ficino sah den Menschen als optimale Schöpfung Gottes.[64] Pico rühmte seine Entscheidungsfähigkeit zwischen Gut und Böse, zwischen göttlicher und materieller Welt.[65] Gerade weil die Medizin des 15. Jahrhunderts primär (noch) aristotelisch geprägt war, war die Vorstellung des perfekten, gottgeschaffenen Organismus unter Ärzten weit verbreitet; den Platonikern erschien ihre Kunst – wie alle echten Wissenschaften – sogar als Ausfluß des Göttlichen.[66] Sie orientierte sich an der Würde ihres Objekts, d. h. des Menschen, und gewann so zusätzliches Prestige. Die These vom göttlichen Charakter der Heilkunde verlor sich allerdings im 17. Jahrhundert, obgleich bedeutende Naturforscher wie der Astronom Johannes Kepler (der, von den Planetengesetzen einmal abgesehen, auch nachweisen konnte, daß sich das Netzhautbild des Auges umgekehrt darstellt und so die Seh- und Sinnesphysiologie revolutionierte)[67] in ihren Forschungsergebnissen auch eine Bestätigung der Vollkommenheit der Schöpfung sahen.[68] Die Naturgesetze, welche das Weltall wie den menschlichen Körper bestimmten, stellten für ihn einen weiteren Beweis der Harmonie des Kosmos dar.[69] Auch für den Arzt und «Iatrophysiker» Borelli entschlüsselten die Naturwissenschaften «die Zeichen, mit denen der Schöpfer aller Dinge aus seinen Werken spricht».[70]

Unter dem Einfluß von Descartes, vor allem aber von Bacons Paradigmenwechsel, sah sich der naturwissenschaftlich orientierte, einer exakten Methodik verpflichtete Arzt, selbst wenn er nur «Grundlagenforschung» betrieb, als «Bezwinger und Überwinder von Not». Eitelkeit und Dünkel lagen angesichts einer solchen Selbsteinschätzung natürlich nicht fern. Man fühlte sich berufen, die Welt zu enträtseln und weigerte sich, religiöse und traditionelle Skrupel anzuerkennen. An renommierten Hochschulen wie Padua oder Leyden gehörte diese Unabhängigkeit sogar zur «corporate identity». Auch eine gewisse Spezialisierung wurde Mode. Universalgelehrte wie Robert Boyle, Christian Huygens oder Pierre Gassendi traten demonstrativ als *naturwissenschaftliche* Experten auf. Wer in der Medizin glänzen wollte, mußte nach ihrem Vorbild in einem besonderen Forschungsfeld – etwa in der Anatomie oder Optik, in Physik oder Mechanik – wissenschaftliche Meriten vorweisen. An den berufsständischen *Collegia* wurde zwar weiterhin der karitative Gedanke beschworen, an den *Universitäten*, ja selbst bei Hofe war dagegen zunehmend der Naturwissenschaftler (scientist) gefragt. Mit der bloßen Behandlung Kranker oder der Teilnahme an deren Schicksal fühlte sich ein karrieresüchtiger Professor jedenfalls unterfordert. Sein Ehrgeiz drängte nach akademischer und gesellschaftlicher Anerkennung. Demgegenüber wurden renommierte Kliniker wie Thomas Sydenham (1624–1689) gerade als «Praktiker» bekannt. Der legendäre Londoner Arzt begründete kein neues Wissenschaftssystem, doch erwies sich seine empirische Methode den aktuell favorisierten Theorien als ebenbürtig.[71] Sein legendärer Ruf als «englischer Hippokrates» zeigte, daß die Medizin des 17. Jahrhunderts reif genug war, unkritisch rezipierte Dogmen über Bord zu werfen.[72] Nur in der Ethik legte auch Sydenham auf Traditionen Wert – ein Arzt sollte sich vor allem durch *Menschlichkeit* auszeichnen.

Ungeachtet des sich wandelnden Wissenschaftsparadigmas kümmerten sich allerdings nicht wenige Ärzte weiterhin mit Hingabe um Kranke und Bedürftige. Schon Luther hatte begeistert von einem Florentiner Hospital berichtet, wo – in Kooperation mit geschulten Pflegern – «die gelehrtesten Ärzte» wirkten: «Sobald ein Kranker hineingebracht wird, werden ihm all seine Kleider ausgezogen, die ihm in Gegenwart eines Notarius mit aller Treue aufbewahrt werden. Dann zieht man ihm einen weißen Kittel an und legt in ein schön gemachtes Bett reine Tücher. Danach werden zwei Ärzte geholt, und die Diener bringen Speisen und Trank in sehr sauberen Bechern. Sie rühren diese nicht mit einem Fingerlein an, sondern reichen sie auf einem Präsentierteller ...».[73] In den reformatorisch geprägten Ländern geriet die medizinische Versorgung von Hospitalinsassen aus *theologischen* Gründen allerdings zunächst in Generalverdacht: Die Zurückweisung der dem Seelenheil dienenden «guten Werke» sowie die zentrale Stellung der augustinischen Gnadenlehre[74] ließen es sinnlos erscheinen, Hospize und ähnliche Einrichtungen, zumal sie in der Regel *altkirchliche* Stiftungen darstellten, am Leben zu halten.[75] Während sich im altgläubigen Umfeld immer wieder auch *Ärzte* um Hospitalinsassen gekümmert hatten,[76] stellte man in protestantischen Regionen die Hospital-Idee also überhaupt in Frage; ihre Neu-Etablierung in aufgelassenen Klöstern, etwa Haina oder Merxhausen, durch den hessischen Landgrafen zur Mitte des 16. Jahrhunderts war zwar richtungsweisend, doch zunächst noch eine Ausnahme.[77] Im übrigen hatten die meisten Ärzte und Naturforscher gegen Ende des 16. und im frühen 17. Jahrhundert durchaus enge Verbindungen zu ihrer Kirche. Wenn Kepler ein gläubiger Protestant, Galilei – was häufig übersehen wird – ein praktizierender Katholik, Boyle ein strenger Puritaner und auch Newton sehr religiös war,[78] darf dies *auch* für den Durchschnittsarzt angenommen werden. Daß sich die Erde um die Sonne drehte und ihrerseits rotierte, widersprach – wie mancher Theologe spitzfindig betonte – nur der *alttestamentarischen* Überlieferung. Im Gegenteil: Die Lehre des Evangeliums schien – im Zeichen von Reformation *und* Gegenreformation – wie geschaffen, die ärztliche Alltagsmoral positiv zu beeinflussen.

Im 17. Jahrhundert gab es in Gesellschaft und Universität allerdings Kräfte, die den Kirchen die «juristische Wirksamkeit der moralischen Norm» absprachen (Paolo Prodi).[79] Viele Zeitgenossen waren nicht mehr gewillt, sich in einen ethischen Normenkodex pressen zu lassen, dessen Geist und Legitimation sie kritisch hinterfragten. Während sich die Medizin als Natur*forschung* verstand, beriefen sich die Moralphilosophen gerne auf das Natur*recht*, welches als göttliches Gesetz schlechthin interpretiert wurde. Anhand von Fallbeispielen mit komplizierten ethischen Fragestellungen, welche gesonderte, von den gängigen Normen abweichende Lösungen erforderten, glaubten kritische Juristen und Theologen beweisen zu können, daß Begriffe wie Gewissen, Sünde, Affekt usw. nicht mehr nur nach kanonischen Gesetzen zu beurteilen seien. Spätestens im 18. Jahrhundert, als der heilige Alfons von Liguori (1696–1787), ein bedeutender Kirchenrechtler, auf dieser Basis eine «kopernikanische Revolution der Beichtpraxis» (Delumeau) durchführte, d.h. die Berücksichtigung von Alltagsumständen, situationsbedingten Gewissensqualen und *subjektiven* Eindrücke einforderte, war auch die *ärztliche* Ethik nicht mehr allein in normative Traditionen zu pressen.[80] Die delikate Frage nach dem guten Handeln ließ sich so wenig mit Richtlinien oder Vorschriften abhandeln, wie ein weltlicher oder geistiger Richter durch eine rein positivistische Rechtssprechung überzeugen konnte. Daß diese Erkenntnis einigen Ärzten schwerfallen mußte, deren Stand seit der griechischen Antike – nicht ohne Stolz – auf ethische Normen verweisen konnte, leuchtet ein. Allerdings blieb die kritische Hinterfragung ethischer Leitlinien nach dem Vorbild juristischer Kasuistiken nur ein *vorübergehendes* Phänomen. So waren die meisten medizinischen «Aufklärer» davon überzeugt, fast alle Aspekte menschlicher Existenz wie Krankheit, Gesundheit oder Schwangerschaft, aber auch Moral und Empfindung messen und damit normieren zu können. Auch sollten die Vertreter der utilitaristischen Medizinethik des 18. und 19. Jahrhunderts paradoxerweise mehr ärztliche Verhaltensanweisungen produzieren als alle Jahrhunderte vor ihnen![81]

Die Frage nach der Moral quälte die Menschen des 17. Jahrhunderts jedenfalls nicht nur angesichts der alltäglichen Grausamkeiten (man denke nur an den Dreißigjährigen Krieg in Deutschland), sondern auch im Hinblick auf den Umgang mit Kranken und Sterbenden. Vor allem an protestantischen Universitäten entstanden Lehrstühle für Moral- und Rechtsphilosophie, wo man sich *auch* mit medizinethischen Fragen auseinandersetzte. Die «iurisprudentia universalis», der man diese Problematik in der Regel zuordnete, war zu einer interdisziplinären Angelegenheit geworden.[82]

25. Ethik-Traktate und ärztliches Selbstverständnis in der frühen Neuzeit

Ungeachtet des Aufblühens der *Moralphilosophie* sowie des Einflusses von Descartes und Bacon wurde der ärztliche *Alltag* im 17. und 18. Jahrhundert durch eher traditionelle Ethik-Traktate bestimmt. Den anrüchigen Ratschlägen Castellis, die freilich eine lange Tradition verkörperten,[1] stand der idealisierte «Krankenbesuch» gegenüber, wie ihn der schon mehrfach erwähnte Castro in seiner Abhandlung *Medicus politicus* (1614) beschrieb.[2] Die ärztliche Etikettenliteratur wurde hier aktualisiert, die meisten Mahnungen klangen bekannt: Die «Ordnung» (rerum ordo) erfordere es, daß der Arzt dezent und maßvoll auftrete, ohne eine Spur von Dünkel, «wie das in gewissen ärztlichen Kreisen üblich ist». Die Kleidung dürfe weder luxuriös noch aufreizend sein, aber auch nicht schmutzig und heruntergekommen, «wie in einigen Städten, wo die Ärzte weniger den Eindruck von kynischen Philosophen als von Affen machten ...».[3] In äußeren Dingen sei Zurückhaltung angebracht, «es sei denn, der Kranke ist anspruchsvoll oder er schätzt kostbare Gewänder». Man schulde es dem Patienten, auf sein Äußeres zu achten. Das Haar sei deshalb nicht übertrieben kurz (ad cutem) geschnitten, die Hände sollten sauber sein, ebenso Gesicht, Bart und Haare. Dem Chirurgen wird nahegelegt, Hände und Finger besonders zu pflegen, «damit er auf alle angenehm wirkt und seine Berührung feinfühliger erscheint». Ob der Arzt zu Fuß oder auf einem Maultier ankommt (was seine Autorität erhöhe!) – er hat sich in jedem Fall Charakter, Stimmung und Geschmack des Kranken anzupassen. Hinter ordentlicher Kleidung und bescheidenem Verhalten werde, so Castro, in der Regel ein wohlgeordneter *Charakter* (animus intra se compositus) vermutet. Grundsätzlich stehe dem Arzt eine vornehme Entourage zu (akademischen Professoren sogar ein Troß von Schülern!).[4] Sein Gesichtsausdruck sei nachdenklich, ja eher traurig (subtristis), ohne verbittert zu wirken, der Auftritt «weder zu bescheiden, weil er dann verachtet wird, noch von Arroganz und Prunk gekennzeichnet, was Neid erregen kann». Vor Parfümen hüte er sich, obgleich Körper- und Mundgeruch, besonders «wenn er von Natur aus stinkend ist», zu vermeiden sind. Nach dem Genuß würziger Speisen oder von Wein solle er deshalb auf Visiten verzichten. Castro berichtet auch von einem Arzt, der unter den Achseln derart starken Schweißgeruch entwickelt habe, «daß kein vornehmer Kranker ihn zu sich ließ», weshalb er hiervon erst selbst geheilt werden mußte ...[5]

Der erfahrene Praktiker besucht die Kranken im übrigen nicht *zu* häufig. Viele Patienten empfinden seinen Besuch nämlich als lästig (während andere seine Ankunft allerdings «wie diejenige von Engeln» erwarten!). Castro ist davon überzeugt, daß der gute Arzt sogar etwas «Göttliches» (numen quoddam) an sich habe.[6] Ablauf und Erfolg der Visite hängen vor allem von der «affectio» des Patienten ab, weshalb dieser zunächst in eine gute Gemütslage zu versetzen ist (ut animo bono sit). Über mögliche Gesprächsthemen sowie Stil und Atmosphäre habe man schon *vor* der Visite nachzudenken. Der Ton sei einfühlsam, die Stimme fest. Manche Ärzte leisteten sich freilich verletzende Bemerkungen wie angeblich Herophilos, «der einem Kranken auf die Frage, ob er sterben müsse, mit dem Achilles-Zitat geantwortet haben soll: Auch Patroklus ist gestorben, der dir doch mehr wert war als du.»[7] Niemals dürfe man dabei den Ernst einer Situation betonen. Es diene vielmehr der Genesung, «wenn der verzagte Geist des Schmachtenden sich die sichere Hoffnung auf Gesundheit zu eigen macht».[8] Grundsätzlich rede man am Krankenbett eher viel als wenig (!), dazu «ohne Stottern, gelehrt, nicht bäurisch und töricht», denn «ein gurrender Arzt» ist für den Patienten «eine zweite Krankheit». Castros Darstellung läßt vermuten, welche Kritikpunkte im 16. Jahrhundert laut wurden. Es schien ihm auch angemessen, immer wieder die Wissenschaftlichkeit und Seriosität der Heilkunde zu betonen. Der «gute Arzt» ist demnach pflichtbewußt und kennt das Schrifttum der «auctoritates». Seine Kunst ist, wie bereits Aristoteles, aber auch Roger Bacon unterstrichen hatten,[9] von besonderer Vornehmheit. Die Würde des Menschen adelt sein Handeln.[10] Auf eigennützige Empfehlungen und Tricks, etwa gebetsmühlenartig die Gefährlichkeit der Krankheit herauszustellen (wie es hippokratische und salernitanische Autoren vorgeschlagen hatten),[11] verzichtete Castro. Er stand somit in einer ethischen Traditionslinie, die von den Kirchenvätern über Zanchariis zu Hufeland führte und die situationsbedingte Verletzbarkeit und Sensibilität kranker Menschen berücksichtigte.[12]

Neben dem *Auftritt* des Arztes war die Frage nach dem Wesen seiner *Kunst* von zentraler Bedeutung. Bereits 1557 hatte der erwähnte Iulius Alexandrinus seinen Dialog *De medicina et medico* mit der alten Streitfrage eingeleitet, «ob die Medizin eine Kunst oder eine Wissenschaft sei» und sie dabei *beiden* Bereichen zugeordnet.[13] Der gute Arzt muß sich – ungeachtet der im 16. Jahrhundert propagierten Begriffe «experimentum» und «empeiria»[14] – zunächst mit Aristoteles auseinandersetzen, rechtzeitig aber von der Philosophie zur Medizin überwechseln.[15] Dabei hat er sich einer strengen Selbstprüfung zu unterziehen (circumspiciat secumque diligenter consideret), «ob er alle Hürden überwinden kann, die ihm auf diesem Weg begegnen». Gute Ärzte gestehen sich dabei ihre Irrtümer ein.[16] «Deshalb werden wir von den Kranken, wenn sie unsere Haltung sehen, geliebt», bemerkt Iulius nicht ohne Selbstgefälligkeit.[17] Der ideale Arzt kümmert sich auch um die *eigene* Gesundheit. Er ist grundsätzlich eher Optimist als Pessimist und redet wenig, doch so viel, daß jedes «peinliche Schweigen» (odiosum silentium) vermieden wird. Scherze und heitere Sprüche sind erlaubt, wenn sie der Gesundheit des Patienten dienen.

Die meisten Autoren des 16. und 17. Jahrhunderts, etwa Zerbi, Castro oder Alexandrinus, beschrieben ihre Visiten in ähnlicher Weise. Man konnte dabei auf neuentdeckte einschlägige Werke aus der Antike verweisen, weshalb philologisch interessierte Ärzte an der Ethik ein besonderes Vergnügen fanden. 1644 entwarf so auch der französische Arzt und Diplomat Samuel Sorbière einen ärztlichen Verhaltenskanon. Hilfesuchenden Patienten zu erzählen, die Medizin sei eine fragwürdige Kunst mit brüchiger Methodik, sei äußerst ungeschickt (daß diese Art der Selbstkritik offensichtlich nicht selten war, konnte angesichts der Spaltung der Ärzteschaft in Konservative und Cartesianer bzw. Bacon-Anhänger kaum überraschen!). Ein sensibler Kranker glaube nämlich, ein Arzt, der seine eigene Kunst in Frage stelle, sei fachlich inkompetent.[18] Zudem verliere er das zur Heilung notwendige Vertrauen. Häufig gäbe es allerdings, wie Sorbière, ein Freund des Philosophen Hobbes, zu erkennen glaubte, objektiv *mehrere* Methoden, die zum Ziel führten. Auch eine Art positive «imagination» sei von Nutzen, weshalb sich der Arzt nicht weniger um die psychologischen Facetten des Heilprozesses als um Pillen und Säfte zu kümmern habe. Sorbière zählt so verschiedene Tricks auf, deprimierte Kranke aufzuheitern.[19] Er lehnt im übrigen «sowohl Schwätzer wie Schweiger» ab, dazu Ärzte, die immer mit der Stirn runzeln. Skepsis sei auch gegenüber Medizinern angebracht, die so sehr parfümiert sind, «daß die Damen ohnmächtig werden», ferner gegenüber solchen, die Tabak kauen oder starken Mundgeruch entwickeln (daß Sorbière Castros entsprechende Empfehlungen gelesen hat, ist wahrscheinlich). Der Franzose wünscht sich einen Hausarzt «mit angenehmem Atem», der nachdenklich erscheint, «sich über meinen Zustand sorgt, mich gerne untersucht und liebenswürdig behandelt, nach sorgfältiger Überlegung Mittel verschreibt – und am Ende unterhaltende Geschichten erzählt». Ein Mediziner, der «nie über etwas spricht, was *nicht* mit der Medizin zu tun hat», erscheint ihm langweilig. Über Aktualitäten des Tages, Ereignisse der alten Geschichte, aber «auch das, was mich interessiert», dürfe während der Untersuchung ruhig geplaudert werden. Schließlich wäre es nach Sorbière, der gerne in die Patientenrolle schlüpfte, angenehm, wenn der Arzt einen «zum Lachen bringen kann». Er fügt aber hinzu, dies sei seine subjektive Meinung und er zürne niemandem, der sich «einen ernsten, strengen» Arzt wünsche.[20] Sorbières Beschreibung, die sich durch Alltagsnähe und Witz erheblich von traditionellen Vorbildern[21] unterschied, sparte das klassische Ärztelob à la Erasmus nicht aus. Im Kapitel über «die Vornehmheit der Heilkunde» wird diese *auch* mit der hohen Entlohnung begründet, die viele Ärzte seit Hippokrates zu Recht eingefordert hätten. Sorbière verlangte vom idealen Arzt viel: Fachwissen, philosophische Kenntnisse, eine humanistische Allgemeinbildung und Flexibilität im Umgang mit den Kranken, weshalb er auch dessen angebliche Unterbezahlung beklagt. Sie führe dazu, daß die Mediziner von einem Fall zum andern jagten, um zu überleben, «wo sie sich doch, was wünschenswert wäre, für eine kleine Zahl von Kranken engagieren sollten ...». Die Konzentration auf wenige sei für den Heilungserfolg wichtiger «als die *üblichen* Fragen, etwa was der Kranke gegessen und wie er geschlafen habe».[22]

Zur Zeit von Sorbière waren die ärztlichen Zuständigkeiten noch umstritten. Zwar zählten «Frauenkrankheiten» seit dem 13. Jahrhundert, als man der Salernitaner Ärztin und Hebamme Trotula und Albert dem Großen entsprechende Fachbücher zuordnete,[23] zum Repertoire des *ärztlichen* Knowhow, doch erweiterten sich nun die Kompetenzen. Kosmetik, Schönheits- und Zahnpflege, Fragen der Körperbehaarung und des Haarausfalls wurden als *medizinische* Themen entdeckt. Der venezianische Arzt Giovanni Marinello stellte zwar die Frage, ob sie eines Arztes würdig wären (daß sich Quacksalber und Marktschreier damit auseinandersetzten, war man ja gewohnt), plädierte aber als Humanist für eine weibliche Kosmetik, welche der Schönheit diene, nicht anders als die Bildhauerei, die Gartenkunst oder das Ingenieurswesen.[24] Die Attraktivität der Frauen habe nicht nur mit Gesundheit zu tun, sondern erhalte schließlich die Menschheit! Der «galante Arzt» (medico galante) hat sich deshalb, so der kühne Anspruch, um die junge Frau «von ihrer Partnersuche bis nach der Geburt» zu kümmern. Die Schwangerschaft fiel damit, zumindest nach Auffassung einiger Ärzte, in ihren Zuständigkeitsbereich, wobei die *praktische* Geburtshilfe in der Hand von Hebammen bleiben sollte. Nach wie vor galt auch die Diätetik, d. h. die Kunst der gesunden Lebensführung und Krankheitsprophylaxe, als Domäne *ärztlicher* Beratung, obgleich dieses Thema zunehmend von Laien besetzt wurde. Wenn protestantische Geistliche oder jesuitische Erzieher zur «ars vivendi» mahnten, schwang auch ein gewaltiger *moralischer* Impetus mit. Jeder trägt sich selbst und Gott gegenüber, was den körperlichen Zustand angeht, Verantwortung.[25] Die Ratschläge der Ärzte zu beherzigen, bedeutete deshalb auch, gottesfürchtig zu handeln. Versäumten diese es, eine gesunde und moralische Lebensführung anzumahnen, verstießen sie ihrerseits gegen ihr berufliches Ethos, aber auch gegen öffentliche Interessen.

Im übrigen wurde die ärztliche Moral auch durch allgemeine *Lebenshilfen* und Traktate wie das zitierte *Handorakel* des spanischen Jesuiten Baltasar Gracián (1601–1658) beeinflußt, welche sich nicht mehr, wie einst Castigliones *Cortigiano*, nur an Adlige und höfische Kreise wandten, sondern an alle Gebildeten (noch 1831/32 wurde das Werk von Schopenhauer ins Deutsche übersetzt).[26] Hier konnte der karrierebewußte Arzt lernen, wo die Wiegen seines Erfolgs lagen, wie man sich durch das Unglück anderer nicht entmutigen läßt, ja sich seiner bedient, um Ruhm und Anerkennung, Dankbarkeit und Vertrauen zu ernten. Nicht christliche oder stoische Moral, sondern radikale Lebensklugheit, ja Gerissenheit stehen im Vordergrund, die thomistische «prudentia» wird – ganz im Sinne Castellis[27] – in ihrer Abgeklärtheit auf die Spitze getrieben.[28] Übler Nachrede vorbeugen, die Phantasie zügeln, einen Hinweis zu nutzen wissen, nach dem Zeitgeist handeln, auf die eigenen Stärken und Schwächen bauen, abwarten können, nie aus der Fassung geraten, geistesgegenwärtig sein, Ziel und Ende bedenken usw. sind Vorbedingungen des beruflichen Erfolgs. Für einen Intellektuellen bedeuteten solche Fähigkeiten keinen Widerspruch zur Religion: «Man wende die menschlichen Mittel an, als ob es keine göttlichen, und die göttlichen, als ob es keine menschlichen gäbe»,[29] lautete der Kompromißvorschlag. Im übrigen waren kirchliche Einwände gegen ärztliche Praktiken und Gepflogenheiten selten geworden. Als man 1667/68 versuchte, Tierblut auf Menschen zu übertragen, protestierte die Kurie allerdings mit dem Hinweis auf Mose 17, wonach der innere Genuß von Blut nicht gestattet sei – vielleicht auch nur deshalb, weil einige Ärzte behaupteten, der *Charakter* des betreffenden Tieres würde auf diese Weise transfundiert (weshalb man in Deutschland und England bevorzugt Lammblut verwendete).[30]

Obgleich das ärztliche Denken durch die Philosophie Descartes' – wie gesagt durchaus gegen dessen Intention – «profanisiert» wurde, darf nicht übersehen werden, daß zumindest an *einigen* medizinischen Fakultäten Widerspruch laut wurde, so im pietistischen Halle, wo man im 18. Jahrhundert religiös motivierte Modelle einer neuen Medizin entwarf.[31] Bereits Johann Baptist van Helmont (1577–1644), ein früher Vertreter der an Paracelsus orientierten *Iatrochemie*, hatte den Geist (mens) bewußt über die von den Cartesianern gepriesene Vernunft (ratio) gestellt. Diese sei «von der Wahrheit radikal verschieden. Sie hat die Ärzte nur dazu gebracht, nicht mehr zu heilen, sondern – zu reden», hieß es im 1648 posthum erschienen *Hortus medicinae*.[32] Modische Geheimkulte wie diejenigen der Rosenkreuzer erforderten mysteriöse Versammlungen, wo man über Mittel und Medien zu verfügen glaubte, die zur Schaffung der neuen Gesundheit notwendig erschienen. In «hermetischen» Zirkeln galt schon das Eingeweihtsein als Therapie. Die Suche nach dem Stein der Weisen implizierte diejenige nach Glück, Erfüllung und Wohlergehen. Robert Fludd (1574–1637), der auch Shakespeare beeinflußte, war einer der prominentesten Vertreter dieser symbolhaft theosophischen Lebenswelt, deren magische Grundlagen schon erwähnten wurden.[33] In Introspektion und Mystik sah er eine Möglichkeit, Körper und Seele gesund zu halten.[34] Zur Medizin gehörte für viele – gerade im 17. und 18. Jahrhundert – das Spekulative, Beschwörende und Symbolhafte.[35] Um ihren rationalen Charakter à la Descartes zu widerlegen, nahm man in Kauf, daß sie, zumindest in einigen Bereichen, schillernd, ja obskur wirkte. Bestand schon der Mensch nicht nur aus Verstand und Vernunft, mußte dies auch für die Heilkunde gelten. Wenn sich auch nicht alle Ärzte von dem neuen Irrationalismus mitreißen ließen, blieb das Spekulative doch bis zur Goethezeit, vor allem in der romantischen Epoche und in Deutschland,[36] ein Charakteristikum vieler Medizinschulen.

26. Medizin und Religion im 17. und 18. Jahrhundert

Ärztliches Handeln und Selbstverständnis blieben auch im Europa des 17. und 18. Jahrhunderts – ungeachtet des cartesianischen Einflusses und der Beliebtheit okkultistischer Zirkel – weitgehend von Religion und konfessioneller Bindung geprägt. Die meisten Naturforscher dieser Epoche – als Beispiele wurden schon Borrelli und Kepler genannt – waren gläubige Christen. Bei einigen – etwa Montaigne oder Rabelais im 16. Jahrhundert – ging allerdings eine skeptische, ja irreligiöse Gesinnung mit formaler Kirchentreue «Hand in Hand». Doch galt das 17. Jahrhundert etwa in Frankreich immerhin als *siècle croyant*![1] Vor allem in England und Deutschland wirkten Puritaner und Pietisten, aber auch kleinere Sekten, die mit den «Iatrochemikern» sympathisierten, auf das ärztliche Selbstverständnis ein. Dies galt natürlich auch für von der Gegenreformation beeinflußte Regionen, wo der Pädagogik der Jesuiten eine herausragende Bedeutung zukam. Die Verflechtung kirchlicher und ärztlicher Moral zeigte sich exemplarisch bei dem in Imola tätigen Arzt Giovanni Battista Codronchi (1547–1628). In seiner Schrift *De Christiana ac Tuta Medendi Ratione* wurden zunächst Fragen des ärztlichen Alltags erörtert.[2] So darf der Arzt in aussichtslosen Fällen Hilfe anbieten, doch nur, wenn dem Patienten nicht auf unseriöse Art Hoffnung gemacht wird. Daß es Codronchi undenkbar erschien, etwa das Leben eines Schwerkranken zu beenden, nur um ihn von Leiden und Schmerzen zu befreien, braucht nicht betont zu werden. Das fünfte Gebot stand für ihn mit göttlicher Autorität dagegen. Auch eine Abtreibung erschien ihm «nach keinem Gesetz» möglich. «Unabhängig davon, ob der Foetus belebt oder nicht belebt ist», müßten alle beteiligten Ärzte exkommuniziert werden.[3] Ein Arzt sündigt aber auch, wenn er «ohne ausreichende wissenschaftliche Ausbildung» Patienten behandelt, «es sei denn, es handelt sich um ungefährliche Erkrankungen». Dasselbe trifft zu, wenn er eine Therapie beginnt, «bevor er sich über den Charakter der Krankheit im klaren ist».[4] Mangelnder Fleiß während des Studiums stellt eine ebensoschwere Verfehlung dar wie Nachlässigkeiten bei der Visite, bei der Deutung der Krankheitszeichen oder Beratung des Patienten. «Irgendwann», d.h. spätestens von Gott, werde er dafür zur Rechenschaft gezogen. Dasselbe gilt, wenn Mittel verabreicht werden, «um sie auszuprobieren» oder die eigene Unerfahrenheit zu verbergen, oder wenn der Arzt den Kranken einfach im Stich läßt.[5] Daß der Arzt die Patienten zur Beichte mahnt, gilt als selbstverständlich.[6] Genau deshalb muß der hoffnungslos Kranke, wenn auch einfühlsam, über sein bevorstehendes Ende aufgeklärt werden. Versäumt der Arzt es, «humaniter finem vitae denunciare», versündigt er sich wiederum.

Im zweiten Abschnitt werden dagegen die Pflichten des *Patienten* abgehandelt. Dieser fehlt vor Gott, wenn er ärztliche Hilfe verschmäht, seinem Arzt nicht gehorcht oder ihm gar den Lohn verweigert.[7] Codronchi widmete sein Werk «allen frommen Ärzten, aber auch den Kranken, ihren Angehörigen und den Geistlichen». Vom Arzt fordert er, privat wie beruflich, ein tugendhaftes Verhalten, wobei sich die beiden Seiten seiner Existenz kaum trennen lassen. Im Gegensatz zu Thomas von Aquin[8] hatte für Codronchi die *Gerechtigkeit* unter allen Kardinaltugenden den Vorrang.[9]

Die christlich-*protestantisch* akzentuierte ärztliche Ethik der Zeit repräsentierte dagegen der *Medicus peccans* (1684) des Rudolstädter Juristen und Gelehrten Ahasverus Fritsch (1629–1701), welcher 23 charakteristische Sünden der Ärzte auflistete, so überzogene Honorare, Nachlässigkeit bei der Ausbildung, aus pekuniären Gründen verlängerte Behandlungen, die Flucht und das Imstichlassen des Kranken bei Gefahr (etwa zu Pestzeiten), die Verletzung des ärztlichen Eids, die Verschreibung unsicherer oder gefährlicher Medikamente oder das Weitererzählen von Schwächen der Patienten, vor allem aber die mangelnde Bereitschaft, sich Gottes Entscheidung zu fügen.[10] Darüber hinaus wurde, wie schon hundert Jahre zuvor von Jakob Horst, ein anständiger, gottesfürchtiger Lebenswandel angemahnt. Auch Horst, dessen fromme Grundhaltung bereits erwähnt wurde,[11] hatte in den *Occulta naturae miracula* (1572) die Verweltlichung der wissenschaftlichen Heilkunde attackiert. Er lobte den Eid des (hymnisch gepriesenen) Hippokrates und verglich die Kollegen, die sich von Gott entfernt hatten, mit Komödianten («Scheinmedici» gleich), die das Volk betrügen,[12] obgleich ihnen «das herrlichste und edelste Geschöpf» anvertraut sei. Horst hielt es für seine ärztliche Pflicht, *jedermann* die Geheimnisse der Heilkunde mitzuteilen und widmete sein Aufklärungsbuch deshalb «frommen Hauswirten, verständigen Hausfrauen, fleißigen Naturkundigen, guten Hausärzten, Liebhabern der Gesundheit und gemeinem Vaterland zum Besten». Er propagierte somit eine Laienmedizin, welche die religiös-moralisch akzentuierte «Hausvätermedizin» begünstigte. Diese konnte sich zwar auf uralte Traditionen berufen, erfuhr nun aber – im reformatorischen Umfeld – einen Aufschwung. Wie die Bibel stellte die medizinische Fachliteratur kein für Spezialisten reserviertes Forschungsgebiet mehr dar, das der Interpretation und Zensur durch Kleriker oder Ärzte bedurft hätte.[13] Bereits um 1500 verfügte, zumindest in Süd- und Mitteldeutschland, «eine große Anzahl von Haushalten bzw. Hofhaltungen über eigene medizinische Aufzeichnungen» (Keil). Auch wurden handschriftlich überlieferte Laien-Traktate aus älterer Zeit erstmals *gedruckt* und somit breiten Kreisen zugänglich gemacht. Die ärztliche Hegemonie schien zu kriseln. Montaignes Vorwurf, Diagnostik und Therapie seien methodisch brüchig und beruhten eher auf Zufall, traf sich mit der protestantischen Idee, dem Laien als bestem Kenner seines Körpers therapeutische Entscheidungen mitzuübertragen. Auch der erwähnte Hamburger Arzt Rodericus Castro empfahl seinen *Medicus politicus* (1614), im Sinne Horsts, nicht nur ärztlichen Lesern, sondern den Kranken selbst, dazu jenen, welche Literatur und Politik betreiben.[14] Die Kräuterbücher hatten, wie bereits gezeigt wurde, ebenfalls ein breites Laienpublikum angezogen.[15]

Girolamo Bardis *Medicus politicus catholicus* (1643) war für die theologisch inspirierte Medizin der frühen Neuzeit besonders charakteristisch.[16] Der tiefgläubige Autor versuchte, die Erkenntnisse der «Iatrochymia» mit christlichen Grundaussagen zu verbinden, die Medizin wird durch die Bibel legitimiert. Die Bücher Moses, der Ecclesiasticus sowie die im Neuen Testament beschriebenen Wunderheilungen gelten, wie es schon einige Kirchenväter herausgestellt hatten, als Beweis ihres göttlichen Ursprungs.[17] Geeignete Krankengebete, vor allem eine entsprechende Heiligenlitanei, waren dem Werk gleich beigefügt.[18] Bardi stellte auch den therapeutischen Wert der (sakralen) *Musik* heraus. Nicht weniger faszinierte ihn aber der naturwissenschaftliche Aspekt von Krankheit und Heilung. Vor allem Anatomie und Physiologie werden seiner Meinung nach von der «Iatrochymia» «beleuchtet».[19] Als Idealbild wird erneut der «medicus prudens», der kluge, vorausdenkende Arzt beschworen.[20] Um eine dem Vorbild von Kosmas und Damian entsprechende «kostenfreie» Medizin zu propagieren, ist Bardi – ungeachtet seiner christlichen Verwurzelung – allerdings zu sehr Praktiker.[21] Die Bezahlung an den Arzt stellt – so sein Argument – einen Tribut an Christus dar, der die Heilung bewirkt und nur *vertreten* wird.[22] Im Kapitel «De medicis mulieribus insignioribus»[23] brach er auch eine Lanze für in der Heilkunde engagierte Frauen, nicht ohne hinzuzufügen, diese seien «überhaupt für *alle* Wissenschaften geeignet».[24] Diese Haltung mußte auffallen, denn der zeitgenössische ärztliche Tenor war hier fast einhellig negativ. Laurent Jouberts und Guy Patins Verdikte, wonach der weibliche Verstand eher dem tierischen gleiche und zur Lüge tendiere, wurden schon erwähnt.[25] Bardis Kollege Scipione Mercurii betonte in einer 1591 gedruckten Schrift *La commare o riccoglitrice ...*, daß Frauen, welche sich als Heilerinnen betätigten, zu abergläubischen Praktiken neigten. Nicht ohne Grund versuchten viele, «die Ärztin zu spielen» (far le Medichesse). Sie seien dazu prädisponiert, vom Teufel verwirrt zu werden, wenn sie nicht bereits vom Ehrgeiz zerfressen würden.[26] Hier zeigt sich eine in Ärztekreisen verbreitete Misogynie, die 1599 von dem Jesuiten Giuseppe Passi in seiner Schrift *I donneschi difetti* fortgesetzt wurde.[27] Allerdings konnte sich auch Bardi auf Vorläufer berufen. So hatte bereits 1509 der Arzt und Universalgelehrte Agrippa von Nettesheim in seinem Werk *De nobilitate et praeexcellentia foeminei sexus* die vielfältigen Begabungen der Frauen herausgestellt.[28]

Für Autoren wie Bardi war die Interdependenz von ärztlichem Erfolg und christlichem Glauben selbstverständlich. Das Vertrauen in Exorzismus, Gebete und Beschwörungen sowie eine Abneigung gegen Hexen, denen man (auf katholischer wie protestantischer Seite) alles Üble unterstellte, verband sie. Immerhin wagten im 16. Jahrhundert Ärzte wie Paracelsus, Jean Riolan d. Ä. (1538–1605) oder der Rheinländer Johann Weyer (1515–1588), dessen Kampf gegen den Hexenwahn sogar Berühmtheit erlangte, gegen den Exorzismus, d. h. die rituelle, von Gebeten, Beschwörungen und Besprechungen begleitete Austreibung von Krankheitsdämonen oder teuflischen Mächten, Bedenken zu äußern. In seiner Schrift *De praestigiis daemonum et incantationibus ac veneficiis* (1562)[29] forderte Weyer, Menschen, an denen man Ungewöhnliches oder Übernatürliches zu bemerken glaubte, zunächst einem *Arzt* vorzustellen, der dann zu entscheiden habe, ob ein Geistlicher einzuschalten sei.[30] Psychisch auffälliges Verhalten sei zunächst ein *Krankheitssymptom*, das *ärztlich* beurteilt werden müsse. Entsprechend unterstellte auch der englische Mediziner Edward Jorden (1569–1632) in seiner Schrift *A Briefe Discourse of a Disease called the Suffocation of the Mother* (1603), daß es sich bei der populären, schon im Neuen Testament nachweisbaren Diagnose «Besessenheit» in der Regel um *somatische* Krankheiten handle. Wie die Hexerei sei echte Besessenheit «heutzutage äußerst selten».[31]

Von der schwer durchschaubaren, geheimnisvoll und dunkel erscheinenden Alchemie bzw. vom Paracelsismus erhofften sich viele Ärzte und Laien naturwissenschaftliche und medizinische Erkenntnisse, welche die biblischen Aussagen bestätigten. Während deutsche Paracelsisten mehrheitlich dem Protestantismus zuneigten, hatten sich die englischen «Paracelsians» im zunehmend puritanischen Umfeld zu *verteidigen*.[32] Ärztlicher Alltag und Medizin wurden auf der Insel von religiösen Splittergruppen beeinflußt, welche die konservativ-anglikanischen Ärzte attackierten. Wie im frühen Christentum sah man Galen als *heidnischen* Autor. Je näher man der Iatrochemie stand, um so stärker wurde in der Regel das *religiöse* Moment der Heilkunde betont. Argwöhnisch achtete man darauf, ob und wie sich Kollegen über die Seele äußerten oder ob sie die gottgewollte Rolle von Krankheiten in Frage stellten. Galenisten wie James Hart und John Cotta forderten dagegen – unter Verweis auf die Bibel – eine strikte Trennung von klerikaler und ärztlicher Tätigkeit. Alles andere widerspräche der gottgewollten Ordnung.[33] Tatsächlich war in der Bevölkerung[34] die Meinung weit verbreitet, Priester verfügten (wie Könige) auf Grund ihrer sakramentalen Weihe über eine besondere Heilkraft. Viele «Iatrochemiker» teilten diese Auffassung. Konservative Ärzte hatten die «Paracelsists» allerdings im Verdacht, im Volk den Aberglauben zu schüren, dabei aber auch – über das von Gott erlaubte Maß hinaus – Geheimnisse des Lebens ergründen zu wollen, wofür man magische Praktiken, hermetische Kulte, Religion und Wissenschaft in Anspruch nahm.[35] Nach der Revolution gewannen die «Iatrochemiker» zunächst die Oberhand. Mit religiösem Sendungsbewußtsein sorgten gleichzeitig auch paracelsistisch angehauchte «Quacksalber» für ärmere Kranke. Nach dem Schriftsteller Daniel Defoe (1660–1731) hätte das Geld, welches das Volk zu ihnen trug, ausgereicht, die gesamten Staatsschulden zu tilgen![36] Es kam so zu einer (freilich umstrittenen) «Demokratisierung» und Laizisierung der Heilkunde.[37] Der Baptist Peter Chamberlen wurde wegen seines (im Rahmen eines utopistischen Gesellschaftsmodells propagierten) Vorschlags, das ärztliche Wissen weiter zu popularisieren, sogar aus dem College of Physicians ausgeschlossen. Er schrieb daraufhin über die zunehmende Verelendung der Massen und schlug die Schaffung von Arbeitsstellen vor, die der Staat als Notfallmaßnahme zu finanzieren habe. Das Mitgefühl für die gesellschaftlich Benachteiligten sowie ihre seelische wie körperliche Not wurden ein Thema der ärztlichen wie politischen Ethik. Dabei wurde das soziale Engagement der Medizin auch von Nichtärzten geteilt, die zum Entsetzen der Galenisten ebenfalls in die Heilberufe drängten, wo sie täglich Armut und Not – für sie Ursachen vieler Krankheiten! – begegneten. Theosophische, pantheistische, «urchristliche» und utopische Ideen vermischten sich. Daß Mißbrauch, Quacksalbertum und betrügerische Behandlungen für die Kranken nicht ungefährlich waren, erkannten bald sogar die eingefleischtesten Paracelsisten. Verachteten religiöse Eiferer und Sektierer allgemein jede Buchgelehrsamkeit – sie schien ihnen, von der Lektüre der Bibel abgesehen, unwichtig! –, versuchten einige nun, diese Maxime auch auf die Medizin zu übertragen. Die Iatrochemie wurde so zeitweise eine verblüffend anti-akademische und anti-intellektuelle Angelegenheit. Der Paracelsist John French entschuldigte ein von ihm verfaßtes Buch mit dem Hinweis, es komme ihm nur darauf an, «Wissen zu schenken». Selbst Francis Mercury van Helmont, der Sohn des großen Iatrochemikers, welcher dem Quakertum zuneigte, sprach sich gegen das «Spielzeug» der Bücher aus.[38] Er war der Überzeugung, daß ein Arzt von *Gott* durch Prädestination mit Begabung und Wissen versehen werde, d.h. nicht etwa durch ein *Studium* zur Krankenbehandlung befähigt sei. Ärztliche Begabung wurde als Gnade verstanden, die bevorzugt armen, sozial benachteiligten und ungebildeten Zeitgenossen zufalle (wie man die effektivsten Heilmittel, nach alter Tradition,[39] in den einfachsten Pflanzen gesucht hatte). Medizinische Betätigung wurde, unabhängig von der Ausbildung, geradezu als *Christenpflicht* erkannt; karitatives Engagement und therapeutische Erfolge bestätigten nur die Gnadenfülle, mit der Gott den guten Heiler belohne. Dieser fühlte sich in jenen Zustand zurückversetzt, der vor dem Sündenfall im Paradies herrschte – als Nachfolger Adams, der den Schlüssel zu allen Geheimnissen der Natur besessen habe. Chiliastische Tendenzen legten es nahe, daß die Wiederherstellung dieses Urzustandes unmittelbar bevorstehe. Unter dem Einfluß des Mystikers Jakob Böhme (1575–1624), der seinerseits Paracelsus bewunderte, bekannte auch George Fox (1624–1691), der Gründer der Quäker, er habe lange Zeit zum Arztberuf tendiert, «zum Wohl der Menschheit, unter Berücksichtigung der ‹naturae› und ‹virtutes› der Kreaturen, für welche mir der Herr die Augen geöffnet hat».[40] Der fromme Arzt war sogar zur Ekstase fähig, die ihm Einblicke in das Wesen der Schöpfung ermöglichte. Es galt, das göttliche Licht der Wahrheit zu erkennen und für Leidende zu nutzen. Eine Fülle von medizinischen Querdenkern, auffälligen Existenzen und Sektierern argumentierte in dieser Richtung. Van Helmont hatte in seinem *Hortus medicinae* nicht zu Unrecht behauptet, die aristotelische Schulmedizin habe den medizinischen Fortschritt lange genug blockiert. Kein Wunder, daß Robert Burton, Autor der *Anatomie der Melancholie* (1621), aber auch Staatstheoretiker wie James Harrington, Autor der utopischen Schrift *Oceana* (1656), sich mit medizinischen Themen beschäftigten. Ärzte oder Philosophen wie William Petty (1623–1687), Thomas Hobbes (1588–1679), Tobias Venner (1577–1660) oder Thomas Willis (1621–1675) setzten ebenfalls auf den Primat der Natur und verglichen den optimalen Zustand eines sozial ausgewogenen Staatswesens mit einem gesunden Körper.[41] Jeder moralisch handelnde Arzt mußte sich mit «Chemie» auseinandersetzen, um hierdurch, wie Henry Pinnell sich ausdrückte, die großen Mysterien von Gottesfurcht und Schlechtigkeit (!) zu erkennen.[42] Gleichzeitig hatte er das Wohl des Staates im Auge, der die sozialen Bedingungen der Gesundheit zu garantieren hatte.

Viele Puritaner – ob Ärzte oder Geistliche – kritisierten den wachsenden Einfluß der Iatrochemiker. Sie sahen die «Magie» als Gegensatz zur «seriösen» aristotelischen Wissenschaft wie zur für den Menschen unfaßbaren, doch möglichen Tradition der Wunderheilungen. Die «paracelsistische» Sucht, alle Geheimnisse der Natur ergründen zu wollen, galt in solchen Kreisen, etwa bei Richard Baxter, als Sünde, Paracelsus selbst als «trunkener Verschwörer, der mit dem Teufel Dialoge hält». Der Geistliche Thomas Hall predigte, direkte Eingebungen religiöser wie wissenschaftlicher Erkenntnisse (wie etwa den Aposteln am Pfingstfest) seien zu seiner Zeit *nicht* mehr möglich. Diese müßten vielmehr durch Gebete, aber auch durch Studium, Training, das Erlernen von Sprachen usw. mühsam erworben werden. Damit war der wissenschaftliche Erfolg weniger ein Zeichen der Erleuchtung, sondern vor allem Beweis von Fleiß und (allerdings gottgegebener) Intelligenz.[43] Ein erfolgreicher Medizinprofessor sah sich dennoch, nicht weniger als ein reicher Kaufmann, von Gott selbst begünstigt. Der ethisch-religiöse Aufbruch der Heilkunde berührte jedoch nur bestimmte Gruppen von Ärzten und Heilern. An den klassischen Universitäten von Oxford und Cambridge interessierte man sich z. B. kaum für soziale Fragen, und der puritanische Arzt Jonathan Goddard empfahl, als 1665 in London die Pest wütete, den Ärzten, wie erwähnt, allen religiösen Skrupeln zum Trotz die Flucht – ein Ratschlag, der, wie ebenfalls schon berichtet, von Sydenham wiederholt wurde.[44]

Auch der Cartesianismus verschaffte der Frage nach der Religion neue Aktualität. Die Jesuiten unterstellten Descartes ein deistisches Gottesbild. Ein «Dieu fainéant», der der Welt den Anstoß gegeben, sich dann aber zurückgezogen hat, schien auch für Pascal nicht mit dem *biblischen* Gott vereinbar.[45] In ähnlicher Weise argumentierte der zum Katholizismus konvertierte Niels Stensen, einer der führenden Anatomen des 17. Jahrhunderts in einem Brief an Spinoza (1671): «Weil sie (d.h. die Cartesianer) nur noch Materie kennen, machen sie die Gesamtheit aller materiellen Dinge zum Gott und erlauben dem Menschen jeden Sinnesgenuß, weil es keinen freien Willen gibt, weil es keinen Sinn hat zu beten und weil dem Tod weder Strafe noch Belohnung folgt.»[46] De Lamettries *L'homme machine* schien diese Skepsis auch im 18. Jahrhundert zu rechtfertigen.[47] Das mechanistische Denken faszinierte besonders die Universitätsmediziner. Giovanni Borelli (1608–1681) erläuterte in seinem Werk *De motu animalium* (1681) das Zusammenspiel von Knochen, Muskeln und Gelenken am Beispiel der Hebelgesetze.[48] Leiden, ja seelische Zustände überhaupt schienen nunmehr Folgen pathologischer Strömungsverhältnisse und somit physikalisch erklärbar zu sein.[49] Der Schmerz, 1571 in der *Idea medicinae philosophica* des dänischen Arztes Petrus Severinus noch als Folge des Sündenfalls interpretiert,[50] stellte für die Iatromechaniker eine bloße «Reaktion» dar. Nicht der einfühlsame Arzt, sondern der physikalisch begabte Techniker schien am Krankenbett gefragt. Philosophen wie Nicolas de Malebranche (1638–1715), ein ehemaliger Oratorianerpater, versuchten angesichts des neuen wissenschaftlichen Rationalismus den Glauben zu retten. In seinem Werk *De la Recherche de la Verité* (1674–1678) vertrat er einen beachtlichen Determinismus: Der göttliche Logos bestimmt jede menschliche Handlung und Empfindung, aber auch die Physiologie des Körpers.[51] Auch Gesundheit und Krankheit seien entsprechend vorprogrammiert. Wahre Gottesliebe ist durch *Nützlichkeit* gekennzeichnet, weshalb Glaube und rationale Medizin kompatibel erscheinen. Für gläubige Ärzte stellten Bücher dieser Art einen wichtigen Ansporn dar, den cartesianischen Weg weiter zu beschreiten, wollte doch auch Spinoza «die menschlichen Handlungen und Triebe ebenso betrachten, als wenn von Linien, Flächen und Körpern die Rede sei».[52] Das Geheimnis des Körpers und damit des wichtigen Teils der Schöpfung drohte definitiv entzaubert zu werden. Die Medizin wurde zwar noch nicht säkularisiert, war in der Praxis aber von einer Dichotomie zwischen Glauben und Unglauben geprägt. Häufig führten allerdings aufklärerische Humanität und christliche «caritas»-Motivation, d.h. ein primär unterschiedlich motiviertes Ethos, zu denselben aus Patientensicht wünschenswerten Verhaltensweisen.

27. Die Herausforderung der Syphilis – Der Arzt als Volksaufklärer

Akzeptieren wir die heute mehrheitlich anerkannte – und schon im 16. Jahrhundert vertretene[1] – These, daß die Syphilis einen amerikanischen «Export» darstellte und in Europa erstmals im Heer Karls VIII. von Frankreich, das 1495 Neapel belagerte, eine große Zahl an Opfern forderte,[2] hat man sich zu vergegenwärtigen, daß der Übertragungsmodus der Seuche, wie auch von Lepra und Pest, zunächst unbekannt war. R. French und J. Arrizabalaga haben die kontroversen Theorien, aber auch die methodischen Grabenkämpfe der damaligen Ärzte herausgestellt.[3] Einig war man sich eigentlich nur in der Auffassung, daß sich Alternativheiler und Chirurgen nicht in die Fachdebatte einmischen sollten! 1519 schrieb der Humanist (und Syphilis-Patient) Ulrich von Hutten, die Mediziner seien sich «über die letzten Ursachen dieser Krankheit ... noch nicht schlüssig», obgleich sie «viel und leidenschaftlich» darüber diskutierten.[4] Vielen Zeitgenossen galt der *Morbus Gallicus* als göttliche Strafe, ja Kaiser Maximilian zögerte 1495 nicht, mittels Flugblättern die Meinung zu propagieren, Gottlosigkeit, aber auch mangelnde Loyalität ihm selbst gegenüber seien die Ursache[5] – eine obrigkeitsfreundliche These, die für Italien auch der Ferrareser Arzt Corradino Gilino vertrat.[6] In Deutschland stieß Sebastian Brant, der Dichter des *Narrenschiffs*, in dieses Horn.[7] Bereits 1484 wahrgenommene Unheils-Konstellationen von Planeten ließen sich andererseits, wie ein 1496 von dem Nürnberger Stadtarzt Dietrich Ulsen verfaßtes, vielleicht von Dürer illustriertes Flugblatt ausführte,[8] als Signale einer Endzeit deuten; Überschwemmungen, Pest, Hungersnöte, Kälteeinbrüche, Erdbeben, aber auch Marienerscheinungen und geheimnisvolle Prophezeiungen (die Zeit Savonarolas nahte!) schienen sich vor 1500 tatsächlich zu häufen. Als Protektor gegen die neue Krankheit wurde Hiob auserkoren. Im Gedenken an das von Gott geprüfte Vorbild des Alten Testaments ließ sich der infizierte Ferrareser Herzog Ercole II. zur Buße das Haar scheren.[9] Von den Ärzten erwartete er sich keine wirkliche Hilfe!

Paracelsus sah die Krankheit durch den «launenhaften» unteren Planeten (Saturn) *venerisch* bestimmt; von ihm, d.h. dem weiblichen Aspekt des Lebens, gehe der «viehische» Affekt des «geilen Luxus» aus, der die Seuche begünstige. Bei «Narren und Kindern», aber auch Franzosen sei die Anfälligkeit für venerische «Impressionen» besonders gegeben.[10] Lag es nicht nahe, an eine «Rache der Natur» zu glauben? Tatsächlich vertraten die meisten Paracelsisten eine geradezu defätistische Sternengläubigkeit, die nicht nur Robert Burton (1621) kritisch kommentierte.[11] Erasmus von Rotterdam forderte die

Annullierung von Ehen, sofern ein Partner «das Siegel der Venus» trage. Er hätte es für noch besser gehalten, «wenn man die ersten Syphilitiker verbrannt hätte».[12] Der italienische Humanistenarzt Girolamo Fracastoro (1478–1553), ein Zeitgenosse des Paracelsus, der 1530 das Wort «Syphilis» (in seinem Lehrgedicht *Syphilidis sive de Morbo Gallico libri tres*) prägte, war mit Schuldzuweisungen vorsichtiger: Aus der erwähnten astronomischen Konstellation schloß er eher auf eine schicksalhafte Vorbestimmung, zumal ihm auffiel, daß die Seuche in vielen Ländern und Städten gleichzeitig auftrat.[13] Die Unklarheit über die Ursache machte viele Ärzte aus Verlegenheit zu Moralisten, eine Tendenz, die sich in dem Moment verstärkte, als die *Kontagiosität* der Seuche deutlich wurde. Es bedeutete einen beachtlichen Verstoß gegen die galenische Tradition – und damit die kollegiale Solidarität, als sich führende Ärzte wie Fracastoro[14] oder Jean Fernel (1556) weigerten, die übliche Vorstellung einer Fehlmischung der Körpersäfte zu akzeptieren und ein *Kontagium* durch wie immer geartete Korpuskeln als Ursache der «Lues» vermuteten.[15] Ein solches Paradigma erforderte eine völlig neue ärztliche Aufklärung. Illoyalität gegenüber den Autoritäten hatte in Ärztekreisen immer noch etwas moralisch Anrüchiges an sich.

Die Herausforderung durch die Syphilis führte zu einer sich von der Tradition lösenden, relativ vorurteilsfreien Erforschung der Geschlechtsorgane, ja des Geschlechtslebens überhaupt, wobei die Neuentdeckungen der Anatomen eine wichtige Rolle spielten. Die konsequenteste Reaktion zeigte zweifellos der erwähnte Paduaner Professor Gabriele Falloppio (1523–1562). Überzeugt, daß die «Geschwüre» beim Geschlechtsverkehr übertragen würden, empfahl er zunächst, wie so viele seiner Kollegen, Reinigungen und Salben, deren Massenwirksamkeit er angesichts des reduzierten Verantwortungsgefühls von Prostituierten allerdings bezweifelte. Dem Mann wurde deshalb geraten, diese Mittel in der Leibwäsche bei sich zu tragen: «So erfand ich ein kleines Tuch, das, mit dem Wirkstoff durchtränkt, leicht mitgebracht werden kann, wenn du Hosen (femoralia) trägst, die weit genug sind, um die ganze Arznei mitzutragen.»[16] *Nach* dem Coitus sollte, wie er seinen Studenten empfahl, ein Leinensäckchen mit entsprechenden Mitteln und Salben um den Penis appliziert werden – angesichts der notorischen Unzuverlässigkeit der Frau hatte der *Mann* zu handeln! Der Arzt hatte dagegen die Aufgabe, «Sirenen», d.h. Frauen, die ihre Partner spontan zu verführen trachteten, zur Besinnung zu bringen und ihnen die gesundheitlichen Folgen ihres Handelns vor Augen zu führen. Viele Mediziner sahen in der *Enthaltsamkeit* die beste Prophylaxe, weshalb der Prostitution der Kampf angesagt wurde. Aufklärende und vorbeugende Gespräche erschienen aus ihrer Sicht ebenso geboten wie Therapievorschläge *nach* der Infektion. Falloppio, der seine Erfindung angeblich an 1100 Männern erfolgreich erprobte (!), erinnerte auch daran, daß durch Evas Verführungskünste Sünde und Krankheit überhaupt in die Welt gekommen seien.[17] Ein Hauch von Fremdenfeindlichkeit klang an, wenn daran erinnert wurde, daß einst Pompeius die Lepra – paradoxerweise im Triumphzug – aus dem Orient nach Rom gebracht habe. Hatten nicht die Franzosen ähnliches mit der neuen, nach ihnen benannten Krankheit bewirkt? Das Böse kam, so die Überzeugung vieler Renaissancegelehrter, in der Regel von außen. Die letzte Interpretation überließ Falloppio hier aber den Theologen.[18]

Ethische Einwände gegen das Kondom sind aus dem 16. Jahrhundert nur insofern bekannt, als Klerus und Ärzte die außer- und voreheliche Abstinenz als Idealziel ihrer antisyphilitischen Aufklärungskampagnen betrachteten. Die Praxis des mechanischen Schutzes vor der Ansteckung wurde aber erstaunlich rasch rezipiert. Auch Falloppios Kollege Ercole Sassonia (1551–1607) nahm sich dieses Themas an, unterstrich aber, daß nur die Eindämmung von Promiskuität und Prostitution die Syphilis besiegen könne.[19] Es war bezeichnend (und nicht ohne pädagogische Konsequenz), daß Sassonia auch eine Übertragung durch «infiziertes» Eßgeschirr, vor allem durch Trinkgläser für möglich hielt. Falloppios Fakultätskollege Eustachio Rudio (1551–1611) plädierte dafür, den Penis schon *während* des Geschlechtsverkehrs mit einem Leinenkondom zu überziehen.[20] Auch für Frauen gab es, so Rudio, einen effektiven Schutz: Sie sollten nach einer möglichen Infektion einen Tag lang ein mit Guajak-Holz getränktes Pessar tragen. Prostituierte, die an sich kein Mitleid verdienten, hätten freilich «nicht um ihre eigene Gesundheit zu erhalten, sondern um ihrer männlichen Kunden willen Vorsorge zu treffen»![21] Junggesellen mahnte Rudio zur Vorsicht; schon ein kurzer Verkehr (soli quasi momento temporis) reiche aus, um von der Krankheit «zerfressen» zu werden. Sassonia, Autor eines *Pantheon medicinae*, vertrat, der humoralpathologischen Sexualphysiologie folgend, die Meinung, die «Franzosenkrankheit» werde durch eine exzessive «Erhitzung der Vulva» (ex nimia vulvae caliditate) verursacht.[22] Auch er hatte somit die Frau im Verdacht, die Seuche zu verbreiten. Andere Ärzte sahen in einem während der Menstruation durchgeführten Beischlaf die entscheidende Krankheitsursache, wieder andere, wie Pietro Rostinio, Autor eines *Trattato di Mal Francese* (1556), im feuchten Milieu der Vagina, das sich während des Verkehrs verstärke.[23] Wiederholt wurde auch behauptet – so von Giovanni Tommaso Minadoi aus Padua (gest. 1515) –, daß ein unmittelbar hintereinander erfolgender Geschlechtsverkehr *einer* Frau mit verschiedenen Männern bei allen Beteiligten, auch wenn sie zuvor völlig gesund waren, syphilitische Symptome hervorrufe.[24] Peinlich erschien es Rudio, wenn Ärzte selbst infiziert wurden – nicht etwa, weil hier unterstellt werden konnte, daß die Ansteckung eine Folge unziemlicher Kontakte mit Patientinnen oder Patienten war, sondern weil er voraussetzte, daß die *Ehefrauen* der Mediziner, von denen man dachte, sie seien «ehrlich und treu wie Penelope»,[25] ihre unschuldigen und unwissenden Männer ins Unglück gestürzt hatten. Eine souveräne Arztpersönlichkeit ließ sich in der eigenen Ehe nicht an der Nase herumführen, obgleich entsprechende Geschichten kolportiert wurden: Zwei renommierte Ärzte hatten so unter dem Spott der Bevölkerung Venedig verlassen müssen, da ihnen durch die Franzosenkrankheit ihre prächtigen Bärte ausgefallen waren! Schuld waren, wie man munkelte, ihre Frauen.[26]

Diesen ebenso wissenschaftlich wie religiös-moralisch untermauerten Ratschlägen aus Italien stellte Schleiner die Meinung des Wittenberger Arztes Daniel Sennert (1572–1637) gegenüber, der, eher empört über die allzu sachlich-technischen Empfehlungen von Salben und Kondomen, die Franzosenkrankheit mit der alten Säfte- und Miasmenlehre zu erklären suchte.[27] Sennert empfahl – in deutlichem Gegensatz zu Falloppio – weder Kondome noch Pessare, wies aber auch prophylaktisch-technische Vorkehrungen, etwa durch Salben, zurück. Im Mittelpunkt seiner Aufklärungsstrategie steht vielmehr der radikale Verzicht auf jeden außer- bzw. vorehelichen Verkehr. Sennert glaubte, daß die Seuche durch eingeatmete oder durch Poren in den Körper eindringende *vapores* übertragen wurde, wogegen sich Waschungen oder mechanische Hürden als machtlos erwiesen. Nur eine *Umerziehung* der Gesellschaft führe zum Ziel, zumal Gott, so seine Überzeugung, mit Ehebrechern und Huren beim Gericht hart umgehen wird (allerdings plädierte Sennert dann doch für ein von dem französischen Arzt Palmarius[28] angepriesenes Antidot, welches das Eindringen der Infektion in den Körper verhindern sollte).[29] Um eine Syphilis-Infektion zu verhindern, gab es also zwei Möglichkeiten: Entweder den Verzicht auf sexuelle Eskapaden (der für jeden Christen selbstverständlich sein müßte) oder die Wappnung mit einem nicht ganz billigen Wundermittel in der Tradition der alten «Mithridatica», dem gegenüber der Wittenberger Professor allerdings gewisse moralische Vorbehalte hatte.

Pragmatischer reagierten die von den Kommunen beauftragten Gesundheitsbehörden. Die in der Regel mit der Obrigkeit sympathisierenden Ärzte fühlten sich – wie zu Pestzeiten – berechtigt, die privaten Gewohnheiten der Bevölkerung zu kontrollieren. Die 1546 von Fracastoro aufgebrachte Theorie, daß die Seuche durch Korpuskeln oder *seminaria* übertragen würde,[30] fiel hier, ohne allerdings tiefer reflektiert zu werden, auf fruchtbaren Boden. Die Medizin rückte in die Nähe der Exekutive; Stadtärzte wurden aufgefordert, über «Wege des Schmutzes und Abfalls», der sich aus den Häusern Infizierter auf die Straße ergoß, Bericht zu erstatten. Schon 1501 sollen in Valencia Prostituierte regelmäßig durch zwei von der Stadt besoldete Ärzte «auf Syphilis oder andere geheime Krankheiten» untersucht worden sein.[31] In Frankreich kamen regelrechte Polizeiärzte (maistres visiteurs) dieser Aufgabe nach. Als Gehilfen standen ihnen in Besançon Barbiere zur Seite. Vidus Vidius (ca. 1500–1569), der von Benvenuto Cellini gerühmte Leibarzt Franz' I. von Frankreich, gab zu bedenken, daß die behördlich geforderte «Untersuchung» einer Dirne durch ihren Freier «nicht immer vor Ansteckung schütze, da äußerlich gesunde Prostituierte dennoch durch und durch syphilitisch und deshalb ansteckend sein könnten».[32] Mancher Arzt klagte auch über seine «polizeilichen» Verpflichtungen. 1776 empörte sich Adam Chenot über die «unendlichen Mehrarbeiten», mit denen er und seine Kollegen «beschweret» würden.[33] Man müsse «Verwaltungslasten» übernehmen, Namen, Geburtsort und Wohnung «derer Kranken und Todten» aufzeichnen, Spitäler aufbauen, einrichten und inspizieren und schließlich noch die Obrigkeit informieren. Auch erhob sich die Frage, ob die Loyalität ihr gegenüber im Zweifelsfall über die Einzelfürsorge, d.h. über das zwischen Arzt und Patient bestehende Vertrauensverhältnis gestellt werden durfte. Nicht wenige Ärzte dürften allerdings die Machtposition genossen haben, die es ihnen ermöglichte, den Intimbereich gewisser Mitmenschen zu kontrollieren.

Der Streit über die *Therapie* der Syphilis stellte ihre Solidarität prinzipiell auf eine harte Probe. Während hinsichtlich der *Kontagiosität* der Seuche weitgehend Konsens herrschte, spitzte sich die Auseinandersetzung zwischen Anhängern des von Fracastoro und Hutten gerühmten, seit 1514 aus Amerika importierten *Guajak*-Holzes und den Verteidigern einer *Quecksilber*kur bald zu (Paracelsus nahm ihn zum Anlaß, das Fuggersche Importmonopol des exotischen Heilmittels anzugreifen).[34] Seine Kollegenschelte nahm noch zu, nachdem ein (offensichtlich nicht ganz neutrales) Gutachten der Medizinischen Fakultät der Leipziger Universität ein Druckverbot seiner Schriften empfohlen hatte – die Fugger hatten, wie man munkelte, ihre guten Beziehungen zum dortigen Dekan, Heinrich Stromer von Auerbach, spielen lassen! So führte die Franzosenkrankheit zu schweren innerärztlichen Auseinandersetzungen, die dem Image der Schulmedizin Schaden zufügten. Auch die zeitgleichen epochalen Entdeckungen in der Anatomie, die mit Vesals Namen verbunden sind, legten ja nahe, die überkommene Methodik kritisch zu überprüfen.[35]

Das Selbstbewußtsein vieler Ärzte war so um 1500 an einem Tiefpunkt angelangt, der durch die philologisch-humanistischen Leistungen einiger Kollegen nur unzureichend überspielt wurde.[36] Wie zur Zeit Petrarcas galten die Fakultäten samt der dort vermittelten Ausbildung als rückständig.[37] Die spekulativ-theologischen oder sozialpolitischen Theorien zur Syphilis-Entstehung wirkten im Vergleich zu den hippokratischen oder galenischen Lehrsätzen geradezu fortschrittlich. Dabei konnte der Streit um die Ursache der Seuche kaum überraschen – bereits Petrarca hatte den Ärzten eine charakteristische Uneinigkeit in den Kernfragen ihres Berufs vorgehalten.[38] Vesal kämpfte weniger gegen die Vorurteile einiger Humanisten oder Petrarchisten als gegen die eigenen Fakultätskollegen![39]

Die Entdeckung, daß die «Franzosen-Krankheit» (unter die man zunächst übrigens auch die Gonorrhoe subsumierte),[40] *ansteckend* war und soziale Implikationen aufwies, verpflichtete den Arzt mehr denn je, auch sozialhygienische Faktoren zu berücksichtigen. Gesundheit hatte, wie man erkannte, mit Selbstverantwortung zu tun. Dem Physicus kam dabei eine Beraterrolle zu, wobei man sich auf die Autorität des Römers Celsus berief, welcher die Handlungsfreiheit des Patienten herausgestellt hatte![41] Es galt, sich durch wohlüberlegten Lebensstil und dank einer ausgewählten Speisediät die «Heilkraft der Natur» (vis medicatrix naturae) dienstbar zu machen. Erasmus[42] (1514), Elyot[43] (1536), der Dominikaner Thomas Moulton[44] (1530), aber auch Ärzte wie Cardano (1560)[45] und der Jesuit Leonard Lessius[46] (1613) schrieben populäre Bücher zu Fragen der «Lebenskunst»,[47] wobei der Paduaner Arztphilosoph Bernardino Tomitano in einem Vorwort zu Cornaro die für die Ärzteschaft peinliche Tatsache herausstellte, daß der erfolgreiche Autor und Unternehmer die ärztliche Kunst selbst nie ausgeübt habe.[48] Der Trend, daß sich auch verantwortungsbewußte Laien mit medizinischen Fragen auseinandersetzten, verstärkte sich im Zeitalter Descartes' (1596–1650). Im *Entretien avec Burman* (1648) unterstrich dieser, daß – neben der biologischen Mechanik – die Diätetik die zweite Säule der Medizin darstelle.[49] 1673 erschien die Abhandlung *Every man his own doctor* des englischen Arztes John Archer, 1682 der *Médecin de soi même* des Franzosen Jean Devaux.[50] Die ärztlichen Autoren wollten – im Sinne der Obrigkeit – Volksaufklärung betreiben. Nicht umsonst durften einige ihrer Kollegen im Preußen der Aufklärung Siegel mit staatlichen Wappen benutzen.[51] Die von den älteren Ärzten gefürchtete Liberalisierung, ja Popularisierung der Heilkunde, die oft genug als Verstoß gegen das berufliche Ethos verurteilt worden war,[52] war Wirklichkeit geworden. Allerdings gab es noch im 18. Jahrhundert Professoren, die hartnäckig an den alten Standesregeln festhielten. Gesunde wie Kranke profitierten freilich von den neuen, gedruckten Ratgebern, darunter auch Arbeitgeber und Unternehmer. Die Autoren spornte nun nicht mehr, wie die Verfasser der Kräuterbücher, ein moralisch begründeter, in der Regel vom «protestantischen Ethos» geprägter Wille an, Hilfe zu leisten,[53] sondern das subjektiv-elitäre Bewußtsein, der Mehrheit und dem eigenen Land Gutes zu tun. Die Vorsorge gegen die Geschlechtskrankheiten blieb dabei ein herausragender Programmpunkt.

Mündige Ärzte, mündige Bürger? – Das Zeitalter der Aufklärung

28. Der Staat und der Kranke: John Gregory, Thomas Percival und der frühe Utilitarismus

1772 erschienen in London, aus der Feder des Edinburgher Medizinprofessors John Gregory,[1] die *Lectures upon the Duties and Qualifications of a Physician*. Dieses die ärztlichen Pflichten neu definierende Buch verdankte sein Zustandekommen zunächst der Begeisterung, die sein Autor schottischen Moralphilosophen wie Francis Hutcheson, einem frühen «Utilitaristen», David Hume, Adam Smith oder Thomas Reid entgegenbrachte. Profundes ärztliches Wissen verband sich bei Gregory, der in den aufgeklärten Fakultäten von Aberdeen, Leiden und Edinburgh studiert hatte, mit politischen Ideen, die das Wohl der Allgemeinheit zum Ziel hatten. Nach dem Vorbild Thomas Elyots[2] hatte die englische Gesellschaft – und somit auch ihre Ärzte[3] – zunehmend nach «Benimmbüchern» wie Nathaniel Lancasters *Essay on Delicacy* (1748) verlangt.[4] Bereits im 17. Jahrhundert waren «Etikette»-Bücher wie Castigliones *Hofmann* (Il Cortegiano, 1528), der nun ins Englische übersetzt worden war, in Mode gekommen.[5] 1753 schrieb der Apotheker James Nelson, alles Lernen sei vergeblich, «wenn es nicht das alltägliche Benehmen verbessert»,[6] während der Tanzlehrer Stephen Philpot warnte, «selbst ein hochqualifizierter Arzt könnte allein aus Mangel an Liebenswürdigkeit und Umgangsformen übersehen und verachtet werden, die nun einmal in der Welt für eine Empfehlung notwendig sind».[7] Klüngeleien, Empfehlungsschreiben, Beziehungen und persönliche wie akademische Herkunft galten mehr denn je als wichtige, ja entscheidende Kriterien einer medizinischen Karriere. Der *natürlich* begabte Arzt, dessen Ideal dennoch beschworen wurde, zeichnete sich dabei nicht nur durch *angeborene*[8] Eigenschaften wie Intelligenz aus, sondern ebenso durch ehrbares Verhalten, menschliche Zuwendung, Geduld und Diskretion, also jenes *lernbare* «decorum», welches den Umgang mit Kranken, aber auch Kollegen, Apothekern und Chirurgen nach Meinung der genannten Autoren positiv beeinflußte.[9] Allerdings waren das Streben nach einer der Gesellschaft nützlichen Verbesserung des medizinischen Wissens sowie Bemühungen um die Eindämmung von Krankheiten auf der Basis von Forschung und kritischer Reflexion für den aufgeklärten Arzt ethisch nicht weniger wichtig als die «klassisch» moralphilosophischen Ansprüche.[10] Der von Gregory bewunderte Francis Hutcheson (1694–1746) hatte in seiner Schrift *Inquiry concerning Moral Good and Evil* (1725) das allgemeine Wohl als «das größte Glück der größten Zahl» definiert und den «guten Bürger» als denjenigen, der hierzu konkret beiträgt.[11] Der Primat einer empirisch-rational betriebenen Naturwissenschaft, wie sie Francis Bacon, Locke und

Descartes propagiert hatten,[12] war für Gregory von geradezu dogmatischer Bedeutung. Erneut wurde aber auch – sowohl in der handwerklichen wie in der akademischen Medizin – die kollegiale Solidarität angemahnt. Ungebührliches Benehmen gegenüber Prüfern bedeutete bei englischen Chirurgenexamina des 17. Jahrhunderts Nichtbestehen bzw. sofortigen Ausschluß,[13] und noch 1812 erregte sich William Chamberlaine, Autor einer *Dissertation on the Duties of Youth apprenticed to the Medical Profession*, mehr über «freche Antworten» der Kandidaten als über deren Faulheit oder Dummheit! Geziemende Kleidung und eine gediegene Wortwahl, der vorbildliche Umgang mit Patienten, Frauen und Personal, aber auch mit Geld sowie Charakter und Gesittung des idealen Lehrlings werden ausführlich beschrieben.[14] Wenn, um ins 18. Jahrhundert zurückzukehren, Gregorys Landsmann und Edinburgher Professorenkollege David Hume (1711–1776), einer der bekanntesten Philosophen der Zeit, die Methodik der rationalen Naturwissenschaft auf die Moralphilosophie übertrug,[15] wies er den Weg zu einer *aufgeklärten* ärztlichen Ethik, welche die klassische Deontologie zumindest dort, wo sie im Widerspruch zum naturwissenschaftlich-rationalen Paradigma zu stehen schien, ansatzweise relativierte. Eine «Tugendethik» war nur noch bedingt akzeptabel, stellten Intellektuelle wie Diderot in Frankreich die Tugenden doch per se in Frage und unterschieden nur zwischen guten und schlechten *Taten*![16] Ärztliches Handeln bewegt sich, so die neue, kühle Erkenntnis, zwischen Eigenliebe und Mitleid. Die Philosophie Humes war für diese Theorien von entscheidender Bedeutung.[17]

Gregory gab damit zu, daß auch Egoismus und «hedonistischer» Lustgewinn den Alltag des Arztes beeinflußten, dessen Handeln keinesfalls nur, wie es manche *Deontologien* (der Begriff stammte ebenfalls von ihm) suggerierten, von Nächstenliebe und «philanthropy», sondern auch von handfesten *Eigeninteressen* bestimmt sei. Dies zu leugnen wäre nach Gregory heuchlerisch. Problematisch erscheint dabei nur, daß die Eigeninteressen häufig zu einem dem *Gemeininteresse* entgegenstehenden, «niedrigen und unwürdigen» (mean and unworthy) Fehlverhalten verleiten, zu Egoismus etwa oder der Gier nach Reichtum. Höchst moralisch ist das Verhalten des Arztes dagegen dann, wenn sein persönliches Nützlichkeitsdenken gleichzeitig Wohl und Nutzen der *Allgemeinheit* mehrt. Sein Beruf gewährt ihm hier besondere Möglichkeiten, bestehen Sinn und Zweck der Heilkunde doch darin, kranke Menschen wieder zu nützlichen, funktionsfähigen Gliedern der Gesellschaft zu machen. «Diese Nützlichkeit wurde niemals in Frage gestellt»,[18] stellt Gregory im Hinblick auf die Medizingeschichte fest, denn «jedermann, der leidet, wird den Nutzen einer Kunst anerkennen, die ihm Erleichterung verschafft». Die Medizin wurde so zum utilitaristischen Modellfach. Daß der gelehrte Arzt in der *Republik der Wissenschaften* «im Gegensatz zur Masse steht» und dank seiner Erfindungen und Reflexionen höchstes Prestige genießt, versteht sich von selbst.[19]

Das utilitaristische, an den Wünschen der Mehrheit orientierte ärztliche Selbstverständnis ist freilich untrennbar mit einer praktizierten «sympathy», d.h. der Verwirklichung von Humanität (exercise of humanity) im Alltag verbunden, die auch dem Interesse des *Einzelnen* gerecht wird. Obgleich sich die Medizin primär, dank ihres Nutzens, *gesellschaftlich* legitimiert, wird ihr Bild also im Alltag von menschlichen Zuwendungen und Handlungen geprägt. Für Hume, Gregory's Vorbild, ließ sich die Begründung hierfür nicht unbedingt verstandesmäßig ableiten, sondern zunächst eher als Folge bloßer Sinneseindrücke (impressions) deuten! Trotzdem kommt ihr höchste, ja – für den gesellschaftlichen Frieden wie die Gesundheit des einzelnen – existentielle Bedeutung zu. Nach Hume und Gregory wird die Härte des Alltags somit durch eine naturgegebene Gewissensinstanz gemildert, die sich durch «sympathy» ausdrückt.[20] Sie stellte nach Hume die Basis der Sittenlehre dar. Es bedarf deshalb keiner ärztlichen *Sonderethik* – *jeder* Bürger hat sich entsprechend moralisch zu verhalten! Allerdings verfügt ein Arzt über das Privileg, diese Verpflichtung täglich mehrfach in die Tat umzusetzen. Der von der christlichen Tradition der Nächstenliebe geprägte, moralisch handelnde Vertreter der Zunft respektiert die Gefühls- bzw. Innenwelt des Kranken und berücksichtigt sie beim Heilungsprozeß, ganz im Gegensatz zu jenen Kollegen, die allein das «Medizingeschäft» im Sinn haben. Gregory begründete so, vor allem für die anglo-amerikanische Medizingeschichte,[21] eine religiös wie ökonomisch beeinflußte Morallehre, die auf einem beachtlichen theoretisch-philosophischen Konzept basierte und in die Moderne wies. Er zögerte dabei nicht, den «sympathy»-Begriff aus der christlichen «misericordia»-Tradition abzuleiten. Entschieden wandte er sich gegen das Argument, die Religion spiele in seiner Morallehre keine Rolle. Sie erscheine vielmehr «natural to the human mind». Kritische Wissenschaftlichkeit und Gläubigkeit schließen sich – der Unterschied zu Hume ist in diesem Punkt evident – keineswegs aus. Im Gegenteil: Naturforschung und Medizin erschließen die Geheimnisse des menschlichen Körpers wie des Kosmos und offenbaren damit «die erhabensten Planungen des höchsten Wesens» (the most sublime conceptions of the Supreme Being). Gerade die ärztliche Kunst offenbart das Wirken der Vorsehung. Patient und Arzt schöpfen aus der Religion gemeinsam Kraft und Trost. Ist letzterer selbst ungläubig (für Gregory, obgleich Mitglied des kirchenkritischen *Wise Club*,[22] wäre dies bedauerlich!), hat er höchste Sensibilität und religiöse Toleranz walten zu lassen.

Dabei handelte es sich keinesfalls um eine unzeitgemäße Forderung: Selbst ein radikaler Aufklärer und Kirchengegner wie Voltaire, der «unter hundert Ärzten achtundneunzig Scharlatane» vermutete, sah diejenigen, die sich «mit

Menschlichkeit und Wohlwollen» um Kranke kümmerten, «weit über den Großen der Erde» und bewunderte deshalb sogar den katholischen Orden der *Barmherzigen Brüder.*[23] Herausragenden Ärzten gestand er geradezu göttliches Prestige zu (vergegenwärtigt man sich, daß die durchschnittliche Lebenserwartung seiner Zeit bei etwa 22 Jahren lag, erscheint dies äußerst verständlich!).[24] Gregory unterstrich aber auch, daß ein «Aufgehen in Mitleid und Mitfühlen» den Verstand des Arztes beeinträchtigen kann «und ihn von jener Handlungsstärke und Beharrlichkeit abhält, von der das Leben seines Patienten vielleicht größtenteils abhängt».[25] Solche «Meta-Reflexionen» waren in der Geschichte der ärztlichen Ethik nicht ungewöhnlich, doch legt der königliche Leibarzt neue, von der Frühaufklärung geprägte Kriterien zu Grunde, die aber, wie er betonte, religiös-sittliche Bemühungen und traditionelle Erkenntnisse zur Ethik und Moral keinesfalls ausschlossen. Dennoch wurde ein bedenklicher Trend eingeleitet. Für Utilitaristen wie Gregory stand es außer Frage, daß die eigentliche Würde (true dignity) der Heilkunde vor allem auf dem der Aufklärung verpflichteten Streben nach Bildung und naturwissenschaftlicher Kompetenz, auf Erkenntniskritik und Unabhängigkeit der Forschung beruhte, weil sich die Öffentlichkeit, zumindest in ihrer großen Mehrheit, hiervon Nutzen versprach. Nächstenliebe und Opferbereitschaft *ohne* gesellschaftliche Anbindung galten dagegen als unglaubwürdig. Sinn einer «Deontologie» war es, wie der Philosoph und Utilitarist Jeremy Bentham (1748–1832) später offen formulierte, dem gelehrten Arzt zu helfen, seine Interessen und Neigungen dem «eigenen Wohlergehen» unterzuordnen.[26] Die Mühe, die er bei Forschungen, aber auch am Krankenbett auf sich nimmt, muß durch «zukünftiges Vergnügen» belohnt werden! Purer Altruismus erschien Bentham als Heuchelei. Von Hutcheson abgesehen, bezog er sich hierbei explizit auf Helvétius, für ihn der erste «Moralist» und «Utilitarist».[27] Moral besteht somit in der Kunst, die eigene Glückseligkeit zum Nutzen der anderen zu maximieren! Dabei ist, wiederum im Interesse der Gesellschaft, auf eine vernünftige Relation von «Hilfsquellen oder Werkzeugen» und Erfolg zu achten.[28] Wird die Behandlung eines einzelnen zu teuer, schadet sie der Allgemeinheit!

Auf der Basis konkreter Menschenbeobachtung begründet Gregory auch eine *Didaktik* der ärztlichen Ethik. Der künftige «Arzt-Gentleman» durchläuft im Studium eine Art «Philosophicum» und verfügt über eine breite, auch *geisteswissenschaftliche* Bildung. Ebenso ist die Beherrschung von Fremdsprachen, etwa des Französischen, notwendig, um gewisse Philosophen und Literaten im Original lesen zu können (Gregory klagte allerdings darüber, daß bereits die *englischen* Grammatikkenntnisse der Kollegen zu wünschen übrig ließen!).[29] Entscheidend für Erfolg und Moral ist freilich eine angeborene ärztliche Grundbegabung (enlarged medical genius). Auf deren

Basis müssen Bescheidenheit und Demut, psychologisches Gespür, Menschenkenntnis, Selbstdisziplin sowie Tugenden wie Geduld, Aufmerksamkeit oder Diskretion gelehrt und trainiert werden.[30] Der paternalistische Grundgedanke steht dabei im Vordergrund: Ein vorausschauender Arzt (prudent physician) führt – menschlich überzeugend und an Fachkenntnissen überlegen – den Kranken, dessen Autonomie in medizinischen Dingen begrenzt ist, zur Gesundheit. Um Vertrauen zu gewinnen, sind allerdings eine Art begleitende Aufklärung sowie ein tadelloser Charakter notwendig («Er hat auf Würde und Autorität im Umgang mit den Kranken zu achten, in ihrem und seinem Interesse!»).[31] Schwierig erscheinen häufig, wie Gregory einräumt, alltägliche, durch Situationszwänge, Zeitdruck oder widrige Umstände beeinflußte Entscheidungen. Da Ärzte im Verhältnis zu ihren Kollegen oft Neid und Interessenkonflikte zeigen, erscheint ihm auch ein spezielles Training in Mäßigkeit und Menschlichkeit, «frei von Neid oder persönlichen Interessen» (superior to the suggestions of envy or interest), angemessen. Erst bei charakterlicher Eignung könnten kollegiale Schiedsrichter- oder Gutachterkommissionen ernstgenommen werden! Hinsichtlich der Lehrbarkeit solcher Tugenden gab sich Bentham keiner Illusion hin: Sie sind zwar theoretisch erlernbar, aber nur mit größter Mühe. Menschen wählten nun einmal zwischen Schmerz und Vergnügen, von einigen Asketen abgesehen, die *zweite* Option. «Vom Anfang der Welt an» hätten sie, ohne sich dessen bewußt zu sein, «nach diesem utilitaristischen Maßstab ihre Handlungen eingeschätzt».[32] Diese Theorie fiel in der aufgeklärten Ärzteschaft auf fruchtbaren Boden.

Daß es im England des 18. Jahrhunderts Proteste, ja Anklagen wegen ethischen Fehlverhaltens von Ärzten gab, ist dokumentiert. So entließ das General Hospital von Bath 1743 den Arzt Archibald Cleland, weil ihm drei Patientinnen sexuelle Übergriffe vorwarfen.[33] In einer langwierigen Auseinandersetzung, in der Cleland die Aussagen der Zeuginnen in Frage stellte, warfen sich Krankenhausleitung und der Beschuldigte gegenseitig vor, das Gebot der Nächstenliebe (charity) vernachlässigt zu haben – ein frühes Beispiel, wie ethische Begriffe im Zweifelsfall zu eigenen Gunsten gedeutet werden![34] Animositäten dieser Art waren häufig. Man stritt dabei nicht nur mit Chirurgen, Apothekern oder Hebammen um Rang oder bestimmte Vorrechte, sondern auch mit Ärzten selbst. Es kam sogar vor, daß Fachdiskussionen mit Kollegen verweigert wurden, nur weil diese nicht in Oxford oder Cambridge studiert hatten![35] Wer sich an diesen hohen Schulen Meriten erworben hatte, verfügte nach landläufiger Meinung über gute Manieren (different manners) und hielt sich – bis weit ins 20. Jahrhundert – für das Ideal des «gentleman-doctor».

Gregory fordert zwar – in seiner dritten *Lecture* – vom Arzt ein breites naturwissenschaftliches Wissen, doch legitimiert sich dieses, wie gesagt, nur durch den allgemeinen *Nutzen* und *praktische* Bezüge zum ärztlichen Alltag. Medizinische Grundlagenforschungen haben so einen geringen Stellenwert.[36] Auch wird vor einer allzu sorglosen Übertragung mathematischer Modelle auf Mensch und Medizin gewarnt: Beide entziehen sich größtenteils der objektiven Meßbarkeit. Denkt ein Arzt nur in naturwissenschaftlichen Kategorien, wird er in all jenen Bereichen entscheidungs*un*fähig, «die einer mathematisch-exakten Beweisführung eben *nicht* zugänglich sind».[37] Dennoch gehört die Mathematik zu den «ornamental qualifications» der Ärzte. Sie habe, so Gregory, dazu beigetragen, «falsche Thesen der Sekten der Galenisten oder Chemiker zurückzuweisen» (to banish the false hypotheses of the Galenical and Chemical sects) und ermögliche «einen freieren Geist der Forschung».[38] Nur sollte sie niemals Selbstzweck sein!

Es ist hier unmöglich, die verzweigte Thematik Gregorys im *einzelnen* vorzustellen. Er gilt, wie angedeutet, als Begründer einer aufklärerisch-neuzeitlichen Medizinethik. Früh erschienen deutsche (1778), französische (1787) und italienische (1789) Übersetzungen. Sein Einfluß auf Europa war nachhaltig. Durch amerikanische Studenten, die in Edinburgh studierten, wurden die *Lectures on the duties and qualifications of a physician* auch in den Vereinigten Staaten bekannt. Nicht wenige Ärzte und «Medizinethiker» produzierten Plagiate und Paraphrasen.[39] Daß Gregorys Thesen sowie seine Medizinkritik auch auf einen beklagenswerten Zustand der damaligen ärztlichen Moral schließen lassen, sei nur am Rande vermerkt. Zahlreiche Darstellungen des ärztlichen Alltags in der bildenden Kunst und Literatur des 17. und 18. Jahrhunderts – man denke an die Karikaturen von Hogarth und Rowlandson in England und Chodowiecki in Preußen – stellten hierfür anschauliche Beispiele dar.[40]

Der wichtigste Schüler Gregorys (dessen legendäre Vorlesungen Hörer *aller* Fakultäten anlockten) war zweifellos Thomas Percival (1740–1804), der sein Studium später in London und Leiden fortsetzte.[41] Percivals Beschäftigung mit dem Ethos des Arztes bleibt ohne Berücksichtigung seines *religiösen* Engagements unverständlich. Er gehörte den «Unitariern» an, einer Gruppe von *Protestant Dissenters*, für welche die Vernunft das *entscheidende*, von Gott dem Menschen geschenkte ethische Kriterium darstellte. Widersprechen gewisse Passagen der Offenbarung dem Verstand, so sind sie nach der These John Taylors[42] bedeutungslos.[43] Nach diesem Kriterium wurden Bibel und kirchliche Theologie gemessen – und zum Beispiel die Lehre der Trinität verworfen. Die Church of England und der englische Staat zeigten sich der neuen Bewegung gegenüber allerdings unnachgiebig – bereits das Toleranz-Edikt von 1689 hatte die Unitarier ausgeschlossen. Es war so natürlich, daß deren intellektueller Nachwuchs an schottischen oder niederländischen Universitäten ausgebildet wurde – darunter Percival. Vernunft und nüchternes Kalkül, für die Unitarier ein Gottesgeschenk, hatten viele seiner Glaubensgenossen in einflußreiche Positionen geführt. Als Sklavenhandel und Kinderarbeit zunahmen, waren die Unitarier aber mit die ersten, welche die hiermit verbundene ethische Herausforderung annahmen. Schon vor Percival bemühten sich seine Freunde John Howard, Richard Price und John Aikin um eine Verbesserung der Lebensverhältnisse in Englands Gefängnissen, Hospitälern, Lazaretten und Quarantänestationen. Kranke Gefangene sollten in Hospitäler gebracht werden, die, wie Howard forderte, über einen gewissen hygienischen Standard verfügten.[44] Vor allem der Arzt John Aikin dürfte die *Medical Ethics*, Percivals Hauptwerk, durch seine *Thoughts on hospitals* (1771) entscheidend beeinflußt haben. Dem «Diktat der Vernunft» folgend, zögerte er nicht, schnell kurierbare Patienten zu bevorzugen, «denn es liegt im Wesen der Nächstenliebe, so vielen Kranken wie möglich zu helfen, und ein schneller Wechsel ist wünschenswert».[45] Die *Triage* lag so im Wesen des Utilitarismus, ebenso eine frühe «Gesundheitsökonomie», die kaum auf ethischen Widerstand traf. Auch lange Klinikaufenthalte galten Aikin, den Percival seitenweise zitierte, als problematisch, ja pädagogisch gefährlich. Sein Anliegen war es, Hospitäler optimal zu nutzen und sinnlose und teure Inanspruchnahmen zu vermeiden. Kritik an Kirche und Gesellschaft schwang mit, wenn Aikin sich darüber beklagte, daß Arme, für welche die Gemeinde aufzukommen hatte, ärztlich schlechter behandelt wurden als wohlhabende Selbstzahler.[46] Auch gehörten seiner Meinung nach Geisteskranke, selbst wenn sie mittelos waren, in eine öffentliche Anstalt, da ihre Pflege den Angehörigen nicht zuzumuten sei.[47]

1791 wurde Percival, der bereits 1782 die ungesunden Arbeitsbedingungen in den Baumwollspinnereien angeprangert hatte[48] und, wie gesagt, mit Howard und Aikin in engstem Kontakt stand, von der Krankenhausbehörde von Manchester gebeten,[49] das ideale «berufliche Verhalten in Hospitälern und anderen karitativ-medizinischen Einrichtungen» (a scheme of professional conduct relative to hospitals and other medical charities) zu umreißen. Nachdem das Werk zunächst in Abschriften zirkulierte,[50] erschien es 1803 unter dem Titel *Medical Ethics or a Code of Institutes and Precepts, Adapted to the Professional Conduct of Physicians and Surgeans.*[51] Erstmals in der Medizingeschichte tauchte hier – wenn auch, wenn wir Chauncey Leake (1896–1978) glauben dürfen, in *reduzierter* und deshalb mißverständlicher Form – der Begriff «medizinische Ethik» auf. Nach Leakes umstrittener These wurde allerdings fast ausschließlich die *Etikette* abgehandelt, d.h. vor allem das Verhältnis von Ärzten, Apothekern und medizinischen Laien *untereinander.*[52] Vorbild war nicht zufällig Justinians Codex Juris – Percival, der schon zuvor über ethische Fragen publiziert hatte,[53] sah Jurisprudenz und Ethik gleichsam als zwei Seiten einer Medaille! Zweifel an der Tauglichkeit moralischer Normen, die, wie oben erwähnt, unter Theologen, aber auch Juristen selbst laut geworden waren, wurden ignoriert.[54] Wie die Medizin selbst, sollte auch ihre *Ethik* in griffige Formeln gefaßt werden. Die *Medical Ethics* beeinflußten wie kein zweites Werk die moderne Medizinethik. In ihrem Mittelpunkt standen in der Tat weniger ethische Problemfälle am Krankenbett oder im sonstigen medizinischen Alltag, sondern der Umgang mit Kollegen und Patienten überhaupt. Doch wurden auch Gefühle und Ängste der Kranken sowie juristische und sozialmedizinische Fragen erörtert. Daß in Zweifelsfällen die paternalistische Entscheidungsbefugnis des Arztes die Autonomie des Kranken relativierte, erschien selbstverständlich.

«Es ist für einen gelehrten Mann charakteristisch, nach festen Prinzipien zu handeln», schrieb Percival an seinen Sohn, «für einen guten, daß er auch sicher sein kann, daß diese richtig sind und der Tugend entsprechen». Die Beziehung des Arztes zu seinen Patienten, Kollegen und der Öffentlichkeit erscheinen kompliziert und vielfältig. Genaue Kenntnisse der menschlichen Natur und sorgfältige Pflichterfüllung sind dabei unabdingbar: «Das Studium der Berufsethik (professional ethics) kann deshalb deine Urteilskraft nur stärken und erweitern, während die Beachtung der damit verbundenen Pflichten deine Sitten verfeinern, deine Emotionen stärken und zu jener Eigenschaft und Würde im Handeln führen, die dem Charakter eines Gentleman entsprechen.»[55] Wie bei Gregory gilt der *gentleman-doctor* als Vorbild. Das Studium der Ethik zielt primär auf «korrektes und würdiges Verhalten» (propriety and dignity of conduct).[56] Viele Programmpunkte waren, wie gesagt, von Gregory übernommen, der immer wieder zitiert wurde.[57] Das erste Kapitel setzt sich mit den spezifischen Pflichten des Arztes, der im Krankenhaus arbeitet, auseinander, das zweite skizziert das optimale ärztliche Verhalten in einer privaten Praxis, das dritte klärt das traditionell problematische Verhältnis zu den Apothekern, das vierte den Umgang mit dem Gesetz bis hin zu den Aufgaben eines Gerichtsmediziners und Hinweisen, wie sich der Arzt als Gutachter oder Zeuge vor Gericht zu verhalten hat.[58] Es mag sein, wie Strätling vermutete, daß der Durchschnittsarzt sich von Gregorys Prosa inhaltlich überfordert fühlte und deshalb Percivals «eingängigeres und für den einzelnen Mediziner scheinbar sichereres Regelwerk», das teilweise aphorismenartig wirkte, bevorzugte.[59] Von klaren, anerkannten Prinzipien der Höflichkeit und Redlichkeit geleitet (regulated by precise and acknowledged principles of urbanity and rectitude),[60] traf der in Edinburgh und Leyden ausgebildete Praktiker wohl den Ton und die *Konkretheit* der Anweisung, welche die an weitschweifige Texte kaum gewöhnten Kollegen erwarteten. Gregorys Werk, das kaum *konkrete* Empfehlungen enthalten hatte, geriet sogar für Jahrzehnte in Vergessenheit! Percival, der zahlreiche Gedanken Gregorys ausformulierte, thematisierte dagegen auch Fragen der Gesundheitsverwaltung und öffentlichen Gesundheitsfürsorge (public health), was den Interessen der Regierungen vieler aufgeklärter Staaten Europas und der USA zweifellos entgegenkam.[61] Bereits vier Jahre nach seinem Tod legte die Boston Medical Society seine *Medical Ethics* ihrem Ethik-Kodex zugrunde![62] Viele seiner Empfehlungen erscheinen, objektiv betrachtet, wenig originell. Alte «Sünden» der Ärzteschaft wie Gefälligkeitsgutachten, «Geheimrezepte», kostenlose Behandlungen, öffentliche Kritik an Kollegen, ärztliche Tätigkeit in vorgerücktem Alter usw. werden verurteilt, dagegen – um nur einige Beispiele zu nennen – Selbstkritik, Unbestechlichkeit, Geduld, die kostenlose Behandlung von Kollegen, Apothekern und Geistlichen samt Angehörigen sowie eine strikte Einhaltung persönlicher Hygiene angemahnt. Krankenhäuser sollten auf die Bedürfnisse notleidender Menschen zugeschnitten sein, während gerichtsmedizinisch tätige Ärzte besondere Sorgfalt walten lassen müßten.[63] Zum ärztlichen Ethos gehört es nach Percival auch, die Patienteninteressen gegen Sparbeschlüsse und Wirtschaftsplanungen des Staates zu verteidigen! Radikal-utilitaristische Konsequenzen sollen auf diese Weise gemildert werden. Krankenhauspatienten (im 18. Jahrhundert hieß dies immer noch vor allem *Hospital*insassen, die von öffentlichen Stiftungen und karitativen Einrichtungen profitierten) waren nicht weniger sorgfältig zu beraten und zu behandeln als solche, die ihren Arzt selbst auswählten und bezahlten. Der Autor verstand den Arztberuf als *öffentlichen* Auftrag, dem «welfare» der Allgemeinheit verpflichtet. Wie sein Freund, der Theologe Thomas Gisborne, und natürlich John Gregory, sah Percival die ärztliche Ethik so «in einen weiteren Rahmen von Pflichten eingebettet, die auf das Individuum innerhalb der Gesellschaft zukommen» (Jonsen).[64] Hierbei können sich berufsspezifische Schwierigkeiten ergeben. Während etwa Gisborne die Ärzte zur rücksichtslosen Aufklärung ihrer Patienten aufruft und vor «falsch verstandener Zartheit» (mistaken tenderness) warnt, hält Percival, ein erfahrener Praktiker, nicht nur das Verschweigen des Ernstes der Lage, sondern sogar bewußte Täuschungen zur Schonung des Kranken für vertretbar.[65] Eine radikale Aufklärung oder gar die Ankündigung des nahen Todes erschien ihm, wie so vielen Vorgängern, eher inhuman. Es unterhöhle die ärztliche Vertrauenswürdigkeit keinesfalls, wenn man Kranke mitleidsvoll täusche. Zur Rettung des eigenen Rufes und zur juristischen Absicherung sollte aber den *Angehörigen* reiner Wein eingeschenkt werden (die Ängste der Ärzte hatten sich hier seit dem Mittelalter kaum geändert!). Percival glaubte sich in dieser Frage auf bedeutende Philosophen berufen zu können und lud seine «medical readers» ein, sich bei Grotius, Pufendorf, Joseph Butler, Francis Hutcheson oder William Paley zu informieren.[66] Daß der Patient allerdings ausführlich über Sinn, Wirkung und Nebeneffekte von *Arzneien* aufzuklären sei, hatte bereits Gregory gefordert, dabei aber eingeräumt, «ein Übermaß an Aufklärung» könne ihn durchaus überfordern und verwirren. Einfühlsam habe deshalb der Arzt zu bestimmen, wie und wann der Laie, dem ja das medizinische Gesamtverständnis fehlt, über den Sinn der Therapie und ihre Nebenwirkungen zu informieren sei.[67] Wem hier die *Entscheidung* zukam, stand im 18. Jahrhundert, dessen Gesundheitssystem vom Bild des *souveränen, fachlich kompetenten* Arztes und *rückständigen* Patienten geprägt war, allerdings außer Frage. Kants Definition der Aufklärung als «Ausgang des Menschen aus seiner selbst verschuldeten Unmündigkeit» wurde dem Rat und Heilung suchenden Kranken nur in Ansätzen zugestanden. Aufgeklärte Medizin bedeutete für die meisten Ärzte nichts anderes als eine mit dem Vorsprung an Fachwissen begründete *Bevormundung*.[68] Daß im Zweifelsfall die Vernunft über die Ethik gestellt wurde, störte noch niemanden. Wenn der Nürnberger Arzt Johann Karl Osterhausen 1798 die medizinische Aufklärung kantianisch als «Ausgang des Menschen aus seiner Unwissenheit, welche sein physisches Wohl betrifft», umschrieb, verurteilte er nicht etwa den paternalistischen Arzt, sondern das voraufklärerische medizinische System und die (aus seiner Sicht) nichtwissenschaftliche Heilkunde.[69] «Die traurige Wahrnehmung, welche ich als praktischer Arzt täglich zu machen Gelegenheit habe, daß sich so viele Menschen, wenn es Gesundheit und Leben gilt, von Aberglauben, Vorurteilen und Irrtümern blenden lassen und mit dem unverzeihlichsten Leichtsinn der Gefahr in die Arme werfen, stimmt mich öfters zum Mißmut», schrieb er in der Einleitung seines Werkes, das – unter Verweis auf die allgemeine Kulturgeschichte – eine Gesundheitsaufklärung unter ärztlicher Führung propagierte.[70] Die Heilkunde brauche Männer, «welche ausschließlich all ihr Nachdenken, ihre Untersuchungen, ihren Fleiß und ihre Zeit (der Heilwissenschaft) widmen und deren Pflicht es nun ist, zu ihrer Vervollkommnung ihr Möglichstes beizutragen. Ihnen liegt es ob, die Begriffe ihrer Wissenschaft zu berichtigen, Irrtümer aus ihr zu entfernen, das Falsche von dem Wahren zu sichten, das Schwankende zu befestigen, ihre Grenzen zu erweitern, zu den Schätzen, welche schon vorhanden sind, neue zu häufen.»[71] Eine solche «Aufklärung» erschien Osterhausen im Interesse der Laien notwendig, die in hoffnungslosen Situationen nicht Scharlatanen und Betrügern zum Opfer fallen, sondern kühlen Kopf behalten sollten. Gerade der souveräne Patient läßt sich durch seinen Arzt überzeugen, daß «alle Wundercuren, sympathetische Mittel und ähnliche Alfanzereien leere Täuschungen sind und sich hüten, Gebrauch von ihnen zu machen». «Medizinisch aufgeklärt sein und Arzt sein» ist, wie Osterhausen betont, wichtig, aber nicht ausreichend. Mindestens so bedeutsam sei es, *Laien* aufzuklären, weshalb er es sogar in Kauf nimmt, wenn ihm dabei «kluge Basen und Consorten ... mit ihren Vorschlägen und Einwendungen beschwerlich fallen», ja «seine besten Ratschläge hindern».[72]

Mit den Aufklärern Gregory und Percival bekam die europäische Medizin, wie schon angedeutet, einen stark *utilitaristischen* Einschlag, der bis heute die westliche Ethik-Diskussion prägt. Der Begriff «utilitarian» tauchte erstmals 1781 in einem Brief Jeremy Benthams auf[73] (während das Wort «utilitarianism» erst seit 1828 belegt ist),[74] doch waren bereits Philosophen wie Hume, Hutcheson, Adam Smith und Helvétius von der Überzeugung geprägt, daß ein Maximum an Wohlergehen möglichst vieler Menschen organisierbar sei.[75] Das Streben nach Lust galt Bentham als *vernünftig*, das Gegenteil, etwa ein Sichabfinden mit einer Krankheit oder gar freiwillige Entsagung, als *unvernünftig*. Es war klar, welchem der herausragenden gesellschaftlichen «Lehrer» (sovereign masters), «pain» oder «pleasure», ein verantwortungsbewußter Arzt zu dienen hatte.[76] Gesetzgebung, Politik und Medizin hatten sich am Glücksstreben des Staatsvolkes zu orientieren, was zur zunächst kühn erscheinenden Forderung nach einer Erweiterung des Wahlrechts und Reform des Strafrechts führte. Bentham hielt es sogar für möglich, «ein Maximum der Lust bzw. ein Minimum des Leids für alle von einer Handlung Betroffenen» zu *errechnen*; zwischen persönlichem und allgemeinem Wohlergehen sah er keinen wesentlichen Unterschied. In seinem wirtschaftswissenschaftlichen Essay *In Defense of usury* (1787) stellt er ein entsprechend definiertes *Nützlichkeitsprinzip* in den Vordergrund. Eine Handlung ist dann «nützlich», wenn sie das individuelle Glück wie dasjenige der Gemeinschaft fördert.[77] Auf diesem Kalkül basiert auch seine Moralvorstellung, die sich zunehmend am Interesse der *Mehrheit* orientierte, während der einzelne an Wert verlor.[78] Wirtschaft, Medizin, Politik und Theologie hatten sich an vernunftgetragenen «Principles» zu orientieren. Das Bürgertum, dessen Selbstbewußtsein gegenüber dem Adel gestärkt wurde und das zunehmend über die Wirtschaft des Landes bestimmte, erhielt damit praktische Orientierungshilfen, die auch dem in gesellschaftlichem Auftrag wirkenden Arzt von Nutzen waren. Benthams wichtigster Epigone wurde der Philosoph und Volkswirt John Stuart Mill (1806–1873). Er bewertete allerdings die geistige Lust höher als die körperliche und versuchte, die utilitaristischen Prinzipien mit Moralregeln und Tugendermahnungen zugunsten des einzelnen abzumildern.[79] Seine Schrift *Utilitarianism* (1861) war – für die praktische Medizin wie die naturwissenschaftliche Forschung – von kaum zu überschätzendem Einfluß.

29. Ärztliches Selbstverständnis und Gewissen im 18. Jahrhundert

Im 18. Jahrhundert erfreute sich der Ärztestand eines langsam wachsenden Prestiges. In England, Frankreich und Deutschland stieg der akademische Arzt, wie einst im (nunmehr allerdings verachteten) Mittelalter, zu einem geachteten Mitglied der Gesellschaft auf, welche, im Sinne Benthams, die *Nützlichkeit* der Medizin für Staat, Wirtschaft oder Heer erkannt hatte.[1] In England wurde Hans Sloane, königlicher Leibarzt, Botaniker und – als Nachfolger Newtons – Präsident der Royal Society, in den Adelsstand erhoben (1716).[2] Auch in Österreich ernannte Joseph II., wenn auch erst gegen Ende des Jahrhunderts (1790), seinen Leibarzt Joseph Quarin, Direktor des Wiener Allgemeinen Krankenhauses, zum Baron.[3] Der Leydener Professor Hermann Boerhaave (1668–1738) wurde schon zu Lebzeiten als «praeceptor Europae» gefeiert. Einer seiner bedeutendsten Schüler, Albrecht von Haller, skizzierte ihn bewundernd als «göttlichen Geist, an allem interessiert, selbst Neidern und Feinden gegenüber wohlwollend, nie über jemanden schlecht redend, beredt, geistvoll, ohne Fehler, gegenüber religiösen Fragen aufgeschlossen, sprachkundig, mathematisch gebildet und von einfacher Lebensweise».[4] Die Salons der Hauptstädte rissen sich um die Mitgliedschaft solcher Mediziner, die ihrerseits über internationale Kontakte verfügten und sich in den Akademien austauschten. Der Adel, führende Militärs und reiche Unternehmer reisten weit, um bestimmte Koryphäen zu konsultieren. Peter der Große soll geduldig auf eine Audienz bei Boerhaave gewartet haben![5] Selbst- und Standesbewußtsein der Ärzte nahmen zu, allerdings auch Neid und Eifersucht erfolgreicheren Kollegen gegenüber. In England bemühte man sich, zumindest «reputation and character» zu bewahren, was freilich, wie David Harley zeigen konnte, kleinliche Streitereien um politische, religiöse oder gesellschaftliche Fragen nicht verhindern konnte.[6]

Die zunächst theoretische Frage, ob dem einzelnen – im Sinne der Utilitaristen – zugunsten der Gesundheit der Mehrheit gewisse Risiken und Gefahren zuzumuten waren, spitzte sich im Streit um die Pockenimpfung zu, welcher die Ärzteschaft seit dem frühen 18. Jahrhundert spaltete. Die aus dem türkisch-arabischen Kulturraum übernommene Impfung, konkret die Inokulation durch den Pustelinhalt, war zunächst von Lady Wortley Montagu (1717) propagiert worden, der Frau des englischen Gesandten in Konstantinopel. Sie war nicht ungefährlich, doch konnte der Arzt James Jurin (1684–1750) in der ersten bekannten statistischen Evaluation der Medizingeschichte (1724) nachweisen, daß «der vierzehnte Teil des Menschengeschlechts an

Pocken stirbt», während «nur einer pro fünfzig durch die Impfung umkommt».[7] Dank einer umfassenden Korrespondenz mit Kollegen war es ihm gelungen, die nötigen «Fallzahlen» zusammenzustellen.[8] Eine Impfung versprach genau jenen Nutzen für die Allgemeinheit, mit welchem John Gregory, der mit Lady Montagu befreundet war, die Medizin überhaupt legitimierte.[9] Jedermann hatte demnach, galt es von Staat und Gesellschaft Gefahren abzuwehren, gewisse Risiken und Nachteile auf sich zu nehmen. Immerhin protestierten einige Ärzte dagegen, gesunde Menschen mit einer – wenn auch vorübergehenden – «Impfkrankheit» zu belasten.[10] Selbst die medizinischen Fakultäten zeigten sich hier ethisch überfordert.[11] Die Lösung des Problems hing in der Tat weniger von *wissenschaftlichen* als *weltanschaulichen* Kriterien ab. Schließlich stellte die durch Edward Jenner zwischen 1796 und 1798 entwickelte Kuhpocken-Vakzination eine nicht weniger effektive, aber gefahrlosere Maßnahme zur Seucheneindämmung dar.[12] Jahrhundertelang waren – die letzte große Pest lag noch nicht allzulange zurück! – vor allem Isolation und Sequestrierung das Mittel der Wahl gewesen! Sein «experimentum crucis» führte der englische Landarzt an dem achtjährigen James Phipps durch, den er im Mai 1796 mit frischem Kuhpockensekret inokulierte. Als das Kind sechs Wochen später mit Pockenmaterie infinziert wurde, entwickelte es keinerlei Krankheitssymptome.[13] Jenner hatte zuvor allerdings an 23 Menschen experimentiert. Daß Menschenversuche, auch wenn sie der Mehrheit der Bevölkerung Nutzen brachten, ethisch anrüchig sein könnten, kam dem Anhänger des Utilitarismus nicht in den Sinn. Der «unbedingte Glaube an die Macht der Vernunft und die Kraft des Verstandes» (Kant) schien vielmehr jene Wohlfahrt und Gesundheit zu ermöglichen, von der die Utilitaristen und Reformer träumten.[14] Voltaire zeigte sich von der Impfung ebenso angetan wie die Zarin Katharina II. oder Joseph II., der aufgeklärte Herrscher Österreichs.[15] Wer Bedenken äußerte, sah sich als geistig rückständig gebrandmarkt. Die vernunftgetragene Medizin wurde als Retterin in der Not gefeiert. An «fortschrittlichen» Fakultäten wie Leiden, Göttingen oder Duisburg, aber auch an «alten» Hochschulen wie Paris, Padua oder Bologna triumphierte ein neuer Optimismus, der alle Skrupel verjagte. Man war stolz und selbstbewußt und blickte mehr denn je auf die nichtakademischen Heiler herab. Die antiken «auctoritates» büßten ihren Einfluß auf das medizinische Denken langsam und endgültig ein. Doch organisierten sich auch die Impfgegner, welche – ebenfalls im Namen der Vernunft – eine allgemeine Verbesserung der städtischen Lebensbedingungen und sozialen Verhältnisse forderten.

Die mikroanatomischen Entdeckungen des 17. und frühen 18. Jahrhunderts rückten die Heilkunde weiter in die Nähe der Naturwissenschaften. Hiervon profitierten Mediziner wie Boerhaaves Schüler Julien Offray de La Mettrie (1709–1751), der den menschlichen Körper als Automaten betrachtete, d.h.

als «Maschine, die selbst ihre Triebfedern aufzieht».[16] Sprache, Empfinden, Seele und Gefühl, aber auch Erziehung, Gewissen und Glaube unterliegen demnach rein mechanischen Gesetzen. «Der Körper ist», schrieb de La Mettrie, «eine Uhr, und der neue Speisesaft der Uhrmacher dazu».[17] Sein «Technik-Modell» wurde enthusiastisch begrüßt oder schroff verworfen. Selbst Durchschnittsärzte griffen in die Debatte ein. Naturforschern wie dem Zoologen Buffon oder dem Biologen Lamarck, dem Botaniker Linné, dem Chemiker Lavoisier oder den Enzyklopädisten d'Alembert und Diderot fühlte man sich, weit über dem gemeinen Volk stehend, schon durch die Lektüre ihrer Werke verbunden. Wie im Altertum wurden Fragen von Gesundheit und Krankheit gerade auch von Philosophen und Literaten thematisiert. Kant beschäftigte sich ebenso damit wie Hegel.[18] Gleichzeitig wurde der universal gebildete, ethisch sensible, aber auch selbstbewußte Arzt zum Ideal erhoben, dessen Mythos sich bis zu William Osler (1849–1919) oder Ferdinand Sauerbruch (1875–1951) nachweisen läßt. Die meisten glaubten, im Geist der Aufklärung, aber auch der Vorsehung, die Menschheit aus ihrer medizinischen und sozialen Verelendung befreien zu können.

In England, Frankreich und Deutschland wurde auch die Chirurgie aufgewertet, was den Protest vieler Ärzte zur Folge hatte. Irritiert um ihren Besitzstand kämpfend, versuchten so 1724 Pariser Medizinprofessoren das von Ludwig XV. zur Hochschule erhobene, über fünf chirurgische Lehrstühle verfügende Collège de Saint-Côme zu besetzen.[19] Die Chirurgen distanzierten sich ihrerseits – im Grunde mit denselben Argumenten – von den Badern und handwerklichen Feldschern. 1731 erhielt das Collège definitiv den Rang einer Akademie.[20] In England wurde der akademische Rang der Chirurgen offiziell erst um 1800 durch die Gründung des *Royal College of Surgeons* bestätigt, während in Berlin bereits 1724 durch Friedrich den Großen ein *Medizinisch-Chirurgisches Kolleg* eröffnet worden war. Kurz zuvor (1719) hatte Lorenz Heister, ebenfalls ein Schüler Boerhaaves, in Altdorf die deutsche wissenschaftliche Chirurgie etabliert.[21] In England sollte diese Aufgabe John Hunter (1728–1793) zufallen, dem berühmten Anatomen und Chirurgen am Londoner St. George's Hospital.[22] Für die Heeres- und Staatsführungen erschien die früher als Handwerk verachtete Sparte der Medizin von höchstem Nutzen. Die am Berliner Kolleg angebotene Ausbildungsqualität war offensichtlich so hoch, daß ein späterer preußischer Minister, Julius von Massow, sogar daran dachte, die medizinischen Fakultäten zugunsten weiterer außeruniversitärer chirurgischer Einrichtungen aufzulösen (!).[23] Regierungen, Hochschulen und Akademien bemühten sich im übrigen um eine Versöhnung von Chirurgie und «innerer» Medizin. Auch aus diesem Grund wurde die traditionelle Universitätsbildung der Ärzte nicht ernsthaft in Frage gestellt. «Gelehrsamkeit» galt in der Epoche der Aufklärung mehr denn je als Beweis fachlicher wie *charakterlicher* Zuverlässigkeit.[24] Den Ärzten, die jahrhundertelang die Chirurgen verachtet und moralisch diskreditiert hatten, blieb freilich nichts anderes übrig, als diese als gleichwertig zu akzeptieren. Jahrhunderte zuvor wäre eine solche Verbrüderung als «unethisch» verworfen worden.[25]

Die Vorrangstellung der akademisch-«internistischen» Medizin schien überholt. Wie Brockliss am Beispiel Frankreichs zeigen konnte, lag dort die Krankenbetreuung der Massen in der Hand von «Heilern» unterschiedlichster Methodik.[26] Angesichts der Unterschiedlichkeit der Ausbildungswege bestimmte letztlich die Zugehörigkeit zu einem bestimmten Collegium das ärztliche Image. Irgendwo studiert zu haben, genügte nicht mehr; Biographie, Herkunft, Verwandtschaft, Vermögen und natürlich die Persönlichkeit spielten bei der Aufnahme die entscheidende Rolle. Die Collegia wiesen bald auch den Niederlassungsort sowie die Zuständigkeit zu und verliehen die Approbation. Die Chirurgen, die sich ihrer neuen Wertschätzung bewußt waren, konstruierten ähnliche Zulassungshürden. In einer Art Aufbaustudium mutierte man zum «Akademiker», dem man sich auch im negativen Sinn anpaßte. Das Ansehen hing zunehmend «nicht von manueller Geschicklichkeit ab, sondern von der Lektüre von Büchern sowie Latein- und Philosophiekenntnissen».[27] Vor allem in Frankreich hatten die jüngeren «chirurgiens» kaum manuelle Praxis. Viele verachteten ihr altes Handwerk, das sich aus einer «Kunst» in eine «Wissenschaft» verwandelt hatte. Kein Wunder, daß im auf Betreiben des Anatomen Félix Vicq d'Azyr 1790 begründeten *comité de salubrité* Reformwünsche laut wurden. Es war wohl nur im revolutionären Umfeld möglich, Pläne zur Zusammenführung der Heilberufe und Vereinheitlichung der Ausbildung vorzulegen, die zunächst allerdings durch die Annullierung aller Prüfungen, ja die Abschaffung des Medizinstudiums ad absurdum geführt wurden. War das Arztbild kurz zuvor noch von Eitelkeit und Besitzstandsdenken geprägt, mußte sich die Ärzteschaft nun gedemütigt fühlen. Beide Mentalitäten, radikales Reformertum wie Reformfeindlichkeit, behinderten die therapeutische Effizienz. In Wirklichkeit stritt man weniger um Therapien oder Methoden, sondern um Statusfragen. Es waren schließlich die Militärs, welche 1794 Antoine Fourcroy veranlaßten, drei *écoles de santé* zu gründen und selbsternannten Alternativheilern das Praktizieren zu verbieten.[28] Wer den Kopf für das Vaterland hinhielt, fühlte sich berechtigt, eine seriöse ärztliche Versorgung einzufordern.

Auch in England gab es, wie schon erwähnt, Bestrebungen, die Chirurgie aufzuwerten. Bereits vor Hunters Initiative hatte 1698 William Salmon in seiner *Ars Chirurgica* von Professoren der chirurgischen «Wissenschaft» gesprochen,[29] und schon in der ersten Hälfte des 18. Jahrhunderts wurden in den *Philosophical Transactions* der Royal Society auch chirurgische Fragen abgehandelt. Das von Francis Bacon beschriebene *College of Experience* war hierfür Vorbild.[30] Hunters Bruder William (1718–1783), Chirurg, Anatom und Leibarzt der Königin, hatte durch die Integration der wissenschaftlichen Anatomie in die ärztliche Ausbildung – sie galt zu Recht als logische Voraussetzung für einen sinnvollen Chirurgie-Unterricht! – den Weg bereitet.[31] Ein erstaunlicher, utilitaristisch angehauchter Pragmatismus, der deutlich mit der Traditionslastigkeit vieler kontinentaler Hochschulen kontrastierte, ermöglichte es Ärzten wie den Brüdern Hunter, trotz, ja wegen ihres *chirurgischen* Engagements ihr Prestige zu erhöhen. Es bleibt erstaunlich, wie rasch sich ihr Ethos dem neuen, von den Regierungen vorgegebenen, die Chirurgie bevorzugenden Zeitgeist anpaßte. Die alte Etikette, sich nicht mit Chirurgen einzulassen, war von der Realität überholt worden.

Im Frankreich des Ancien Régime, aber auch in Deutschland kämpften allerdings, wie Broman zeigen konnte, einige Ärzte weiterhin gegen die *soziale* Gleichstellung der Chirurgen. «Wenn jedes unbekümmerte Individuum, jeder lasterhafte Stümper», schrieb 1790 der Jenenser Medizinprofessor und Historiker Christian Gottfried Gruner, «Arzt werden und sich mit einem Doktorgrad schmücken darf und somit den Rang eines verdienten Menschen erhält und an menschlichem Leben herumpfuscht, wenn jeder nutzlose Barbier, sobald er über das nötige Geld verfügt, ärztlich praktizieren darf und gegen jede berechtigte Klage geschützt ist, dann wird der Titel eines Arztes verachtenswert und die Ausübung der (ärztlichen) Kunst zu einem erbärmlichen Handwerk herabsinken».[32] Gruner versuchte an einer (weit über das Fachliche hinausgehenden) elitären Bildung festzuhalten, welche, wie er behauptete, die Urteilsfähigkeit am Krankenbett, aber auch die Verantwortung gegenüber der Öffentlichkeit schärfe. In Sinne dieses Bildungskanons berührte, um nur ein Beispiel herauszugreifen, der Briefwechsel zwischen Albrecht von Haller und Tissot (1754–1777) vielfältigste medizinische, anthropologische, politische und philosophische Fragen.[33] «Aufklärung» hatte für viele Ärzte immer noch einen höchst exklusiven Anspruch. Familiäre Herkunft, Wohlstand und Erziehung privilegierten in Deutschland eine kleine Fraktion der Bevölkerung für verantwortungsvolle Aufgaben, zu denen die medizinischen Fakultäten und Kollegien selbstverständlich auch die *ärztliche* Tätigkeit zählten.[34] Das Problem war eingebettet in eine charakteristische, durch Aufklärung und Französische Revolution geförderte Urangst der bisher durchaus überschaubaren akademischen Oberschicht, die Hochschulen könnten den Aufstieg «Unberufener» ermöglichen und so die tradierten gesellschaftlichen, aber auch akademischen Strukturen zerstören. Um so mehr galt es, eine Gleichstellung *handwerklich* ausgebildeter Heiler zu verhindern, um Ansehen und Vermögen zu erhalten.

Dies schloß nicht aus, daß sich viele, auch konservativere Ärzte der Französischen Revolution gegenüber aufgeschlossen zeigten. Nicht wenige entwikkelten eine beachtliche Sensibilität für gesellschaftliche Mißstände. Hallers Briefpartner, der Schweizer Simon-André Tissot (1728–1797), sah im harten Arbeitsalltag der Landbevölkerung eine wichtige Ursache ihrer gesundheitlichen Beeinträchtigungen.[35] Während sich viele «zünftige», d.h. den Collegia zugehörige Mediziner gesellschaftlich emanzipierten, blieben andere von sozialen Privilegien ausgeschlossen und sahen sich zu berufsfremden Nebentätigkeiten gezwungen. In Deutschland fristeten vor allem Land- und Militärärzte ein kärgliches Dasein; der junge «Regimentsmedicus» Friedrich Schiller erhielt monatlich umgerechnet etwa 15 Euro! Auch fiel Rousseaus Medizinkritik auf fruchtbaren Boden. Zivilisation und Wissenschaft standen plötzlich im Verdacht, für Krankheiten und menschliches Leid mitverantwortlich zu sein.[36] Viele Patienten klagten über die Theorielastigkeit der Ärzte, deren Abstrahierungen und Phrasen das Mißtrauen stärkten.[37] Daß mit der Revolution, wenn auch nur für kurze Zeit, alle ärztlichen Körperschaften inklusive der Akademien und Fakultäten aufgehoben wurden,[38] erklärte sich *auch* aus der Unzufriedenheit mit dem Gesundheitssystem. Zweifel und moralische Skrupel lähmten andererseits die Mediziner selbst. War die von den Revolutionären propagierte Vernunft nicht das natürliche Banner ihrer Wissenschaft? Hing man nicht doch einem durch die Schulwissenschaft pervertierten Naturbegriff an? War es nicht obsolet, uralte Lehrinhalte zu rekapitulieren, die doch, wie mancher kritische Geist mutmaßte, durch Descartes, de La Mettrie oder Rousseau längst widerlegt schienen?

Die auf diese Weise von Zweifeln verunsicherte Ärzteschaft war zudem immer noch in viele Richtungen gespalten – Bordeu unterschied für Frankreich nicht weniger als acht «classes principales».[39] Es konnte kaum überraschen, daß sich die jeweiligen Schulen erbittert bekämpften und etwa zwischen «Empirikern», «Philosophen» und «Theologen» heftigste Spannungen bestanden. Auch deutsche Fakultäten waren zerstritten.[40] In Halle bekämpfte ein «Animist» wie Georg Ernst Stahl (1660–1734) empört die materialistische Fraktion, welche das Physiologie-Konzept von de La Mettrie favorisierte.[41] Für den pietistischen Gelehrten bestand eine enge Verbindung von Krankheit, Heilung und religiöser Erweckung. Ohne Aussöhnung mit Gott mußte, wie auch der Arzt Christian Friedrich Richter (1676–1711) erklärte, jeder Heilungsversuch scheitern. Eine *Reformation in rebus medicis* erschien so gerade aus christlicher Sicht notwendig (der historische Begriff wurde bewußt gewählt). Das Gewissen der pietistischen Ärzte litt, wie Stahl glaubhaft demonstrierte, unter dem reduzierten Menschenbild der «Iatromechanik».[42] In seiner *Theoria medica vera* verteidigte er die Existenz einer zweckorientierten, den Körper regulierenden «Seele».[43] Der Leipziger Arzt Ernst Platner beklagte 1772 in der *Anthropologie für Ärzte und Weltweise* den Druck, den die «Mechaniker» und «Physiker» auf ihre Kollegen ausübten. «Ein Arzt, der sich mit der Sittenlehre oder mit der spekulativen Weltweisheit ... beschäftigt», gelte bereits als Abtrünniger.[44] Der reinen Iatromechanik und dem Einfluß der Aufklärung setzten die Pietisten, aber auch zahlreiche katholische Geistliche, den *religiösen* Aspekt von Krankheit und Gesundheit gegenüber.

Angesichts der Grabenkämpfe innerhalb der Schulmedizin und der Vielfalt der Reformansätze übersieht man leicht, daß sich mancher französische Landarzt in ethischen Fragen immer noch bevorzugt auf die Bibel oder die klassische Literatur stützte, wo er «sehr gute medizinische Rezepte fand».[45] Im Einzelfall respektierte man sogar eher Vergil oder Corneille als Frank oder Rousseau. Dieser menschliche, aber hochgebildete Arzttyp entsprach – angesichts der Arroganz mancher «Aufklärer» konnte dies kaum überraschen – dem Wunschbild vieler Kranker. Auch Adalbert Stifter beschrieb in der *Mappe meines Urgroßvaters* (1867/68) einfühlsam das Leben eines böhmischen Landarztes des 18. Jahrhunderts und entlarvte dabei die «Brüchigkeit der Vernunft». Sein Protagonist begegnet Kranken weniger mit neuen Methoden oder, wie es dem gesellschaftlichen Zeitgeist entsprochen hätte, mit *wissenschaftlichem* Anspruch, sondern auf menschlicher Basis. Medikamente gehören zwar zu seinem Repertoire, doch baut er eher auf die alte Diätetik, d.h. eine ausgeglichene Lebensweise, den Wechsel von Ruhe und Bewegung, Harmonie, tröstende Gespräche und religiöse Geborgenheit. Die Einheit von Seele und Körper, nicht ein einzelnes Organ, steht im Mittelpunkt. Sein Ethos orientiert sich an der Situation, das Honorar hängt von den Verhältnissen des Kranken ab. Ganz Arme werden umsonst behandelt. Patient und Arzt kennen sich und vertrauen einander. Der Einklang des Lebens mit den Gesetzen der Natur, mit Tages- und Jahreszeiten, mit Klima oder Landschaft wird angestrebt.[46] Nur hier, d.h. in der Bemühung um die Harmonie mit der Natur, berührte der auf diese Weise idealisierte Arzt die Ziele der Aufklärer – das von diesen propagierte Messen, Impfen, Vergleichen, Systematisieren und Politisieren war ihm dagegen zuwider! Während, wie angedeutet, viele Universitätsprofessoren methodisch und ethisch verunsichert waren, zeigten sich solche in der Regel christlich orientierten Ärzte vom gottgewollten Nutzen der Heilkunde überzeugt. Ihr vom Gebot der Nächstenliebe inspirierter moralischer Impetus führte – vor allem in vom Pietismus geprägten Regionen – in Stadt und Land zum Aufblühen einer von der *Gemeinde* getragenen Gesundheitspflege.[47] Daß in ihrem Schlepptau – weit bis ins 19. Jahrhundert – Gesundbeter und charismatische «Wunderheiler» wie Fürst Alexander zu Hohenlohe (1794–1849) oder der Ellwanger Jesuitenpater Johann Joseph Gassner (1727–1779) massenhaft konsultiert wurden, ja die wissenschaftliche Medizin spalteten, kann kaum verwundern.[48]

Aufklärern wie Frank oder Mai hätte wohl eher Balzacs Schilderung des verantwortungsvollen Arztes gefallen. Im Roman *Der Landarzt* (1833) berichtet der kritische Protagonist über das Umfeld eines Patienten, der an einer Seuche erkrankt war, wobei eine deutliche Religionskritik, aber auch *eugenische* Überlegungen anklingen: «Die Lage des Weilers in einem Grund ohne jeden Luftzug, dicht an dem Bergbach, dessen Wasser aus der Schneeschmelze stammt, jeder Wohltat der Sonne beraubt, die nur die Gipfel der Berge bescheint, all das begünstigte die Ausbreitung dieser schrecklichen Krankheit. Die Gesetze verhindern das eheliche Zusammenleben dieser Unglücklichen nicht, die hier von einem mir damals in seiner ganzen Macht noch unbekannten Aberglauben geschützt werden, den ich zunächst verurteilte, dann bewunderte. Die Geistesgestörtheit hätte sich also von hier aus über das ganze Tal hin fortgepflanzt. Hieße es da nicht dem Land einen großen Dienst erweisen, wenn man dieser körperlichen und geistigen Verseuchung Einhalt gebot? Trotz ihrer ernsten Dringlichkeiten konnte diese Wohltat dem, der sie durchführen wollte, das Leben kosten. Hier wie in anderen sozialen Bereichen mußte man, um das Gute zu vollbringen, nicht etwa selbstsüchtige Interessen verletzen, sondern – was viel gefährlicher ist – religiöse, in Aberglauben verkehrte Vorstellungen, die wohl am schwersten zerstörbare Form menschlicher Überzeugung.»[49] Die Zahl solcher Ärzte, die über den «exotisch» erscheinenden Lebensstil und «überholte» Mentalitäten des Volkes, das es «aufzuklären», ja zu «befreien» galt, verwundert waren, nahm im nachrevolutionären Frankreich, aber auch in Deutschland zu. Doch auch der von Stifter beschriebene Arzttyp genoß, obgleich von vielen Medizinern belächelt, noch im gesamten 19. Jahrhundert, vor allem auf dem Land, hohes Ansehen. Gerade in der schöngeistigen Literatur wurden ihm häufig Denkmäler gesetzt. Die Sehnsucht nach einer menschlichen Heilkunde war verbreitet. Das religiöse Element spielte dabei eine zentrale Rolle, was «aufgeklärte» Ärzte mit Argwohn sahen. Noch 1883 regte der englische Anthropologe Francis Galton (1820–1911) an, die alte Streitfrage, ob Gebete helfen oder nur frommen Selbstbetrug darstellten, endlich einmal wissenschaftlich zu erforschen ...[50]

30. Der Arzt als Diener des Staates und das öffentliche Wohl

Seit dem späten 17. Jahrhundert, als der Philosoph Leibniz (1646–1716) Überlegungen anstellte, wie die Gesundheit des Volkes, d.h. die «gemeine Wohlfahrt», durch staatliche Maßnahmen gefördert werden könnte,[1] entwarfen Ärzte und Gesundheitsverwaltungen immer wieder Reformpläne, welche die neue Rolle der Medizin verdeutlichten.[2] Auf den aufgeklärten Mediziner kamen *öffentliche* Aufgaben zu, die seine Kollegen in der Vergangenheit bestenfalls zu Seuchenzeiten zu bewältigen hatten.[3] Er sollte die *Lebensführung* der Menschen überwachen, ihre Ernährung kontrollieren, über den Einfluß von Umweltfaktoren auf die Gesundheit nachdenken, Kontroll-, ja Reihenuntersuchungen durchführen und die Regierung in medizinischen Fragen beraten. Leibniz zögerte nicht, nach katholischem Vorbild regelmäßige «Gesundheitsbeichten» einzufordern. Anstatt einer Buße sollten vom Arzt, der den Geistlichen ersetze, «Lebensregeln» auferlegt werden. Die von Ärzten beherrschte Gesundheitspolizei, der nichts verborgen bleiben durfte, hatte Heil und Gesundheit der Gesellschaft zu sichern; der einzelne hatte sich diesem Ziel unterzuordnen. Mit Leibniz und seinem Schüler Christian Wolff (1679–1754), dessen programmatische Schrift *Vernünftige Gedanken vom gesellschaftlichen Leben der Menschen und in Sonderheit dem gemeinen Wesen zur Beförderung der Glückseligkeit des menschlichen Geschlechtes, den Liebhabern der Wahrheit mitgeteilt* (1721) richtungsweisend war,[4] wurde die Philosophie zur «physischen und psychischen Lebenslehre», die sich selbst mit Fragen der Säuglingspflege und Ernährungslehre, der Diätetik und Sexualität auseinanderzusetzen hatte. Die Prinzipien der Ethik ließen sich nach Wolff, der als Atheist «bey Strafe des Stranges» aus Halle verwiesen wurde, unabhängig von bestimmten Religionen oder Traditionen (wie etwa der hippokratischen), rein vernunftgemäß ableiten.[5] Viele Ärzte zögerten nicht, der Obrigkeit, die sie dafür bezahlte, die gewünschten Reformvorschläge zu unterbreiten. Ihr alter Wunsch, an deren Sozialprestige zu partizipieren,[6] wurde Wirklichkeit und erfüllte manchen Medizinprofessor oder Stadtarzt mit Stolz. Es war vor allem das traditionelle Laienengagement, das den aufklärerischen, von pädagogischem Drang getriebenen Ärzten verdächtig erschien. Ihr Sendungsbewußtsein vermischte sich, wenn auch wohl unbewußt, mit Konkurrenzdenken. Man spürte, daß die herkömmliche Diätetik durch ihre einfache, jedermann zugängliche Systematik bestach. In Hausbüchern oder Gesundheitskalendern war jahrhundertelang in allgemeinverständlicher Form gezeigt worden, wie man Schwerkranke «begleitet» und für ihre «seelische»

Ruhe sorgt (wie überhaupt der ethisch untadelige Umgang mit Kranken und Schwachen, vor allem die Kunst der *Tröstung*, in dieser Literaturgattung eine wichtige Rolle spielte).[7] Kontrollierte man dagegen, so die neue Devise, Lebensführung und Diätetik der Menschen mit «rationalen» Methoden unter der Oberaufsicht hierfür geeigneter Ärzte, war die Gesundheit für die Mehrheit der Bürger, so die Thesen von Leibniz und Wolff, eine fast zwangsläufige Konsequenz! Doch mußte das Volk hierfür umerzogen werden!

Der bedeutendste aufklärerisch motivierte Gesundheitsplaner des 18. Jahrhunderts war zweifellos der in habsburgischem, zeitweise auch russischem Dienst stehende Johann Peter Frank (1745–1821), dessen Hauptwerk *System einer vollständigen medicinischen Polizey* den Höhepunkt einer langen Entwicklung darstellte.[8] Ärzte, Chirurgen, Hebammen, medizinische Fakultäten, Kollegien und Akademien wurden, so Frank, durch die Aufgabe legitimiert (und deshalb bezahlt!), den Gesundheitszustand aller Bevölkerungsschichten zu verbessern. Man hatte erkannt, daß Volksgesundheit und Einwohnerzahl der Staaten durch Armut, schlechte Arbeits- und Wohnverhältnisse, durch Unflexibilität, Unwissenheit und Vorurteile negativ beeinflußt wurden.[9] Der Gedanke der «caritas» bzw. «humanitas», lange Zeit Leitstern der europäischen Heilkunde,[10] wurde zwar gewürdigt, doch *ökonomischen* und *ökologischen* Überlegungen untergeordnet; der wirtschaftliche Erfolg des Gemeinwesens schien mit dem Wohl und der Gesundheit der Bevölkerung zu korrelieren. Frank machte dem Kaiser zahlreiche Reformvorschläge, von der Schwangerenfürsorge über die Struktur von Waisenhäusern bis zur Alltagshygiene. Die Gründung des Allgemeinen Krankenhauses in Wien 1784 wurde wie folgt begründet: «Der Staat verliert durch diese Ausgabe nichts. Das wenige Geld, das für den Betrieb des Krankenhauses notwendig ist, wird durch die Erhaltung vieler und sonst vielleicht verlorener oder zu Siechen gemachter Bürger reichlich ersetzt.» Wie die Glieder einer Kette, schrieb Frank, seien die Bürger miteinander verbunden; wenn nur ein Teil roste, seien auch die übrigen bedroht.[11] Dafür zu sorgen, daß möglichst wenig Menschen erkrankten, gebot also der individuelle wie staatliche Egoismus! Bereits 1764 war in Ulm die modifizierte Auflage der *Gedanken von dem Nutzen und der Nothwendigkeit einer medicinischen Policeyordnung in einem Staat* des «Stadt- und Landphysicus» Thomas Rau erschienen, in denen die Notwendigkeit einer staatlich gelenkten Gesundheitsfürsorge ebenfalls «utilitaristisch» begründet wurde: «Die Geschäfte des Friedens können durch kranke Menschen nicht verrichtet, noch der Acker durch schwächliche Leute gebauet werden. Und zum Krieg führen werden starke und dauerhafte Leute erfordert ... Kurz, sieche Menschen sind in keinem Stande vermögend, zu dem Besten des Staates etwas beyzutragen.»[12] Nur wenige Ärzte schienen zu bemerken, daß die Medizin ihren Charakter veränderte.[13] Bordeu, der durch d'Alembert zur literarischen Figur wurde, warnte vor dem «pouvoir medical», der Tyrannei der Ärzte, welche zunehmend die Anordnungen der Behörden beeinflußten,[14] und Goethe fürchtete 1787, daß dank der Humanität «zu gleicher Zeit die Welt ein großes Hospital und einer des anderen humaner Krankenwärter sein wird».[15] Wilhelm von Humboldt betonte deshalb in seinen *Ideen zu einem Versuch, die Grenzen der Wirksamkeit des Staates zu bestimmen* (1792), daß dieser «sich schlechterdings allen Bestrebens, direkt oder indirekt auf die Sitten oder den Charakter der Nation zu wirken ..., gänzlich enthalten müsse».[16] Mancher spürte, daß die «bevormundende Policey» nicht nur Wohlfahrt, sondern auch Unfreiheit und Würdeverlust bewirkte. Viele konnten solche Warnungen dennoch nicht verstehen. Der Zeitgeist sprach für das organisierte Wohlergehen, das zu einer Art *Bürgerpflicht* erhöht wurde. Mit Verstand und Vernunft, aber auch unter Einsatz der Exekutive, schien das Problem Krankheit lösbar und die Gesellschaft reformierbar. Wer als Querdenker oder durch Krankheit unbequem wurde, stand immer auch im Verdacht, juristische, diätetische oder sonstige Regeln mißachtet zu haben. Anpassung und vorauseilender Gehorsam wurden, auch in Gesundheitsfragen, zu bürgerlichen «Tugenden» – vor und *nach* der Französischen Revolution!

Ursprünglich hatten, längst vor Hutcheson, Gregory und Bentham,[17] englische Sozialreformer wie der Arzt und Gutsbesitzer William Petty (1623–1687) oder der Ökonom und Philosoph Nehemiah Grew (1641–1712) ähnliche Thesen vertreten. Petty machte bereits Vorschläge zur Verbesserung der sanitären Verhältnisse und setzte sich für den Bau menschenwürdiger Krankenhäuser, für effektivere Seuchenmaßnahmen und einen besseren Säuglingsschutz ein.[18] Schon damals war abzusehen, daß sich sozial engagierte Ärzte primär als *politische* Akteure sahen; in ihren Händen schien das Wohl des Staates zu liegen.[19] Das Ziel schien harte, durchgreifende Mittel zu rechtfertigen. Überkommene Heilverfahren, Sitten und Rituale wurden abgelehnt, weshalb besonders die ländliche Bevölkerung, der man Unzivilisiertheit und geistige Finsternis unterstellte, als «aufklärungsbedürftig» galt.[20] Der «ideale» Kranke war der passive Patient, dessen «aufgeklärtes» Verhalten sich im Gehorsam gegenüber dem Arzt bestätigte. Die Vorstellung einer (selbst abgestuften) Patientenautonomie, wie sie noch im 17. Jahrhundert John Donne angemahnt hatte,[21] wurde verworfen. Gerade der «öffentliche» Arzt mit exekutiven Vollmachten erhielt eine nie zuvor erlebte Machtposition. Selbstmedikationen wurden untersagt, volkstümliche Hausmittel und die Konsultation von «Quacksalbern» bzw. Laienheilern verboten. Auch Ehe, Sexualaufklärung und Fortpflanzung waren beliebte Forschungsfelder der medizinischen Aufklärer, welche die «offizielle» Moral vorzuschreiben versuchten. «Wenn ein Mann untreu ist, so ist es unrecht, wenn es aber eine Frau tut, so ist es unnatürlich und gottlos», schrieb Theodor Gottlieb von Hippel 1774 in seinem Büchlein über die Ehe.[22] Franz Anton Mai (1742–1814) setzte sich in Mannheim für die Gesundheitserziehung der Kinder ein, sah sich aber nicht weniger als Hüter der Moral und des Anstands.[23] Ärzte galten zunehmend als der «rechte Arm» der Obrigkeit. Allerdings kontrastierte ihr Kontrollanspruch mit der Tatsache, daß die meisten Landbewohner zeitlebens ohne Arzt auskommen mußten. Ihre «Medikalisierung» scheiterte so zwangsläufig.[24] 1790 wohnten 78 Prozent aller französischen Ärzte in den Städten, aber 80 Prozent der Menschen in Dörfern![25] Die meisten Franzosen vertrauten sich im Krankheitsfall Menschen an, deren Wissen nie durch eine Prüfung verifiziert worden war!

Foucault und seine Schüler haben sich mit der Medizin der Aufklärung besonders kritisch auseinandergesetzt.[26] Tatsächlich zwang das Diktat der Ökonomisierung die Gesundheitsplaner, Alte, chronisch Kranke und psychisch auffällige Menschen in billigere Anstalten auf dem Land abzuschieben. Besserungs-, Zucht- und Arbeitshäuser dienten hierbei als Vorbilder, wobei es schon äußerlich zuweilen schwierig war, diese von «Krankenhäusern» zu unterscheiden. Die tägliche Kontrolle des Kranken und die Protokollierung seines Zustandes schufen problematische Abhängigkeiten. Daß Anstaltsinsassen – im Dienste der Allgemeinheit – der Wissenschaft zur Verfügung zu stehen hatten, galt so als selbstverständlich. Ungeachtet obligatorischer philanthropischer Beteuerungen wurde das *Krankenhaus*, welches zunehmend das alte, von Orden, karitativen Gemeinschaften oder Kommunen getragene Spital ablöste, vom Kosten-Nutzen-Kalkül beherrscht. Allerdings wurden hier immer noch bevorzugt Arme und Bedürftige behandelt, während Reiche ihre Ärzte zu Hause empfingen. Diagnostik und Therapie führten im Klinikalltag übergangslos, je nach Temperament und Ehrgeiz des Arztes, zum wissenschaftlichen *Experiment* (inklusive der Demonstrationsoperation) und häufig, nach dem Ableben der Kranken, zur *Sektion*.[27] Auch Versuche an Lebenden kamen immer mehr in Mode. Der Kranke wurde zum *Mittel*, «sey es auch zur Bestätigung irgendeiner neuen Methode oder Kunst».[28] Scham und (auch psychologische) Schmerzgrenzen spielten für manchen forschungsbegeisterten Mediziner kaum noch eine Rolle. Man hatte «übergeordnete» Interessen im Auge, die jene des Individuums, besonders des armen oder gar gesellschaftlichen Außenseiters, «natürlicherweise» außer Kraft setzten. Mancher Arzt berauschte sich regelrecht, wenn sich, wie in Georg Büchners Drama *Woyzeck* (1836), die erwarteten Ergebnisse einstellten – und vergaß den Menschen, an dem er experimentierte.[29]

Foucault berücksichtigte andererseits kaum, daß viele Kranke vom aufklärerischen Impetus der «Medikalisierung» profitierten und die Qualität von Therapie und Krankenpflege *vor* der Aufklärung vielerorts mehr als zu wünschen übrig ließ, ja inhumane Züge trug. Auch der Zusammenhang von Armut und Krankheit wurde nun erstmals klar herausgestellt. Franks (zunächst übrigens lateinisch gehaltene) *Akademische Rede vom Volkselend als der Mutter der Krankheiten* (Pavia 1786) hatte programmatische Wirkung.[30] Bauernelend und Leibeigenschaft waren nicht nur in der österreichischen Lombardei alltägliche Realität. Auch bedeutete die hygienegerechte Umstrukturierung alter Hospitäler zu Krankenhäusern, nicht weniger als die nunmehr forcierte Gesundheitserziehung,[31] einen beachtlichen sozialen Fortschritt. Es war so bis zu Franks Reform vielerorts noch üblich gewesen, *mehreren* Patienten ein einziges Bett zur Verfügung zu stellen! Lüftung, Reinigung und Pflege wurden nun durch kaiserlichen Befehl verbessert. Doch waren diese Maßnahmen, es sei noch einmal betont, eher vom *wirtschaftlichen Kalkül* als vom Mitleid bestimmt. «Die minutiöse Überwachung des einzelnen Kranken, die Konstruktion einer Patientenkarriere, die exakte Erfassung des Verbrauchs von Medikamenten, Krankenkost, Dauer des Aufenthalts, Art der Therapie ... machten die individuell anfallenden Kosten sowie die systematische Planung und Berechnung der Betriebsressourcen des gesamten Komplexes ‹Krankenhaus› erst möglich» (Barthel).[32] Von Befragung, «Einverständniserklärung» oder Information des Kranken über Risiken oder Vorteile bestimmter Heilverfahren konnte keine Rede sein. Das Krankenhaus war zunächst tatsächlich ein Experimentierfeld aufklärerischer Ärzte und Beamter, die von Zahlenspielen, Bilanzen und der planbar erscheinenden *Volksgesundheit* fasziniert waren. Von der Erzeugung bis zur Beerdigung erschien das Leben regulierbar und kontrollierbar. Die neuen Lehren, die sich mit dem von Gregory und Percival verkündeten Ethos verbanden, faszinierten – Ärzte durften sich als privilegierte «Staatsdiener» fühlen. Ihr Gewissen schulte sich, wie dasjenige der Juristen und Geistlichen, am allgemeinen Nutzen ihres Handelns. Das ethisch komplexe Verhalten, das Gregory angemahnt hatte,[33] wurde zunehmend obrigkeitskonform. Die steilere Karriere und das höhere Ansehen winkten demjenigen, der rein ökonomisch argumentierte. In einer Zeit, in der man zunehmend nationalistisch dachte, schien das Wohl des Staates wichtiger als subjektives Leid.

Aufklärerische Begeisterung und die Popularität der «medizinischen Policey» erklärten auch ungewöhnliche ärztliche Karrieren wie diejenige Johann Friedrichs von Struensee (1737–1772). Zunächst als «Amtsarzt» in Altona tätig, wo er die sozialen Mißstände der Hamburger Region kennenlernte, wählte ihn Christian VII. von Dänemark als Reisebegleiter und Berater aus. Der königliche Leibarzt und zuletzt «Geheime Kabinettsminister» intendierte eine umfassende Sozial-, Gesundheits-, Wirtschafts-, Militär- und Bildungsreform. Ein kranker Staat erschien, so Struensees utilitaristische Grundüberzeugung, mit den «Salben der Aufklärung» heilbar. Vernunft, Humanität und Kontrollen sollten den Heilungsprozeß beschleunigen. Als nützlich galt der

Bürger, der hierzu beitrug. Rigoros korrigierte der frühere Arzt nun statt des *Mikro-* den *Makro*kosmos. Beide wurden – im Sinne de La Mettries – mit Maschinen verglichen, deren Getriebe veraltete oder alternative Heilmethoden ebenso zu stören schienen wie Adelsprivilegien und kirchliche Traditionen. Die eingeleiteten Reformen wurden freilich (noch) als allzu hart empfunden; Struensee wurde 1772 auf Betreiben konservativer Adliger hingerichtet. Das Ende seiner Erneuerungspolitik, die mit einer Liebesbeziehung zur Königin verquickt war, war im Europa des ausgehenden 18. Jahrhunderts dennoch eine vieldiskutierte Sensation.[34] Daß Struensee nach seiner medizinischen Ausbildung *politisch* wirkte, wurde allerdings als fast selbstverständlich erachtet. Ärzte galten als natürliche Berater der Regierungen.

Auch diejenigen, welche nicht in staatlichem Auftrag arbeiteten, waren von der Idee des Messens, Vergleichens und Protokollierens von Menschen und Krankheiten angetan. Mancher verlor, ohne sich dessen bewußt zu werden, die Achtung vor Individuen, die nicht der Norm entsprachen. So diskutierte man die Frage, ob es ethisch geboten war, Ausländer oder gar Nichteuropäer zu behandeln, zumal dann, wenn sie dem Gastland, ökonomisch gesehen, kaum Nutzen brachten. Man begann, «wissenschaftlich» Gehirngröße, Gesichtslinien und Körperproportionen, etwa von Afrikanern, zu untersuchen und das «exotische» Verhalten zu studieren.[35] Nach dem Berliner Chirurgen Schaarschmidt (1720–1791) galt es als ausgemacht, «daß die Indianer eine gar unmäßige und recht viehische Wollust besitzen», weshalb die Syphilis «immer weiter fortgepflantzet» wurde.[36] Selbst der große Naturforscher Linné stritt den Hottentotten jede menschliche Verwandtschaft ab und behauptete, daß ein Pygmäe «mehr mit dem Affen als mit uns übereinkomme».[37] Der Anthropologe und vergleichende Anatom Johann Friedrich Blumenbach (1752–1840), Besitzer einer berühmten Schädelsammlung, entwarf bereits 1782 eine «wissenschaftliche» Lehre der «Rassen», die sich, so seine Theorie, infolge von Klima, Umwelt, Nahrung usw. differenzierten, immerhin aber ausnahmslos, wie er konzidierte, der menschlichen *Gattung* angehörten.[38] Dagegen hatte der Anatom und Naturforscher Samuel Thomas Soemmering (1755–1830) den Eindruck, Europäer verfügten über «ein zwar nicht öffentlich anerkanntes, desto mehr aber fast bis zur Kränkung der Menschheit in der Anwendung ausgedehntes Vorrecht über die Negern» und fragte im Sinne Linnés: «Wie wär's, wenn sich anathomisch dartun ließe, daß die Mohren weit näher als die Europäer ans Affen-Geschlecht gränzen?»[39] Kaum ein Arzt oder Naturforscher empfand solche Behauptungen als anrüchig. Unbekümmert stritt man darüber, ob einige «Wilde» trotz ihrer Verwandtschaft zum Tier zivilisierbar waren.

Auch die Geisteswissenschaften trugen zu solchen Urteilen bei. Nachdem Kant (1775) «die Menschheit in ihrer größten Vollkommenheit in der Race der Weißen» erkannt und der Naturhistoriker Lorenz Oken (1779–1815), ein Schüler Schellings, regelrechte Rassentypologien entwickelt hatte,[40] sah eine Generation später der Arzt, Maler und Schriftsteller Carl Gustav Carus (1789–1869) in den (selbstverständlich europäischen) *Tagvölkern*, denen er die «Nachtvölker» und «östlichen und westlichen Dämmerungsvölker» gegenüberstellte, die «eigentliche Blüthe der Menschheit».[41] Er vermutete eine entsprechende Ungleichheit an sozialer Nützlichkeit, betonte allerdings die Verpflichtung der «Tagvölker», weniger begabten zu helfen. Das neue Ideal des gesunden, tüchtigen und gebildeten Europäers wurde unter dem Beifall der «Bildungsbürger» in die Nähe der altgriechischen *Kalokagathia* gerückt.[42] Bereits 1775 waren Johann Caspar Lavaters *Physiognomische Fragmente zur Beförderung der Menschenkenntnis und Menschenliebe* erschienen.[43] Schon äußerlich könne man «die Blutmischung, die Constitution, die Wärme, die Kälte, die Plumpheit oder Feinheit, die Feuchtigkeit, Trockenheit, Biegsamkeit, Reizbarkeit eines Menschen betrachten», behauptete der Züricher Geistliche, der seinerseits auf Christian Adam Peuschels *Abhandlung der Physiognomie, Metoskopie und Chiromantie* (1769) zurückgriff und mit Unterstützung Zimmermanns, Mercks, Herders, Gessners, Füßlis und Sulzers die «in der Natur gegründete Wissenschaft» der «medicinischen Physiognomie» begründete.[44] Das Erraten von Charakter, Gesundheitszustand und Belastbarkeit nach der Kopf- und Gesichtsform (oft auch nur nach dem Scherenschnittprofil) war zur Goethezeit ein beliebtes Gesellschaftsspiel. Der Satiriker Lichtenberg schrieb 1778 skeptisch: «Wenn die Physiognomik das wird, was Lavater von ihr erwartet, so wird man die Kinder aufhängen, ehe sie die Taten begangen haben, die den Galgen verdienen.»[45] Die «volkshygienischen» Ansätze aufgeklärter Ärzte bestärkten seine Bedenken, daß hier «mächtige, beliebte und dabei tätige Stümper ihrer Gesellschaft gefährlich werden können».[46] Lichtenberg stand mit dieser Kritik, wie im folgenden Kapitel gezeigt wird, keinesfalls allein.

Der Schritt zur *eugenischen* Manipulation von Gesundheit und Nützlichkeit, die somit schon äußerlich erkennbar wurden, lag nahe. Von ärztlicher und politischer Seite kam kaum Protest. Auch Frank hielt es für wünschenswert, «daß schöne, mit einem starken, wohlgebauten und gesunden Körper prangende Menschen, wären sie auch aller anderen Mittel beraubt ... mit ihresgleichen an Gesundheit und Körpervollkommenheit und in Erziehung» die Ehe schließen und «so die Anzahl starker, wohlbeschaffener Bürger nach und nach vermehrt würde».[47] Als radikalste Form der Gesundheitsplanung schien die Eugenik vernünftig und nützlich. Die Erhöhung der Einwohnerzahl war nach Frank «dem Staat nachtheilig», wenn sich auch «die Gebrechlichen vermehren».[48] Deshalb sollten all diejenigen ausgemustert werden, «welche nur schlechten Samen in den Acker des gemeinen Wesens aussähen». Beischlaf und Ehe zwischen Menschen, die chronische oder erbliche Krankheiten haben, galten als unverantwortlich.[49] Frank unterschied zwei «Klassen» von Menschen: eine reproduktionsfähige, brauchbare, natürliche, schöne und eine reproduktionsunfähige, unbrauchbare, bestialische, häßliche.[50] Was Platon, Morus oder Bacon nur in utopischen Entwürfen zu sagen wagten,[51] sollte nun in die Tat umgesetzt werden. Kaum eine Phase des menschlichen Lebens erschien so unwichtig, daß sich die «medizinische Polizey» nicht «vernünftig» darum zu kümmern hatte. Wer daran zweifelte, wurde durch passende Statistiken belehrt.[52]

Wenn auch nicht *alle* Mediziner solchen Theorien anhingen – mangels geeigneter Ärzte ließen die Behörden mancherorts sogar noch alternative Heilmethoden zu[53] –, bedeutete der neue, durch Vernunft und Utilitarismus gewiesene Weg einen deutlichen Bruch mit dem klassischen ärztlichen Ethos. Es bleibt erstaunlich, daß schärfere Proteste ausblieben. Struensees Ende konnte dennoch als Alarmzeichen gedeutet werden. Immerhin kritisierte Johann Benjamin Erhardt (1766–1827), Arzt in Nürnberg, Ansbach und Berlin, im Namen der «natürlichen» Freiheit des Bürgers dessen zunehmende gesundheitliche Bevormundung. Die Aktivität der Medizinpolizey solle, so sein Vorschlag, einer sorgfältigen Kontrolle, ja Rechenschaftspflicht unterworfen werden. Irre sich der Amtsarzt, müsse vom Staat sogar Schadensersatz geleistet werden.[54] Dennoch hatte auch für Erhardt, der von Kant geschätzt wurde, der Arzt nur als «Staatsdiener bürgerlichen Wert». Der einfache, väterliche Landarzt, wie ihn Stifter beschrieb, erschien den medizinischen Vordenkern als Relikt einer inhumanen Vergangenheit.

31. Antiutilitaristische Strömungen in Deutschland – Hufeland, Goethe und die Medizin der Romantik

Der Utilitarismus und die geplanten Reformen der Gesundheitssysteme stießen deshalb in der deutschen Ärzteschaft auf begeisterten Beifall. Einige Intellektuelle warnten allerdings vor der Entwicklung – Humboldt, Lichtenberg oder Erhardt wurden bereits zitiert.[1] Kant unterstrich in der *Grundlegung zur Metaphysik der Sitten,* der Mensch «und überhaupt jedes vernünftige Wesen» existiere «als Zweck an sich, nicht bloß als Mittel zum beliebigen Gebrauche für diesen oder jenen Willen». Seiner Würde entspreche es, Menschen, d.h. auch sich selbst, «niemals bloß als Mittel» zu benützen.[2] Die staatliche Verfügungs- und Kontrollgewalt sei deshalb aus moralischen Gründen zu begrenzen. Carl Gustav Carus (1789–1869) relativierte die Idee der «Gesundheitsorganisation» à la Frank durch die bemerkenswerte These, Störungen des Wohlbefindens, ja Krankheiten gehörten *von Natur aus* zum Leben: «Gerade eine von Grund aus gesunde Natur äußert sich darin, daß sie auch … gesunder Krankheiten fähig ist, d.h. daß Krankheiten – psychische oder physische –, von welchen nun einmal kein Sterblicher ganz unangetastet bleibt, in einem gewissen regelmäßigen Gange … sich entwickeln und vorübergehen.»[3] Dennoch teilte der Leibarzt des Königs von Sachsen mit den Aufklärern die Bewunderung der Natur, die dem Menschen, so seine Überzeugung, seelische Geborgenheit schenke. Moral und Ethos hätten gerade hier ihre unschuldigen, unverdorbenen Wurzeln. Eine pantheistisch anmutende Naturverehrung macht das Individuum angesichts der emotional erlebten Schönheit des Kosmos bescheiden, fromm und – gesund. Der gute Arzt zeichne sich deshalb durch Ehrfurcht vor der Natur aus, die als göttliche Gewalt über den Zustand des Menschen entscheidet.

Der «aufgeklärten» Gesundheitsphilosophie hatte Goethe, der Carus bewunderte,[4] 1782 die These entgegengestellt, man brauche Krankheiten, «um seine Natur von den vielen Schlacken zu befreien».[5] Es geht darum, sich geistig – wenn auch nicht mehr auf konfessionell-kirchlicher Ebene – mit einer menschlichen *Urerfahrung* auseinanderzusetzen. Das Leben verläuft wellenförmig, jedes Leiden impliziert die Hoffnung auf bessere Zeiten. Die spätcartesianische, dem Gemeinwohl verpflichtete Medizin übersah nach Goethe den *subjektiven* Charakter von Krankheiten. Das (freilich nicht meßbare) Gefühl, noch weiterschreiten zu können, Körper und Geist weiter ausbilden zu können, bewirke jene positiven Grundstimmungen, welche die Gesundheit erhalten, die sich ihrerseits durch natürliche Schwankungen der Befindlichkeit auszeichnet. «Es ist schon längst mit Grund und Bedeutung ausgesprochen: Auf dem Gipfel der Zustände hält man sich nicht lange.»[6]

Mit seiner These, daß Leib und Seele nur *gemeinsam* gesunden können, widersprach Goethe jener sich auf Descartes und de La Mettrie berufenden Ärztefraktion, die sich ausschließlich für das «Mechanische» der menschlichen Existenz interessierte.[7] Mit Nachdruck warnte er vor dem «Newton'schen Gespenst»,[8] das Mensch und Tier erniedrige: «Das Messen eines Dings ist eine grobe Handlung, die auf lebendige Körper nicht anders als höchst unvollkommen angewendet werden kann.»[9] In den *Zahmen Xenien* hatte er den Ärzten vorgeworfen: «Das ist eine von den alten Sünden: Sie meinen, Rechnen, das sei Erfinden!»[10] Goethes physiologische Studien, aber auch umfassende Korrespondenzen brachten ihn zu der Überzeugung, daß das Leben mathematisch nicht faßbar sei, sondern auf einer ständigen Wandlung aus dem Einfachen zur Vielfalt beruhe, wodurch «ein Erhöhtes aus dem Niederen, ein Starkes aus dem Schwachen, ein Schönes aus dem Unscheinbaren» hervorgeht. Hier liege das Geheimnis der Physiologie, die eine ethische, ja philosophische Dimension erhält. Leib und Seele erscheinen untrennbar verbunden.[11] Es ist deshalb unmoralisch und anmaßend, menschliches Leben und Leiden ausschließlich nach mechanistischen Kriterien zu beurteilen. Die häufig philanthropisch oder karitativ begründete Entscheidung für den ärztlichen Beruf war Goethe im übrigen eher unheimlich: «Wer würde ein Arzt werden, wenn er alle Unbilden auf einmal vor sich sähe, die seiner warten?» Müßte man nicht verzweifeln, «das Übel kennend, wie es der Arzt kennt?»[12] Goethes Thesen bestärkten Mediziner wie Hufeland und Carus (der nicht zufällig den Begriff des «Unbewußten» in die Medizinliteratur einführte!), sich neben dem Studium der Praxis auch mit der Beziehung von Leib und Seele auseinanderzusetzen. Daß der Psychiater Heinroth zu dieser Zeit erstmals das Wort «Psychosomatik» benützt, läßt sich nur im Kontext der «Romantik» verstehen![13]

Auch Christoph Wilhelm Hufeland (1762–1836), Goethes Arzt und Gesprächspartner, fühlte sich primär als *Aufklärer*. Es galt ihm als Verstoß gegen das ärztliche Ethos, «mittelalterliche» Heiltechniken wie «Behexung, Sympathie des Körpers, den Stein der Weisen, geheime Kräfte, Chiromantie, Kabala, Universalmedizin usw.» zu verteidigen oder Kranke durch Astrologie, Alchemie, Paracelsismus oder Zauberei à la Cagliostro zu täuschen (was einmal mehr unterstreicht, daß diese Praktiken im 18. Jahrhundert noch aktuell waren!).[14] In *Absterbeordnungen* versuchte er, die sozialen Ursachen von Krankheiten aufzuzeigen. Von 1000 Neugeborenen starben um 1800, folgt man seiner Analyse, 24 bei der Geburt, 50 durch das «Zahnen», 277 in den ersten zwei Lebensjahren durch «Konvulsionen» und andere «Kinderkrankheiten», durch die Blattern 80 bis 90 und die Masern 10. Ähnliche Statistiken legte Hufeland über die Lebenserwartung von Frauen vor: Von 1000 Menschen starben letztlich nur 78 im Alter eines «natürlichen» Todes.[15] Ungeachtet solcher durchaus zeitmodischer Untersuchungen[16] erkannte er, wie einst Sorbière,[17] daß der Heilkunst «bei weitem» die «Vollkommenheit und Bestimmtheit» fehlte, «um über alle Heilmethoden urteilen zu können».[18] In seiner *Makrobiotik*, einem Bestseller des 19. Jahrhunderts, unterstrich er wie Goethe und Carus die individuelle *Eigenverantwortung* für die Gesundheit.[19] Hufelands Ratschläge thematisierten im übrigen zahllose Lebensbereiche des Menschen wie Arbeit, Nahrung, Schlaf, Freizeitgestaltung, Hygiene, Sexualität, aber auch die krankmachende «Vielgeschäftigkeit» oder Gefahren des Reisens. Wie in der klassischen Diätetik wird in allen Lebenslagen ein goldener Mittelweg angemahnt. Der Arzt hat dabei regulierend und beratend einzugreifen, der Patient natürlich zu gehorchen. Andernfalls verstößt er auch nach Hufelands Überzeugung gegen die Interessen des Gemeinwohls. 1791 erschien nicht zufällig Friedrich Hennings Buch *Von den Pflichten der Kranken gegen die Ärzte*, wo diese Abhängigkeit bzw. Gehorsamspflicht ausführlich begründet wird.[20]

In seiner Schrift *Die Verhältnisse des Arztes* (1806) unterstrich Hufeland, der Arzt führe ein «Leben für andere, nicht für sich».[21] Dabei habe er humanitäre Grundsätze zu beachten. Die Heilkunst orientiere sich nämlich an den «heiligsten Gesetzen der Religion und Menschenliebe», weshalb nur «ein rein moralischer Mensch» ein guter Arzt sein könne. Nützlichkeitsdenken sowie Anflüge von «Ehr- oder Geldgeiz» werden scharf verurteilt.[22] Zunächst sei den Menschen die *Furcht* – vor allem vor dem Tod – zu nehmen, welche ihre Lebenskraft «konsumiert» und die Langlebigkeit einschränkt.[23] Prophylaktische und psychohygienische Maßnahmen seien allgemein effektiver als Medikamente. Hufeland griff auf traditionelle, vor allem hippokratische Deontologien zurück, mischte sie aber mit aufklärerischen Tendenzen, die er, ähnlich wie Gregory, mit christlichen Argumenten untermauerte. Bei der Behandlung darf es keine Unterschiede zwischen Reichen und Armen, Prominenten und einfachen Menschen geben («Was ist eine Hand voll Gold gegen die Tränen des Danks in den Augen des Armen?»). An Kant erinnert die Mahnung, Kranke «nie als bloßen Gegenstand eines Naturexperiments, sondern als Menschen, als höchsten Zweck der Natur selbst» zu betrachten.[24]

Hufeland beschwor auch die ärztliche Solidarität. Kunstfehler könnten, so seine kollegenfreundliche These, kaum belangt werden, «da alles auf die genaueste Bestimmung des Falles ankommt, die hinterher fast nie auszumitteln ist». Niemand könne auch leugnen, «daß man in dem Heilungsgeschäfte auf verschiedenen Wegen seinen Zweck erreichen kann».[25] Gerade diese künstlerische wie methodische Freiheit des Arztes schließe therapeutische Richtlinien aus. Vor allem der Laie ist deshalb, wie bereits Percival erkannt hatte,[26] nicht zur Kritik befugt. Auch das seit hippokratischer Zeit angemahnte Benehmen des Arztes in Alltag und Gesellschaft, sein Äußeres wie die Art der

Argumentation, Mimik und Rhetorik («freundlich mit Würde, anständig ohne Affection») erscheinen immer noch wichtig. «Neueste Moden in Kleidungen und in Wissenschaften» liebte der gebildete Empiriker ebensowenig wie Angeberei und Scharlatanerie.[27] Seine Abneigung gegen sich aufplusternde Theoretiker verband Hufeland mit dem Erfurter Medizinprofessor August Friedrich Hecker (1763–1811), der infolge der ständigen, Ärzte wie Patienten verwirrenden Suche «nach neuen Theorien, Spekulationen, Systemen usw.» sogar den Untergang seines Standes befürchtete,[28] oder mit dem erwähnten kurpfälzischen Hofarzt Franz Anton Mai, der ebenfalls dafür plädierte, «mehr für die Vervollkommnung der praktischen Heilkunde als für die Verfinsterung der Theorie» zu tun.[29] Hufeland forderte ein auf Bescheidenheit, Erfahrung und Klarheit begründetes Ethos. Seine dezidierte Haltung gegenüber jedem Ansatz aktiver Euthanasie und seine diesbezügliche Weitsicht wurden schon erwähnt.[30]

Selbst dem tödlich Erkrankten sei ferner eine gewisse *Hoffnung* zuzugestehen. Es ist «heilige Pflicht» des Arztes, «alles zu vermeiden, was den Kranken niederschlagen oder muthlos machen könnte».[31] Nimmt die Todesgefahr zu, sei «desto mehr Heiterkeit und froher Muth» zu demonstrieren. «Den Tod verkündigen heißt den Tod geben ... und darf nie ein Geschäft dessen sein, der bloß da ist, um Leben zu verbreiten», lautete eine seiner berühmtesten Mahnungen.[32] Gibt es ein letztes Mittel zur Rettung, das aber, im Falle eines Fehlschlags, das Ende beschleunigen könnte, ist diese Chance ungeachtet aller Risiken (und Gefahren für den ärztlichen Ruf) zu nutzen. Der Arzt darf freilich niemals die letzte Instanz über Leben und Tod sein (vgl. Kapitel 18). Stets muß er aber *gewissenhaft* handeln: «Das einzige, was bei der Kur in unserer Gewalt steht, ist die Überzeugung, redlich unsere Pflicht erfüllt zu haben.»[33]

Obgleich er politische Verantwortung hat, sollte der Arzt nach Hufeland auch keiner Partei angehören und sich jeglicher Äußerung zur Tagespolitik enthalten. Satire, Witz oder gar zynische Bemerkungen hat er zu meiden. Ständige Methodenkritik, ein gesundes Maß an Selbstzweifel («nur glaube keiner, daß er allein in dem Besitze der wahrheit sey»), eine hohe Bewunderung der «Erfahrung gereifter Ärzte» und die Einsicht, «daß der Anfang des Zweifelns und die Erkenntnis dessen, was man nicht weiß, das sichere Kennzeichen und zugleich einzige Mittel des Fortschreitens ist», kennzeichnen den guten, tugendhaften Mediziner,[34] der «nichts als das Wohl des Kranken vor Augen» hat. Die Forderungen des großen Arztes gingen damit weit über Fragen der «Etikette» hinaus.

Hufelands methodische Großzügigkeit war keinesfalls zeittypisch. Sie galt auch nicht *allen* Kollegen. Der «tierische Magnetismus» und die Suggestions- und Hypnosetherapien des Modearztes Franz Anton Mesmer (1734–1815)[35] mißfielen ihm ebenso wie die schon erwähnten Teufelsaustreibungen des Jesuitenpaters Joseph Gassner.[36] Tatsächlich standen sich um 1800 Anhänger verschiedenster Heiltechniken und -konzepte feindselig gegenüber. Samuel Hahnemann (1745–1843), der Begründer der Homöopathie, dessen nosologisches und therapeutisches Konzept als einziges nahezu unverändert vom 18. Jahrhundert bis in die Gegenwart überlebt hat, zeigte eine unversöhnliche Abneigung gegen die «Allopathen», wobei er seinerseits, zumal er nicht nur Arzneien, sondern auch «Fremdstoffe» zur Auslösung der «Ersatzkrankheit» verwendete, von den nichthomöopathischen Kollegen geschmäht wurde.[37] Die führenden Ärzte der Romantik, die häufig konkurrierende Schulen begründeten (auf die hier nur ansatzweise eingegangen werden kann), waren allerdings meist überragende Persönlichkeiten mit großem Charisma, was ihre Anhänger zu blinden Gefolgsleuten werden ließ. Andersdenkende wurden in der Regel attackiert. Die bloße Gegenwart des Meisters vermittelte den Adepten ein Gefühl von Hoffnung und Gesundheit, wobei Eitelkeit und Selbstüberschätzung durchaus zum Handwerk gehörten. Der schwäbische Arzt und Dichter Justinus Kerner wurde z. B. als Kind von dem «Magnetisten» Gmelin behandelt; er fiel – niemand hatte es anders erwartet – in Ohnmacht, als der berühmte Arzt ihn nur berührte. Auch von den Patienten Mesmers wurde dieses Phänomen berichtet.[38] Die ärztlichen Protagonisten selbst fanden dies offensichtlich nicht anstößig. Die starke Arztpersönlichkeit war um 1800 gesucht und wurde bewundert. An Johann Nepomuk Ringseis, dem Leibarzt und Reisebegleiter des bayrischen Königs, rühmte ein Schüler, «daß er geschöpft aus dem Ganzen und Vollen, daß er seine Wissenschaft niemals losgelöst von der wissenschaftlichen Gesamtwahrheit, vom Bleibenden in Welt- und Menschheitsgeschichte, vom Urheber aller Dinge …, während es ihm (allerdings) von anderen am meisten zum Vorwurf gemacht wurde».[39] Ringseis lehrte eine enge Verbindung von Heilung und *religiöser* Erfahrung, die er in der «echten» Kunst verwirklicht sah, welche vor allem in Italien zu genießen war (auch Carus, der selbst malte und mit Caspar David Friedrich befreundet war, erkannte in der Kunst ein urmenschliches Mittel, sich Gesundheit und glückliche Stimmungen zu bewahren). Das Ethos von Ringseis verlangte, den *ganzen* Menschen in die Therapie einzubeziehen, ja ihn durch Betrachtung von Kunstwerken, historische Studien und katholische Gläubigkeit gegen Krankheiten zu stärken. Ohne Christentum – so seine Antwort an die Aufklärer – keine Humanität und Gesundheit!

Tatsächlich erhielt die Medizin der Romantik dank ihrer Verflechtung mit Philosophie und «Naturgeschichte» aus der zeitgenössischen Literatur, Theologie, Philosophie und Kunst wichtige Impulse. Ärzte wie Röschlaub, Philosophen wie Kant, Schelling und Hegel sowie Dichter wie Novalis verband, wie bereits die Schriftstellerin Ricarda Huch erkannte,[40] die These, daß alle

Krankheiten letztlich Variationen *einer* Störung und deshalb auch *einer* (ganzheitlich-umfassenden) Therapie zugänglich seien.[41] Andreas Röschlaub (1768–1835), Professor in Bamberg und Landshut, propagierte die Reiztheorien des schottischen Arztes John Brown (1735–1788)[42] und vereinte sein spekulatives Physiologiekonzept mit der «Naturphilosophie» Schellings, der sich als Philosoph begeistert medizinischen Fragen zuwandte, ja umstrittene Therapien Schwerkranker veranlaßte.[43] Der hier evidente Irrationalismus sah sich ebenfalls als Herausforderung einer aufklärerischen Heilkunde, die sich teilweise bereits als messende, an ökonomischen Prinzipien orientierte Naturwissenschaft verstand. «Das Auflehnen einer Generation von Ärzten gegen das Bestreben eines Staates, den freien Arzt zum Medizinalangestellten umzufunktionieren» (Lammel)[44] verband sich mit dem Gefühl, neue Wege der Naturforschung, aber auch Philosophie und religiösen Weltinterpretation zu beschreiten. Die Rezeption Browns in Mitteleuropa – der überzeugte Positivist Virchow verglich sie später mit einem «verheerenden Erdbeben» – führte zu einer Simplifizierung, aber auch Popularisierung der Physiologie, die jedermann verständlich erschien. Auf ganzheitlicher Basis entwickelten Ärzte, Geistliche, Künstler und Philosophen Therapiemodelle, die Leib *und* Seele berücksichtigten und der staatlichen Bevormundung Paroli boten. Vor allem in Deutschland war das «romantisch-spekulative» Denken sehr verbreitet. Selbst Hufeland, der der Bewegung eher kritisch gegenüberstand, bedauerte, daß sein Werk «eine mehr philosophische Form vermissen lasse».[45] Dichter wie Novalis bekämpften den Brownschen Reduktionismus mit Leidenschaft: der Leib sei ein komplexes Gefüge und deshalb unzähligen Einflüssen unterworfen. Seelische Faktoren, aber auch das Denken beeinflußten ihn als ganzen wie einzelne Teile und Organe.[46] Aufgabe des verantwortungsbewußten Arztes sei es, als «Künstler» die «freie Harmonie» von Seele und Körper im Kranken anzustreben, der vor schädlichen Außenreizen zu schützen sei. Er respektiert die Würde seines im Dialog mit ihm gereiften Patienten, dem er, wenn der Zeitpunkt gekommen ist, die Entscheidung über seine Befindlichkeit selbst überläßt. Die romantische «Lebenskunstlehre» ermöglicht es, daß jeder sein eigener Arzt wird.[47]

Viele Ärzte dieser Epoche hielten ihre Patienten allerdings in kaum geringerer Abhängigkeit als die Aufklärer. Die therapeutische Nutzung der Somnambulie oder der Mesmerismus stellen hierfür charakteristische Beispiele dar![48] Auch war man gegenüber Staat bzw. Adel und Fürsten nicht weniger unterwürfig als die staatlichen «Gesundheitsplaner», welche man bekämpfte. Dem Zeitgeist entsprechend versuchte man sich als Naturforscher bzw. Naturhistoriker zu verkaufen. Mesmer lehnte Okkultismus und Mystizismus, wie sie manche Gesundbeter betrieben, demonstrativ ab und unterstrich seine wissenschaftliche «Redlichkeit», indem er sich bei seinen Heilungen immer wieder auf den «tierischen Magnetismus» berief.[49] Allerdings kümmerte man sich intensiv um das «Unbewußte» (das bestimmten Nervenstrukturen zugeordnet wurde) und die geheimnisvollen Verbindungen von Leib und Seele. *Psychische* Störungen erfuhren ein besonderes Interesse. Naturforschung, d.h. in der Romantik vor allem *Naturphilosophie,* wurde zum Mittel, primär unbekannte psychische Zusammenhänge, vor allem die «Nachtseite» der Seele zu erläutern. Die Natur galt Schelling als der «unsichtbare Geist», dieser als «unsichtbare Natur».[50] Der Patient hatte sich deshalb dem Arzt oder «Heiler» radikal zu offenbaren.

Die Kritik an der «Vorherrschaft des Subjektiven» konnte nicht ausbleiben (in der medizinhistorischen Forschung wurde sie bis heute relativ wenig beachtet!). Die Jenaer *Allgemeine Literatur-Zeitung* spottete, man könne in Bamberg mit den Thesen Schellings zum Doktor der Medizin promovieren,[51] während der Würzburger Theologie-Professor Franz Berg 1802 ironisch wünschte, daß den Arzt und Schelling-Anhänger Franz Reubel nicht der «Unfall» treffe, «diejenigen, welche er idealistisch heilte, reel zu tödten».[52] Schellings Therapieversuch an Auguste Boehmer (1800), der mit dem Tod der Patientin endete, setzte den Philosophen dem Vorwurf des Dilettantismus aus,[53] ja rückte ihn ethisch in ein fragwürdiges Licht.

Tatsächlich hatten sich viele romantische Ärzte und Philosophen allzuweit von der traditionellen *Empirie* entfernt. In wenigen Jahrzehnten sollte ihr anthropologisch akzentuiertes Theoriegebäude zusammenbrechen. Die Vielfältigkeit der Methoden und die Konkurrenz der Schulen beschädigte den Ruf der gesamten Medizin. Aus der Sicht Hufelands bewährte sich das ärztliche Genie in Hilfsbereitschaft und der Beherrschung der Kunst, nicht aber in Spekulationen und Mystizismus. Trotz weitverbreiteter Bedenken gegen den Utilitarismus etablierte sich definitiv die *Vernunft* als Leitstern der Heilkunde – die Entwicklung in Frankreich und England hatte die deutsche Ärzteschaft nicht unberührt gelassen. Schließlich legte man mehr denn je, wie die Auseinandersetzung mit den Chirurgen gezeigt hatte,[54] auf das traditionelle Universitätsstudium Wert, dessen Erfahrung und Prestige Laienheilern und Traumdeutern verwehrt war, mochten sie über noch so viel Charisma verfügen.[55]

Das Jahrhundert der «Vernunft»

32. Vernunftethik im 19. Jahrhundert: England und Amerika

Während in Deutschland mit der «Romantischen Medizin» eine starke antiutilitaristische Bewegung entstanden war, blieb das Ethos der Ärzte in England und Amerika vom Gedankengut Benthams und Percivals beherrscht. Die *Medical Ethics* des Arztes aus Manchester prägten das Verhalten der englischen Mediziner derart nachhaltig, daß «Großbritannien auf dem Feld der ärztlichen Ethik mehr als hundert Jahre wenig Originelles» produzierte (Jonsen).[1] Kunstfehler oder Betrugsverdacht wurden kaum noch von Juristen oder öffentlichen Instanzen beurteilt, sondern, im Sinne Percivals, von ärztlichen Ausschüssen nach den Prinzipien von «urbanity and rectitude» geregelt.[2] Der im Idealfall an Erziehung und Allgemeinbildung seinem Patienten überlegene *gentleman-doctor*, welcher Einfühlsamkeit mit Autorität verband, kontrollierte die Richtlinien. Zwar wurde auch in England das traditionelle, hippokratisch oder christlich beeinflußte Ethos weiterhin respektiert, doch führten gesundheitsökonomische Überlegungen, welche ja auch deutsche Ärzte wie Frank motiviert hatten, zu einer utilitaristisch begründeten Aufwertung *gesellschaftlicher* Interessen. Selbst Hufeland, dessen Hauptschriften früh ins Englische übersetzt wurden, vertrat die Meinung, es gebe nur *ein* Leben, nämlich dasjenige der Menschheit, «dargestellt ... in den Millionen vorübergehender und individueller Erscheinungen ...».[3] Die Existenzberechtigung des einzelnen war im Zweifelsfall von geringerer Bedeutung.

Während in Europa Aufklärung bzw. Utilitarismus, aber auch ihre konservativen oder romantischen Gegenströmungen das ärztliche Selbstverständnis beeinflußten, griffen *nordamerikanische* Ärzte eher traditionelle Deontologien auf. Ihr Ethos orientierte sich zunächst am christlichen Caritas-Gedanken, wie überhaupt die Religion für viele Einwanderer (darunter zahlreiche *Protestant dissenters*) sinngebend war. Jesus spielte hier eine ähnliche Rolle «wie einst Asklepios, Hygieia und Panakeia für den Autor des Hippokratischen Eids».[4] Doch hatten nicht wenige Amerikaner in England studiert, dessen Sprache, Fachliteratur und Ethik zunehmend an Einfluß gewann (Benjamin Franklin hatte so 1787 Percivals Aufnahme in die «American Philosophical Society of Philadelphia» vermittelt!).[5] Zwischen 1808, als, wie erwähnt, die «Boston Medical Society» Percivals Schrift rezipierte, und 1847, als die neugegründete «American Medical Association» (AMA) auf sie zurückgriff, feierten die *Moral Ethics* in Amerika zunehmend Triumphe. Die inaugurierende AMA-Sitzung wurde von zwei Themen beherrscht: der Suche nach ethischen Leitlinien für den Alltag und einer (von Percival übrigens als weniger wichtig erachteten)[6] Vereinheitlichung der ärztlichen Ausbildung. Daß erstere vor allem das Verhältnis der Ärzte *untereinander* regelten, löste später eine gewisse Kritik aus. Tatsächlich konnten der rigorose paternalistische Ansatz wie das Gebot unbedingter kollegialer Solidarität befremden: Nach Percival sollte es ausschließlich ärztliche Aufgabe sein, Kunstfehler oder angebliches Fehlverhalten von Kollegen zu beurteilen, da Laien mangels fachlicher Kenntnisse hierzu nicht in der Lage schienen.[7] In anderen Worten: Die «moderne» anglo-amerikanische Medizinethik kreiste in ihren Anfängen weniger um die Frage, wie sich der Arzt gegenüber seinem Patienten zu verhalten hat oder um die Grenzen seiner Kompetenzen, sondern um ärztliche Standesprobleme. Der erwähnte Vorwurf Leakes, man hätte vor allem Themen der ärztlichen *Etikette*[8] behandelt, wurde inzwischen allerdings von Baker und anderen Medizinhistorikern relativiert.[9]

Bereits 1715 war auch in Amerika der Streit um die Pockenimpfung ausgebrochen. Unter dem Eindruck der Auseinandersetzung in England[10] sprach sich die Mehrheit der Bostoner Ärzteschaft gegen «künstliche» Infektionen aus. Vor allem der Geistliche (!) Cotton Mather hatte die Impfung propagiert, nachdem ihm sein farbiger Sklave von der afrikanischen Prophylaxe-Technik berichtet hatte, Gesunden das Sekret Pockenkranker zu injizieren.[11] Die Ärzte beriefen sich kurioserweise auf Gottes Vorsehung, während die Geistlichkeit, auf deren Seite sich zunächst nur wenige Mediziner schlugen, unter Mathers Führung «statistisch» argumentierte und vorbrachte, man könne mit dem Hinweis, Krankheiten und Seuchen seien gottgewollte Prüfungen, jede therapeutische Handlung diskreditieren. Allerdings war auch Mather von den metaphysischen Ursachen der Krankheiten überzeugt, weshalb er Gebete und die Geborgenheit im christlichen Glauben immer noch für die wirksamste Therapie hielt.[12]

Das Ringen um solche Fragen läßt sich bis ins 18. Jahrhundert zurückverfolgen: 1766 wurden die Mitglieder der *Medical Society* von New Jersey angehalten, ihre *fachliche* Fortbildung nicht zu vernachlässigen und in schwierigen Fällen auf den Rat qualifizierter Kollegen zurückzugreifen. Auch legte man, offensichtlich nicht ohne Grund, auf einen vorbildlichen Lebenswandel Wert. So hatte 1765 John Morgan, der in England und Schottland studiert hatte, seine Kollegen in Philadelphia als ebenso inkompetent wie moralisch verkommen gebrandmarkt, und 1769 erinnerte Samuel Bard die Ärzte in New York aus gegebenem Anlaß an das sechste Gebot, das die Unkeuschheit verdammte![13] Fachliche Kompetenz und moralische Integrität bedingten sich aus der Sicht solcher Pioniere amerikanischer Medizinethik gegenseitig.

Albert R. Jonsen und Chester Burns haben die Entwicklung des ärztlichen Ethos im Amerika des 18. und 19. Jahrhunderts ausführlich dargestellt. Benjamin Rush (1746–1813), ein charismatischer Arzt und Politiker aus Philadelphia, Mitunterzeichner der Unabhängigkeitserklärung, forderte eine liberale, auch Frauen offenstehende medizinische Ausbildung und kämpfte gegen Sklaverei und Todesstrafe. In seiner Vorlesung *On the Virtues and Vices of Physicians* erinnerte er seine Studenten an ihre – der europäischen Ethik-Tradition entlehnten – ärztlichen Pflichten: Mitleid, Opferbereitschaft, Einfühlungsvermögen, Menschlichkeit, Hinwendung zu den Armen, aber auch – die neue Welt hatte besondere Erfordernisse! – Patriotismus sowie Friedens- und Freiheitsliebe. Gottlosigkeit, ein übergebührliches Vertrauen in die *menschliche* Heilkraft, Alkoholgenuß, Unberechenbarkeit, Lüge, Habgier und Starrsinn zeichneten dagegen den *schlechten Arzt* aus. Schon junge Mediziner hätten sich in Pünktlichkeit, Freundlichkeit und Zuwendung zu üben.[14] Gläubigkeit, Konservatismus und Patriotismus, aber auch pionierhafter Mut charakterisierte die aufstrebende Ärzteschaft, die politisch liberal-konservativ orientiert war. Rushs nosologisches Konzept der «unitary» aller Krankheiten erinnerte an die «romantische» Medizin der Deutschen.[15] Auch eine *Patientenethik* wurde eingefordert: Der Kranke wurde angehalten, sich nur einem Arzt mit bestem Ruf anzuvertrauen. Diesem gegenüber sollte er freilich offen sein; seine Anweisungen hatte er genauestens zu befolgen. Im Gehorsam des Patienten sah Rush eine wesentliche Voraussetzung «für den Erfolg unseres Handelns und den Fortschritt unserer Wissenschaft». Auch die Bezahlung solle der Kranke, «wenn möglich», prompt erledigen (dieser Punkt wurde von einer langen Rechtfertigung begleitet, wobei auf die strenge, kostspielige Ausbildung sowie die Gefährdung des Arztes im Alltag verwiesen wurde). Anleitungen dieser Art erschienen um so notwendiger, als die amerikanischen «practicioners» bis in die Siebzigerjahre des 19. Jahrhunderts keiner besonderen Genehmigung bedurften. Ein wo auch immer erfolgreich abgeschlossenes Studium reichte.

Die Colleges warben damit, daß sie sich moralischen Grundsätzen verpflichtet fühlten. Seit 1819 wurden die Mitglieder eines von Samuel Brown gegründeten Geheimbundes *Kappa Lambda Society of Aesculapius* auf Percivals Code eingeschworen. In ähnlicher Weise rekapitulierten die Ethik-Kodizes der Medizinischen Gesellschaften von New Hampshire (1819), Columbia (1820), New York (1823) und Maryland (1832) Percivals und Rushs Thesen. Die Beschwörung des kollegialen Zusammenhaltes wie die Herausstellung der religiösen Bindung waren charakteristisch.[16] Man suchte, das eher ambivalente Image des amerikanischen Arztes zu korrigieren. Manchem, der seine Patienten unter härtesten Bedingungen, etwa im «Wilden Westen», behandeln mußte, waren Sensibilität, gute Umgangsformen und ethische Urteilsfähigkeit im Alltag längst abhanden gekommen. Eifersucht, Streitereien, ja kriminelle Machenschaften waren nicht selten. Nach Jonsen gab es «in der ersten Hälfte des 19. Jahrhunderts genug schlechte Ärzte, um die Reputation der ganzen Zunft in den Schmutz zu ziehen».[17] Andere ragten wenigstens durch ihr *karitatives* Engagement hervor. Von den Ostküsten-Universitäten abgesehen, war die Ausbildung *fachlich* eher schlecht.[18] Nicht wenige wurden wegen Fehlverhaltens aus ihren Kammern ausgeschlossen – sofern sie solchen überhaupt angehörten.[19] In seiner Schrift *The Relations of the Physician* unterstrich der Arzt und Geistliche Charles Devol pathetisch, ein Arzt lebe nicht für sich, sondern für andere, «immer bereit, seine Freizeit, seine Vorteile und die angenehmen Seiten des Lebens zu opfern, um Leben und Gesundheit des Nächsten zu erhalten». Keinesfalls dürfe er das Leben des Kranken beenden, «selbst wenn dieser zur Beendigung seiner Qualen um den Tod bittet». So oft solche Mahnungen schon ausgesprochen worden waren – sie lassen erahnen, daß sie, nicht nur im Alltag der «Siedler» und «Pioniere», als *notwendig* erachtet wurden. Das Euthanasieverbot, aber auch die Verpflichtung, in verzweifelten Fällen *gefährlichere,* u. U. lebensverkürzende Mittel anzuwenden, «selbst wenn ein Fehlschlag der Reputation schadet», erinnerten an den Zeitgenossen Hufeland.[20]

Dessen Thesen waren durch deutsche Auswanderer, aber auch Übersetzungen bekannt geworden (die *Makrobiotik* erschien bereits 1797 auf Englisch). Auch Hahnemanns Gedanken fielen in Amerika, übrigens gerade unter «Prominenten» wie dem Politiker Daniel Webster (1782–1852) oder dem Dichter Henry Longfellow (1807–1882), auf fruchtbaren Boden. Gerade die Homöopathie erschien als attraktives Gegenmodell zu den von den Durchschnittsärzten angeordneten heroischen Alltagskuren und war besonders für die durch Pioniergeist und Industrialisierung verunsicherten Intellektuellen attraktiv.[21] Ein romantischer Hauch durchzog diese Kreise: Man baute auf «geistige» Kräfte und Mittel, welche die Natur zur Verfügung stellte. Auch die «Wassertherapien» des schlesischen Hydrotherapeuten Vinzenz Prießnitz (1799–1851) fanden in den USA Anklang, wie das Land der Auswanderer überhaupt den idealen Nährboden für medizinische und religiöse Randgruppen bot.

Nathan Smith Davis schlug 1846 schließlich überregionale Qualitätsstandards der ärztlichen Ausbildung vor, was im folgenden Jahr zur Einrichtung der American Medical Association (AMA) und zur Abfassung ihres *Medical Code* führte.[22] Es handelte sich um eine Art *Gesellschaftsvertrag* zwischen Ärztschaft und Öffentlichkeit, deren «reciprocal rights and duties» auf der traditionellen Basis von «Religion und Moral» festgelegt wurden:[23] Kapitel 1 klärte die gegenseitigen Pflichten von Ärzten und Patienten (daß die Kranken ebenfalls einen Verhaltenskodex zu beachten hatten, wurde als selbstverständliche *Pflicht gegenüber der Gemeinschaft* herausgestellt!), Kapitel 2 den Umgang der Mediziner mit ihren Berufsorganen, während der dritte Abschnitt die gegenseitigen Verbindlichkeiten von Ärzteschaft und Öffentlichkeit thematisierte. Die Autoren des Kodex unterstrichen erneut, daß ihre Tätigkeit – abgesehen von der Tatsache, daß sie für andere oft genug Wohlergehen, Nachtruhe und Erholung opferten – eine *nützliche* Kunst darstelle und deshalb aus politischen und sozialen Gründen Respekt verdiene. Die Philosophie Benthams und Mills, welche die Medizin durch ihren Nutzen für die Gemeinschaft legitimiert hatten, fand hier besonderen Beifall. In vielem nahm der AMA-Code ältere Forderungen auf, doch war das *zweite* Kapitel, welches den Umgang der Ärzte untereinander regelte, ungeachtet deutlicher Anleihen bei Gregory, Percival und Rush «strikingly innovative». Hier wurden unter anderem Werbeverbote erlassen, Patentanmeldungen auf chirurgische Instrumente und Arzneien untersagt, Geheimrezepte verboten und die kostenlose Behandlung von Kollegen vorgeschrieben. Auch sollten ausschließlich wissenschaftlich gebildete, «undogmatische» Ärzte als Mitglieder zugelassen werden. Als die New York State Medical Society 1882 Homöopathen aufnahm, wurde sie prompt aus der AMA ausgeschlossen. Einige Ärzte fanden die moralische Bevormundung allerdings entwürdigend. Vier Jahre später wünschte sich so Francis Delafield – wie hundert Jahre zuvor Bordeu, Goethe und Humboldt – eine Gesellschaft «ohne medizinische Polizei und medizinische Ethik»![24] George Wood, 1853 Präsident der AMA, war freilich davon überzeugt, daß «nach der Bibel und Gottes Gnade» am ehesten der *Code* einen Arzt am bösen Handeln hindere.[25]

1849 erschien die Schrift *Physician and Patient or a Pratical View of the Mutual Duties, Relations and Interests of the Medical Profession and the Community* des späteren Yale-Professors Worthington Hooker.[26] Erneut wurden die Pflichten und Ansprüche der Ärzte aufgelistet. Religiöse Bindung und ein ausgeprägter Konservatismus prägten auch dieses Werk, dessen Autor, entgegen Hufelands oder Percivals Meinung, die These vertrat, man dürfe einen Schwerkranken nicht über seinen Zustand hinwegtäuschen. In Ausnahmefällen könnte ihm die Wahrheit *verschwiegen* werden. Bibeltreue und strenger Moralismus wurden der einfühlsamen Schonung des Patienten übergeordnet. Dieser Rigorismus entsprach nicht zuletzt dem pädagogischen Zeitgeist, welcher die moralische Besserung der im Aufbruch befindlichen amerikanischen Gesellschaft zum Ziel hatte. Die Orientierung des «guten» Arztes am Stand der Wissenschaft wurde herausgestellt. Der *Code of Ethics* der AMA wurde am Ende des Buches als moralische Leitlinie abgedruckt.[27]

1883 erregte August Flint, ein prominenter Mitbegründer der AMA, mit seinem Buch *Medical Ethics and Etiquette* Aufsehen, einer Art Kommentar zum *Code of Ethics*. Die *ärztliche* Ethik erscheint als Teil der *allgemeinen* Ethik. Aufgabe der ärztlichen *Etikette* ist es dagegen, Fragen des kollegialen Umgangs zu lösen. Ungeachtet ihres formalen, ja äußerlichen Charakters trägt sie, zusammen mit der eigentlichen Ethik, «zur Reinheit und Würde des Arztberufs bei», die, wie der Autor betont, mehr der Öffentlichkeit als den Ärzten selbst zugute kommt. Gegenüber Alternativheilern zeigte sich Flint großzügiger als Wood oder Hooker: Sofern deren Aktivitäten nicht die Heilung *verhinderten* und der verzweifelte Patient sie wünsche, gäbe es keinen Grund, sie zu verbieten. Er legte den Kollegen nahe, durch einheitliche Ausbildungsordnungen und einen ethischen Grundkonsens eine berufliche *Identität* und ein *gemeinsames Bewußtsein* zu entwickeln. Vor der Gesellschaft wie vor ihrem Gewissen sollten (und müßten) sie ihre Tätigkeit vor allem mit der Tatsache rechtfertigen, daß sie dem öffentlichen *welfare* nütze.[28]

Die «Etikette», welche das Verhältnis der Ärzte untereinander (einschließlich gemeinsamer Verteidigungsstrategien) festlegte, darf dabei nicht als harmlose Beschreibung des Miteinanders mißverstanden werden. Sie hatte hohe politische Bedeutung. 1870 wurde so Ärzten afrikanischer Abstammung die Mitgliedschaft der Medical Society im District of Columbia verweigert. Dies führte immerhin zur Gründung einer Konkurrenz-Organisation.[29] Noch bis in die Sechzigerjahre des 20. Jahrhunderts verlangte die AMA von farbigen Ärzten, die Mitglieder werden wollten, ein besonderes Leumundszeugnis![30] Auch Ärztinnen bereitete man Schwierigkeiten. 1849 schloß mit Elizabeth Blackwell erstmals eine Amerikanerin ihr Medizinstudium ab (in Europa setzte diese Entwicklung allerdings noch später ein: in Frankreich 1863, in der Schweiz 1864, in Schweden 1870, in England 1874, in Finnland und Dänemark 1875, in den Niederlanden 1878, in Österreich-Ungarn 1897, in Deutschland – mit Ausnahme von Dorothea von Erxleben, die bereits 1754, wenn auch gegen erheblichen Widerstand, in Halle zum Doktor der Medizin promoviert worden war – sogar erst im Jahre 1900!).[31] Die angesehene Johns Hopkins Medical School in Baltimore ließ Studentinnen zunächst (1893) nur deshalb zu, weil einflußreiche Sponsorinnen hiervon ihre finanzielle Unterstützung abhängig machten. Auch *nach* bestandenem Examen hatten Ärztinnen Schwierigkeiten, von den männlichen Kollegen akzeptiert zu werden. Die AMA nahm erst 1915 weibliche Mitglieder auf!

Immer wieder kam es in ethisch brisanten Fragen zu Auseinandersetzungen. Einer der Streitpunkte war etwa das System der *Contract Practice*, wonach Ärzte gegen von Firmen oder Organisationen bezahlte Pauschalbeträge deren Mitglieder behandelten. Nicht zu Unrecht argwöhnte man hier Interessenkonflikte zwischen Kapitalinhabern und den zu untersuchenden Patienten – dem utilitaristischen Zeitgeist entsprechend hatten viele Ärzte kaum Gewissensbisse, im Sinne der Arbeitgeber zu handeln. Immerhin schlossen einige Kammern Mitglieder aus, die sich beteiligten.[32] Auch das Recht zur ärztlichen Werbung wurde hinterfragt. Wenn um 1900 Fachärzte bzw. «specialists» Praktiker mit Geld belohnten, sofern sie ihnen Patienten überwiesen hatten, lag sogar ein Hauch von Korruption in der Luft. Nicht alle, die für krank erklärt wurden, benötigten in Wirklichkeit teure ärztliche Hilfe.[33]

In einem religiös geprägten Land wie den USA lag es andererseits nahe, selbst die kontrollierbare Narkose, die erstmals 1846 durch William Morton (anläßlich einer von John Collins Warren durchgeführten Gesichtsoperation) durchgeführt wurde, ethisch zu hinterfragen. Hatte nicht der Sündenfall dazu geführt, daß Krankheit und Leid zum Leben des Menschen gehörten (Gen. 3, 16)? Bedeutete die Minderung des gottgewollten Schmerzes nicht eine Manipulation des Schöpferwillens? Hatte dieser nicht sogar, wie es die alten Ärzte gelehrt hatten, eine gesundheitsfördernde Kraft? Auch das eigentliche Narkoserisiko wurde leidenschaftlich diskutiert. Man fürchtete ferner, Chirurgen könnten am narkotisierten Patienten herumexperimentieren, ja unmoralische Handlungen begehen. Tatsächlich wurden Alltagsoperationen häufig von obskuren Barbern oder schillernden Persönlichkeiten durchgeführt. Erst ihre wiederholte und bewährte Anwendung im Bürgerkrieg machte die Narkose populär und aus der Sicht religiöser und konservativer Ärzte unanfechtbar. Wie die Sklaverei galt der vermeidbare Schmerz nun als menschenunwürdig. Die Vorstellung, daß Gott seine Freude am Leiden der Kreaturen hätte, schien, so der Tenor einer ärztlichen Schrift von 1871, mit der Liebe und Gnade, die er den Menschen schenke, unvereinbar.[34] Ende des 19. Jahrhunderts hatten letztlich weder die Vertreter einer «heroischen» Medizin, die es als ärztliche Aufgabe betrachteten, das Leben selbst um den Preis höchster Schmerzen zu verlängern, noch diejenigen, welche eine weiche, möglichst schmerzfreie Therapie – allerdings um den Preis der Lebensverkürzung – verteidigten, den Sieg davongetragen. Eher zeichnete sich ein Mittelweg ab, der auch von Austin Flint oder Worthington Hooker favorisiert wurde («conservative professionalism»).[35] Das *eigentliche* Narkose-Problem zeigte sich erst im Lauf der Jahre: Legitimierte der unbestreitbare Vorteil der Schmerzfreiheit die unabwägbaren, nicht selten lebensbedrohlichen Risiken? Hooker und andere Autoren lernten aus der Narkose-Debatte, daß nicht Rigorismus, sondern *Kompromisse* den Alltag eines «klugen und umsichtigen Arztes» (prudent and judicious physician) bestimmten. Man erkannte, daß eine ethisch allseits befriedigende Lösung in vielen Streifragen gar nicht möglich war. Nicht selten galt es, das zu erwartende Ergebnis von Behandlung und Nichtbehandlung im Sinne der klassischen «prudentia»[36] abzuwägen.[37] Je mehr Technik und naturwissenschaftliche Forschung den ärztlichen Alltag beeinflußten, desto schwieriger wurde dies. Goldene Regeln schien es hier nicht zu geben. Offensichtlich trug die Narkose-Debatte entscheidend dazu bei, die ärztliche Ethik aus hauptsächlich *religiös* bzw. *metaphysisch* akzentuierten oder *vernunft-* bzw. *natur*orientierten Bahnen in eine praktische, Vor- und Nachteile (risks and benefits) abwägende, mehr von Statistik und

Mathematik als von caritas und Philanthropie geleitete *Argumentationswissenschaft* zu überführen.[38] Es bestand dabei allerdings, wie einige Zeitgenossen scharfsinnig erkannten, die Gefahr, «to reduce morality to mathematics». Nicht die Renaissance oder die Aufklärung des 18. Jahrhunderts, sondern die Technisierung der Medizin zur Mitte des 19. Jahrhunderts führte so zur entscheidenden «Revolution der ärztlichen Moral». Zeitgleich entwickelte sich auch in Deutschland, England und Frankreich, im Schlepptau eines geradezu religiöse Ausmaße annehmenden Fortschrittsglaubens, eine ökonomisch bzw. mathematisch orientierte Ethik.[39] Erstaunlicherweise zeigten sich vor allem Philosophen und Geisteswissenschaftler begeistert. Die Verbindung von Medizin und staatlichem «welfare» sowie das Bild der Politik als der «Medizin im Großen» (man konnte sich hier auf uralte Analogien zwischen dem Mikrokosmos des Körpers und dem Makrokosmos des Staates berufen),[40] erschienen geeignet, ein neues, das Glück der gesamten Gesellschaft förderndes Weltbild zu verkünden. Nicht zufällig hatten führende amerikanische Moralphilosophen dieser Epoche wie Mark Hopkins und William James Medizin studiert![41] Die naturwissenschaftliche Bildung des Arztes und die «logische» Organisation des Gesundheitssystems wurden nicht mehr als ethischer Streitpunkt, sondern als selbstverständliche *Vorbedingung* des neuen, den Moden der Zeit entsprechenden Berufsethos empfunden. *Effektivität* und *Nützlichkeit* lauteten die Kriterien, welche in der Medizin über «gut» und «schlecht», «zulässig» oder «nicht zulässig» entschieden.

Für die Entwicklung ethischer Kodizes in Amerika waren zuletzt auch einige Schriften des Harvard-Professors Richard Cabot (1868–1939) bedeutsam, der die klinische Medizin aufgegeben hatte, um sich philosophischen und ethischen Fragen zu widmen. In seinem Werk *The Meaning of the Right* sah er «agreements, desires and needs» als «eigentlich ethischen Stoff».[42] Vom Paradigma der Vernunft begeistert, erklärte Cabot, die Planungen der Gesellschaft wie des Individuums seien an den jeweiligen *Bedürfnissen* zu orientieren. Würden diese nicht berücksichtigt, liege ein moralischer Selbstbetrug vor – Gregory und Bentham waren natürlich wichtige Vorbilder![43] Nicht mehr nur Loyalität gegenüber Kollegen, christliche Ethik und «gentlemanlikeness», sondern die tiefe Überzeugung, daß naturwissenschaftliches Fachwissen, aber auch eine Art Selbstverwirklichung zum Wohle des Patienten das eigentliche Ethos des Praktikers darstelle, prägten die amerikanische Deontologie. Der schlimmste Fehler des Arztes wäre es, nicht über genügend Sachkenntnis zu verfügen, die der Patient erwarten darf und auf die er sein Vertrauen setzt. Diese «ethics of competence» wurden mit «humanitären» Forderungen verbunden: Der Arzt hat dem Kranken seine ganze Zuwendung zu schenken und darf ihn weder finanziell noch auf andere Art ausnutzen. Durch nüchternes Kalkül kam Cabot in einem 1903 erschienen Artikel *Truth* and Falsity in Medicine zu der Überzeugung, daß das Verschweigen des Ernstes der Lage bzw. das Belügen des Kranken einer radikalen Aufklärung gegenüber keine wirklichen Vorteile bot («I have not yet found any case in which a lie does not do more harm than good»).[44] Während Hooker auf Grund *moralischer* Skrupel zur selben Einsicht gekommen war, bedurfte es bei Cabot nur noch der «vernünftigen Beobachtung» und Abwägung. Dagegen wurde die ärztliche Lüge aus humanitären Gründen 1927 von Joseph Collins verteidigt. Zumindest sei von Fall zu Fall abzuwägen, ob die Wahrheit, ihr Verschweigen oder eine falsche Aussage mehr Nutzen bringe. Das Konzept des Paternalismus stand für Autoren wie Cabot und Collins selbstverständlich außer Frage.

Die zunehmende Begeisterung für die naturwissenschaftliche Medizin förderte um die Jahrhundertwende auch in den Vereinigten Staaten das Idealbild des untadeligen Forscher-Arztes, der sich nicht scheute, unter persönlichem Risiko die wissenschaftliche Medizin im Labor weiterzuentwickeln, um Krankheit, Schmerz und Leid in der Welt zu verringern. Ruhig, von überlegener Persönlichkeit, abwägend, im Notfall mutig die Interessen des Kranken vertretend, bestimmt dieser moralisch in jeder Hinsicht untadelige Arzt die Therapie. Als die Erfolge der wissenschaftlichen Medizin in der Bakteriologie und Hygiene bekannt wurden, schien jede Kritik am positivistisch-utilitaristischen Paradigma der Heilkunde obsolet.[45] Dem paternalistisch-«väterlich» das Wohl des Kranken bedenkenden, wissenschaftlich brillierenden Mediziner schien die Zukunft zu gehören.

33. Das Arztbild in Deutschland nach 1800

Der deutsche Arzt der Aufklärung hatte sich, wie Mary Lindemann zeigen konnte, durch einen charakteristischen Denk- und Lebenstil ausgezeichnet, der sich vom protestantischen Pater-Familias-Ideal ableitete und durch einen beachtlichen bürgerlichen Pflichten-Kanon geprägt war.[1] Dieses von Selbstgefälligkeit nicht freie, letztlich aber Vertrauen einflößende Arztbild erschien auch vielen jüngeren Medizinern erstrebenswert. Dabei konnte der einzelne Arzt sich mehr oder weniger «aufgeklärt» bzw. utilitaristisch gerieren, indem er etwa Verbesserungen der Umweltbedingungen oder soziale Mißstände anmahnte, oder sich der romantischen Naturphilosophie annähern, indem er vor allem «psychosomatische» oder philosophische Krankheitsaspekte in den Vordergrund stellte.[2] Volkspädagogische Aktivitäten, etwa die Abfassung eines Traktätchens, steigerten Ansehen und Selbstwertgefühl. Die bürgerliche Klientel gewöhnte sich bevorzugt an *eine* Arztpersönlichkeit. Wer als Mediziner (Universitätsprofessoren ausgenommen) häufig den Ort wechselte, seine bürgerlichen Pflichten vernachlässigte oder gar in den Ruf kam, es mit dem Gesetz nicht so genau zu nehmen, hatte in der «Biedermeierzeit» für eine ärztliche Karriere schlechte Karten.[3]

Trotz ihrer «Verbürgerlichung» war in den Dreißiger- und Vierzigerjahren des 19. Jahrhunderts die Verunsicherung unter den Medizinern größer, als es den Anschein hatte. Zunächst waren es methodische Unklarheiten, vor allem aber der auch vom *Laien* durchschaubare Mangel an therapeutischer Effizienz, die einflußreiche Fachvertreter wie Joseph Dietl, den Rektor der Krakauer Universität, veranlaßten, die Legitimität der zeitgenössischen Medizin überhaupt zu hinterfragen (!). Mit zunehmendem Wissen über die physiologischen Zusammenhänge hätten sich, so Dietl 1845, überkommene therapeutische Konzepte als wirkungslos herausgestellt, ohne durch wirksamere ersetzt worden zu sein. Der «therapeutische Nihilismus», der sich hinter diesen Worten verbarg, mußte schockierend wirken.[4] Dietl betonte den Unterschied zwischen *Wissenschaft* und ärztlicher *Kunst*, deren Ende er gekommen sah. Medizin sei – wie die Mathematik – Wissenschaft und nichts anderes.[5] Traditionelle «Curen» seien deshalb ausnahmslos auf ihre Tauglichkeit zu überprüfen. Dietls These, «nur die Natur» könne heilen, klang vertraut, wurde nun aber als Aufforderung zu einer naturwissenschaftlichen Neuorientierung verstanden. «Das Unrichtige, Unbegründete, Unhaltbare, Dunkle und Mystische» sollte aus der Medizin «schonungslos ausgeschieden werden».[6] Höchstes Ziel ärztlicher Aus- und Fortbildung sei der Erwerb von Wissen, Heilen dagegen nur «ein notwendiges Ergebnis des Wissens». Die schillernde

Buntheit der romantischen Medizin,[7] sollte nach Dietl auf den Prüfstein gestellt werden. In den Augen naturwissenschaftlich orientierter Mediziner bestand sie diese Prüfung nicht. Man spürte, daß die Zukunft der Heilkunde vom naturwissenschaftlichen Positivismus geprägt sein würde.

Auch aus anderen Gründen geriet die deutsche Medizin in Mißkredit. Offensichtlich waren die pekuniären Interessen vieler Ärzte so unverhohlen, daß der Bonner Kliniker Christian Friedrich Nasse (1778–1851) 1823 vorschlug, alle Honorare an eine ärztliche Körperschaft abzuführen, welche die Mitglieder nach einem Verteilungsschlüssel bezahlen sollte. Nach Hufeland sollte das Abrechnungsverhalten der Ärzte durch eine Art Seniorenrat überwacht werden.[8] Nachdem das Herzogtum Nassau (im Revolutionsjahr) 1849 seine Ärzte vorübergehend zu staatlichen Angestellten gemacht hatte, berichtete ein Wiesbadener Arzt, «das widerliche Schauspiel gemeiner Schmähungen gegen ihre Collegen aus Neid» sei fast verschwunden![9] Wie in den übrigen Ländern etablierten sich auch in Deutschland zahlreiche Körperschaften bzw. «Kammern». 1864 wurde eine solche (im Großherzogtum Baden) erstmals offiziell anerkannt. Eine ausgeklügelte Satzung sollte, wie man 1877 kommentierte, «dem standesgemäßen und kollegialen Benehmen der Ärzte eine bestimmte Fassung» geben.[10]

Daß das Handeln des «zünftigen» Arztes – nicht anders als in Amerika – kodifiziert wurde, konnte kaum überraschen. Schon 1788 hatte der Hannoversche Oberhofkämmerer Adolph Freiherr von Knigge sein berühmtes Buch *Über den Umgang mit Menschen* publiziert, das – in den deutschsprachigen Ländern bald sprichwörtlich – die «Etikette» der gehobenen, aufgeklärten Bevölkerung prägte.[11] «Sei streng, pünktlich, ordentlich, arbeitsam, fleißig in deinem Berufe» – Anweisungen dieser Art galten natürlich auch Ärzten, von denen Gelassenheit, Achtung und Toleranz sowie eine gewisser «esprit de conduite» eingefordert wurden. Daß in den zeitgenössischen Anweisungen für Laien fast ausschließlich Männer angesprochen wurden, kann nicht überraschen, war es ihnen doch «von der Natur bestimmt», «Ratgeber des Weibes zu sein». Wie die ärztliche *Ethik* einen Teil der philosophischen, stellte die ärztliche *Etikette* nur eine Spielart der bürgerlichen dar. Aus dem äußeren Verhalten, aus Auftritt, Sprache, Erscheinung und Benehmen schloß man seit Lavater gerne und (manchmal allzu) schnell auf die «sittlichen» Qualitäten.

Das Ethos der meisten deutschen Ärzte orientierte sich immer noch am hippokratischen Vorbild und an der christlichen Tradition der «Caritas». Hufeland und der bereits zitierte Tübinger Arzt Ploucquet (1797) waren hierfür typische Beispiele.[12] Dabei legten «Aufklärer» wie Ploucquet, die sich unter anderem Locke[13] und die französischen Sensualisten zum Vorbild nahmen, auf eine robuste Gesundheit und vorzügliche Sinnesqualitäten Wert, durch die «wir all unsere Kenntnisse ... erhalten», wie auch Joseph Frank (1771–1842), ein Sohn des erwähnten Gesundheitsreformers betonte.[14] Der kränkelnde Heiler geriet erneut in Mißkredit.[15] Ploucquet wunderte sich darüber, «daß manche Leute einen an einer permanenten Krankheit leidenden Arzt in ebenderselben zu Rathe ziehen».[16] Die Vorstellung der «Machbarkeit der Gesundheit» ließ es sonderbar erscheinen, «wenn der Arzt sich nicht einmal selbst helfen könne».[17] Solche Mahnungen rufen allerdings auch die Tatsache ins Gedächtnis, daß im 19. Jahrhundert, «das Militair ausgenommen», nirgends «die Mortalität so groß, als unter den Ärzten» war.[18] Deren Beruf zu ergreifen, galt deshalb bis ins frühe 20. Jahrhundert als nicht ungefährlich. Infektionen, Reise- und Wegeunfälle, aber auch Gesundheitsschäden infolge Nachtruhestörungen oder der unregelmäßigen Lebensgestaltung drohten. Zweifellos gehörte ein gutes Maß an «Philanthropie» oder wissenschaftlicher Neugier dazu, Arzt zu werden. Andererseits lockten aber auch soziales und akademisches Ansehen. Wer dabei gesund blieb, schien auch ethisch unangreifbar, verwirklichte er doch jenes «Lebenskunstwerk», von dem Carus geschwärmt hatte.[19]

In seiner Schrift *Der Arzt oder über die Ausbildung, die Studien, Pflichten, Sitten und die Klugheit des Arztes,* die im Klassikerverlag Cotta erschien, hatte Ploucquet den vorbildlichen Vertreter seines Standes beschrieben. Er ist fachlich kompetent und orientiert sich ausnahmslos an den Wünschen seiner Patienten. Dies gilt selbst für scheinbare Nebensächlichkeiten, welche Erfolg und «Klima» seines Handelns mitbestimmen. Da rote Haare «nicht beliebt» seien, sollte sie, so der Tübinger Profesor, ein Medicus in spe umfärben lassen «oder unter eine Peruque verstecken».[20] Im übrigen erinnerten viele seiner Ratschläge an die alten Mahnungen von Zerbi, Castro oder Sorbière.[21] Dem neuen Zeitgeist entsprach die unverblümte Herausstellung der «Handgeschicklichkeit», welche dem Arzt «als Anatomiker, als Chemiker, als Wundarzt, als Geburtshelfer wohl bekommen wird». Die «praktischen» Disziplinen, deren Rang lange umstritten gewesen war, galten nunmehr als selbstverständliche ärztliche Domänen.[22] Neben Mechanik, Hydrostatik und Hydraulik zählte auch die Mathematik, «welche zu einem geordneten Denken gewöhnt», zu den medizinischen Basisfächern.[23] Eine gewisse Skepsis gegenüber romantisch beeinflußten Heils- und Heillehren zeigt sich in Ploucquets Empfehlung, mit Patienten nicht über Religion oder Politik zu diskutieren. Das uralte ethische Dilemma, ob katholischen Patienten ein Beichtvater oder gar die letzte Ölung angeraten werden soll, wird im Geist der Aufklärung beurteilt: «Ein solcher ohne Wissen und Verlangen des Kranken veranstalteter Besuch kann erschüttern und schädliche Folgen haben, zumal wenn er mehr ängstigt als tröstet ...».[24] Entsprechend zeigt der Autor auch Bedenken, in kritischen Situationen Verwandte zu informieren, könnten sie doch «mit

Weinen und Lamentieren» den Patienten belästigen und «in das Krankenhaus eine dem Kranken nicht eben vorteilhafte Unruhe bringen».[25]

Zwischen Ploucquet und der 1876 erschienenen Schrift *Ärztlicher Katechismus – Über die Anforderungen an die Ärzte* von Karl Friedrich Heinrich Marx lagen etwa 80 Jahre. Selbstverständnis und Paradigma der Ärzte hatten sich inzwischen geradezu revolutionär gewandelt. Auch Marx war der Meinung, daß «Glaube und Zuversicht» des Kranken einen Arzt verlangten, der durch «blühendes Aussehen, kräftiges Auftreten, frohe Stimmung» beeindrucke. Er vertrat aber die These, daß leidende oder kränkelnde Kollegen einer stärkeren Zuwendung und emotionalen Anteilnahme fähig seien.[26] Die alten Miasmenlehren und Ansteckungstheorien sprachen freilich gegen den «kranken Arzt», der sich zudem des Verdachts der «Unsauberkeit» und Ungepflegtheit erwehren mußte.[27] Joseph Frank hatte sich über ungewaschene Ärzte echauffiert, die, «um ihrem Äußeren einen genialischen Anstrich zu geben», wie Diogenes daherkamen. «Die zur Genesung so notwendige Reinlichkeit» lasse sich von ihnen nicht erwarten. Zudem sei es «ekelerregend für die Patienten, sich von solchen Leuten berühren zu lassen».[28] Wie wenig die Knigge'sche bzw. ärztliche Etikette offensichtlich unter jungen Ärzten verbreitet war, zeigte noch 1886 – lange nach der Semmelweißschen Entdekkung, daß das Kindbettfieber durch Ärzte bzw. Studenten übertragen wurde (1847) – eine Klage des Chirurgen Theodor Billroth: «Leider sehe ich in meinem Auditorium nicht allzu viele soignirte Hände, deren Reinheit später oft über Leben und Tod der Patienten, zumal der Operirten, entscheiden werden.» Das Gebot der Sauberkeit korrelierte dabei mit den neuesten Entdekkungen auf dem Gebiet der Hygiene. Wer hier nachlässig war, verstieß in doppelter Weise gegen das berufliche Ethos: indem er es an Empathie gegenüber dem Kranken fehlen ließ und gleichzeitig die jüngsten Erkenntnisse der Wissenschaft mißachtete.

Wie ein guter Arzt keine *persönliche* Krankheitserfahrung benötige, müsse er auch nicht, wie Marx betonte, «in ärmlichen Verhältnissen aufgewachsen» sein oder «die Bitterkeit der Dürftigkeit selbst erfahren» haben, die Kranke häufig zur Genüge kannten. Um deren «trostlose Stimmung … zu verstehen», benötige er vielmehr eine *distinguierte Erziehung,* denn «je wohlerzogener und feiner das sittliche Gefühl ausgebildet wird, um so weicher und teilnahmvoller äußert er sich».[29] Dabei sei es für Mediziner durchaus von Vorteil, begütert zu sein, da sie sonst «jede Ausgabe ängstlich berechnen» müßten. Ein Wohlhabender, der «nicht als Mietling auf Lohn angewiesen» ist, habe es durchaus leichter, moralisch zu handeln! Dieses ständische Arztbild wurde in Deutschland, unmittelbar vor Einführung der Bismarckschen Sozial- und Krankengesetzgebung, von viele Kollegen geteilt. Man war davon überzeugt, daß Wohlsituiertheit Freiheit in Denken und Handeln nach sich zieht, ja erst Großzügigkeit und Humanität ermöglicht. Marx schloß hieraus: «Darum ist nichts dringender zu wünschen, als daß solche, welche in gesegneten äußeren Umständen leben, die Heilkunde, dieses Werk der Liebe, zur Ausübung ihres Lebensberufes wählen.»[30]

Das neue bürgerliche Selbstverständnis hatte zur Folge, daß sich Ärzte nach Lebensstil und Selbstverständnis fast ausnahmslos zur bürgerlichen Elite zählten. 1848 waren nicht wenige, darunter Virchow, für die neuen Ideale auf die Barrikaden gegangen, wobei, wie Peter Gay nachweisen konnte, das eigentliche Bürgertum eine eher kleine Gruppe der Bevölkerung darstellte.[31] Hier wurden die von Ploucquet geforderten Begabungen des «guten» Arztes bis ins 20. Jahrhundert hinein besonders geschätzt. Einbildungskraft, Gedächtnis, Genie, schnelles Urteilsvermögen, Besonnenheit, Weitsicht gehörten ebenso dazu wie ein «moralischer Charakter, Güte, Menschenliebe, allgemeines Wohlwollen, Empfindsamkeit, Mitleiden, Sanftmut, Geduld, Liebe zur Ordnung und Arbeit».[32] An diesem (im Grunde unerreichbaren) Idealbild hatte sich jeder Medizinstudent zu messen. Ungeachtet der Sensualismus-Theorie waren die meisten Ärzte, so auch Samuel Gottlieb Vogel (1824) oder der erwähnte Karl Friedrich Heinrich Marx (1876), davon überzeugt, daß solche Eigenschaften «in *angeborenen* Vorzügen und Kräften des Geistes und besonderen Gemütsbeschaffenheiten und Tugenden begründet» seien.[33] Kommunen hätten entsprechend «geborene» Arztpersönlichkeiten auszuwählen, die Öffentlichkeit sei für die fachliche wie moralische Qualität «ihrer» Mediziner selbst verantwortlich. Schon Joseph Frank hatte – im Sinne Osterhausens[34] – bemerkt: «Was nützt die Aufklärung unter Ärzten ... Unter das *Publikum* muß sie kommen!»[35] Er empfahl dabei nachdrücklich Ploucquets Lektüre. Nur Jünglingen «von erprobtem Fleiße und vorzüglichen Talenten» sei der Zutritt zu den Kollegien zu gestatten. Viele seiner utilitaristisch angehauchten Thesen übernahm Frank, wie Ulrich Brand nachweisen konnte, weniger von seinem Vater als von John Gregory,[36] der berichtet hatte, in England wählten «Jünglinge aus den besten Häusern, die sich durch Verstand und Genie hervortun, ... das Studium der Arzneikunde».[37]

Auch Samuel Vogel, ein Medizinprofessor in Rostock, forderte vom Arzt «ein wohlwollendes, menschenfreundliches Herz», Sorgfalt und Umsicht, «Fassung in Gefahren», Anstand und gute Sitten, Gewandtheit und «Discretion», Einfachheit und Wahrheit, Verschwiegenheit, Ausdauer, Klugheit, Duldsamkeit, reife Überlegung, aber auch Heiterkeit – und wußte, daß diesem Ideal kaum ein Kandidat entsprach.[38] Solche Fähigkeiten seien, wie diejenigen der Dichter oder Künstler, nicht nur angeboren, sondern seit frühester Jugend zu üben. Das bürgerliche Ideal eines «Lebenskunstwerks» à la Carus[39] klang an, wenn Ploucquet Zeichnen, Malen oder Kupferstechen als ärztlichen Ausgleich empfahl. Die Musik raube dagegen zuviel Zeit![40] Durch kühne Parallelisierung der ärztlichen und bildenden Kunst, aber auch bewußte Herausstellung eigener «künstlerischer» Fähigkeiten bzw. «Steckenpferde» ließ sich mancher Arzt, wohl durch ein Mißverständnis des ersten hippokratischen Aphorismus,[41] als Ausnahmeerscheinung feiern, ja als Pendant zu den großen Malern und Musikern verehren. Die damit verbundene Selbstüberschätzung war oft peinlich – noch 1906 nahm Ernst Schweninger, der frühere Leibarzt Bismarcks, mit dem Argument «der Arzt ist ein Künstler» *jeden* (auch irrtümlichen) ärztlichen Heilungsversuch in Schutz![42] Joseph Dietl (1845) sah dagegen im künstlerisch-elitären Anspruch der Kollegen üble Absichten: «Nur zum Vortheile der Ignoranz und Quacksalberei haben sich die Ärzte diesen Titel beigelegt. Der Künstlername entschuldigt alles ...».[43] Daß Ploucquet Durchschnittstalente für den ärztlichen Beruf als ungeeignet betrachtete, schmeichelte den bereits etablierten Kollegen. Selbst 1893, als die Universitätsmedizin in Deutschland bereits fast ausnahmslos vom naturwissenschaftlichen Positivismus geprägt war, sahen konservative Praktiker wie Martin Mendelsohn die ärztliche *Kunst* der medizinischen *Wissenschaft* weit überlegen, die nur «Stückwerk» sein konnte.[44] Er hielt Hippokrates für bedeutender als alle berühmten Koryphäen seiner Epoche.

Für die meisten ärztlichen Autoren war der soziale Aufstieg einiger Kollegen, etwa vom Bauernsohn zum Arzt, kein Thema, doch gewann der «institutionell kontrollierte Zugang zum Bildungsbürgertum» über das Medizinstudium bzw. eine ärztliche Karriere im 19. Jahrhundert, wie Christoph Gradmann gezeigt hat, eine herausragende Bedeutung.[45] Wie immer man zu Titel oder Approbation gekommen war, man genoß, besonders in der Stadt, die neuen gesellschaftlichen Privilegien. Zur literarischen wie politischen Öffentlichkeit bestanden enge Verbindungen. In Abendgesellschaften und elitären Zirkeln traf sich der Arzt mit anderen Akademikern, etwa Juristen, Theologen, Professoren verschiedenster Disziplinen, Diplomaten und Politikern. Vom normalen Volk unterschied vor allem den Universitätsprofessor eine erstaunliche Mobilität. Mehrfache Wechsel der Universitäten, die nicht zuletzt für die Familien eine hohe Belastung darstellten, waren üblich.[46]

Eine zu enge Freundschaft zwischen Patient und Arzt wurde aus Gründen der Schicklichkeit, aber auch wegen der Standesunterschiede als problematisch erachtet. Hugo von Ziemssen, Internist in München, riet 1887 jungen Kollegen, die «Grenze, welche sachliche Rücksicht und taktvolle Zurückhaltung auferlegt», keinesfalls zu überschreiten.[47] Zum exklusiven Selbstverständnis eines Arztes oder Professors gehörte die Distanz zu Patienten und Untergebenen, selbst wenn diese derselben Schicht entstammten.

Wie schon im 17. und 18. Jahrhundert solidarisierte sich die Ärzteschaft in der Regel dann, wenn es gemeinsame Feindbilder zu bekämpfen galt. In den *Allgemeinen Medizinischen Annalen* wurde jeder Arzt verurteilt, der «das

Verfahren des andern tadelt oder verdammet». Da niemand dafür sorge, «daß die Menge der echten und gewissenhaften Ärzte in einem gewissen bestimmten Verhältnisse zur Volkszahl» stehe (wie es bei den verachteten «Accoucheurs, Apothekern, Badern und Barbieren» längst der Fall sei!), erschien die kollegiale Fairness für den ganzen Stand geradezu überlebensnotwendig.[48] Täuschung, Betrug und Scharlatanerie werden scharf gerügt. Sie drohten freilich, wie ein Anonymus 1808 bemerkte, weniger durch «Wunderheiler», sondern von Kollegen selbst, die im Konkurrenzkampf versuchten, «durch jedes Mittel ... den Beifall der Menge zu erhaschen». Selbst «grobe Charlatanerien», die sich durch «Prahlereien, Lügen, offenbaren Betrug, Verleumdungen der andern Ärzte, Herabwürdigung ihrer Curen, Tadel der angewandten Methode» auszeichneten, seien üblich.[49] Vorsicht sei besonders dort geboten, wo «mehrere Sekten praktizieren, wo ein Gastriker, ein Eklektiker, ein Reilianer, ein Brownianer, ein Naturphilosoph Arzt ist» und jeder «seinen Glauben für den besten» hält.[50] Jüngere Ärzte verfielen häufig einer «feineren» Spielart der Unseriosität, die auf Unerfahrenheit beruhe, «wie der Reiter, der noch nicht oft zu Pferde gesessen hat, von jedem Spazierritte eine Menge Abenteuer zu erzählen weiß».[51] Der Prestigeverlust der Ärzte habe so viele Ursachen, sei aber letztendlich ihre eigene Schuld.

Seit dem Revolutionsjahr 1848 betrachteten es viele Ärzte als ihre besondere Aufgabe, das für die Gesunderhaltung der Bevölkerung notwendige Hygienewissen zu popularisieren. Der «bureaukratischen Medicin» wurde die «demokratische» gegenübergestellt. Virchow war, wie auch der bayrische Militärarzt Eduard von Grauvogl (1811–1877), davon überzeugt, daß die aktuellen Gesetze gegen die Kurpfuscherei eher die ärztlichen Privilegien stützten als dem leidenden Menschen halfen.[52] Die Medizin sollte, so ihre an Vogel und Frank anknüpfende These, nicht einer ständisch-ärztlichen, sondern *öffentlichen* Kontrolle unterliegen. Ihre Vorschläge wurden vor allem von Kollegen attackiert, welche die Medizin primär als «Kunst» betrachteten. Laien könnten, ausreichende Begabung vorausgesetzt, wohl wissenschaftliche Schlußfolgerungen nachvollziehen, niemals aber das Wesen der Heilkunde begreifen, das sich nur durch Erziehung *und* Talent erschließen lasse. Für Grauvogl waren die Ärzte allerdings nur durch «den verkehrten Zustand unseres Culturganges» in ihre «exzeptionelle Stellung» geraten. Virchow forderte die «Hohenpriester» der Medizin ironisch auf, in das «Laienregiment» zurückzukehren.[53] Über eine Reform der Schulbildung, aber auch mit Hilfe von «Preisaufgaben» und finanziellen Anreizen sollte das «physiologische» Interesse der Gesellschaft gefördert werden. Die von ihm in den Vordergrund gerückte soziale Perspektive lenkte das Augenmerk besonders auf die Not in den Städten, wo das Volk, wie der schwäbische Hygieniker Friedrich Oesterlen (er benutzte als erster das Wort «Hygieine»!)[54] sich ausdrückte, «blaß, schmächtig, oft mit cachectischem Aussehen, selbst mit dem Stempel des Cretinismus, meist ohne Halt und Widerstandsfähigkeit» dahindarbte.[55] Der Sozialhygieniker Salomon Neumann (1819–1908), Begründer des Statistischen Amtes in Berlin, gab ihm recht, beschuldigte Osterlen aber seinerseits des Plagiats ausländischer Autoren.[56] Nachdem Pauperismus und mangelnde Hygiene als Ursachen der hohen Sterblichkeit erkannt worden waren, leitete man in Deutschland rasch Reformen ein. Schon 1888 lag die Mortalität in den Städten erstmals unter derjenigen der Landbevölkerung. Dennoch warnten viele Ärzte weiterhin vor dem Stadtleben, wobei sie sich weigerten, statistische Daten richtig zu deuten.[57] Die meisten dachten, auch *nach* dem naturwissenschaftlichen Paradigmenwechsel, weitaus unwissenschaftlicher und gefühlsbelasteter, als es gemeinhin wahrgenommen wurde.

34. Der große Paradigmenwechsel: Die naturwissenschaftliche Medizin

Zur Mitte des 19. Jahrhunderts setzte sich, mit gewissen örtlichen und zeitlichen Differenzen, an den medizinischen Fakultäten Europas, vor allem in Frankreich, Deutschland und England, aber auch an den führenden Hochschulen Italiens und Spaniens, der wissenschaftliche Positivismus durch, dessen Gedankengut demjenigen von Utilitaristen wie Bentham und Aufklärern wie Johann Peter Frank nahestand. In Paris erklärte der Philosoph Auguste Comte (1798–1857), der mit dem Politiker und utilitaristischen Philosophen John Stuart Mill[1] korrespondierte,[2] nach einem «theologischen» und «metaphysisch-abstrakten» sei nunmehr das «positivistische», naturwissenschaftliche Zeitalter angebrochen. Die Menschheit sei damit endlich erwachsen geworden. Die voraufklärerische Heilkunde und Anthropologie hätten ihre Existenzberechtigung verloren. Das Individuum, d. h. in der Medizin der einzelne Patient, galt Comte bezeichnenderweise als «eine zu überholende Abstraktion».[3] Dem einzelnen Bürger stand die *Gesellschaft* gegenüber, die ihre Rechte einforderte. Physik und Medizin, Mensch und Volk unterlagen nach Comte denselben Gesetzmäßigkeiten, die «Soziologie» stellt eine «soziale Physik» dar, die sich am Modell der Medizin orientiert. Die Attraktivität der naturwissenschaftlichen Methode begründete der Franzose – ähnlich wie Dietl – mit der mentalen Krise, welche das anachronistische Überleben theologischer und metaphysischer Ansprüche im neuen Zeitalter bewirkt habe. Allein der *Positivismus*, die «Ordnung der Endzeit», könne die Probleme der Zukunft lösen. Dieser mit Optimismus gepaarte Fortschrittsgedanke faszinierte. Der naturforschende Arzt wurde in den Sechziger- und Siebzigerjahren zur herausragenden, von der Gesellschaft bewunderten Autorität. Während sich die Aufklärer des 18. Jahrhunderts oder Utilitaristen wie Gregory und Percival *auch* der Ethik-Tradition der Vergangenheit verpflichtet gefühlt hatten, sagten Medizinprofessoren wie Karl August Wunderlich (1815–1877) dieser schon in den Vierzigerjahren den Kampf an: «Nichts Dogmatisches darf hier geduldet werden, sondern jedes Gesetz, das aufgestellt wird, muß die Proben seiner Berechtigung mit sich bringen. Es muß in Begleitung der Tatsachen, der Beobachtungen und Experimente erscheinen, aus denen es abgeleitet werden soll.»[4] Dankbarkeit gegenüber der Leistung früherer Generationen oder eine bewußte Anknüpfung an ältere, etwa christliche Traditionen galten als unberechtigt, ja lächerlich. Die meisten Naturforscher wähnten sich an der Spitze des zivilisatorischen Fortschritts. Wohl nie in der Medizingeschichte war der europäische, vor allem deutsche Arzt selbstbewußter als in der Ära zwischen 1850 und 1920.

Das neue positivistische Weltbild hatte eine pseudoreligiöse Komponente. In Deutschland waren viele seiner Adepten direkt von der Romantik zum Positivismus «konvertiert», den Comte «noch vor 1860 zu Notre-Dame ... als die einzig reale und in sich geschlossene Religion» predigen wollte.[5] Der alte «Altweiberglaube» schien obsolet, hatte doch bereits 1812 der von den Positivisten sonst wenig geschätzte Schelling von der Geburt der (deutschen) Wissenschaft aus dem Geist der Reformation gesprochen.[6] 1821 wurde in den erwähnten «Annalen» das «Priestertum» der Ärzte mit ihrem «Dienst an der Natur» begründet.[7] Die metaphysische Erhöhung der naturwissenschaftlichen Medizin war ausreichend vorbereitet. Sie hatte bald – und zwar bis heute – ihre eigenen Gläubigen, Dogmen und selbstverständlich auch Märtyrer. Der Berliner Physiologe Emil Du Bois-Reymond sah sich als «Diener im Tempel der Natur», sein französischer Kollege Claude Bernard (1813–1878), einer der berühmtesten Wissenschaftler der Epoche, sprach vom «Tempel der Wissenschaft». 1847 erklärte Rudolf Virchow (1821–1902), wohl der einflußreichste deutsche Arzt des 19. Jahrhunderts: «Der Naturforscher kennt nur Körper und Eigenschaften von Körpern; was darüber ist, nennt er transzendent, und die Transzendenz betrachtet er als eine Verirrung des menschlichen Geistes.»[8] Es galt demnach, «die Gesetze der Medizin und (Natur)Philosophie als allgemeine Gesetze des Menschengeschlechts geltend zu machen».[9] Tugenden wie Nächstenliebe waren nur insoweit akzeptabel, als sie *vernünftig* nachzuvollziehen waren. Für Du Bois-Reymond, einen glühenden Verehrer Comtes, bringt ein Volk zuerst seine Priester hervor, dann seine Philosophen und schließlich – als Krönung seiner Geschichte – die Naturforscher, welche ihrerseits priesterliche Funktionen zu übernehmen haben.[10] «An die Stelle des Wunders setzte», so der Berliner Physiologe 1877, «die Naturwissenschaft das *Gesetz*. Sie brach die Herrschaft alter heiliger Lüge, sie löschte die Scheiterhaufen der Hexen und Ketzer.»[11] Die Protagonisten des «technisch-induktiven Zeitalters» zweifelten nicht daran, einen gigantischen Zivilisationsschub in Gang zu setzen, von dem letztendlich auch der leidende Mensch profitieren könne. Dementsprechend spielten die Geisteswissenschaften im Weltbild der neuen Naturforscher – Ausnahmen bestätigten die Regel[12] – eine eher untergeordnete Rolle.[13] In seiner Berliner Rektoratsrede (1882) kritisierte Du Bois-Reymond sogar Goethe wegen seiner Abneigung «gegen den physikalischen Versuch und dessen mathematische Behandlung».[14] Religiöse Tröstungen, jahrtausendelang Hoffnung der Kranken, galten als obsolet. «Unsere Zeit ist weder für Asklepiaden oder Leviten noch für Mönche oder Diakonissen», kommentierte Virchow kühl.[15] Die Natur der Körper war für Claude Bernard auch diejenige des Geistes.[16] Die Synthese des Harnstoffs durch Friedrich Wöhler (1828) zeigte, daß es offensichtlich keiner immateriellen Lebenskraft bedurfte, um aus anorganischen organische Substanzen entstehen zu lassen.[17] Der Mensch und seine Empfindungen schienen, dessen waren sich Du Bois-Reymond und Virchow ganz sicher, rein «mechanistischen» Regeln unterworfen. Alles Subjektive, Psychologische und Religiöse war jahrhundertelang überschätzt oder fehlgedeutet worden. Auch Autoren wie Carl Vogt (1817–1895), welcher die neue Naturwissenschaft rhetorisch dem alten «Köhlerglauben» gegenüberstellte, Ludwig Büchner (1824–1899), der Begründer des «Deutschen Freidenkerbunds», oder Jakob Moleschott (1822–1893), ein militanter Materialist («ohne Phosphor kein Gedanke»), der die Verbrennung menschlicher Leichen unter anderem mit dem Argument begründete, man könne aus ihrer Asche Düngemittel herstellen, waren davon überzeugt, daß sich menschliches Leben «mechanistisch» entschlüsseln lasse.[18] Virchow soll erklärt haben, bei 1000 Sektionen «keine Seele» entdeckt zu haben. Neuer Heilsprophet war der Naturforscher selbst, aber auch, wie Claude Bernard ironisch kommentierte, der Arzt, der seit Urzeiten von der «crédulité des hommes» profitierte.[19] Gelehrte wie Benjamin Franklin sahen sich als «Apostel» des Utilitarismus.[20] Daß Öffentlichkeit, Medizin, Universitäten und Bildungssystem aus der neuen, biologistischen Konzeption Nutzen ziehen könnten, stand für Du Bois-Reymond außer Zweifel. Nur finstere Kräfte konnten den neuen Weg aufhalten. Ein «Blitz, der diesen babylonischen Turm zerschmettert», war allerdings nicht zu sehen. Eines Tages würde die positivistische Revolution seiner Zeit «als eben solcher Abschnitt in der Entwicklung der Menschheit erscheinen wie uns der Sieg des Monotheismus vor 1800 Jahren».[21] Die preußische Ärzteschaft wurde durch die von Virchow und Du Bois-Reymond betriebene Abschaffung des «Tentamen philosophicum» sowie die Einführung des «Tentamen physicum» auf das neue Weltbild eingeschworen.[22] Claude Bernard betonte, daß der wissenschaftliche Fortschritt in revolutionären Schritten ablaufe.[23] Für andere Methoden und Ideologien gab es an den Hochschulen, aber auch in den Ministerien Deutschlands und Frankreichs kaum Spielraum. Selbst konservative Mediziner wie Adolf Kußmaul, ein Prototyp des alten Hausarztes, priesen sich glücklich, ein «Kind dieses Jahrhunderts» zu sein.[24] Pessimismus galt als moralisch anrüchig.

Wie es die Ideologen der Aufklärung gefordert hatten, fühlte sich der von herausragenden Ärzten beratene Staat dazu berufen, Gesundheit und Glück der Bürger zu *organisieren*. «Die Naturwissenschaft greift fördernd in alle Zweige des Lebens ein; sie schafft und ebnet die Wege der Zivilisation», schrieb begeistert 1853 der Erlanger Medizinprofessor Johann Ferdinand Heyfelder,[25] und Virchow ergänzte: «Wenn die Medizin die Wissenschaft von dem gesunden und kranken Menschen ist ..., welche andere könnte mehr berufen sein, in die Gesetzgebung einzutreten, um jene Gesetze, welche in der Natur des Menschen schon gegeben sind, als die Grundlage der gesetzlichen

Ordnung geltend zu machen!»[26] Ähnlich argumentierte 1863 der Arzt und Botaniker Karl Heinrich Schultz-Schultzenstein: «Wenn sich auch Staatsmänner, Rechtsgelehrte, Theologen mit der Frage des materiellen Wohls beschäftigen, so hängt die Lösung der darin liegenden Rätsel am Ende doch immer von der Medizin und der Naturforschung ab.»[27] Bernhard Naunyn (1839–1925) erklärte 1869 in Dorpat: «Wäre die Biologie fertig, kennten wir die Lebensgesetze ... genau, so würden wir eine rationelle Therapie haben, und die Einheit der medicinischen Wissenschaft würde hergestellt sein.»[28] Nur ein bißchen Geduld schien notwendig, um das Rätsel «Mensch» transparent zu machen. Krankheiten galten in absehbarer Zeit als heilbar, soziale Mißstände, d.h. Krankheiten im Großen, als korrigierbar. Naturforschung und Optimismus ergänzten sich; wer warnte, Bedenken hatte oder gar opponierte, hatte in Wissenschaftskreisen nur Spott und Hohn zu erwarten.

Der Paläontologe Georg Friedrich von Jäger hatte schon 1847 klargestellt, daß die Naturwissenschaft *alle* Bereiche der Medizin befruchte. Max von Pettenkofer konnte 1867 darauf verweisen, daß die hygienischen Bemühungen der englischen Kommunalverwaltungen die Mortalität zur Zeit der Cholera gesenkt hatten. Statistische Vergleiche kamen mehr denn je in Mode – ihre Tücken waren noch unbekannt. Du Bois-Reymond, an sich ein glühender Verfechter des neuen Paradigmas, brauchte 1872 bei der Jahresversammlung der Gesellschaft Deutscher Naturforscher und Ärzte, durchaus Mut, an die Grenzen des Machbaren zu erinnern. So sei etwa das *Bewußtsein* «nicht allein bei dem heutigen Stand unserer Kenntnis ... aus seinen materiellen Bedingungen nicht erklärbar».[29] Er begründete diese These zwar rein naturwissenschaftlich, doch wurde sie als deutliche Kritik am Zeitgeist interpretiert. Allerdings hielt der Berliner Physiologe 1875 vor der Preußischen Akademie der Wissenschaften eine leidenschaftliche Laudatio auf de La Mettrie: «Fort aus dem Studierzimmer, von den staubigen Pergamenten der Philosophen und Theologen» habe dieser «die Forschung auf die Erfahrungen der Ärzte, die Entdeckungen der Naturforscher verwiesen».[30] Der Mensch erschien als mechanische Konstruktion, die physikalischen Gesetzen unterliege. Vom Affen unterscheide er sich wie eine «astronomische Uhr von einer gemeinen».[31]

Der Geist des Positivismus durchdrang bald das private, öffentliche und wissenschaftliche Leben. Eine säkulare, ahistorische und selbstbewußte Forschung setzte sich durch. Mehr denn je rückte das Interesse der *großen Mehrheit* in den Vordergrund. Die Medizin legitimierte sich auch in Deutschland und Frankreich zunehmend durch den (primär in England konzipierten)[32] Utilitarismus. Kants Mahnungen schienen vergessen: der Patient war tatsächlich «Mittel» bzw. «Objekt» der Forschung geworden, während seine Seele auf dem Altar des «mechanistischen Materialismus» geopfert wurde.[33] Hatte noch 1806 Hufeland den Arzt gemahnt: «Nie betrachte er den Kranken als Mittel, sondern immer als Zweck»,[34] amüsierte man sich nun über die Moralisten. Tier- und Menschenversuche[35] nahmen zu, das *Messen* wurde – nachdem der Leipziger Kliniker Wilhelm Wunderlich 1859 die «Fieberkurve» eingeführt hatte – eine der zentralen ärztlichen Handlungen. In naiver Fortsetzung der Physiognomie- und Rassenlehren der Aufklärungszeit wurden Kranke wie Gesunde verglichen und «gewertet». Auch Claude Bernard wunderte sich über die «deutsche Schule», die alles quantifiziere, auch wenn es in der Biologie wenig Aussagekraft habe.[36] Sie stand zunehmend unter dem Einfluß Francis Galtons (1822–1911), nach dem der Wert menschlichen Lebens in jeder Phase nach «Rasse», Gesundheitsstand, Begabung usw. meßbar erschien. Der Vetter Darwins versuchte selbst psychische und emotionale Eigenschaften zu «objektivieren». Galton, der auch entdeckte, daß sich Menschen durch ihre Fingerabdrücke unterschieden, forderte zudem eine Verbesserung der Volksgesundheit durch Selektion und Züchtung. Statistik und «Ökonomie» wurden zunehmend mit Vernunft, ja Humanität gleichgesetzt.[37] Angesichts des «fanatischen Mystizismus der Theologie» und des «apathischen Formalismus der Jurisprudenz», die man leidenschaftlich kritisierte, übersahen die Naturwissenschaftler und Mathematiker die Schwächen der eigenen Methodik.[38] Kaum einem Arzt fiel auf, daß der naturwissenschaftliche Positivismus auf einem äußerst defizitären anthropologischen Modell beruhte.

1859 erschien Darwins berühmtes Buch *Über die Entstehung der Arten*, von dem bis zum Tode des Autors (1882) fast 24000 Exemplare verkauft wurden. Für ein naturwissenschaftliches Werk war diese Nachfrage ungewöhnlich – und doch wenig erstaunlich. Schlagwörter wie «der Kampf ums Dasein» oder die These vom «Überleben des Tüchtigsten» faszinierten die Anhänger der «medizinischen Policey» wie des Utilitarismus.[39] John Stuart Mill fand, um ein Beispiel anzuführen, durch Darwins Lektüre zum «Glauben an den Materialismus», welcher seinen nihilistischen «Agnostizismus» ablöste.[40] Die Deutung der Menschheitsgeschichte als permanente Selektion degradierte das Individuum zum statistisch-biologischen Objekt, dessen *Fitness* über seine Existenzberechtigung entscheiden sollte. Aus Darwins Thesen glaubte man ableiten zu können, daß der «Daseinskampf» zwischen Stärkeren und Schwächeren das Schicksal der Menschheit bestimme. Tatsächlich hatte der englische Gelehrte 1838 notiert: «Wenn zwei Menschenrassen aufeinanderstoßen, dann verhalten sie sich wie zwei Tierarten. Sie bekämpfen und fressen einander, bringen Krankheiten übereinander. Aber dann folgt das noch tödlichere Ringen, nämlich wer die am besten angepaßte Organisationsform oder die Instinkte hat …»[41] Solche Sätze schürten die Zukunftsangst. Mahnten sie nicht, wie manche Ärzte argumentierten, zum *Überlebenskampf* um jeden Preis? Der englische Philosoph Herbert Spencer (1820–1903) behauptete, die Vorfahren («jene hypothetischen Wesen») hätten sich, wären sie Pazifisten gewesen, niemals «durchsetzen» können. Kranke, Mißgebildete und chronisch Leidende, also Menschen, mit denen Ärzte im allgemeinen zu tun haben, erschienen entsprechend als «Untaugliche», als «weniger Tüchtige», welche die Überlebenssaussichten ihres Volkes schwächten. Der Sozialist Alfred Russel Wallace schrieb 1864: «Die geistig und moralisch höherstehenden müssen die tieferstehenden und minderwertigen Rassen ersetzen». Am Ende dürfe niemand «unterhalb des Niveaus des edelsten unserer Zeitgenossen stehen».[42] Für Arme, Behinderte und chronisch Kranke mußte dies beunruhigend klingen. Immerhin akzeptierte Spencer, ein radikaler Empirist, Grausamkeiten im Daseinskampf nur dann, wenn sie «naiv» ausgeübt werden. Im zivilisierten Umfeld bedeute «zu handeln wie die Natur» eher ein Entwicklungshindernis. Dennoch prophezeite auch der englische Schriftsteller Rowland Thirlmere einen «Zusammenprall der Mächte», eine Art unvermeidlichen Endkampf, «ob er nun auf den Schlachtfeldern oder auf den Weltmärkten geführt werden wird ...».[43] Dem gesunden, starken und mitleidlosen Menschen sollte die Zukunft gehören.

Sozialdarwinismus und *Sozialanthropologie* machten sich auf subtile Weise breit. Vordergründig knüpfte man, vor allem in Deutschland, an Autoren wie Blumenbach, Soemmering oder Oken an, die bereits um 1800 – zumindest in nuce – eugenische Überlegungen angeregt hatten.[44] Die meisten Intellektuellen waren hiervon fasziniert. Das neue Dogma legte es zudem nahe, *Volkskrankheiten* prophylaktisch einzudämmen. Welcher vernünftige Staatsbürger konnte etwas dagegen haben? Selbst manche Geistliche zollten hier ihre Bewunderung. Zunächst sollte freilich die *wissenschaftliche Hygiene* triumphieren, die nach Max von Pettenkofer die Aufgabe hatte, alle «Einflüsse der natürlichen und künstlichen Umgebung des Menschen zu untersuchen ..., um durch diese Erkenntnisse sein Wohl zu fördern».[45]

Da erworbene Eigenschaften als teilweise vererbbar galten (Lamarcks Thesen hatten bis ins 20. Jahrhundert einen großen Einfluß!), war ein strengerer staatlicher Zugriff auf die Gesundheitspädagogik, auf Sport und körperliche «Ertüchtigung» fast zwangsläufig. Das «Erbgut» erschien sozial wie biologisch manipulierbar! Wie Strafgefangenen wurde auch Kranken klargemacht, daß sie auf Kosten der Allgemeinheit lebten – Psychiater oder Kriminologen wie der vielgelesene italienische Arzt Cesare Lombroso (1835–1909) waren von der «genetischen Verwandtschaft» beider Gruppen überzeugt![46] Der Schritt von Darwins (je nach ideologisch-politischer Interessenlage häufig mißverstanden) Thesen zu Gobineaus *Essai sur l'inégalité des races humaines* (1855, englisch 1856, deutsch 1901) schien logisch. Alle «Rassen» sind nach dem französischen Diplomaten durch Verfall gefährdet, deren Ursache

Gobineau in der «Degeneration», d.h. der Vermischung mit fremdem Blut sieht, die auch als Hauptgrund von Krankheiten und Intelligenzdefiziten gilt.[47] Als elementarste Existenzbedingung einer Rasse betrachtete er die physische Gesundheit, die, so seine plausible These, durch «Zuchtwahl, Kreuzung und Auffrischung» zu optimieren sei (die Fachbegriffe aus der Tierzucht wurden bewußt gewählt).[48] Auch Rassisten wie Gobineau begeisterten weite Kreise der Gesellschaft und fanden unter Philosophen und Soziologen nachhaltigen Beifall.[49]

Ärzte und Naturforscher rückten in der sozialen Rangskala, wie schon erwähnt wurde, weit nach oben. Kaum jemand wagte es, die Religion des wissenschaftlichen Fortschritts zu kritisieren. Vor allem die katholische Kirche, aber auch einige protestantische Gruppierungen stellten sich allerdings als Minderheitsfraktionen gegen den neuen Materialismus (Darwin selbst hielt seinen Agnostizismus lange vor der eigenen, christlich-gläubigen Familie geheim!).[50] Theologen wie Theodor Fliedner (1800–1864), der Begründer der Kaiserswerther Diakonie, kümmerten sich ebenso demonstrativ um notleidende Kranke wie zahlreiche Pflegeorden. Diakonissen wie katholische Ordensangehörige fühlten sich mehr denn je von christlicher Demut und Nächstenliebe geleitet.[51] Im Erzbistum Köln stieg so die Zahl der Ordensschwestern zwischen 1850 und 1900 von 240 auf 5000![52] In den 16 in der Stadt Köln zwischen 1840 und 1909 gegründeten Krankenhäusern fanden sich unter 646 Pflegepersonen 538 Ordensschwestern, 20 Diakonissen (im einzigen evangelischen Krankenhaus) sowie 23 jüdische Pflegerinnen (im «Israelitischen Asyl»).[53] Auch einige christliche *Ärzte* schwammen gegen den Strom.[54] Selbst Friedrich Nietzsche, auf den sich mancher Naturforscher eher irrtümlich berief, spottete über das «gräßliche Ideal von Kunst und Wissenschaft» und betonte, naturwissenschaftliches Wissen allein könne den Menschen mitnichten glücklich machen.[55] Der «Geist der Wissenschaft» würde freilich bald «an seine Grenzen» stoßen.[56] Dem positivistischen Selbstverständnis der Ärzte setzte er eine *philosophisch* akzentuierte Kritik entgegen: «Es steht uns Philosophen nicht frei, zwischen Seele und Leib zu trennen ... Wir sind keine denkenden Frösche, keine Objektivier- und Registrierapparate mit kalten Eingeweiden ...». An Goethes Mahnung erinnerte sein Vorwurf, die Physiologen beobachteten Normvarianten der «tierischen Gesundheit», während die «große Gesundheit» gerade nicht meßbar erscheine.[57] In der *Morgenröte* schrieb Nietzsche, die «größte Krankheit» der Menschen sei «aus der Bekämpfung ihrer Krankheiten entstanden».[58] Wie sehr Naturwissenschaften und Medizin aber auch ihn beeindruckten, zeigte sich darin, daß er seine «Unwissenheit in physiologicis» als das «eigentliche Verhängnis in meinem Leben» betrachtete (!).[59]

35. Tier- und Menschenversuche im 19. Jahrhundert

Der allgemeinen Begeisterung für Utilitarismus und Naturwissenschaft zum Trotz wurde die Forschung an lebenden Tieren zunehmend – vor allem von Nichtärzten – hinterfragt. Bernards Ehefrau ließ sich scheiden und wurde Anführerin der französischen Anti-Vivisektionistenbewegung![1] In Deutschland gehörte der Komponist Richard Wagner zu den prominentesten Gegnern des Tierversuchs. Wie seine ärztlichen Gegner berief er sich auf die *Natur*, die er durch diese mißbraucht sah. Der Arzt Ernst Grysanowski und der Schriftsteller Ernst von Weber, Autor eines Buches mit dem programmatischen Titel *Die Folterkammern der Wissenschaft*, präsentierten eindrucksvolle Beispiele «wissenschaftlicher» Tierquälerei, welche ihrer Meinung nach nur «die sittliche Verwilderung und die geistige Zuchtlosigkeit unseres Zeitalters» bestätigten.[2] In Wagners Freundeskreis, wo Webers Werke geschätzt wurden, kam eine demonstrative Tierliebe in Mode. Man berief sich dabei auch auf Schopenhauer, der in seiner Abhandlung *Über die Grundlage der Moral* (1840) Kant kritisiert hatte, welcher die Tierquälerei nur deshalb verurteilt habe, weil sie das Mitleid gegenüber *Menschen* abstumpfe. Menschliches Mitleid schließe, so dagegen Schopenhauer, die Liebe zum Tier mit ein.[3] Wagner war über Claude Bernards Vivisektionen empört und trat 1879 dem «Internationalen Verein zur Bekämpfung der wissenschaftlichen Thierfolter» bei, der bald prominente Mitglieder aus Adel, Generalität und der Kulturszene aufwies.[4] Angesichts des Hohns, «mit welchem die Ärzte unsere Bewegung behandeln», erwog er sogar, «Sozialist zu werden». Der mitleidvolle, menschliche Arzt galt ihm als bewundernswertes Ideal, dem er den ehrgeizigen «Forscher» gegenüberstellte, für ihn ein «auf dem Baum der Erkenntnis herumkletternder Affe».[5] Statt «in das aufgeschlitzte Innere eines lebendigen Tieres» solle dieser in dessen Augen blicken. Über die zum Teil fanatischen Gegner des Tierversuchs legte sich freilich bald der Schatten des *Antisemitismus*. In der Zeitschrift *Thier- und Menschenfreund* wurden so 1884 heftige Vorwürfe gegen jüdische Ärzte erhoben. Webers Tierliebe kontrastierte auch mit seinem Vorschlag, farbige Afrikaner, deren Haut weniger sensibel sei, im kolonialen Alltag mit härteren Peitschen zu züchtigen als weiße Delinquenten.[6] Tatsächlich schienen sich Tier- und Menschenliebe für manche Fanatiker auszuschließen. Der Musikkritiker Eduard Hanslick, ein Freund Billroths, erinnerte daran, daß ein Menschenverächter wie Robespierre Tauben gezüchtet habe und weigerte sich, auf Pamphlete, «die in schwülstig orakelndem Styl für Thierschutz und für Judenverfolgung agierten», zu antworten.[7] Wagner unterstrich dagegen in einem *Offenen Brief an*

Ernst von Weber den Mitleidsgedanken, der *allen* Geschöpfen zugute komme. In zahlreichen *Tierschutzvereinen* bekämpfte man die «menschenschänderischen Ausgeburten der spekulativen Tier-Vivisektion in unseren physiologischen Operatorien».[8] Obwohl Wagner selbst nur vage eine Beziehung zwischen jüdischem Ritus und der Vivisektion andeutete, ereiferten sich in den «Bayreuther Blättern» zahlreiche bekennende Antisemiten, etwa Bernhard Förster, der spätere Ehemann von Nietzsches Schwester, oder Hans von Wolzogen, einflußreicher Redakteur der Zeitschrift, für den Tierschutz.[9] Bedeutende Ärzte wie Theodor Billroth (1829–1894), Louis Pasteur (1822–1895), Virchow oder Darwin wurden als Sadisten abqualifiziert.[10] Daß ein Physiologe wie Carl Ludwig in Leipzig Mitglied des Tierschutzvereins wurde, war für Weber nur ein «ethischer Kniff». Ludwig, der von der Notwendigkeit des Tierversuchs in der Tat überzeugt war, betonte 1879: «Wem, wie dem Arzte, täglich die markerschütternde Grausamkeit der Krankheit vor Augen tritt, wer dem gleichen Jammer bei Reich und Arm begegnet …, dem müßte das Herz verdorrt sein, wenn er sich nicht feierlich gelobte, mit allen Kräften, die ihm zu Gebote stehen, solchem Elend zu steuern.»[11] Dies war der Grundtenor fast aller ärztlichen Stellungnahmen *für* den Tierversuch.

Auch in der Schweiz, in Schweden und Großbritannien gab es heftigste Auseinandersetzungen.[12] 1876 wurde in London der *Cruelty to Animals Act* verabschiedet. Selbst Königin Victoria nahm Partei für die Tierschützer.[13] Auf dem Kontinent wurden die Forscher nervös: Virchow behauptete 1880 vor einer Reichstagskommission, in England seien nach dem Cruelty Act keine bedeutenden Publikationen mehr erschienen, Carl Vogt sprach von einem «Maulkorb», den man der englischen Wissenschaft angelegt habe, und der Schweizer Physiologe Ludimar Hermann von einer «drohenden Wolke im Nordwesten»![14] Du Bois-Reymond kritisierte die Widersprüchlichkeit der englischen Gesetzgeber mit dem Hinweis auf die auf der Insel populären Fuchshatzen und Hahnenkämpfe und sprach spöttisch von einer «empfindsamen Philozoie» der höheren Gesellschaft. Der Hinweis auf mögliche Mißbräuche sei ein fragwürdiges Argument; sie gelte auch für jede Religion.[15] Apologeten verschiedenster Nationalität zählten die Erkenntnisse und Fortschritte auf, welche auf der Grundlage von Tierversuchen möglich geworden waren. Je näher man sich dem Utilitarismus verbunden fühlte, desto leidenschaftlicher wurden die Pro-Argumente verteidigt.

Dagegen erklärte 1850 Dr. William Andrus Alcott, erster Präsident der *American Vegetarian Society*, den Fleischverzicht zur Vorbedingung aller sozialen und politischen Reformen.[16] Allerdings sei die naturwissenschaftliche Medizin gottgewollt und notwendig, die Bibel wie das «Buch der Natur» hätten schließlich denselben Autor. Eine Vivisektion verursache zwar zunächst Leiden. Trage sie aber zum Wohlergehen von Menschen bei, stelle sie keine

Sünde dar. Freilich standen die Labors der Ärzte zunehmend im Ruf von Schlachthäusern. Nicht ohne Grund wurden in England 1822, in Sachsen 1838, in Württemberg 1839 und in Preußen 1851 Tierschutzgesetze erlassen.[17] Der Wiener Dermatologe Gustav Wertheim (1822–1888) zündete 25 terpentingetränkte, narkotisierte Hunde an, während er andere mit siedendem Wasser übergoß, um ihre Verbrühungen zu studieren. Bereits 1826 hatte der Lyoner Chirurg Jean Louis Brachet die emotionale Zuneigung seines Hundes geprüft, nachdem er ihn auf unterschiedliche Weise, unter anderem durch Ausstechen der Augen und die Zerstörung des Trommelfells gequält hatte. Er erhielt hierfür einen Physiologie-Preis! Theodor Kocher, ein renommierter Schweizer Chirurg, erforschte die Funktion der Schilddrüse durch ihre *Exstirpation* bei Mensch und Tier, obgleich die fatalen Folgen abzusehen waren. Erst später ging man zur Partialentfernung über.[18] Immerhin wurden solche Versuche auch in Kollegenkreisen kritisiert.[19] Als der Physiologe Moritz Schiff zwischen 1863 und 1876 in Florenz mit Hunden experimentierte, kam es, wie Ernst von Weber berichtete, allerdings zu einem europaweiten Aufschrei.[20] In Italien und England bewirkte der Florentiner Skandal eine intensive Diskussion. Prozesse, die von *beiden* Seiten initiiert wurden, sowie publizistische Auseinandersetzungen spalteten die internationale Öffentlichkeit. Lobbyisten und reiche Gönner ersetzten den jeweils Unterlegenen die Geldstrafen. 1882 gründete das Royal College of Physicians die «Gesellschaft zum Schutze und zur Förderung der Heilkunde durch freie Forschung», während der in London tagende Internationale Ärztekongreß bereits ein Jahr zuvor dafür plädiert hatte, kompetenten und verantwortungsvollen Forschern Tierversuche zu erlauben.[21] 1882 empfahl dagegen das zentraltürkische Ärztekolleg, vor allem mit Rücksicht auf christliche und muslimische Traditionen, den Verzicht auf die Vivisektion.[22]

Die Auseinandersetzung war damit nicht beendet. Carl Vogts Attacken gegen die Vivisektionsgegner, «diese Schreier um mißverstandene Humanität» und ihre «Gefühlsfaselei», waren so aggressiv, daß es – zumindest nach Meinung der Tierschützer – sein gesamtes *naturwissenschaftliches* Schrifttum verdiente, «niedriger gehängt zu werden». Ludimar Hermann argumentierte, daß man durch ein Verbot zwar einige Tiere am Leben erhalte, aber schlechtere Ärzte ausbilde, d.h. «die geretteten Tierleben mit Menschenleben bezahle». Außerdem würde sich ein Forscher «im brennenden Momente nicht danach kehren».[23] Bemerkenswert war seine These, schon der reine Erkenntnisgewinn – und weniger der praktische Nutzen – rechtfertige die Vivisektion. Der Schweizer Gelehrte konnte eindrucksvolle Statistiken präsentieren. Die Kastration von Haustieren oder das Stutzen ihrer Ohren seien nicht weniger schmerzhaft als die meisten angeprangerten Versuche.[24] Selbst die *Gartenlaube*, in der auch Carl Ludwig publizierte,[25] verglich 1878 die Antivivisektionsbewegung schließlich mit dem «bekannten Weiberfeldzug gegen geistige Getränke in Amerika».[26] Die «Yellow Press» schlug sich somit auf die Seite des wissenschaftlichen Fortschritts!

Man hatte offensichtlich vergessen, daß bereits 1831 der englische Physiologe Marshall Hall eine *Ethik des Tierversuchs* entworfen hatte. Er solle vermieden werden, wenn die gewünschte Information auch durch andere Methoden, etwa die *vergleichende Anatomie* möglich sei. Zudem müsse das Ziel eines Versuchs vor Beginn klar definiert werden. Jeder Experimentator habe sich zudem über ähnliche Vorversuche zu informieren. Das Leiden der Tiere sei auch dadurch gering zu halten, daß man möglichst «niedere» Kreaturen, wie etwa Reptilien, mit geringerer Schmerzempfindlichkeit oder «frischtote» Tiere verwende. Sorgfältige Dokumentationen seien obligatorisch. Hall regte auch eine Art behördliche Ethikkommission an, die über die einzelnen Versuchsanträge entscheiden sollte.[27] Interessanterweise hatte bereits 1824 Johannes Müller, damals Deutschlands führender Physiologe, zwischen «aufrichtiger» Beobachtung und «ungeduldigem» Experiment unterschieden und bezweifelt, ob sich die Ergebnisse des Tierversuchs und die damit verbundene Streßsituation auf den Menschen übertragen ließen: «Man darf die Natur nur auf irgendeine Weise gewalttätig untersuchen; sie wird immer in ihrer Not eine leidende Antwort geben.»[28]

Wie so viele ethische Fragestellungen, die im 19. Jahrhundert diskutiert wurden, wies auch die Auseinandersetzung um den Tierversuch in die Vergangenheit. Volcher Coiter (1534–1576), ein aus den Niederlanden stammender Nürnberger Arzt, hatte am pulsierenden Tierherz beobachtet, daß sich Vorhöfe und Kammern nicht gleichzeitig kontrahierten, und sein Paduaner Lehrer Bartolomeo Eustachio (1524–1574) unterband – wie übrigens bereits Galen – bei Tieren *in vivo* die Harnleiter.[29] Gaspare Aselli (1581–1626), Professor für Anatomie in Pavia, entdeckte am Hund die Chylusgefäße, die man *nur* während des Verdauungsvorgangs sehen konnte (1622). Er wiederholte das Experiment an verschiedenen, entsprechend gefütterten Tieren, lehnte es aber an menschlichen Gefangenen als «todeswürdiges Verbrechen» ab. Daß die mesenterialen Lymphgefäße auch beim Menschen existierten, mutmaßte er deshalb mit einem philosophischen Argument: Es schien ihm unwahrscheinlich, daß sich die Natur hier «mehr um die Tiere (als um die Menschen) gekümmert haben sollte».[30] Allerdings waren die Lymphgefäße schon bei Galen beschrieben worden, so daß ihre theoretische Akzeptanz selbst für konservativste Traditionalisten kein Problem darstellte.[31] Führende Ärzte wie Jean Riolan (1626) oder der Ire Conlan Cashin (1667) bezweifelten allerdings schon damals die Übertragbarkeit des Tierbefundes auf den menschlichen Organismus. Für die Körperfunktion schien nach Riolan die *Seele* verantwortlich. Da diejenige des Tieres nach Aristoteles der menschlichen «anima intellectualis» unterlegen war, erschien es dem Pariser Professor als «völlig verrückt», vom tierischen Befund auf *menschliche* Verhältnisse zu schließen.[32] Während der italienische Aristoteliker Marco Aurelio Severino in seiner *Zootomia Democritaea* (1645) kühn behauptete, «wilde Tiere» seien «zu nichts anderem als zum Gebrauch der Menschen geschaffen», unterstellte Riolan (1577–1657), daß jede Rohheit gegenüber Tieren zur Grausamkeit gegenüber Menschen führe.[33] In diesem Sinn hatte bereits Thomas von Aquin den Eindruck gewonnen, daß derjenige, der mit Tieren Mitleid habe, empfindsamer für das Leid der Mitmenschen sei (rein nach der *Vernunft* zu urteilen erschien es dem mittelalterlichen Kirchenlehrer und Aristoteliker allerdings gleichgültig, wie der Mensch mit den über keine «anima intellectualis» verfügenden Tieren verfährt).[34] Der von Thomas Bartholin (1616–1680), dem Entdecker des Lymphsystems, geforderte Übergang von der Tier- zur Menschensektion wurde polemisch als Schritt von der Tier- zur Menschen*vivi*sektion interpretiert. Bartholin hatte Riolan seinerseits vorgeworfen, er verhindere mit seiner Argumentation den wissenschaftlichen Fortschritt und erinnere an jene, welche die Arbeit des anatomischen Prosektors derjenigen des Schinders gleichstellten. Er beteuerte, daß die *Menschen*vivisektion selbstverständlich auch für ihn und überhaupt jeden ausscheide, «in dessen Brust auch nur ein Funke von Frömmigkeit und Treue zu Gott und zum Menschen» glühe, und bemerkte süffisant, daß der Franzose ja zumindest indirekt, nämlich als bekennender Galenist, die von dem pergamenischen Arzt betriebene Tiervivisektion akzeptiert habe. Es handle sich deshalb, so Bartholin ironisch, wohl um eine Art «späte Reue». Gegen Riolans Vorwürfe hatte sich 1649 auch William Harvey (1578–1657), der Entdecker des Blutkreislaufs, verteidigt: «Es gibt einige ..., die sagen, daß ich eine prahlerische Vorliebe für die Vivisektion an den Tag gelegt hätte, und die sich über die Verwendung von Fröschen, Schlangen, Fliegen und anderen niederen Tieren lustig machen, sie als ein Knabenstück verspotten und nicht einmal von schmähenden Beiworten Abstand nehmen ...»[35]

Wer im 16. und 17. Jahrhundert Vivisektionen durchführte, stand zunächst im Verdacht, den Autoritäten der Schulmedizin, vor allem Galen, zu mißtrauen. Das Schicksal des *Tieres* rückte erst mit der Zeit ins Bewußtsein. Immerhin konnten sich Befürworter wie Harvey oder Severino auf Aristoteles berufen, der entsprechende Versuche in *De partibus animalium* gerechtfertigt hatte.[36] Harvey brachte überraschenderweise auch wieder die mittelalterliche Vorstellung ins Spiel, Gott stelle gerade in den niedrigen Tieren das Besondere und Wahre heraus.[37] Doch blieb die Science community zerstritten: Während Francis Bacon (1561–1626) die Vivisektion geradezu als Vorbedingung für das medizinische *Advancement of Learning* betrachtete, zeigte Robert Boyle (1627–1691) eine besondere Sensibilität für das Leiden der Versuchstiere. Allerdings hielt auch er entsprechende Experimente für unumgänglich.[38] Die resultierenden Erkenntnisse könnten, so die Argumentation des Gelehrten, der hier an Kepler oder Borelli erinnerte,[39] nicht zuletzt die Bewunderung für das Schöpfungswerk Gottes fördern. Auch Thomas Willis (1621–1675), ein Arzt, Anatom und «Iatrochemiker» aus Oxford, betonte den theologischen Gewinn, den das Studium lebender Tiere ermögliche. Der Naturforscher lese Gottes Wort gleichsam «aus größeren Bibeln».[40] Tatsächlich beriefen sich auch die Mitglieder der 1662 gegründeten «Royal Society» auf die biblische Aufforderung, sich die Erde untertan zu machen.[41] Viele Forscher zeigten allerdings weniger Fingerspitzengefühl oder religiöse Sensibilität. Nicht ohne Grund wurde das Tierexperiment in vielen Satiren und Komödien der frühen Neuzeit, aber auch in Büchern und Flugblättern immer wieder an den Pranger gestellt.[42]

Die Schweizer Ärzte Johann Jakob Wepfer (1620–1695) und Johann Jakob Harder (1656–1711) rechtfertigten Versuche an lebenden Hunden mit dem Erkenntnisgewinn und der «nicht zu verachtenden Nützlichkeit in der medizinischen Praxis».[43] Sobald sich ein vergiftetes Versuchstier im Todeskampf wand, begann Wepfer mit der Sektion. Als Leibarzt verschiedener attentatsgefährdeter deutscher Fürsten fühlte er sich zu praktisch-«toxikologischen» Untersuchungen geradezu verpflichtet! Daß der Alltag von Tieren, besonders Haustieren, in der frühen Neuzeit grausamer und unbarmherziger war als heute, darf in diesem Zusammenhang natürlich nicht übersehen werden. Wepfer rechtfertigte sich auch mit Hinweisen auf historische *Menschen*experimente, die bereits im 16. Jahrhundert durchgeführt worden waren: «Ich erinnere mich nicht, bislang gelesen oder von jemand gehört zu haben, daß den kaiserlichen Ärzten ein Vorwurf daraus gemacht wurde, daß sie Verbrechern Gifte verabreichten ... Dennoch wollte ich selbst niemals dergleichen versuchen.»[44] Tatsächlich hatten auch die Ärzte Heinrichs II. von Frankreich, der 1559 bei einem Turnier von einer Lanze ins Auge getroffen worden war, dessen Verletzung an Verbrechern «rekonstruiert», um festzustellen, welche Schäden beim König vorlagen. Harder unterstrich zudem die *Sicherheit*, welche wissenschaftliche Experimente lieferten, «besonders über diejenigen Gegenstände, welche die alten Autoren entweder gänzlich außer acht ließen oder auf unklare und widersprüchliche Weise darstellten». Selbst ein Geistlicher wie Stephen Hales (1677–1761) versuchte, den Blutdruck von Pferden durch Einführen eines Meßrohrs in die Halsarterie zu bestimmen, woran allerdings der Anatom Niels Stensen Kritik übte. Der spätere katholische Bischof betonte, daß Tiere sowohl über eine Seele wie über Schmerzempfindungen verfügten.[45] Während Pierre Louis Maupertuis (1698–1759), zur Zeit Friedrichs des Großen Präsident der Berliner Akademie, bei Vivisektionen «größere Kühnheit» forderte und auch Christlob Mylius (1722–1754), Herausgeber der *Critischen Nachrichten aus dem Reiche der Gelehrsamkeit*, diese ebenfalls verteidigte, verglich der Göttinger Mathematiker Abraham Gotthelf Kästner sie mit Kriegen, «wo Schlachten nur morden und elend machen, ohne für Frieden zu entscheiden».[46] Mylius, ein Freund Lessings (der hier allerdings anderer Meinung war), verglich kühl Grausamkeiten und Nutzen der Vivisektion und befand, daß letzterer überwog.[47] Im übrigen sprach sich auch Thomas Percival gegen solche Experimente aus.

Das Thema «Tierethik» kann hier nur in seinen Berührungspunkten zur Vivisektion gestreift werden. Mutwilliges, grausames Töten von Tieren wurde im 18. und 19. Jahrhundert natürlich verurteilt.[48] Gottes Güte erstrecke sich, so der zeitgenössische theologische Tenor, auf *alle* Geschöpfe. Die Bibel schien dieses moralische Gebot zu untermauern.[49] Durch einen unbarmherzigen Umgang mit anderen Geschöpfen befürchtete man, im Sinne Riolans, die Verrohung des Menschen. Englische Geistliche wie John Hildrop (1742) oder Richard Dean (1767) versuchten phantasiereich die Unsterblichkeit der Tierseele zu beweisen, während der französische Jesuit Guillaume Bougeant (1739) sogar mutmaßte, in den Tieren wohnten die Seelen gefallener Engel. Der Genfer Arzt Charles Bonnet nahm an, daß Tiere, welche Opfer menschlicher Bedürfnisse geworden wären, von Gott im Jenseits «entschädigt» würden. Die cartesianische Vorstellung des tierischen «Automaten» erschien ihm entwürdigend. Vor allem in England wurde immer wieder auf die tierische Unschuld und Schutzbedürftigkeit verwiesen. Auf der Basis der *chain of being*, d.h. der Vorstellung, daß sich alle Geschöpfe von den Engeln bis zu den kleinsten, unscheinbarsten Wesen nur *graduell* unterschieden, erschien es Hildrop unmöglich, zwischen dem «tiefsten Grad menschlicher Unwissenheit» und der «höchsten Stufe tierischer Kenntnisse» eine überzeugende Grenze zu ziehen.[50]

Der prominenteste deutsche Rechtsgelehrte seiner Zeit, Samuel von Pufendorf, vertrat dagegen 1672 die These, zwischen Mensch und Tier gebe es keine naturrechtliche Bindung.[51] Eher bestehe eine Art natürlicher Kriegszustand. Menschen sei es deshalb erlaubt, Tiere zu zähmen, aber auch, etwa zum Zweck des Nahrungsgewinns oder der wissenschaftlichen Kenntnis wegen, zu töten. Auch Thomas Hobbes (1588–1679) unterstrich, daß die vernunftlosen Tiere keine «Verträge» schließen konnten. Damit erschienen sie in der Hand des Forschers schutzlos. Die ethische Diskussion setzte hier – je nach Schule – durchaus polemische Akzente. In einem hatten die Gegner der Vivisektion zweifellos recht: Der Schritt zum Menschenexperiment erschien manchem ehrgeizigen Forscher allzu naheliegend.

Daß auch der einzelne *Mensch* zum Nutzen der Gemeinschaft Risiken einzugehen oder gar zu *leiden* habe, wurde seit dem 18. Jahrhundert vor allem von «statistisch» argumentierenden Impfbefürwortern betont.[52] In der Tat hielt der Streit um die Schutzimpfungen noch zu Ende des 19. Jahrhunderts die wissenschaftliche Welt in Atem.[53] Immerhin zeigte der Königsberger Professor Julius Schreiber Skrupel, nachdem er 1891 ein «Material» von 40 Neugeborenen geimpft hatte, während der schwedische Arzt Carl Janson raisonnierte: «Vielleicht hätte ich zuerst an Thieren Versuche anstellen sollen. Die geeignetsten jedoch, nämlich Kälber, waren indessen ihrer Kosten wegen schwer zu beschaffen und zu erhalten, weshalb ich ... meine Experimente im allgemeinen Kinderhause (Findelhaus) zu Stockholm begann und darnach vielleicht mit Tieren Experimente zu machen gedachte ...» Standen keine Tiere zur Verfügung, experimentierte man an – Waisenkindern![54]

Skandale dieser Art wurden seit 1898 in der *Münchener Freien Presse* unter dem Titel «Arme Leute in Krankenhäusern» kritisch publiziert. Der Leser erfuhr, daß Forscher 14- bis 18jährigen ohne deren Wissen Gonokokken injiziert hatten und ein Kinderarzt seine kleinen Patienten Wurmeier schlucken ließ, um die Entwicklung der Parasiten zu beobachten. Es handelte sich offensichtlich um keine Einzelfälle. 1892 versuchte der Breslauer Dermatologe Albert Neisser, Patienten gegen Syphilis zu impfen. Er stellte später fest, daß eine Probandin, eine Prostituierte, dabei manifest erkrankt war. Die bürgerliche Gesellschaft reagierte plötzlich hart und kritisch, nicht ohne subtile Hinweise, daß es sich um einen *jüdischen* Arzt handle, der mit *Syphiliserregern* experimentiere. Man warf ihm vor, bei weiteren «acht unschuldigen Kindern» Versuche durchgeführt zu haben, «die wir sogar bei Vivisektionen von Thieren mißbilligen würden».[55] Auf den Vorwurf, er habe seine Patienten nicht aufgeklärt, argumentierte Neisser mit einem für viele Forscher charakteristischen, nicht leicht von der Hand zu weisenden Argument: «Es ist nichts leichter, als sachunverständige Personen durch freundliche Überredung zu jeder gewünschten Einwilligung zu bringen» – und traf hier wohl ins Schwarze. Ein «informed consent» wurde von den wenigsten Medizinern angestrebt. Einer seiner Assistenten sagte aus, daß man bei Darstellung aller Risiken und Unklarheiten «nicht zum Ziele gelangt» wäre. Ungeachtet dieser Skrupellosigkeit waren die Angriffe allerdings heuchlerisch, weil Neissers Verhalten in Forscherkreisen allgemein üblich war. Julius Pagel, ein Schüler von Du Bois-Reymond und Virchow, erklärte, Neisser sei nur seiner ethischen Verpflichtung gerecht geworden, «Krankheiten vorzubeugen und der leidenden Menschheit zu nützen».[56] Hier kristallisierte sich ein Standpunkt heraus, der, wie schon angedeutet, bis heute in der Medizin populär blieb. Der wissenschaftliche Fortschritt wird – unter Hinweis auf den *möglichen* künftigen Nutzen für Kranke – als höchstmögliches ethisches Ziel empfunden, weshalb er auch umstrittene Mittel erlaubt.

Der Fall Neisser erinnert daran, daß gegen 1900 vor allem «Arme» und Einzelstehende in Krankenhäusern behandelt wurden. Die Industrialisierung der Gesellschaft hatte zur Folge, daß viele Menschen ihr vertrautes Umfeld verließen. Soziale Netze, wie sie Großfamilien, Kirchengemeinden oder lokale Hilfsvereine angeboten hatten, wurden – von kirchlichen Sozialeinrichtungen einmal abgesehen – zunehmend durch *staatliche* Institutionen, darunter zahlreiche neue Krankenhäuser ersetzt. Die Patienten wußten aber, daß es nicht pures Mitleid war, welches die Klinikbetten zwischen 1871 und 1883 um etwa 11000 ansteigen ließ, sondern mindestens ebenso die Wissenschaftsbegeisterung von Ärzten und Gesundheitsplanern. Infolge der Bismarckschen Sozialgesetzgebung (1883) nahm die Bettenzahl weiter rapide zu – das Angebot kostenloser stationärer Behandlungen zeigte Wirkung.[57] Es galt bald als legitime Gegenleistung für die stationäre Unterbringung und Behandlung, seinen Körper für Unterrichts- und Forschungszwecke, nicht zuletzt aber auch für eine postmortale Sektion zur Verfügung zu stellen. Dabei war es häufig tatsächlich schwierig, die meist ungebildeten Kranken über Sinn und Gefahren eines Experiments bzw. einer «Studie» aufzuklären. Demonstrative Selbstexperimente von Ärzten, die sich zu Helden der Wissenschaft stilisierten, ließen das Opfer der Patienten geringer erscheinen, ja brachten diese nicht selten in Zugzwang. Allerdings nahm die Belegungszahl, wie angedeutet, gegen Ende des Jahrhunderts deutlich ab – ein Indiz, daß man eher ängstlich und als letzten verzweifelten Schritt ein Krankenhaus aufsuchte.

Die vermeintliche Anmaßung der «Schulmedizin» (der Begriff läßt sich – natürlich im *abwertenden* Sinn – erstmals 1876 in der homöopathischen Literatur nachweisen!)[58] und die Degradierung der Patienten zum «Forschungsmaterial» rief vor allem Anhänger der Naturheilkunde auf den Plan.[59] In Flugblättern und Broschüren attackierten sie die «Staatsmedizin»,[60] deren unbestreitbare Erfolge verdrängt wurden. Man beschwor ein individuell-ganzheitliches Menschenbild und kritisierte erneut die Tierversuche. Damit wurde die vorherrschende wissenschaftliche Methodik in Frage gestellt. Ob es sich um Kneippianer oder sonstige Verteidiger der Wassertherapie, um Anhänger von Licht-, Luft- und Lehmkuren handelte, man bekämpfte die Positivisten, deren Schwächen schonungslos herausgestellt wurden, mit sektiererischem Selbstbewußtsein (daß gerade auch in alternativmedizinischen Kreisen eine beachtliche Tendenz zum Antisemitismus vorherrschte, sei nur am Rande bemerkt).[61] Wie einst Riolan fragten sich aber auch immer mehr «Schulmediziner», ob durch die Vivisektion bzw. durch Tierversuche, etwa infolge der individuellen Reaktion auf Verletzung und Schmerzen, nicht die «natürlichen» Abläufe verändert würden. Ließen sich die Ergebnisse von Tier- und Menschenversuchen überhaupt verallgemeinern? Zudem konnte der Berliner Arzt Albert Moll um 1900 am Beispiel von etwa 700 Menschenexperimenten nachweisen, daß in der Regel methodisch planlos und ohne Aufklärung der Betroffenen vorgegangen worden war.[62] Auch immer mehr

Geistliche brandmarkten das Experimentieren mit unschuldigen Menschen und Quälen von Tieren als schwere Sünde. Vor allem der protestantische Arzt und Theologe (und spätere Friedensnobelpreisträger) Albert Schweitzer (1875–1965) wurde im neuen Jahrhundert zum Symbol des Lebensschutzes. 1915 propagierte er in Straßburg den Begriff «Ehrfurcht vor dem Leben», den er in Lambarene konzipiert hatte, wo er seit 1913 im Dienst der Ärmsten und aus Sicht der meisten europäischen Rasseforscher «Minderwertigen» wirkte.[63] Die von ihm vertretene Richtung ärztlicher Ethik mit ihrem vernunftkritischen Anspruch stand in radikalem Gegensatz zu den sozialdarwinistischen Programmen der Zeit. Sein Kampf gegen Tier- und Menschenversuche verband sich – vor allem unter dem Eindruck des Ersten Weltkriegs – zunehmend mit einem strikten Pazifismus.

Spätestens im ausgehenden 19. Jahrhundert verlor die Diskussion um die ärztliche Ethik ihre kindliche Unschuld. Zwar waren zentrale Fragen zu Status, Würde und Rechten des Menschen schon seit der Antike erörtert worden, doch erschienen die Handlungsspielräume angesichts der beschränkten technischen Möglichkeiten zuvor harmloser und ungefährlicher. Der sich nunmehr abzeichnende «technische Fortschritt», der zunächst die diagnostischen Möglichkeiten, bald aber auch Denken und Selbstverständnis der Mediziner veränderte, führte zu einer dramatischen Polarisierung des ärztlichen Ethos. Die Kluft zwischen dem naturwissenschaftlichen Paradigma und seinen Gegnern, zu denen sich die Kritiker des Tier- und Menschenexperiments zählten, vertiefte sich.[64]

36. Ernst Haeckel und sein Kreis

Um 1900 fand der materialistische Positivismus in der deutschen Schulmedizin seinen ersten Höhepunkt. Selbstverständnis und Ethos der meisten Universitätsprofessoren orientierten sich, wie es dem Geist des zu Ende gehenden Jahrhunderts entsprach, an der *Naturwissenschaft*. Die Probleme der Zukunft schienen nur durch radikale Anwendung der «Vernunft» lösbar. Bernhard Naunyns berühmtes Diktum «Die Medizin wird eine Wissenschaft sein oder sie wird nicht sein» (1909) erschien wie eine Vollzugsmeldung der alten Forderung Dietls.[1] Wer anderer Meinung war, etwa «Ultramontanismus» und «Orthodoxie» anhing, wie Virchow polemisch formulierte,[2] schien sich gegen die Humanität zu versündigen. Das Renommee des Arztes stieg weiter. Sein vom Optimismus geprägtes Ethos orientierte sich – auf der Basis von Comtes Philosophie – am Nutzen für die Gemeinschaft. Ernst Haeckel, der zunächst bedeutendste Exponent der neuen Richtung, schuf eine Art Weltanschauung mit durchaus religiösem Akzent. Abweichler, Renegaten und Andersdenkende wurden verdammt. Der von ihm 1906 gegründete «Monistenbund» verkündete die neue naturwissenschaftliche «Weltschau».[3] Gleichzeitig sollte die von Virchow angekündigte «Freiheit der Wissenschaft» Wirklichkeit werden.[4]

«Gut» war bereits für den von Haeckel bewunderten Arzt und Philosophen Jacob Moleschott (1822–1893), was «den Bedürfnissen der Menschheit und den Forderungen der Gattung entspricht».[5] Moralische Werte wechselten nach Ludwig Büchner, einem weiteren Vorbild Haeckels, wie es schon die alten Sophisten gelehrt hatten, zusammen «mit den in einer bestimmten Gesellschaft herrschenden Begriffen und Bedürfnissen».[6] Sie konnten deshalb nicht mehr allzu ernst genommen werden. Für Arnold Lang, einen Schüler Haeckels, wich «der Wahn einer metaphysischen, transzendentalen, im Jenseits gewissermaßen erst sich vollendenden Ethik» nunmehr den Grundlagen «einer diesseitigen, lebensfrohen, vernünftigen» Moral, welche selbstverständlich auf solider naturwissenschaftlicher Basis beruhte.[7] Es galt, den Kirchen ihre «Legitimität» zu entziehen. Die sittlichen Anforderungen des Menschen könnten «nur dann richtig und naturgemäß erfüllt werden, wenn sie in reinem Einklang mit seiner vernünftigen Weltanschauung stehen».[8] Deren Quintessenz lautete: Die organische Natur steht im ständigen «Kampf ums Dasein» und entwickelt sich vom «Unvollkommenen zum Vollkommenen». Haeckel glaubte bemerkt zu haben, daß hierbei nicht immer die *Edleren*, sondern eher die jeweils *Stärkeren* überlebt hätten. Innerhalb der Kulturnationen blieben allerdings, so seine Befürchtung, häufig die tüchtigen, tatkräftigen Menschen auf der Strecke. Diese Entwicklung galt es zu korrigieren, wobei vor allem Ärzte gefordert schienen.

Selbst- und Nächstenliebe erschienen Haeckel gleichwertig. Unter Bezug auf den radikalen Empiristen und Evolutionisten Herbert Spencer[9] vertrat er die These, daß alles verteidigenswert sei, was der Selbsterhaltung diene – schließlich müsse man zunächst existieren, bevor man «gut» handeln könne![10] Das Christentum, das die Nächstenliebe über die Eigenliebe setze (und dem er zunehmend den Kampf ansagte), irre hier fundamental. Ethik war für Haeckel, der davon überzeugt war, «daß die Sitten ... auf physikalische Gesetze zurückzuführen sind», ein rein *naturwissenschaftliches* Phänomen. Für Gefühle, Mitleid, Trauer, Verzweiflung, Hoffnung oder religiöse Empfindungen, wie sie häufig den Alltag von Schwerkranken bestimmen, war in seinem Moralkonzept wenig Platz. Angesichts der «Überlebenskämpfe» der Arten, Rassen und Klassen erschien die These der Gleichrangigkeit aller Menschen obsolet. Die «Naturvölker» galten Haeckel als phylogenetische Vorläufer des «Culturmenschen», doch könne man bei ihnen ebensowenig von Vernunft sprechen «als bei den intelligentesten Tieren». Europa galt bei solchen Vergleichen als Wertemaßstab, wobei der Abstand zwischen Kulturmensch und Naturmensch als größer erachtet wurde als zwischen diesem «und der Hundeseele».[11] «Die höhere Entwicklung seiner Vernunft, die ihn zur Cultur befähigt», bestimmt den Wert des einzelnen. Diese ist für Haeckel zwangsläufig nur bei «höheren Rassen» möglich. Geisteskranke, Behinderte und chronisch Kranke galten demnach als biologisch minderwertig. Hierin liegt die Nachtseite der Philosophie Haeckels, der zu Lebzeiten, aber auch posthum (er starb 1919) unter den Nationalsozialisten, den DDR-Sozialisten und vielen «aufgeklärten» Naturforschern in verharmlosender Weise als Aufklärer und Kämpfer gegen geistige Unfreiheit gefeiert wurde.

Der moralisch handelnde Mensch hat, wie wir in Haeckels *Lebenswundern*, einem der populären Bücher der Epoche (1904) erfahren, stets den *Willen der Natur* zu unterstützen, wozu, falls es notwendig erscheint, auch die aktive Tötung hoffnungslos Erkrankter gehört. Ebenso gilt der Selbstmord, «durch den der Mensch seinem unerträglichen Leiden ein Ende macht», für Haeckel als «Act der Erlösung». Er schlägt für ihn deshalb das Wort «Autolyse» bzw. «Selbsterlösung» vor[12] und stellt fest: «Die Irrenhäuser nehmen alljährlich an Zahl und Umfang zu; allenthalben entstehen Sanatorien, in denen der gehetzte Culturmensch Zuflucht und Heilung von seinen Übeln sucht. Viele von diesen Übeln sind völlig unheilbar, und viele Kranke gehen dem sicheren Tod unter namenlosen Qualen entgegen. Sehr viele von diesen armen Elenden warten mit Sehnsucht auf ihre ‹Erlösung von dem Übel› und sehnen das Ende ihres qualvollen Lebens herbei. Da erhebt sich die wichtige Frage, ob wir als mitfühlende Menschen berechtigt sind, ihren Wunsch zu erfüllen und ihre Leiden durch einen schmerzlosen Tod abzukürzen …»[13] Haeckel zögerte somit nicht, das Vaterunser als Legitimationsargument für die aktive Euthanasie heranzuziehen! Charakteristisch ist sein Hinweis auf die Tiere, welche man ja auch ohne Skrupel dadurch von Leid und Schmerz befreie, daß man ihnen den Gnadentod gibt: «Treue Hunde und edle Pferde, mit denen wir jahrelang zusammen gelebt haben und die wir lieben, töten wir mit Recht, wenn sie in hohem Alter hoffnungslos erkrankt sind und von schmerzlichem Leiden gepeinigt werden». Dieselbe «Nächstenliebe» fordert Haeckel auch für *Menschen* ein: «Ebenso haben wir das Recht, oder wenn man will die Pflicht, den schweren Leiden unserer Mitmenschen ein Ende zu bereiten, wenn schwere Krankheit ohne Hoffnung auf Besserung ihnen die Existenz unerträglich macht und wenn sie selbst uns um ‹Erlösung von dem Übel› bitten».[14] Er erwähnt zwar, daß die zeitgenössischen Ärzte in dieser Frage zerstritten seien, bestätigt aber auch, daß viele keine Bedenken hätten, «die schweren Leiden von hoffnungslos Kranken auf deren Wunsch durch eine Gabe Morphium oder Cyankalium abzukürzen», und behauptet: «Tatsächlich wird ja durch solch einen plötzlichen schmerzlosen Tod nicht nur dem Nothleidenden selbst, sondern auch seiner nothleidenden Familie der größte Dienst erwiesen.»[15] Nicht ganz zu Unrecht wies er auch darauf hin, daß jeder junge Soldat, der «auf Kommando sein Leben für das Vaterland läßt», in seiner Autonomie nicht weniger behindert sei als ein Kranker, der umständehalber in die Euthanasie einwilligt oder Suizid begeht (wie er auch den Widerspruch zwischen dem christlichem Gebot der Nächstenliebe und den zahllosen Kriegsführungen der Christen kritisierte).[16]

Haeckel, einer der folgenreichsten Apologeten der «aktiven Euthanasie», untersuchte die Gründe, warum viele Ärzte immer noch der Ansicht waren, «daß diese Handlung des Mitleids nicht erlaubt oder sogar ein Verbrechen sei». Als Schuldige wurden die «scholastischen Metaphysiker auf den Lehrstühlen unserer Universitäten» ausgemacht. Wie so viele seiner Kollegen argwöhnte er eine Bedrohung des naturwissenschaftlichen Fortschritts durch konservative Kräfte, die er mit dem alten Feindbild der Naturforscher seiner Epoche, der christlichen Religion, besonders katholischer Konfession, in Zusammenhang brachte, wo man am Glauben an die «unsterbliche Seele» wie den «lieben Gott» festhalte.[17] Moralisches Fehlverhalten erscheint dem eingefleischten Positivisten nicht zuletzt aber auch *genetisch* determiniert. Der «liebende Vater», argumentierte er ironisch, könne deshalb keinen «unglücklichen Verbrecher zu ewiger Höllenstrafe verdammen», da er ihn ja selbst «erblich belastet» habe. Da Debile und unheilbar Kranke sich und anderen nur eine «unermeßliche Summe von Noth und Elend, Jammer und Unglück» brächten,[18] wird Gott schon dadurch in Frage gestellt, weil er, so Haeckel, ein mitleidloser, «allgewaltiger Dämon» sein müsse. Für einen vorurteilsfreien

Arzt sei es ethisch geradezu anrüchig, Leben um jeden Preis erhalten zu wollen, da dieses für den hoffnungslos Kranken «nur eine Quelle der Pein und der Schmerzen» und «für seine Angehörigen ein Anlaß beständiger Sorgen» sei. Ganz dem Zeitgeist entsprechend argumentierte auch Haeckel statistisch und fragte, hier ganz Utilitarist, nach *Sinn* und *Nutzen* der Krankenpflege: «Hunderttausende von unheilbaren Kranken, namentlich Geisteskranke, Aussätzige, Krebskranke usw. werden in unseren modernen Culturstaaten künstlich am Leben erhalten und ihre beständigen Qualen sorgfältig verlängert, ohne irgendeinen Nutzen für sie selbst oder für die Gesamtheit.»[19] Er verwies triumphierend auf französische und preußische «Irrenstatistiken» und kam zu dem Ergebnis: «In neuester Zeit beträgt die Gesamtzahl der Geisteskranken in den Culturstaaten durchschnittlich 5 bis 6 pro Mille. Nimmt man die Gesamtzahl der Bevölkerung von Europa auf 390–400 Millionen an, so befinden sich darunter also mindestens zwei Millionen Geisteskranke, und unter diesen mehr als 200 000 Unheilbare. Welche ungeheure Summe von Schmerz und Leid bedeuten diese entsetzlichen Zahlen für die unglücklichen Kranken selbst, welche namenlose Fülle von Trauer und Sorge für ihre Familien, welche Verluste an Privatvermögen und Staatskosten für die Gesamtheit.»[20] Die Konsequenz scheint klar und eindeutig: «Wieviel von diesen Schmerzen und Verlusten könnte gespart werden, wenn man sich endlich entschließen wollte, die ganz Unheilbaren durch eine Morphium-Spritze von ihren namenlosen Qualen zu befreien.»[21] Könne ein betroffener «Irrer» oder Schwerbehinderter nicht autonom entscheiden, hätten andere über sein Schicksal zu urteilen. Um Mißbräuche auszuschließen, schlägt Haeckel allerdings Kommissionen «von zuverlässigen und gewissenhaften Ärzten» vor. Patienten, die noch Herr ihrer Entscheidung sind, dürften auch nur dann «durch eine Dosis schmerzlos und rasch wirkenden Giftes» getötet werden (für Haeckel «erlöst»), wenn dies «ausdrücklich auf ihren eigenen, eventuell gerichtlich protokollierten Wunsch geschehe und durch eine vereidete Commission ausgeführt werde».[22] Die hier scheinbar zugesicherte Patientenautonomie wird allerdings durch den Hinweis auf das berüchtigte Vorbild Sparta und den appellativen Grundton relativiert; der Druck auf die Kranken ist, wie einst in der *Utopia* des Morus, gewaltig.[23] Ihr Pech ist, daß sie niemandem nützen. Selbst das Christentum, belehrt Haeckel in gewagter Bibelinterpretation, gebiete, «das Leben für unsere Brüder zu lassen und es von uns zu werfen, wenn es uns ärgert, d.h. wenn es eine nutzlose Qual für uns selbst und unsere Angehörigen ist».[24] «Sozialdarwinismus», Utilitarismus und die Begeisterung für die messende Naturwissenschaft schienen sämtliche sozialen und politischen Mißstände zu erklären und boten sich als «Generalschlüssel» zur Lösung brisanter gesellschaftlicher Fragen an. Der Sieg des Starken und die Ausmerzung des Schwachen galten Haeckel und seinem Kreis als *Naturgesetz*, dem man zu seinem Recht verhelfen mußte.

Vor allem in der Psychiatrie fiel die «Ideologie der Vernunft» auf fruchtbaren Boden. Nachdem der französische Nervenarzt Bénedict Augustin Morel 1857 Geisteskranke als «durch Degeneration Entartete» bezeichnet hatte, warnte auch der Schweizer Psychiater Emil Kraepelin 1883 vor einem «Untergang des degenerierten Geschlechts» (d.h. der Mitteleuropäer) infolge erblicher «Entartung». Zehn Jahre später sprach Julius August Koch, Direktor der Anstalt von Zwiefalten, von «psychopathischen Minderwertigkeiten». Solche Ärzte fürchteten, nicht weniger als Haeckel, den intellektuellen und wirtschaftlichen Niedergang der westlichen Völker, falls sich ihre Patienten fortpflanzten.[25]

Auch in den *Weltkriegsgedanken über Leben und Tod* (1915) empörte sich Haeckel über die (immer noch) verbreitete Ansicht, «daß der Arzt verpflichtet sei, um jeden Preis das Leben des Kranken zu erhalten», dessen «schmerzensreiche Existenz» nutzlos sei und letztlich nur Last und Unglück bedeute.[26] Für den Autor unterscheidet sich der Mensch, wie dies schon Spencer betont hatte,[27] nur graduell vom Tier. Ethik, Status und Rechte beider differieren nicht grundsätzlich, Natur und Kultur gehen «bruchlos ineinander über». Der Gedanke an eine den Menschen qualitativ vom Tier unterscheidende Seele, wie ihn die mittelalterliche Scholastik, aber auch noch Descartes vertreten hatten, erscheint lächerlich. Die Würde des Menschen läßt sich von Fall zu Fall abstufen – sie ist abhängig von Rasse sowie Gesundheits- und Bewußtseinszustand. Haeckel ist ferner davon überzeugt, «daß dieselben Naturgesetze in der Kulturgeschichte und im Leben der Völker wie in der Naturgeschichte und im Leben aller Organismen walten».[28] Mittels einschlägiger Graphiken und Skizzen versuchte der Gelehrte aus Jena die Rassenlehre Blumenbachs zu reaktivieren. Seine «Sittenlehre» basierte auf dem Glauben an die «Naturreligion», welche der «dogmatischen, mythologischen Kirchenreligion» diametral entgegenstand. Sie war nach Haeckel *älter* als diese und «hat sich aus den sozialen Instinkten der Tiere entwickelt». Ihre Grundlage seien die «Wechselwirkung» der Gemeindemitglieder sowie die «Opfer ..., welche dieselben auf Kosten ihres Egoismus dem Ganzen bringen ...».[29] Der einzelne, vor allem auch der Kranke und Behinderte, hat sich der Gemeinschaft unterzuordnen. Euthanasie, aber auch die Abtreibung erscheinen in bestimmten Situationen als legitime, ethisch gebotene ärztliche Handlungen. Der «Embryo» (womit Ungeborene in allen Entwicklungsstadien bezeichnet werden) galt Haeckel «als reine Reflexmaschine ..., gleich einem niederen Wirbeltiere».[30] Der «Geist» stelle sich erst nach dem ersten Lebensjahr ein ...

Solche Gedanken waren unter der Ärzteschaft, aber auch im Bürgertum äußerst populär. Ein von dem Industriellen Friedrich Krupp im Jahre 1900 finanziertes Preisausschreiben zum Thema *Was lernen wir aus den Prinzipien der Descendenztheorie in Beziehung auf die innerpolitische Entwicklung und*

Gesetzgebung der Staaten? (Haeckel gehörte dem Kuratorium an!) gewann der Arzt und profilierte Sozialdarwinist Wilhelm Schallmayer mit einem Beitrag, der 1903 unter dem Titel *Vererbung und Auslese im Lebenslauf der Völker, eine staatswissenschaftliche Studie auf Grund der neuen Biologie* publiziert wurde.[31] Auch hier wurde das «organische Erbgut» als höchstes Gut des einzelnen wie des Volkes gepriesen. Ergreife die Gesellschaft keine eugenischen Gegenmaßnahmen, führe der Zivilisationsprozeß zwangsläufig zu einer Verschlechterung der Erbkonstitution. Jedes Volk, das langfristig überleben will, braucht deshalb nach Schallmayer eine «rassedienstliche Ethik». Ein hierfür zuständiges Ministerium habe für die Zwangssterilisierung und Zwangsasylierung von «Krüppeln», Blinden, Irren und Armen zu sorgen.[32] Die (an sich vermeidbare) Existenz solcher «biologischer Schwächlinge» sei nur die logische Folge einer «zu einseitig gehandhabten individualistischen Richtung der herrschenden Humanität»,[33] wie sie für die meisten europäischen Staaten charakteristisch sei. Gesellschaften sind dabei dem «Kampf ums Dasein» nicht weniger als einzelne unterworfen. Schallmayer betonte, daß die mit *Kriegen* verbundene Gruppenselektion den biologischen Wert des Menschen erhöhe. Da der einzelne stets zu Egoismus und Selbsterhaltung tendiere, müsse er durch Regierung und Gesundheitsbehörden utilitaristisch aufgeklärt und «vernünftig» beeinflußt werden.[34] Entsprechend konstatierte der schon zitierte Schriftsteller Rowland Thirlmere 1907: «Alle Kulturvölker sind in der Tat Konkurrenten, und es ist ein Gesetz der Evolution, daß es so ist. Der Sieg in dem kommenden Kampf ist eine Frage der individuellen und nationalen Tauglichkeit ...» Thirlmeres Sprache wies in die Zukunft: «Die Natur, streng und rücksichtslos in ihrem Ausmerzen, will nur die beste als herrschende Rasse haben.»[35] Lange vor 1933 wurde so die Ideologie der deutschen Nationalsozialisten – nicht nur in Deutschland selbst – vorprogrammiert.

Bereits 1895 hatte Alexander Tille, Geschäftsführer des Zentralverbandes der deutschen Industriellen, betont, eine gesunde Gesellschaft brauche Menschen, die mit dem Recht des Stärkeren Schwächere vernichteten. Letztere hätten ihr historisches Lebensrecht verloren. Landesgrenzen seien künftig durch Volksgrenzen zu ersetzen, biologisch minderwertige Bevölkerungsgruppen zu dezimieren. Die angestrebte Zuchtwahl der Besten bleibe nun einmal mit der «erbarmungslosen Ausscheidung der Schlechtesten» verbunden.[36] 1913 verfaßte Roland Gerkan, Mitglied des Monistenbundes, einen (nicht realisierten) Gesetzentwurf, dessen erster Paragraph lautete: «Wer unheilbar krank ist, hat das Recht auf Sterbehilfe.»[37] Die aktive Euthanasie bei tödlichen Erkrankungen wurde dabei als Lösung der Wahl propagiert. Im siebten Paragraphen hieß es allerdings: «Wer einen Kranken tötet, ohne daß dieser es ausdrücklich und unzweideutig gewünscht hat, wird mit Zuchthaus bestraft». Neben Haeckel standen Aufklärer wie Helvétius, Diderot, Holbach und andere «Materialisten» Pate. Nach Annette Wittkau-Horgby bestimmte seit der Mitte des 19. Jahrhunderts zunehmend nicht mehr die «Analogie des Menschen zur Maschine» à la de La Mettrie das ärztliche Denken. Vielmehr wurde das Leben selbst materialistisch gedeutet.[38] Dabei fand der von Vogt, Büchner und Moleschott vertretene «dogmatische Materialismus» besonderen Anklang.[39] Die Entdeckung der grundlegenden Rolle der *Zelle* in der Biologie von Pflanzen (durch Matthias Jakob Schleiden 1838) und Tieren (durch Theodor Schwann 1839) verstärkte – nicht weniger als die erwähnte Harnstoffsythese durch Friedrich Wöhler (1828) – den Eindruck, die «reine Materie» bilde die Grundlage alles Lebendigen. Irgendwann schien das Leben, wie Carl Vogt postulierte, durch Urzeugung aus dieser hervorgegangen.[40] Der biblische Schöpfungsglaube schien damit entlarvt. Alles schien stofflich bedingt: «Der freie Wille existiert nicht ..., der Organismus kann sich selbst nicht beherrschen ..., jeder Naturforscher wird wohl ... bei einigermaßen folgerechtem Denken auf die Ansicht kommen, daß alle jene Fähigkeit, die wir unter dem Namen der Seelentätigkeiten begreifen, nur Funktionen der Gehirnsubstanz sind». Moral, Gewissen, Stil, Gerechtigkeitsgefühl, Nächstenliebe und Ethos schrumpften damit zu Variablen des zellulären Organismus.[41] Der neue Materialismus vermischte sich mit agnostischen Tendenzen, wie sie Darwin und Spencer vorgaben.

In Deutschland verteidigten Ärzte und Publizisten wie Bartholomäus von Carneri,[42] Johannes Unold,[43] Alfred Ploetz,[44] Ludwig Woltmann,[45] Rudolf Goldscheid[46] oder der schon erwähnte Wilhelm Schallmayer[47] Haeckels Thesen, wobei Modifizierungsvorschläge nicht selten waren, ja zuweilen auch Kritik laut wurde.[48] Der Barmener Arzt Max Beer wies sogar, im Sinne Hufelands, auf die Gefahr eines «Dammbruchs hin: «Ist einmal die Scheu vor der Heiligkeit des Lebens vermindert, die freiwillige Sterbehilfe für die geistig gesunden Unheilbaren und die unfreiwillige für die Geisteskranken eingeführt, wer steht dann dafür, daß man dabei Halt macht?»[49] Die von Sozialdarwinismus und Sozialanthropologie gespeiste Deszendenztheorie samt ihrem pseudoreligiösen Vokabular wurde vor allem von dem schon erwähnten, 1906 gegründeten «Monistenbund», dessen Ehrenpräsident Haeckel war,[50] lautstark propagiert. In radikaler Form hatte schon 1895 der Göttinger Philosophie- und Mathematikstudent Adolf Jost die These Benthams und Mills verteidigt, der Wert eines Gegenstandes liege «in seiner Beziehung zur Freude oder zum Leide des Menschen». Ein Menschenleben sei deshalb nur unter zwei Aspekten zu beurteilen: «Der erste Factor ist der Werth des Lebens für den betreffenden Menschen selbst, also die Summe von Freude und Schmerz, die er zu erleben hat. Der zweite Factor ist die Summe von Nutzen oder Schaden, die das Individuum für seine Mitmenschen darstellt.» Seien beide «negativ» zu bewerten, liege das «Recht auf den Tod vor».[51] Josts Mitleid war, so die These seines Buches *Das Recht auf den Tod* ein «tödliches Mitleid».[52] Ohne Bedenken malte er die soziale Nutzlosigkeit Schwerkranker an die Wand: «Der Kranke konsumiert eine beträchtliche Menge materieller Werte, mehr als der gesunde Mensch. Einer von ihnen, oder wenigstens mehrere zusammen, absorbieren die Arbeitskraft mehrerer Leute, die sie zu pflegen und zu warten haben, sie verbrauchen Nahrung und Arzneien ...»[53] Der angehende Mathematiker zweifelte nicht daran, daß es Fälle gebe, «in welchen, mathematisch gesprochen, der Wert eines Menschenlebens negativ wird».[54] Erschreckend wirkt, wie selbstverständlich auch Jost «Tötung» mit «Befreiung» gleichsetzte.

Deutschland auf dem Weg in die Katastrophe

37. Zwischen Positivismus und Verbrechen – Ärztliche Ethik in Deutschland und Europa nach 1920

Der Einfluß Haeckels auf das ärztliche Denken nahm nach dem Ersten Weltkrieg eher noch zu. Der Meister und seine Schüler legten weitere Bücher vor, welche ihre populären Thesen unterstrichen. Der «Monistenbund» blühte erst richtig auf. Die von Wilhelm Ostwald, dem Chemie-Nobelpreisträger des Jahres 1909, herausgegebene Zeitschrift *Das monistische Jahrhundert* sah sich als Speerspitze einer darwinistischen, politisch ultrakonservativen Bewegung. Bereits 1913 hatte Ostwald festgestellt, das einzige *wissenschaftliche* Kriterium ärztlicher Ethik sei die «soziale Nützlichkeitsmoral», und den Leser aufgefordert, von jeder «Gefühlsethik» Abschied zu nehmen.[1] Carl Vogts Buchtitel *Köhlerglaube oder Wissenschaft*[2] (1855) stand Pate. Alfred Ploetz (1860–1940), ein weiterer Vertrauter Haeckels, blieb bis in die Nazi-Zeit ein umjubelter Erfolgsautor.[3] Noch am Entwurf des *Gesetzes zur Verhütung erbkranken Nachwuchses* (1933) arbeitete er aktiv mit. Im durch die militärische Niederlage des Ersten Weltkriegs enttäuschten Bildungsbürgertum fand seine Theorie der «Rassenhygiene» viele Anhänger. Die Eigeninteressen sollten denjenigen «des gesunden, kräftigen, blühenden Lebens» untergeordnet werden, das rein kollektiv gedacht wird. Das Wort «Rasse» definierte Ploetz als einen «über das kurze, individuelle Leben fortdauernden Kreis von Individuen, die durch Fortpflanzung untereinander und gegenseitige Ersetzbarkeit gegenüber der Umwelt eine zusammengehörende Gesamtheit ähnlicher Individuen ... bilden».[4] Ethik hat dabei, so Ploetz, ausschließlich jenes Handeln zu definieren, «das der Erhaltung möglichst vieler anderer Individuen und der Gesellschaft am günstigsten ist». Drei Forderungen stehen dabei im Vordergrund: 1) Mache deine Mitmenschen und dich möglichst stark; 2) erzeuge keine schwachen, sondern möglichst tüchtige Nachkommen; 3) bringe, wenn du tüchtige Nachkommen erwarten darfst, mehr Kinder auf, als zum Elternersatz nötig sind ...[5] Jede Form von Altruismus schien für eine positive Rassenentwicklung hinderlich – karitative Hilfe für Schwache, Behinderte und chronisch Kranke galt, zumindest bei den sozialdarwinistischen Trendsettern und ihren ärztlichen Bewunderern, als «wissenschaftlich» obsolet. Ploetz forderte sogar, eine Ärztekommission solle – nach spartanischem Vorbild – über das Leben jedes einzelnen Neugeborenen entscheiden.

Kein Wunder, daß man in den Zwanzigerjahren vielerorts auf die eugenischen und rassistischen Theorien des 19. Jahrhunderts zurückgriff. Auch in der jungen Sowjetunion triumphierte der positivistische Materialismus. Die genetische Forschung erlebte zunächst einen Boom, sah sich bald aber im Gegensatz zur marxistischen Ideologie, deren Vorkämpfer anfangs einen kontinuierlichen Entwicklungs- bzw. Ausleseprozeß à la Darwin und Lamarck favorisierten.[6] Mit Leidenschaft verdächtigte der große Physiologe Iwan Pawlow 1934 seinen englischen Nobelpreis-Kollegen Charles Scott Sherrington, der seine Theorie der bedingten Reflexe als «zu materialistisch» erachtet hatte, des cartesianischen «Dualismus». Er unterstellte ihm, er sehe den «Verstand» bzw. die Seele ohne Zusammenhang mit der «Nerventätigkeit» (und damit nicht nur rein mechanistisch).[7] In Turgenjews Roman *Väter und Söhne* (1862) wurde statt der Lektüre Puschkins diejenige von Ludwig Büchner empfohlen![8] In Rußland hatten – wie in Deutschland und England – die Darwinisten der neuen, materialistischen Ideologie den Boden bereitet. 1864 veröffentlichte der Moskauer Botaniker Sergej Raschinski die erste russische Ausgabe des *Ursprungs der Arten*. Der Biologe Danilewskij (1822–1885), der dem Panslawismus nahestand, verwahrte sich allerdings gegen Darwins «britische Geisteshaltung». Schlagwörter wie «Existenzkampf» oder «Selektion» galten unter den Nationalrevolutionären Petersburgs als typisch englisch bzw. westlich! Tolstoi beschwor noch auf dem Sterbebett seine Kinder: «Die Ansichten, die ihr über den Darwinismus, über Evolution und den Kampf ums Dasein gewonnen habt, werden euch nicht die Bedeutung des Lebens erklären, noch werden sie euch eine Leitlinie für euer Handeln geben». Gerade Dichter und Geistliche sahen in der unbestreitbaren Kälte der sozialhygienischen Diktion und der offensichtlichen Dominanz von Statistik und Mathematik einen Beweis westlicher Dekadenz, der mit menschlicher Wärme zu begegnen sei. Der Zoologe Kessler und der Publizist und Anarchist Kropotkin setzten dem ökologischen und evolutionären Prinzip der «Selektion» die *gegenseitige Hilfe* entgegen.[9] Ärzte nahmen an dieser Debatte – im Gegensatz zu zahlreichen Biologen und Naturwissenschaftlern – zunächst kaum Anteil.

Bereits 1883 hatte Francis Galton (1822–1911) den Begriff «national eugenics» geprägt. In seiner Schrift *Inquiries into Human Faculty and its Development* regte er staatliche Eingriffe an, «that may improve or impair the racial qualities of future generations either physically or mentally».[10] 1904 gründete er das Eugenics Record Office, 1911 erhielt der Mathematiker und Statistiker Karl Pearson in London den ersten europäischen Lehrstuhl für «Eugenik». Ebenfalls 1904 wurde von dem Biologen Charles B. Davenport auf Long Island bei New York eine eugenische Forschungsstelle eingerichtet. Vom Gedanken der Meßbarkeit von Intelligenz, Charakter und menschlichen «Werten» berauscht, unterzog man während des Ersten Weltkrieges etwa 1,7 Millionen (!) aktive Soldaten und Veteranen der US-Armee einem Intelligenz-Test, wie ihn der französische Psychologe Alfred Binet entwickelt hatte. Der Mensch erschien in seiner physischen wie psychischen Existenz nach mathematischen und statistischen Kriterien erschließbar. Nicht nur intellektuelle Defizite, sondern auch Alkoholismus, Epilepsie, Kriminalität und «asoziales» Verhalten führte man auf negative, selbstverständlich als *meßbar* erachtete Erbanlagen zurück. Gespannt sahen Öffentlichkeit und Politik auf die Vererbungswissenschaftler. Lag es nicht nahe, die Sterilisation von Menschen zu fordern, welche die Gesellschaft – auch in künftigen Generationen – nur belasteten? 1907 wurden erstmals im Staat Indiana entsprechende Gesetze erlassen. Wissenschaftliche Studien schienen zu bestätigen, daß z.B. White-Anglo-Saxon-Protestants im Durchschnitt intelligenter waren als Vertreter anderer Ethnien. Viele Genetiker warnten die Regierung deshalb vor einer «Rassenvermischung». Tatsächlich wurde 1924 die Einwanderung von Südosteuropäern auf Anordnung der amerikanischen Regierung erstmals restringiert.[11] Schon vorher hatten zahlreiche südamerikanische Einwandererstaaten wie etwa Uruguay, Paraguay und Chile die Immigration nach rassistisch angehauchten Gesetzen gesteuert (was spätere Nazi-Ärzte wie Johannes von Leers als vorbildlich erachteten!).[12] Als effektivste Methode, Krankheiten zu verhindern, galt freilich diesseits und jenseits des Atlantiks die Verhinderung der Fortpflanzung «Erbkranker». Die Argumente für die Sterilisation entsprachen denjenigen, die auch in Deutschland und Frankreich kolportiert wurden. Immer mehr Ärzte glaubten, bestimmte Menschen verdienten es weniger als andere, am Leben gehalten zu werden oder sich fortpflanzen zu dürfen.

Das objektivierende Messen biologischer Zusammenhänge schien sich, wie die Erfolge der Bakteriologen zeigten, zu bewähren. Von Anfang an stellte die Welt der Mikroben ein wichtiges Modell der Rassenhygieniker dar. Begriffe wie «Schmarotzer», «Auslese» oder «Infizierung» bezog man nun auch auf die Gesellschaft. Biologische Termini eroberten die Sprache des öffentlichen Lebens, Politik wurde zur «angewandten Biologie». Auch der Kampf gegen die «Nichtarier» wurde mit dem Interesse des «Volksorganismus» begründet, kranke Organe und «faulige» Teile abzustoßen.[13] Die Vernunft gebot es, wie Ploetz betonte, dabei auf Moral und Mitleid zu verzichten. In Deutschland erschien 1922 – unter dem Autoren-Pseudonym Ernst Mann – ein Buch mit dem Titel *Die Erlösung der Menschheit vom Elend*, wo allen Ernstes eine jährliche Gesundheitsselektion innerhalb der Gesamtbevölkerung vorgeschlagen wurde.[14] Viele Ärzte und Gesundheitsplaner schwadronierten in Ministerien und an Universitäten im Haeckelschen Sinn von der Notwendigkeit, Kranke dadurch von ihren Leiden zu befreien, daß man sie – selbstverständlich mit ihrer Zustimmung – töte. Der Übergang zu ideologischer Hetze und antisemitischem Rassenhaß, aber auch politischer Programmatik war nahtlos. «Philosophie» wurde mit Optimismus und grenzenlosem Glauben an den naturwissenschaftlichen Fortschritt gleichgesetzt. Dem «gesunden Menschenverstand» erschien sie damit leicht zugänglich. Selbstzweifel, Skrupel und Gewissensbisse hätten nur der Ideologie des Biologismus widersprochen. Die Möglichkeit, daß es keine letztbegründbaren Wahrheiten (oder auch nur berechtigte andere Meinungen) geben könnte, erschien fast undenkbar.[15] Fritz Lenz (1887–1976), noch im Dritten Reich ein gefeierter Autor, publizierte seit 1917 über Themen wie *Menschliche Auslese und Rassenhygiene* oder *Soziale Notwendigkeiten der Rassenhygiene* und sprach, wie nicht wenige Ärzte, von einer «neuen Ethik».[16] 1930 lobte er Hitler, der ihn als Autor schätzte, als «Arzt des deutschen Volkes», welcher die «Rassenhygiene als wichtige Staatsangelegenheit erkannt habe». Der Verlag J. F. Lehmann brachte seit den Zwanzigerjahren das *Archiv für Rassen- und Gesellschaftsbiologie* heraus. Lange *vor* 1933 begannen die Nationalsozialisten somit, «eugenische Rhetorik in die eigene Propaganda zu integrieren».[17] 1922 erschien bei Lehmann die *Rassenkunde des deutschen Volkes* von Hans K. Günther («Rasse-Günther»), der bereits 1930, dank exzellenter Beziehungen zur nationalsozialistischen Thüringer Landesregierung, aber immerhin gegen den Willen von Rektor und Senat, in Jena den Lehrstuhl für Sozialanthropologie erhielt.[18] Günther besorgte auch den wichtigen Brückenschlag zu den Geisteswissenschaften, indem er Platon als «Hüter des Lebens» entdeckte. «Rassenkunden» des «hellenischen und römischen Volkes» (1928) sowie des «jüdischen Volkes» (1929) wandten sich an das Bildungsbürgertum, das hier erstaunlich wenig Widerstand leistete.[19] Mit dem Schlagwort «Rassenhygiene», einer Wortschöpfung von Ploetz,[20] verbanden nicht nur primitive Antisemiten, sondern auch biologistisch verblendete Ärzte die Hoffnung, die von den Eugenikern an die Wand gemalte zivilisationsbedingte Degeneration der Deutschen verhindern zu können.

Eher kritisch äußerte sich 1929 der Tübinger Psychiater Ernst Kretschmer. In seinem Werk *Geniale Menschen* werden zwar Verwandtschaften und genetische Gemeinsamkeiten großer Menschen dank amerikanischer, englischer und deutscher Statistiken untermauert,[21] doch wird die wissenschaftliche Methodik der «Eugenik» – entgegen dem Zeitgeist – in Frage gestellt. Kretschmer, der Erstbeschreiber der «Charaktertypen», kritisierte das eurozentrische Weltbild der Genetiker, aber auch ihre Bevorzugung der «nordischen» Rasse sowie ihren penetranten Antisemitismus. Vor allem vermißte er unanfechtbare statistische Belege, welche die rassistischen Behauptungen bestätigten.[22] Die Rassenlehre erforderte nach Kretschmer strengere Wissenschaftlichkeit! Viele Kollegen teilten seine Zweifel. Die Seriosität der Rassehygiene sowie ihr Status an den Hochschulen blieben bis in die Kriegsjahre hinein umstritten.[23] Daß dieses Fach vor allem moralisch anrüchig war, ja kriminellen Sprengstoff barg, erkannte auch Kretschmer, wie so viele deutsche Ärzte, nur ansatzweise.

1920 verteidigten Alfred Hoche, Ordinarius für Psychiatrie in Freiburg, und Karl Binding, ein früherer Professor für öffentliches Recht in Basel, Straßburg und Leipzig, die Euthanasie-Theorien von Haeckel, Ploetz und Jost, wobei sie allerdings klare Kautelen für die Patienten forderten. 1920 erschien ihre berühmte Schrift *Die Freigabe der Vernichtung unwerten Lebens. Ihr Maß und ihre Form*.[24] Im finalen Krankheitsstadium spiele, so der Jurist Binding, «der Zeitunterschied zwischen dem infolge der Krankheit vorauszusehenden und dem durch das unterschobene Mittel verursachten Tode» keine Rolle mehr. Allein die Todes*ursache* werde vertauscht. Damit lag für den renommierten «Rechtspositivisten» keine «Tötungshandlung im Rechtssinne» vor. Er zweifelte nicht daran, daß auch Bewußtlose «Gegenstand dieses heilenden Eingriffs» sein könnten.[25] Für sie müßten nur andere, etwa Familienmitglieder, entscheiden. Stets sei freilich «der Lebenswille aller, auch der kränkesten und gequältesten und nutzlosesten Menschen» zu achten. Selbst ein Geisteskranker, «der sich bei seinem Leben glücklich fühlt», dürfe nicht getötet werden.[26] Schwierig erschien dagegen die Rechtslage «unheilbar Blödsinniger» – einerlei, «ob sie so geboren oder etwa wie die Paralytiker im letzten Stadium ihres Leidens so geworden sind.»[27] Binding unterstellte, daß bei ihnen kein «zu brechender Lebenswille» vorliege, zumal sie «das furchtbare Gegenbild echter Menschen» darstellten. Wertkonservative und religiöse Bedenkenträger suchte er zu beruhigen: «Wir werden vielleicht eines Tages zu der Auffassung heranreifen, daß die Beseitigung der geistig völlig Toten kein Verbrechen, keine unmoralische Handlung, keine gefühlsmäßige Rohheit, sondern einen erlaubten nützlichen Akt darstellt.»[28] Wie bei Jost und Haeckel wird die Euthanasie als persönliche «Erlösung» und – für die Gesellschaft – «Befreiung von einer Last» verteidigt. «Anträge» könnten, so Bindings Vorschlag, vom Patienten, seinem Arzt oder einer Vertrauensperson ausgehen. Daß die Euthanasie «schmerzlos» sein sollte, verstand sich in einem zivilisierten Land von selbst ... Sorgfältig und minutiös beschrieb der prominente Jurist das bürokratische Procedere. Eine staatliche Behörde hat auf die Einhaltung der Vorschriften zu achten. Dabei habe man mit psychologischen Hürden zu rechnen. Angehörige hätten nämlich zu «geistig Toten» oft ein emotionales Verhältnis aufgebaut, da sie diese noch als Gesunde gekannt hatten. Ihre Bedenken hätten so häufig nur relativen Wert!

Auch der Psychiater und Pfarrerssohn Hoche betrachtete die *Euthanasie*, wie die aktive Tötung Kranker nun allgemein genannt wurde, als eine Art Ideallösung für «Frühverblödete», deren Existenz «am schwersten auf der Allgemeinheit lastet».[29] Seine Prophezeiung sollte, auch wenn sie anders gemeint war, bald erfüllt werden: «Eine neue Zeit wird kommen, die von dem Standpunkte einer höheren Sittlichkeit aus aufhören wird, die Forderungen eines überspannten Humanitätsbegriffs und einer Überschätzung des Wertes der Existenz schlechthin mit schweren Opfern dauernd in die Tat umzusetzen.»[30] Zuvor hatte Hoche, zu dessen Schülern auch der berüchtigte Nazi-Arzt Werner Heyde zählte,[31] unterstellt: «Es gibt kein in Paragraphen lebendes ärztliches Sittengesetz, keine ‹moralische Dienstanweisung›».[32] Erst die Verachtung des überkommenen Ethos führe, so seine These, zur «Befreiung» des Arztes!

Im selben Jahr (1920) forderte der Berliner Kammergerichtsrat Klee die «Ausscheidung parasitenhafter Existenzen».[33] Auch der Zwickauer Medizinalrat Gustav Boeters, später ein Apologet der Zwangssterilisierung, sprach sich für die «Vernichtung unwerten Lebens» aus.[34] Gerne verwiesen solche Autoren auf die wirtschaftliche Notlage des Staates. Unheilbar Kranke erhielten so das Stigma des «Parasitenhaften». Allerdings erhob sich auch kollegialer Protest. Der Leipziger Reichsanwalt Ebermayer hielt es für unverantwortbar, entscheidungsunfähige Menschen einfach «zum Tode zu verurteilen». Für den Rechtsreferendar Bernhard Mayer widersprach die neue «Euthanasie», wie er in seiner 1925 abgeschlossenen Dissertation ausführte, dem allgemeinen «Rechtsempfinden». Auch die Ärzteschaft hatte wohl (noch) mehrheitlich Bedenken.[35] Ein Sanitätsrat Bresler bestand darauf, selbst ein Vormund könne geistig Behinderten «nicht die Rechtsfähigkeit und damit das Recht auf Leben nehmen».[36] 1925 erschien schließlich die Schrift *Das Problem der Abkürzung ‹lebensunwerten› Lebens* von Ewald Meltzer, dem ärztlichen Leiter der «Landesanstalt für schwachsinnige Kinder» in Großhennersdorf. Der Autor akzeptierte Bindings Vorschläge, was die Tötung Schwerkranker auf Verlangen betraf, lehnte jedoch die Euthanasie Bewußtloser – selbst bei schlechtester Prognose – kategorisch ab. Dasselbe galt für geistig Behinderte, deren Autonomie nicht beurteilt werden könne. Lebenslust und Lebenswille «Schwachsinniger» seien ein «Buch mit sieben Siegeln».[37] In einer Befragung von 162 betroffenen Eltern und Vormündern mußte Meltzer allerdings feststellen, daß 73 Prozent für die «schmerzlose» Tötung ihres Kindes plädierten, sofern ärztlicherseits festgestellt worden sei, «daß es unheilbar blöd ist».[38] Diese berühmt gewordene Umfrage wurde später – entgegen Meltzers Intention, den eher die Gewissensentscheidung der 27 Prozent «Neinsager» beeindruckte – zur Legitimierung der Euthanasie herangezogen. Es bleibt aber festzustellen, daß der Zeitgeist, der sich in solchen Befragungen artikulierte, in der Weimarer Republik noch nicht zu Auflockerungen des gesetzlich vorgegebenen Lebensschutzes führte.

Diskutierte man offen die Möglichkeit, Schwerkranke zu *töten*, galten konsequenterweise auch Versuche an Menschen, die «von Natur aus» krank oder behindert waren oder als Strafgefangene zur Verfügung standen, als legitim.[39] 1927 wurde dem Wiener Psychiater Julius Wagner von Jauregg (1857–1940) der Nobelpreis für Medizin zuerkannt. Er hatte, angespornt durch die Idee, Geisteskranke durch fiebrige Erkrankungen heilen zu können, die progressive Paralyse durch Malariaimpfungen aufzuhalten versucht.[40] Kaum jemand nahm Anstoß daran, daß viele seiner Versuche tödlich verlaufen waren. Entscheidend war, daß sich die *Mehrheit* hieraus einen Nutzen versprach. Erst ein Impf-Zwischenfall in Lübeck, der 1930 zahlreiche Todesopfer gefordert hatte, führte in Deutschland zur Verabschiedung von *Richtlinien für neuartige Heilbehandlungen und die Vornahme wissenschaftlicher Versuche* (1931), deren Anwendung von den nationalsozialistischen Machthabern aber bald verhindert wurde.[41] Die «Verwissenschaftlichung des Gewissens» reduzierte das Mitleid nicht weniger Ärzte. Ihr Verhältnis zum Kranken wurde bürokratisiert und somit kühler. Unmittelbar nach dem Ersten Weltkrieg schrieb Viktor von Weizsäcker, einer der frühen Psychosomatiker, über den deutschen Krankenhausalltag: «Die Form des klinischen Arzttums erweckte in mir wie in manchem jüngeren Arzt die größten Zweifel. Die immer unpersönlicher werdende Visite, der Krankensaal, die Herrschaft der Laboratoriumsuntersuchungen und der Kurve revoltieren mich. Es gab da kein Gespräch mehr unter vier Augen zwischen Arzt und Krankem.» Zur Ergänzung des naturwissenschaftlichen Paradigmas (das er durchaus unterstützte) forderte er deshalb die «Einführung des Subjekts in die Methode der Forschung».[42] Tatsächlich versuchten Vertreter der «Heidelberger Schule», so Weizsäckers Lehrer Ludolf Krehl und dessen Nachfolger Richard Siebeck, Gespräch und Empathie, d.h. das *Subjektive* wieder in den ärztlichen Alltag zu integrieren.[43] 1931 schrieb Siebeck, ein Freund des Theologen Karl Barth, in seinem *Lehrbuch für innere Medizin* den mutigen Satz: «Die Medizin als Lehre ist aus der ursprünglichen, lebendigen Betätigung Helfender an Leidenden entstanden, und sie hat der ärztlichen Arbeit am Kranken zu dienen.»[44] Zehn Jahre später waren diese Initiativen vergessen. Der Zerfall des Ethos deutscher Ärzte bis zum Kriegsbeginn – vom klinischen Alltag bis zum Labor und der Gesundheitsverwaltung – nahm dramatische Züge an.

38. Medizin im Dritten Reich

Die Rassenlehren führten in Deutschland nach der nationalsozialistischen Machtübernahme, vor allem aber während des Zweiten Weltkriegs, mit ärztlicher Hilfe zur rücksichtslosen Ausmerzung sogenannten «minderwertigen» Lebens. Robert Jay Lifton und Michael H. Kater haben den moralischen Einbruch der deutschen Ärzteschaft umfassend beschrieben.[1] Unheilbar Kranken und Behinderten wurde, wie den Juden, «im Interesse und zum Nutzen des Volkes» die Existenzberechtigung abgesprochen. Die Kompromißlosigkeit des Euthanasie-Programms, das dem uralten Begriff[2] ein bleibendes Stigma verschaffte, wurde zunächst verschleiert. Im Gegensatz zur Radikalität Josts, Haeckels, Schallmeyers oder Bindings gaben sich viele NS-Amtsträger und Gesundheitsfunktionäre anfangs moderat. Der preußische Justizminister Hans Kerrl empfahl allerdings schon 1933 die «Tötung auf Verlangen» (und damit auch die Sterbehilfe) milder zu bestrafen als gewöhnliche Tötungen. Eine «zur Beurteilung der Krankheitslage befähigte Person» – in der Regel der Arzt – solle wegen dieses Delikts überhaupt nicht belangt werden, denn «nicht die verwerfliche Vernichtung eines für die Volksgemeinschaft wertvollen Lebens», sondern die Befreiung eines «schwer leidenden, hoffnungslos Kranken von der Qual seines Leidens» sei das Ziel der Handlung. Könne der Kranke seinen Willen nicht mehr artikulieren, genüge eine Stellungnahme der nächsten Angehörigen, sofern diese nicht «sittenwidrig» sei.[3] Gewisse Vorsichtsmaßnahmen hatten die Gesellschaft, vor aber allem ältere Menschen zu beruhigen: Die Krankheit sollte von zwei unabhängigen Gutachtern für unheilbar erklärt worden sein. Bemerkenswert war, daß sich einige Theologen weitaus radikaler äußerten. Eugen Rose, ein Kölner Vertreter des «positiven» Christentums, wiederholte in der Zeitschrift *Ethik* 1934 die bekannten Argumente: Schwerkranke seien für die Allgemeinheit «eine ungeheuer schwere Last, nicht allein in finanzieller Hinsicht, und für ihre Angehörigen eine furchtbare Prüfung». Man dürfe sich gerade als Christ fragen, was mit «Volksgenossen, die entweder unheilbar krank oder aussichtslos verblödet sind, in einem verantwortungsbewußten Staat geschehen soll».[4] Immerhin spricht sich auch Rose – nicht ohne Widersprüchlichkeit – dort, «wo der Übergang in die Tierheit sich kraß vollzieht», gegen «die Vernichtung rettungslos Verblödeter aus».[5] Sollten Ärzte nun die Theologen zurechtweisen? Im Grunde mußte schon bedenklich stimmen, daß das Thema in der Öffentlichkeit ohne Scheu, rein «sachlich» diskutiert wurde. Bezeichnenderweise wurde die Zeitschrift *Ethik*, die in Wirklichkeit Fragen zur *Ethik in der Medizin* thematisierte, 1938 eingestellt. Aussagen des ärztlichen Herausgebers Emil Abderhalden ließen vermuten, daß auf diese Weise eine Indoktrination des Blattes durch die NS-Ideologie verhindert werden sollte.[6]

Das berühmte «Gesetz zur Verhütung erbkranken Nachwuchses» wurde am 14. Juli 1933 erlassen. Es sah – «auch gegen den Willen der Unfruchtbarzumachenden» und durchaus unter «Anwendung unmittelbaren Zwanges» – die Sterilisierung «Schwachsinniger», aber auch von Psychotikern, Epileptikern, «erblich» Blinden und Tauben oder sonstigen «Erbkranken» vor. Das Antragsrecht lag beim Betroffenen selbst oder seinem Vormund, aber auch bei den Leitern von Pflegeanstalten und bestimmten Amtsärzten. Durch eine rasch aufeinanderfolgende Gesetzesflut wurden die Gesundheitsbehörden auf die Selektion vorbereitet.[7] Entschieden wurde durch das zuständige «Erbgesundheitsgericht», in letzter Instanz von sogenannten (den Oberlandesgerichten angegliederten) «Erbgesundheitsobergerichten».[8] Überall wirkten, dank der Ideologie des Sozialdarwinismus ausreichend gegen Gewissensbisse immunisiert, Ärzte als Berater oder Gutachter mit. Die Tendenz der Gesundheitsgerichte war klar: In der Regel hatte man «in dubio pro Volksgemeinschaft» zu entscheiden.[9] Nachdem das Gesetz am 1. Januar 1934 in Kraft getreten war, wurden im gleichen Jahr bereits 84604 Anträge auf Sterilisation gestellt (!), allerdings nur 32268 Eingriffe durchgeführt. 1935 waren es mehr als 73000, 1936 mehr als 63000 Männer und Frauen, die auf diese Weise ihre Fortpflanzungsfähigkeit einbüßten. Insgesamt dürften etwa 350000 Menschen unter Gewaltanwendung und gegen ihren Willen verstümmelt worden sein.[10] War man nicht bereit, sich den Gerichten zu stellen, wurde man im «Reichskriminalblatt» zur Fahndung ausgeschrieben. Ärzte wie Ernst Rüdin oder Fritz Lenz hielten eine Sterilisation selbst bei «Krankheits- und Schwächezuständen, welche die Leistungsfähigkeit der Betreffenden beeinträchtigten», für angebracht. Ziel war die «fortlaufende Ausschaltung der erbunwerten Ballastexistenzen».[11] Im *Erbarzt,* einer Beilage zum Deutschen Ärzteblatt, wurde selbst die Erblichkeit der Blinddarmentzündung diskutiert. Mit Akribie wurden Karteikarten zu allen möglichen Krankheiten erstellt.[12] Viele Ärzte fühlten sich von Bürokratismus wie Rassenhygiene gleichermaßen angezogen. Lenz, der auf Hitlers Betreiben einen Lehrstuhl für Rassehygiene in Berlin erhielt, hielt die Sterilisation bei 15 Prozent aller Deutschen für notwendig. Abtreibung sollte bei gesunden Frauen dagegen künftig mit dem Tode bestraft werden. 1938 drohte man auch unverheirateten Beschäftigten im Staatsdienst mit der Kündigung.[13] Medizin und Spitzeldienste rückten – zumindest in der Planung – zusammen.

Auch die aktive Euthanasie wurde nun in die Praxis umgesetzt. Am Tag des Kriegsbeginns, dem 1. September 1939, beauftragte Hitler den Reichsleiter Bouhler sowie den SS-Arzt Brandt, «die Befugnisse namentlich zu bestimmender Ärzte so zu erweitern, daß nach menschlichem Ermessen unheilbar Kranken bei kritischster Beurteilung ihres Krankheitszustandes der Gnadentod gewährt werden kann».[14] Der Erlaß wurde – nach den geschilderten Euthanasiedebatten war dies nicht anders zu erwarten – als Freibrief interpretiert. Tatsächlich waren die Vorbereitungen zur Erfassung der in Frage kommenden Patienten längst angelaufen. Die Ermordung Zehntausender in psychiatrischen Heil- und Pflegeanstalten und Fürsorgeheimen folgte. Medizinische Gutachter wie der erwähnte Werner Heyde oder Carl Schneider, Direktor der Heidelberger Universitätsklinik, hatten ihre Mitwirkung zugesagt. Ein «geheimer Runderlaß» des Reichsinnenministers vom 18. August schrieb die Meldung aller geistig und körperlich Behinderten an den «Reichsausschuß zur wissenschaftlichen Erfassung erb- und anlagebedingter schwerer Leiden» vor.[15] Vor allem behinderte Kinder und psychisch Kranke standen auf der ärztlichen Abschußliste. Noch im Herbst 1939 begannen in den deutschen Ostgebieten, aber auch im besetzten Polen und in den bereits okkupierten Teilen der Sowjetunion die Hinrichtungen von Insassen psychiatrischer Anstalten.

Die systematische Ermordung von Menschen, für die heute der Name Auschwitz steht, begann somit in ärztlich geleiteten Pflegeheimen. In der schwäbischen Anstalt Grafeneck, die um ein Renaissance-Schloß gruppiert war, kamen 1940 fast 11000 Menschen durch Giftgas zu Tode. Bezeichnend war, daß das ärztliche (und sonstige) Personal sich hierzu freiwillig gemeldet hatte.[16] Es mag kaum verwundern, daß der leitende Arzt, Horst Schumann, nach 1942 an der Rampe von Auschwitz-Birkenau Häftlinge selektierte. Grafeneck wurde Ende 1940 auf Druck der Kirchen und von Angehörigen geschlossen. Das Personal wurde größtenteils in die Anstalt von Hadamar versetzt, wo die Mordaktionen im Jahre 1941 weitergingen. Die Aktion «T4» (das berüchtigte Kürzel leitete sich von «Tiergartenstraße 4» ab, jener Berliner Adresse, wo die für die Tötungen zuständigen Behörden saßen)[17] wurde jedoch dezentral und «inoffiziell» bis zum Zusammenbruch des Regimes weitergeführt.[18] In Schloß Hartheim bei Linz, wo seit 1896 eine «Idioten- und Cretinenanstalt» untergebracht war, verloren während des Krieges sogar etwa 30000 Kranke ihr Leben. Ärzte waren direkt beteiligt. Im «Aufnahmezimmer» hielt sich «ein Arzt mit einem Stab von drei bis vier Helfern auf», der zunächst Aktenvergleiche betrieb. «War der ganze Transport abgefertigt», berichtete ein Zeuge, «d.h. waren die Aufnahmen vorgenommen, die Bestempelungen (der Körper der Todeskandidaten) durchgeführt, das Fotografieren erledigt und die Bezeichnung jener Personen, die Goldzähne hatten, abgefertigt, kamen alle Personen in den Bade-Gasraum. Die Stahltüre wurde geschlossen und der jeweilige Arzt leitete Gas in die Gaskammer ein. Nach kurzer Zeit waren die Leute in der Gaskammer tot.»[19] Daß Ärzte moralisch derart fallen konnten, hätten wohl weder Haeckel noch Schallmayer, weder Binding noch Hoche für möglich gehalten.

Gesuche von Eltern schwerstbehinderter Säuglinge, die um deren «Gnadentod» baten oder geschickt formulierte Umfragen[20] dienten der nationalsozialistischen Propaganda als Vorwand. Hitler schickte 1939 seinen «Leibarzt» Heinz Brandt zur Familie eines behinderten Kindes, das später – auf Wunsch der Eltern – von Professor Werner Catel eingeschläfert wurde. Der Fall hatte für die «Kindereuthanasie» eine Art Initialbedeutung. Bis Kriegsende wurden in 38 deutschen Krankenhäusern etwa 5000 Kinder durch Medikamente getötet. 1936 verurteilte der erwähnte Psychiater Karl Meltzer in einem Artikel *Die Euthanasie, die Heiligkeit des Lebens und das kommende Strafrecht* mutig die Tötung Schwerkranker.[21] Dennoch steht bis heute die Frage im Raum, warum deutsche Mediziner und Forscher zu Hunderten an ethisch verwerflichen, ja kriminellen Aktionen mitarbeiteten. Ärztliche Verbrechen gehörten zur NS-Tötungsmaschinerie, nicht zuletzt in den Konzentrationslagern. Es waren pervertierte Vorstellungen von Forschung, Karrierestreben sowie ein hemmungsloser wissenschaftlicher wie politischer Positivismus, die hier Anreize bildeten. Jüngere Ärzte waren leichter verführbar als ältere.[22] Alexander Mitscherlich, der den Nürnberger Ärzteprozeß beobachtete, schrieb später: «Der Arzt konnte erst durch die Kreuzung zweier Entwicklungen zum konzessionierten Mörder und zum öffentlich bestellten Folterknecht werden, nämlich dort wo – unter dem Deckmantel von Wahrheitssuche – Forschung sich mit der Ideologie der Diktatur und deren Befehlsstruktur vermischte. Die Reduktion des Menschen auf ein reines Forschungsobjekt beherrschte ohnehin mehr und mehr das Heilungsstreben der Medizin.»[23] Nicht wenige Angeklagte verteidigten sich in Nürnberg mit der «Wissenschaftlichkeit» ihres Handelns, dessen ethische Brisanz sie gar nicht wahrgenommen hatten. Bemerkenswert (und propagandistisch von nicht zu unterschätzendem Wert) war auch, daß die Rassenideologen der Nazis auf eugenische Maßnahmen der Amerikaner zu Beginn des Jahrhunderts, aber auch auf behördliche Maßnahmen in Südafrika und weiteren Ländern verweisen konnten.[24] Nach Ernst Klee wurde bis heute kein Fall aus dem Dritten Reich bekannt, wo ein Arzt sein Leben oder dasjenige von Angehörigen in Gefahr brachte, wenn er – was selten genug vorkam – die Mitarbeit an verbrecherischen Handlungen, sei es in Konzentrationslagern, Forschungslabors oder Krankenanstalten, verweigerte.[25] Eher riskierte er die Feindschaft bestimmter Kollegen. «Der einzige Zwang, den man anwandte und folgerichtig denkbar stark gestaltete, war der zum vollkommenen Stillschweigen über den im Euthanasie-Programm organisierten Massenmord», hieß es in einem Prozeßprotokoll von 1948.[26]

Die Rassenideologie der NS-Ärzte führte nicht nur zu «Euthanasie», Sterilisierungswahn und hundertfacher Beihilfe zum Mord, sondern auch zu Versuchen, eine «rassische Elite» zu züchten. Die Aktion «Lebensborn» hatte zum Ziel, nicht verheirateten, «rassisch reinen» Müttern diskrete Entbindungen in Heimen anzubieten. Entscheidend waren dabei nicht Nächstenliebe oder Solidarität, sondern die Planung einer genetischen Auslese. Die beteiligten Ärzte hatten keine Skrupel, sich an der Tierzucht zu orientieren. Durch anthropologische Messungen prüfte man, ob die Frauen einer entsprechenden Fürsorge würdig seien.[27] Formulare, Statistiken, Fragebögen, Anleitungen zu Serienuntersuchungen und dubiose Tabellen waren in jeder Amtsstube, aber auch in den meisten Arztpraxen verbreitet und täuschten – ungeachtet aller ethischen Fehlgriffe – wissenschaftliche Seriosität vor.

Hitler selbst vertrat einen «synkretistischen Rassismus» (Schmuhl). Von Gobineau ausgehend, hielt er, unterstützt von seinen ärztlichen Ratgebern, «Rassenmischungen» für verderblich, lehnte aber eine Rassezüchtung beim Menschen zunächst ab.[28] Mit pseudowissenschaftlichem Vokabular wurde die «Rassenhygiene» als Instrument der neuen Politik gepriesen.[29] Es galt als unbestritten, daß Juden und andere unerwünschte Minderheiten als «Objekte» für medizinische Versuche zur Verfügung zu stehen hatten. Bemerkenswert war, daß die Menschenversuche bis 1945 wissenschaftsmethodischen Ansprüchen genügen mußten, was die Perversität der involvierten Ärzte nur unterstrich. Carl Clauberg, der 1928/30 die Grundlagen für die synthetische Herstellung des Follikel- und Gelbkörperhormons gelegt hatte, führte in Auschwitz Sterilisationsversuche durch, der Physiologe Ernst Holzlöhner war in Dachau an Kälteversuchen, der Internist Hans Eppinger an Durstversuchen beteiligt. Der Orthopäde Karl Gebhardt beschäftigte sich in Ravensbrück mit Transplantations- und Regenerationsversuchen an Knochen lebender Menschen.[30] Otto Reches Arbeitsziel war es, Juden und Arier durch einen chemischen Test «im Reagenzglas» zu unterscheiden.[31] Die von Ottmar von Verschuer und seinem Assistenten Josef Mengele unternommenen «Zwillings»- und «Mischlings»versuche sollten ebenfalls methodischen Ansprüchen standhalten. Bezeichnend für die Experimente, die Mengele in Auschwitz vornahm, war die «Mischung von objektiver Wissenschaft, wie sie sich in der exakten Anthropometrie und in den Sektionen ausdrückt ... und persönlich geprägtem Humbug, wie daß Mengele in dunkle Augäpfel blaue Farbe injizierte» (Kater).[32]

1930 hatte die Partei erklärt, «nur ein beruflich freier und ethisch hochstehender deutscher Ärztestand – frei von jüdischem Einfluß» könne die Zukunftsaufgaben im biologischen und gesundheitspolitischen Bereich lösen.[33] Die Patienten wurden aufgefordert, jüdische Ärzte ab dem 1. April 1933 zu boykottieren.[34] Bereits im März waren deren Praxen überfallen und verbeamtete jüdische Ärzte in den Ruhestand versetzt worden. Bis zum Frühjahr 1934 verloren mehr als 2000 Ärztinnen und Ärzte ihre Kassenzulassung! Kollegiale Proteste blieben weitgehend aus – im Gegenteil: Innerhalb weniger Jahre traten rund 44 Prozent aller deutschen Ärzte der NSDAP bei[35] (angesichts der Tatsache, daß es sich vor allem um «Freiberufler» handelte, die keine unmittelbaren Karrierevorteile zu erwarten hatten, zeigte sich die ideologische Anfälligkeit hier besonders deutlich!). Im September 1933 entzog man jüdischen Ärzten das Recht der Privatliquidierung, ab Oktober wurde «nichtarischen» Ärzten und Zahnärzten die Approbation verweigert. Der Doktorgrad konnte nur noch gegen Verzicht auf die deutsche Staatsbürgerschaft erworben werden. Seit Mai 1934 wurde auch Ärzten mit jüdischen Ehegatten die Kassenzulassung entzogen.[36] Das «Gesetz zum Schutz des deutschen Blutes und der deutschen Ehre» vom 15. September 1935 schrieb zudem vor, daß Arzthelferinnen unter 45 Jahren nicht mehr in jüdischen Praxen arbeiten dürften. Bemerkenswert war, daß sich die «arische» Mehrheit der Ärzte solchen Anordnungen nicht nur nicht widersetzte, sondern bereitwillig von der Schädigung und Benachteiligung jüdischer Kollegen profitierte. Am 30. September 1938 wurde den immerhin 3152 jüdischen Ärzten, die im «Altreich» noch tätig waren, die Zulassung entzogen.[37] 709 durften weiter als «Krankenbehandler» für jüdische Patienten tätig sein. Wie Werner F. Kümmel zeigen konnte, wärmte man alle antisemitischen Vorwürfe auf, die man seit dem frühen 19. Jahrhundert kultiviert hatte. «Nichtarische» Ärzte wurden der moralischen Unzuverlässigkeit bezichtigt, man warf ihnen die Beschäftigung mit umstrittenen Forschungsfeldern wie der Psychoanalyse oder der Sexualkunde vor, aber auch – aus der Sicht militanter Tierschützer und Alternativmediziner – grausame Tier- und Menschenversuche.[38] Zudem standen sie in «natürlichem» Verdacht, jüdisches, d.h. «minderwertiges Leben» zu verlängern.[39] «Jüdische Dozenten beherrschen die Lehrstühle der Medizin, entseelen die Heilkunst und haben Generation um Generation der jungen Ärzte mit mechanistischem Geist durchdrängt», hieß es 1933 in einem Aufruf des NS-Ärztebundes. Der Antisemitismus wurde in diesem Fall von Gegnern der Schulmedizin geschürt, die sich, nicht weniger als deren Befürworter, auf sozialdarwinistische Ideen beriefen.[40] Daß viele führende Nazis – von Rudolf Hess bis zu Hitler selbst, der Vegetarier war und die sogenannte «laktovegetabile Kost» bevorzugte[41] – die Schulmedizin verabscheuten, wurde von der jüngsten Forschung herausgestellt.[42] Die «sanfte» Medizin machte sich kaum weniger schuldig als die «offizielle», wobei Versuche, beide in der «Neuen Deutschen Heilkunde» zusammenzuführen, fehlschlugen. Hierbei handelte es sich um ein untaugliches, propagandistisch herausgestelltes Gegenmodell zur positivistischen Medizin, dessen Brisanz die Definition des Wörishofener Kur- und Kneipparztes Wilhelm Spengler (1936) verrät: «Die Neue Deutsche Heilkunde ist deutsch, d.h. herb, heldisch, voll Willensstärke und Gewissen, Genie und Seele. Sie ist billig und wirksam, jedem verständlich, daher lehrbar. Lernbar ist sie jedoch nicht. Sie ist Religion und Kunst und wird durch geduldige Erziehung erreicht. Die Neue Deutsche

Heilkunde ist nicht mit den Gläsern der Brille zu studieren und nicht nur mit der Hirnrinde zu erfassen; sie ist Herzenssache.» Hitler gebühre – Fritz Lenz stand hier wohl Pate[43] – der Ehrentitel «Arzt des deutschen Volkes», ja «Heiler und Reiniger der arischen Menschheit».[44] Jüdischen Mitbürgern und Ärzten war Spenglers Volksmedizin, nach welcher man Staat und Gesellschaft Gesundheit geradezu schuldig war, natürlich verschlossen. Antisemitismus und Rassenhygiene stießen in *beiden* Ärztefraktionen, d.h. bei Schul- wie Alternativmedizinern, auf Zustimmung. Beide profitierten von der Vertreibung jüdischer Kollegen, die man nicht nur als Gefahr für die Rasse bezeichnete, sondern denen man auch politische Machtgier unterstellte. Tatsächlich wies etwa der 1924 gegründete «Verein sozialistischer Ärzte» relativ viele Juden auf, denen man natürlich umstürzlerische Tendenzen anhängte. In einer jahrelangen Demoralisierungskampagne wurden jüdische Ärzte von den Nazis verleumdet, gedemütigt, vertrieben und getötet. Die Mehrheit ihrer «arischen» Kollegen verhielt sich dabei passiv. Nicht wenige profilierten sich als einflußreiche Parteideologen. Allzuviele wurden, als gewissenlose Opfer einer aus dem 19. Jahrhundert überkommenen, nach 1933 pervertierten Wissenschaftsideologie, zu Mördern.

Nach dem Zweiten Weltkrieg

39. Ärztliche Ethik nach 1945

Das singuläre Versagen der deutschen Ärzteschaft im «Dritten Reich» führte nach dem Krieg zu einem schwierigen und schmerzhaften Prozeß der Aufarbeitung. Einige Kriminelle, wie etwa Heinrich Wilhelm Kranz, «der schlimmste intellektuelle Rohling auf einem Lehrstuhl für Rassenkunde» und Nachfolger Verschuers in Frankfurt, nahmen sich das Leben.[1] Die Nürnberger Ärzteprozesse entlarvten viele Angeklagte als gewissenlose Karrieristen, die sich über die ethische Fragwürdigkeit ihrer Handlungen hinweggesetzt hatten. 23 Ärzte, Physiker und Verwaltungsbeamte des NS-Gesundheitsdienstes wurden 1946/47 wegen grausamer Menschenversuche angeklagt, 15 der Kriegsverbrechen und Verbrechen gegen die Menschlichkeit für schuldig erklärt.[2] Während der Verhandlungen vor dem Internationalen Militärgerichtshof kam bald der Gedanke auf, neue ethische Richtlinien auf internationaler Basis zu etablieren, um ärztliche Verbrechen dieser Art künftig zu verhindern. Um den Unterschied zwischen strafbarer Körperverletzung und der (von den Angeklagten reklamierten) medizinischen Forschung in vivo zu verdeutlichen, entwarf das Gericht selbst den *Nürnberger Kodex*:

1) Die freiwillige Zustimmung der Versuchsperson ist unbedingt erforderlich. Das heißt, daß der Betreffende die gesetzmäßige Fähigkeit haben muß, seine Einwilligung zu geben; in der Lage sein muß, eine freie Entscheidung zu treffen, unbeeinflußt durch Gewalt, Betrug, List, Druck, Vortäuschung oder irgendeine andere Form der Beeinflussung oder des Zwangs; und genügend Kenntnis und Einsicht in die Bestandteile des betreffenden Gebietes haben muß, um eine verständnisvolle und aufgeklärte Entscheidung treffen zu können. Diese letzte Bedingung macht es notwendig, daß der Versuchsperson vor der Annahme ihrer bejahenden Entscheidung das Wesen, die Länge und der Zweck des Versuchs klargemacht werden sowie die Methode und die Mittel, welche angewendet werden sollen, alle Unannehmlichkeiten und Gefahren für die Gesundheit oder ihre Person, welche sich aus der Teilnahme ergeben mögen. Die Pflicht und die Verantwortung, den Wert der Zustimmung festzustellen, obliegt jedem, der den Versuch anordnet, leitet oder durchführt. Dies sind persönliche Pflichten und persönliche Verantwortungen, welche nicht ungestraft auf andere übertragen werden können.
2) Der Versuch muß derart sein, daß fruchtbare Ergebnisse für das Wohl der Gesellschaft zu erwarten sind, welche nicht durch andere Forschungsmittel oder Methoden zu erlangen sind und welche ihrem Wesen nach nicht unnötig sind.
3) Der Versuch ist so zu planen und auf den Ergebnissen von Tierversuchen und einer Kenntnis des Wesens der Krankheit oder des sonstigen Problems aufzubauen, daß die vermutlichen Ergebnisse die Ausführung des Versuchs rechtfertigen.
4) Der Versuch ist so durchzuführen, daß alle unnötigen körperlichen und geistigen Leiden vermieden werden.
5) Kein Versuch darf durchgeführt werden, wenn a priori ein Grund besteht für die Annahme, daß der Tod oder ein dauernder körperlicher Schaden eintreten wird, mit Ausnahme vielleicht jener Versuche, bei denen Versuchsleiter gleichzeitig als Versuchspersonen dienen.

6) Das Gefahrenmoment darf niemals die Grenzen überschreiten, welche sich aus der humanitären Bedeutung des zu lösenden Problems ergeben.
7) Angemessene Vorbereitungen sind zu machen und ausreichende Vorkehrungen zu treffen, um die Versuchsperson gegen selbst die geringste Möglichkeit der Verletzung, der bleibenden gesundheitlichen Schädigungen oder des Todes zu schützen.
8) Der Versuch darf nur von wissenschaftlich geschulten Personen durchgeführt werden. Die größte Geschicklichkeit und die größte Vorsicht müssen in allen Stufen des Versuchs von denjenigen angewandt werden, die den Versuch leiten oder durchführen.
9) Während des Versuchs muß der Versuchsperson freigestellt bleiben, den Versuch zu beenden, wenn sie körperlich oder geistig den Punkt erreicht hat, an dem ihr seine Fortsetzung unmöglich erscheint.
10) Im Verlauf des Versuches muß der Versuchsleiter jederzeit bereit bleiben, den Versuch einzustellen, wenn er bei Anwendung des von ihm geforderten guten Glaubens, besonderer Geschicklichkeit und Sorgfalt des Urteils Grund hat anzunehmen, daß eine Fortsetzung des Versuches eine Verletzung, eine bleibende gesundheitliche Schädigung oder den Tod der Versuchsperson herbeiführen könnte.[3]

Der *Nürnberger Codex* thematisierte also nur das ethische Problem des *Menschenversuchs*. Diese Reduktion wurde bald kritisiert. Andererseits bemängelte man, daß aufgrund der Forderung nach uneingeschränkter Geschäftsfähigkeit der Versuchsperson selbst *notwendig* erscheinende Untersuchungen an Kindern, Geisteskranken oder Dementen, ja auch grundlegende Forschungen gerade über jene Krankheiten, welche die Autonomie des Patienten beeinträchtigen, verhindert würden.[4] Zudem wurde die in Ziffer 5 erwähnte «Ausnahme» als «bizarr» empfunden.[5] Die Nürnberger Erklärung fand jedoch Eingang in die berufsständischen Ethik-Codices zahlreicher Länder. Auf ihrer Basis erfolgte 1964 auch die berühmte *Deklaration von Helsinki* des Weltärztebundes,[6] welche – unter dem Einfluß prominenter Forscher, die den zu erwartenden Nutzen ihrer Arbeit für Kranke und Leidende unterstrichen – die Nürnberger Prinzipien deutlich liberalisierte.[7] Wie Gonzalo Herranz zeigen konnte, setzte sich die wissenschaftsfreundlichere Interpretation endgültig 1975 durch, als man eine revidierte Version der Vereinbarung von Helsinki verabschiedete.[8] Auch viele Staaten der sogenannten Dritten Welt akzeptierten die hier modifizierten Grundsätze.[9] Die Vereinten Nationen verurteilten Folterungen in ihrer Menschenrechtserklärung von 1948, in der 1975 verabschiedeten Deklaration von Tokio sowie in den 1982 aufgestellten *Prinzipien der ärztlichen Ethik*.[10] Vor allem Amnesty International prangerte (und prangert) seither konsequent Verstöße gegen die Menschenrechte an, wobei die Berichte dieser Organisation wenig ermutigend klingen. «Die Welt scheint aus der Medizin in der Nazizeit wenig gelernt zu haben», schrieb 1989 Michael Kater, der weltweit renommierte Erforscher der NS-Medizin. «Folterungen ... sind immer noch an der Tagesordnung. Ärzte brechen weiterhin ihren hippokratischen Eid, indem sie solche Praktiken persönlich überwachen. Sie sorgen dafür, daß Opfer, die über nützliche Informationen verfügen, dabei nicht sterben, und beraten die Polizei, welche Verhör- und Foltermethoden wie lange angewendet werden können ...»[11]

Das ärztliche Forscherethos wurde gegen Ende des 20. Jahrhunderts vor allem vom rasanten wissenschaftlichen Fortschritt, von einer nie zuvor erlebten Internationalisierung der Wissenschaft, einer zunehmenden Hegemonie amerikanischer Universitäten und Labors sowie einem neuen, an das 19. Jahrhundert anknüpfenden Fortschrittsglauben geprägt. Viele Naturwissenschaftler und Ärzte ließen sich von einer kritiklosen Begeisterung mitreißen, die nicht selten zur Relativierung ethischer Vorbehalte führte. Dies galt zunächst weniger für Deutschland, wo man, von dem erwähnten Bericht Mitscherlichs und Mielkes abgesehen,[12] erst mit einer gewissen Verzögerung begonnen hatte, Ausmaße und Gründe des ärztlichen Versagens im Dritten Reich zu begreifen, geschweige denn zu erforschen.[13] Deutsche Ärzte und Medizinethiker fielen daraufhin, international gesehen, durch eine gewisse Vorsicht in ethicis auf – eine Tendenz, die durch die Achtundsechzigerbewegung verstärkt wurde. Noch in der sogenannten *Grafenecker Erklärung* (1998) argumentierte man bewußt anti-utilitaristisch: «Bei Forschungen am Menschen dürfen die Interessen der Wissenschaft und der Gesellschaft niemals über Erwägungen des Wohlbefindens des Einzelnen stehen.»[14] Allerdings war zu Ende des Jahrhunderts weniger diese Forderung umstritten als die bis heute offen gebliebene Frage, ob der Begriff «der Einzelne» auch den Status eines Embryonen, eines Föten im Mutterleib oder eines unheilbar Kranken in aussichtsloser Situation einschließt.

Die in der Sowjetunion, aber auch ihren osteuropäischen Satellitenstaaten durchgeführten medizinischen Forschungen stießen im Westen nach dem Zweiten Weltkrieg – wohl auch infolge gesteuerter Gegenpropaganda – auf geringere Resonanz. Daß sich die «sozialistische Ethik» am Wohl der Mehrheit orientierte, stand natürlich außer Frage. Verstöße gegen das ärztliche Ethos im Stalinismus, etwa «Gehirnwäschen» durch Psychopharmaka oder Folter,[15] wurden bis heute aber kaum aufgearbeitet, ebensowenig die Verbrechen japanischer Ärzte an Tausenden von Kriegsgefangenen. Die alliierten Besatzungsmächte im Pazifikraum waren, was die Verfolgung ärztlicher Verbrechen (und sonstiger Kriegsverbrechen) betraf, jedenfalls weit weniger streng als in Europa.[16] Ethisches Fehlverhalten wurde (und wird) im Bedarfsfall *auch* politisch gemessen. So verstand es die Sowjetunion, bestimmte Vorwürfe – etwa hinsichtlich des «Psychiatrie-Mißbrauchs» – als westliche Propaganda abzutun.[17] Auch die amerikanische Öffentlichkeit erregte sich erst in den Siebzigerjahren über Menschenversuche, die seit 1932 – meist ohne deren Wissen – an Farbigen in Alabama durchgeführt worden waren.[18] Ärztliche Verbrechen gehörten ebenso jahrzehntelang zum Unrechtsalltag rechter und linker Regimes in Chile, Paraguay, dem Irak, in Libyen, der Türkei, Uganda oder Tansania.[19] In Europa wurde in den Neunzigerjahren der Versuch der Kodifizierung eines gemeinsamen, international anerkannten ärztlichen Ethos unternommen. Das sogenannte *Menschenrechtsübereinkommen zur Biomedizin des Europarats* (1996) unterstrich so den «informed consent» als Vorbedingung jedes «Eingriffs im Gesundheitsbereich»: Erscheint eine Aufklärung wegen eingeschränkter Urteilsfähigkeit des Kranken unmöglich, ist die «Einwilligung seines gesetzlichen Vertreters, einer gesetzlich vorgesehenen Behörde oder Person oder eines gesetzlich vorgesehenen Gremiums» vorgeschrieben.[20] Nach den Erfahrungen in totalitären Regimen verschiedenster Couleur war man – auch auf internationaler Ebene – vorsichtig geworden.

Angesichts der Erfolge der vergangenen hundert Jahre *erschien* es nur dem historisch Unkundigen paradox, daß der wissenschaftliche Fortschritt selbst eine ethische Herausforderung darstellte. Seit Ernst Schrödingers Buch *What is life?* (1944) galt es in der «science community» als ausgemacht, daß vor allem «chemischen» bzw. «molekularbiologischen» Methoden die Zukunft der Medizin gehörte.[21] Für ehrgeizige Forscher bedeutete dies: Mit Empathie und Mitleid am Krankenbett ließ sich kein Nobelpreis gewinnen, wohl aber im Labor. Daß Machbares realisiert werden durfte, erschien vor allem Ärzten und Naturwissenschaftlern aus den angloamerikanischen, vom Utilitarismus geprägten Ländern selbstverständlich, deren Forschung nicht im Desaster von Hadamar und Auschwitz versandet war. Die Entdeckung der DNA (1953) durch Crick und Watson stellte einen herausragenden, wissenschaftspsychologisch bedeutenden Meilenstein dar – die «Geheimnisse des Lebens» schienen entschlüsselbar.[22] Bestätigte sich hier nicht definitiv die These von de La Mettrie, Virchow und Haeckel, menschliches Leben lasse sich «mechanistisch» erfassen? Nicht in der Seele, sondern in Basen-Sequenzen schien das Wesen bzw. Geheimnis des Menschen zu bestehen.

Fünfzig Jahre später forderte derselbe Watson die Deutschen auf, «von Hitler Abstand zunehmen».[23] Er wollte sie, wie erwähnt,[24] ermuntern, ohne historische Skrupel an Forschungen mit menschlichen Embryonen sowie anderen umstrittenen Projekten zu partizipieren. Ein glühender, an das späte 19. Jahrhundert erinnernder Optimismus verbarg sich hinter dieser Haltung, die für viele Forscher symptomatisch wurde. Mancher Antrag auf staatliche oder institutionelle Förderung erinnert, was die Beschreibung des zu erwartenden Nutzens und die naive Zukunftsgläubigkeit angeht, noch heute an Du Bois-Reymond oder Haeckel. Besonders in englischen, amerikanischen und australischen Wissenschaftskreisen blieb – angesichts der liberal-utilitaristischen Tradition war dies nicht verwunderlich – der Protest gegen Genforschung und «genetic control», aber auch die Zerstörung menschlicher Embryonen zur Stammzellgewinnung oder das Klonen von Menschenzellen verhalten. Bedenken wurden eher von «Minderheiten» vorgebracht, etwa religiösen Gruppen oder Philosophen und Journalisten, deren Einfluß aber – über Feuilletonartikel und Talkshows hinaus – beschränkt blieb. Als ethisch entscheidendes Kriterium wurde, in vielen Varianten, der *Nutzen für die Mehrheit der Bürger* herausgestellt (daß er zunächst einmal hypothetischer bzw. *virtueller* Natur war, übersah man allzu leicht). Mancher Wissenschaftler fühlte sich dabei als mutiger Vorkämpfer gegen den «fundamentalistischen» Widerstand. Das Unbekannte erschien – wie bei den Cartesianern des 17. Jahrhunderts – schlicht als das *noch nicht Entdeckte*![25] Der amerikanische Neopositivismus prägte bald auch die Labors in Europa. Ein Studienaufenthalt in den USA und die dort geprägte «corporeal identity» förderte zunehmend die akademische Karriere in der Heimat – und natürlich das ursprünglich für Amerika und England typische utilitaristische Denkmuster.[26]

Vor allem das Beispiel der Stammzellforschung zeigte, wie sich das Gewissen vieler Ärzte, aber auch manches «Ethikers» von «Praktikabilitäts- und Nützlichkeitserwägungen» beruhigen ließ.[27] In jüngster Zeit wurde mit dem «Vernunftargument», nicht implantierte Embyronen seien *per se* dem Untergang geweiht, der Moment der Nidation als für Ärzte und Juristen gleichermaßen akzeptable Schutzgrenze gefordert. Die Nobelpreisträgerin Nüsslein-Volhard war in Deutschland die prominenteste Vertreterin dieser These. Man verwies auf die Tatsache, daß befruchtete Eizellen ohne Symbiose mit dem mütterlichen Organismus nicht überleben könnten. Daß auch Neugeborene, auf sich allein gestellt, lebensunfähig sind (und deshalb niemand auf die Idee käme, sie – etwa um Organe für Transplantationen zu gewinnen – zu töten), wurde übersehen. Aus der Tatsache, daß z.B. in Deutschland die «Spirale» als implantationshemmendes Verhütungsmittel schon jahrelang in Gebrauch war, schloß man nicht zu Unrecht auf die Inkonsequenz von Gesellschaft und Justiz.[28] Häufig wurde auch die verfassungsrechtlich garantierte «Freiheit der Wissenschaft» beschworen und vor einer Benachteiligung der Molekularbiologen in Ländern mit «Forschungsverbot» gewarnt. Daß man mit diesem Argument immerhin schon die Menschenversuche im 19. und frühen 20. Jahrhundert verteidigt hatte, wußte kaum noch jemand.

Unabhängig hiervon warfen wichtige Entdeckungen der Nachkriegszeit z.T. spezifische ethische Probleme auf. Die erste erfolgreiche Nierenübertragung (1954) läutete eine neue Phase der Transplantationsmedizin ein.[29] Viele ehemalige Dialyse-Patienten erfreuen sich heute einer höheren Lebensqualität, die Operation wurde fast zur Routine. Einen noch spektakuläreren Höhepunkt stellte die erste Herzübertragung durch Christian Barnard (1967) dar. Bedenken, ob man mit dem Herz eines Verstorbenen ohne psychischen Schaden überhaupt leben könne, verstummten schnell. Daß Menschen dagegen in der Dritten Welt ihre Organe gegen Geld anboten, stellte bald ein ernstes

Problem dar. Nur weitsichtige Beobachter der Szene ahnten schon damals, daß der Kampf um das Spenderherz wie die Spenderniere, d.h. die Organentnahme bei «Hirntoten», eine der umstrittensten moralischen wie juristischen Herausforderungen der Zukunft darstellen würde.[30]

Die Diskussion, ob das jeweils Machbare auch ethisch zulässig sei, berührte immer wieder die Frage der Patientenautonomie. Der westliche Mensch widersetzte sich zunehmend – dies war ein bemerkenswerter Unterschied zum 19. Jahrhundert! – dem ärztlichen Paternalismus, der bis in die Sechzigerjahre die meisten europäischen Kliniken und Arztpraxen prägte: Der behandelnde Arzt entschied demnach, was zu tun sei, auch wenn der Kranke gute Gegenargumente vorbrachte und Kollegen womöglich anders geurteilt hätten. Man berief sich im Zweifelsfall auf den Eid des Hippokrates, aus dem man eine alleinige Entscheidungsbefugnis des Arztes ableitete. Die Ärzteschaft hätte sich wohl kaum freiwillig von der Idee des Paternalismus verabschiedet, hätten nicht Öffentlichkeit, Geisteswissenschaftler, Medien und diverse gesellschaftliche Gruppen in die Debatte eingegriffen. Die ärztliche Ethik wurde zunehmend ein Thema der Feuilletons, wo medizinische und gesundheitspolitische Fragen einen zentralen Stellenwert erhielten. Daß die berühmte, im Geiste des Neopositivismus geborene Definition der WHO, Gesundheit stelle ein umfassendes körperliches, seelisches und soziales Wohlbefinden dar, schon aufgrund ihrer mangelnden Finanzierbarkeit, aber auch aus anthropologischen und philosophischen Gründen hinterfragt wurde, war für manche Gesundheitsfunktionäre und viele Patienten, die allzu lange verwöhnt worden waren, kaum erträglich.[31]

Die Einführung der Anti-Baby-Pille, die von der katholischen Kirche und anderen konservativen Gruppierungen hartnäckig bekämpft wurde, revolutionierte in den Sechzigerjahren das sexuelle Verhalten vieler Frauen, aber auch ihr Verhältnis zur Medizin überhaupt.[32] Die alte, schon von den Kirchenvätern diskutierte Frage, ob eine Empfängnisverhütung ethisch erlaubt sei,[33] wurde auf dramatische Weise aktuell, zumal die Erfindung von Gregory Pincus zeitlich mit feministischen Bürgerrechtsbewegungen sowie Initiativen für eine weltweite Geburtenkontrolle als Mittel gegen die Überbevölkerung zusammenfiel. Nach und nach wurde in den meisten Ländern auch die *Abtreibung* legalisiert. Parlamentsbeschlüsse und epochale Gerichtsurteile ermöglichen heute in Deutschland, sofern ein Arzt die «medizinische Indikation» der Mutter bestätigt, die Abtötung des Föten bis zum neunten Schwangerschaftsmonat, d.h. bis unmittelbar vor dem natürlichen Geburtstermin. Die Diagnose einer Trisomie 21 (Down-Syndrom) hat, um ein Beispiel herauszugreifen, im Alltag fast «automatisch» – selbstverständlich auch *nach* dem dritten Schwangerschaftsmonat – den Fetozid zur Folge. Dabei gelten Abtreibungen in Deutschland bis heute – selbst zu Beginn der Schwangerschaft –

als widerrechtlich. Sie werden aber nicht bestraft, sofern die Schwangere eine sogenannte «Beratung» akzeptiert. Aufsehen erregte vielerorts der Vorschlag des australischen Philosophen Peter Singer, «dem Leben eines Fötus keinen größeren Wert zuzubilligen als dem Leben eines nichtmenschlichen Lebewesens auf einer ähnlichen Stufe der Rationalität».[34] Dies sollte auch für Geborene gelten – geistig Behinderte rangierten damit unter bestimmten Tieren! Haeckel hätte sich wohl bestätigt gefühlt.

Die vom niederländischen Parlament beschlossene Liberalisierung der aktiven Euthanasie – auf Wunsch des Patienten und unter Beachtung zahlreicher Kautelen – führte in vielen europäischen Ländern zu einer breiten gesellschaftlichen Diskussion. Vor allem die Kirchen versuchten, einer «Kultur des Tötens» Widerstand zu leisten.[35] Streitgespräche in Gesellschaft und Wissenschaft wurden alltäglich,[36] die Polarisierung wurde sogar ein Markenzeichen der «wissenschaftlichen» Ethik, welche sich zu einem Modefach entwickelte. An den medizinischen Fakultäten ersetzte sie zunehmend die Medizingeschichte. Dabei galt es eher als unfein, historisch zu argumentieren. Unter Hinweis auf jene dunkle Periode der deutschen Medizingeschichte, die auf Haeckel, Binding, Schallmeyer oder Jost folgte, Bedenken zu äußern, kommt in Deutschland, ist etwa von «Spätabtreibung» die Rede, einer schweren Beleidigung gleich.

Der Liberalisierung der Abtreibungsgesetze steht andererseits die Bemühung von Ärzten und Forschern gegenüber, kinderlosen Ehepaaren mit kühnster Technik zu Nachwuchs zu verhelfen. 1978 wurde erstmals ein Kind, Louise Brown, im Reagenzglas erzeugt, anschließend in den Uterus der Mutter implantiert und nach einer «normalen» Schwangerschaft geboren.[37] Der Gedanke, man könne auf diese Weise Paaren mit Kinderwunsch helfen, ließ fast alle Bedenkenträger verstummen. Die «Dammbruchgefahr» kam – wenn überhaupt – nur am Rande zur Sprache. Die Möglichkeit des Selektionsmißbrauchs, das Problem der Präimplantationsdiagnostik, die Kreation von Design-Babys und die psychologischen wie anthropologischen Folgen von Genomanalysen und prädiktiver Medizin, d.h. Fragen, die *vor* der Zulassung der In-Vitro-Fertilisation hätten geklärt werden müssen, wurden erst später diskutiert. Selbst die Tatsache, daß für eine erfolgreiche Implantation mehrere «überzählige» Embryonen produziert werden, war offensichtlich kein Stein des Anstoßes. Erst in den Neunzigerjahren wurde die Genomanalyse ein wichtiges bioethisches Thema.[38] Das «Recht auf Nichtwissen» war zwar schon in der frühen Neuzeit kontrovers diskutiert worden,[39] doch stellte die «prädiktive» Medizin Arzt und (potentiell) Kranken vor eine völlig neue Herausforderung. Dies galt noch mehr für das (auch «therapeutische») Klonen, das im September 2000 vom Europäischen Parlament angesichts der «nicht wieder rückgängig zu machenden Grenzüberschreitung der Forschungsnormen» zunächst scharf verurteilt wurde.[40] Dennoch gab der Koreaner Woo Suk Hwang im Februar 2004 die «geglückte» Klonierung menschlicher Zellen bekannt. Er verteidigte sein Vorgehen mit der Herstellung embryonaler Stammzellen zur Therapie bisher unheilbarer Krankheiten. Viele Verteidiger der Aktion übersahen, daß dieser Nutzen allerdings noch in weiter Ferne lag und viele Unsicherheitsfaktoren den Weg zum Erfolg blockieren könnten.[41] Die ethische Komplexität all dieser Themen darzustellen, würde freilich den Rahmen dieses Buches übersteigen.[42]

Zu Beginn wie am Ende des Lebens wurden in den vergangenen Jahren ferner jahrhundertelang respektierte Grenzen verschoben. Die (1968 durch die Harvard Medical School erfolgte) Definition des «Hirntods» blieb allerdings lange Zeit umstritten. Daß ein intakter Organismus, wenn auch künstlich am «Leben» gehalten, «tot» sein sollte, sofern nur das Gehirn – wenn auch irreversibel – nicht funktionierte, erschien zumindest gewöhnungsbedürftig. Philosophen wie Hans Jonas kritisierten unter Berufung auf Kant[43] erneut die «Verzwecklichung» menschlichen Lebens. Die Definition ermöglichte es, «Hirntote» als potentielle Organspender eine bestimmte, aus der Sicht des Empfängers notwendige Zeit «am Leben» zu halten. Bei den meisten Ärzten verscheuchte der offensichtliche «Nutzen» für Organ-Empfänger alle Zweifel. Die Kluft zwischen wissenschaftlichem, «vernünftigem» Pragmatismus und Ethik vertiefte sich – viele Skeptiker paßten sich der Mehrheitsmeinung an. Bald zeigte sich auch, daß delikate Probleme dieser Art zunehmend Stellungnahmen und Entscheidungen in *kürzester* Zeit erfordern. Erstaunlich spät wurde auch deutlich, daß fast jeder Lösungsvorschlag legitime Gegenargumente zuläßt[44] und «wissenschaftliche Beweise» hinsichtlich der Richtigkeit eines bestimmten Vorgehens meist nur die Kritiklosigkeit der Autoren unterstreichen, wobei eine gewisse «Gefälligkeitsphilosophie» (Hans Blumenberg)[45] vor allem dann nicht von der Hand zu weisen ist, wenn Regierungen oder Geldgeber zuvor allzu deutlich ihre Wünsche geäußert und bestimmte Stellungnahmen favorisiert haben.

Auch die zunehmende *Ökonomisierung* der Medizin revolutionierte das ärztliche Gewissen. Allokationsfragen und das alte Problem der «Triage» werden heute, wie zu Haeckels Zeiten, wieder offen diskutiert. Phänotypisch gesunde Menschen mit bedenklichen Genom-Befunden haben – allen gegenteiligen Beteuerungen zum Trotz – Schwierigkeiten, von einigen amerikanischen Lebensversicherungen Policen zu erhalten.[46] Auch die *Messung* der «Lebensqualität», vor der man aus historischer Erfahrung hätte warnen müssen, wird erneut für möglich gehalten. Subjektives erscheint – ungeachtet aller historischen Irrtümer und Hirngespinste – objektivierbar. Obgleich große amerikanische Studien ergaben, daß «ökonomisch» (for-profit) geführte Kliniken sich durch eine niedrigere Lebenserwartung und schlechtere Prognose ihrer Patienten auszeichnen,[47] wird das neue, betriebswirtschaftlich angehauchte Paradigma kaum noch hinterfragt. In vielen Gesundheitsbehörden und Krankenhäusern gilt es vielmehr als Zeichen besonders fortschrittlichen und kritischen Denkens. Daß «quality adjusted life years» eines Schwerkranken auch mathematisch beurteilt werden sollen, beunruhigt nur wenige.[48] Patienten werden als *Kunden* hofiert (in Wirklichkeit degradiert), Krankenhäuser zunehmend als *Firmen* verstanden, die – zumindest im Falle zahlreicher Privatkliniken – unrentable Geschäfte, etwa die wenig einträgliche Behandlung kostenaufwendiger Langzeitkranker, ablehnen müssen, um Aufsichtsräten oder gar Aktionären zu gefallen. In Krisenzeiten suchen Regierungen wie Gesundheitsmanager nach griffigen, häufig allzu simplen Modellen, um Einsparungen vorzunehmen. Ethische Aspekte und das Schicksal Einzelner interessieren bei den üblichen Planungsspielen weniger. Der eigentliche Triumph des Utilitarismus steht offensichtlich erst bevor.

Nachwort

Es konnte nicht Aufgabe dieses Buches sein, die medizinethischen Herausforderungen der *Gegenwart* umfassend darzulegen. Sie wurden nur *angedeutet*. Sein Schwerpunkt liegt auf der *Vergangenheit*. Es sollte, von der historischen Information abgesehen, *auch* demonstriert werden, daß sich – ungeachtet wirtschaftlicher, kultureller und mentaler Unterschiede – gewisse medizinethische Grundfragen immer aufs neue stellen. Dies zu erkennen erscheint gerade in einer Zeit von Bedeutung, wo der technische Fortschritt und die Molekularbiologie bisher ungeahnte Möglichkeiten eröffnen, das Leben kranker Menschen zu beeinflussen, aber auch das Gewissen und Selbstverständnis der Ärzte und Forscher auf zuweilen erstaunlich oberflächliche Weise zu beruhigen. Auch wenn Zeitgeist und der vorherrschende ethische Diskurs, wie im Vorwort ausgeführt wurde, eine sinnvolle Verbindung von Ethik und Geschichte in Frage stellen, läßt sich die Brisanz manches aktuellen Problems wie der gesundheitsökonomischen Wertung von Lebensqualität oder der Euthanasiediskussion in ihrer ganzen Dimension erst *rückblickend* verstehen. Die europäische Medizingeschichte weist allerdings keine einheitliche ethische Entwicklung auf, da der dem Kontinent seit der Antike eigene Pluralismus zahlreiche Spielräume und Freiheiten, ja Widersprüche offenließ. Immerhin läßt sich sagen, daß die aktive Tötung Schwerkranker, die Abtreibung ohne «medizinische» Indikation oder die Selektion Neugeborener, obgleich sie vereinzelt *vorkamen*, in Europas Vergangenheit niemals eine anhaltende normative Bedeutung erhielten. Historische Kenntnisse vermitteln hier eine hohe ethische Sensibilität, die zwar eine breite Toleranz anmahnt, sich aber dann Gehör verschaffen sollte, wenn – sei es von naturwissenschaftlicher, politischer oder «professionell» ethischer Seite – allzu «plausible», einseitige Positionen bezogen werden. Wer sich mit heiklen medizinethischen Fragen auseinandersetzt und zum Ergebnis kommt, es könne nur *eine* Problemlösung geben, muß sich in der Regel die Frage gefallen lassen, welche wichtigen Aspekte und Umstände er übersehen hat. Gerade das 19. und frühe 20. Jahrhundert mahnen mit ihren häufig allzu simplen, von einem grenzenlosen naturwissenschaftlichen Optimismus geprägten Antworten, die in Deutschland mit für die moralische Katastrophe des Dritten Reichs verantwortlich wurden, zur Vorsicht. Angesichts der Vielschichtigkeit der Thematik, aber auch der Tatsache, daß es gerade in ethisch brisanten Fragen – von der Stammzellforschung bis zur Präimplantationsdiagnostik, von der Spätabtreibung bis zur aktiven Sterbehilfe –, wie immer die Entscheidung ausfällt, stets gewichtige Gegenargumente gab und gibt, ja daß selbst die (naturwissenschaftlichen wie philosophischen) Prämissen häufig umstritten bleiben, ist eine letztendliche Beweisführung schwierig, ja unmöglich. Aristoteles betonte, wie schon erwähnt, am Anfang der *Nikomachischen Ethik*, man müsse zufrieden sein, wenn die Darlegung «denjenigen Grad von Bestimmtheit erreicht, den der gegebene Stoff zuläßt».[1] Diese Grauzone des Ungenauen, nur *subjektiv* zu Deutenden, in welcher sich demnach die Entscheidung – natürlich auch unter Berücksichtigung *objektiver* Daten – vollzieht, mahnt nicht nur zur Vorsicht, sondern auch zur Bescheidenheit.

Anmerkungen

1. Ethik und Geschichte

1 Zum schwierigen Verhältnis von Geschichte, Medizingeschichte und Ethik vgl. Toellner/Wiesing (1997), hier besonders die Beiträge von Stefan Schulz, Thomas Schlich und Norbert Paul; ferner Frewer/Winau (1997). Die Ausklammerung der Geschichte zeigt sich auch in aktuellen Lehr- oder Handbüchern der medizinischen Ethik, vgl. Illhardt (1985); Harris (1995); Kahlke/Reiter-Theil (1995); Beckmann (1996); Irrgang (1995); Loewy (1995); Bauer (1998).

2 Vgl. hierzu die Bestseller von Hans Küng (1995, mit Walter Jens, und 2002).

3 Zu den Begriffsvariationen im Deutschen (ärztliche Ethik, medizinische Ethik, Bioethik usw.) vgl. Frewer (1997), hier S. 68. Im Gegensatz zu Frewer möchte ich, allerdings aus rein sprachästhetischen Gründen, den Ausdruck «ärztliche Ethik» vorziehen.

4 Vgl. etwa Beckers u.a. (1999), hier S. 173–235 («Pluralität als Ausdruck des Absoluten?»); zur Kritik an der «globalen» Bioethik vgl. auch Maio (1997), bes. S. 99ff.

5 Für die Religionsgeschichte hat dies Karl Löwith auf eindruchsvolle Weise dargestellt, vgl. ders. (1990), S. 136–174.

6 Vgl. etwa Stempel (1973); Koselleck (1975).

7 Vgl. Koselleck (1975).

8 Vgl. Lyotard (1979); ders. (1983); Deleuze (1968); Foucault (1971); Derrida (1992). Hierzu auch Zima (2001), S. 163–173; vgl. auch Paul (1997), S. 51.

9 Vgl. F. Foucault (1993).

10 Zit. nach Maio (1997), S. 98.

11 Vgl. Quinton (1974); Glover (1990); zu den Codices vgl. die von Troehler/Reiter-Theil (1997) edierten Beiträge. Bezeichnend für eine geradezu demonstrative Nichtberücksichtigung älterer Codices ist der Beitrag von Lepicard zum Thema «Ethisches Verhalten und ‹ethische› Normen vor 1947» (ibd., S. 61–74).

12 Zur epochalen Publikation von Gregory (1772) vgl. Strätling (1998).

13 Vgl. etwa das (ansonsten sehr informative) Werk von John Harris, Der Wert des Lebens – Eine Einführung in die medizinische Ethik (dt. 1995).

14 Dies gilt nicht nur für populärwissenschaftliche Erscheinungen, sondern gerade auch für Fachautoren, die im medizinethischen Bereich heutzutage aus vielen Disziplinen kommen, vgl. etwa die ersten sechs Bände des (im übrigen ausgezeichneten) von Honnefelder und Streffer herausgegebenen Jahrbuchs für Wissenschaft und Ethik (1996–2001); hierzu auch Schulz (1997).

15 Vgl. etwa Engelhardt (1986); ferner Siep (1996).

16 In breiteren Kreisen interessierter Laien dürfte die Tugendlehre des Aquinaten erst durch die diesbezüglichen Forschungen Josef Piepers bekannt geworden sein, vgl. Pieper (1964).

17 Hierzu ausführlich Bergdolt (1992).

18 Vgl. Petrarca, Invectiva contra medicum III, S. 607f.; vgl. auch Bergdolt (1992), S. 45.

19 Daß dies auch für die konkrete Ethikdebatte zutrifft, ist ebenso evident, vgl. Maio (1997), S. 100–103; vgl. auch Toellner (1997).

20 Habermas sprach anläßlich der Verleihung des Friedenspreises des Deutschen Buchhandels an ihn von der «religiösen Unmusikalität», vgl. hierzu Noichl (2002), S. 284.

21 Vgl. hierzu Kümmel (1997).

22 Zu diesem Problem Kröner (1997), S. 155–172.

23 Vgl. S. 256–258 und 269–275.

24 Hierzu paßt gut die jüngst an der Charité in Berlin durchgeführte Befragung von Medizinstudenten über die ärztlichen Verbrechen während des Dritten Reichs und die Nürnberger Ärzteprozesse. Den meisten waren Namen von Angeklagten wie die Dokumentation Mitscherlichs unbekannt, vgl. Langkafel/Drewes/Müller (2002).
25 Vgl. FAZ vom 31. 5. 2001.
26 Vgl. etwa die von Kudlien (1970); Burns (1977); Rütten (1993); Leven (1994); Nutton (1995); Schleiner (1996) herausgegebenen oder verfaßten Bücher.
27 Vgl. Die Welt vom 23. 7. 2001.
28 Zit. nach Lutz (1995), hier S. 517.
29 Vgl. Löwith (1990) («Die theologischen Voraussetzungen der Geschichtsphilosophie»).
30 Man denke an die deutliche Kritik von Wehler an Foucault, vgl. Wehler (1998).
31 Nach Lothar Galls Reflexionen über die «sinngebende» Kraft der Geschichte wäre dies (zunächst) eindeutig zu verneinen, vgl. Gall (1997), hier S. 9 ff.
32 Hierzu etwa Winau (1997).
33 Droysen, Historik. Vorlesungen über Enzyklopädie und Methodologie der Geschichte, zit. nach Kümmel (1997), S. 14.
34 Zu den bedeutendsten Ethik-Codices in der Medizin vgl. Troehler/Reiter-Theil (1997).
35 Wiesing (1995), S. 133.
36 Wehler (1988), S. 13.
37 Fried (2002), S. 26 f.
38 Gall (1997), S. 17.
39 Assmann (1999), hier auch S. 75.
40 Hösle (1999), S. 105.
41 Vgl. S. 49.
42 Vgl. Schipperges (1968).
43 Hösle (1999), S. 106.
44 Maio (1997), S. 103.
45 Vgl. Bubner, Ästhetische Erfahrung. Frankfurt am Main 1989, S. 140, zit. nach Wiesing 1995, S. 139.
46 Vgl. Carson (1997).
47 Paul (1997), S. 50.
48 Maio (1997), S. 99.
49 von Engelhardt (1988), S. 246.
50 Maio (1997), S. 102.
51 Vgl. Beauchamp/Childress (1994).
52 Aristoteles, Nikom. Ethik 1094b.
53 Lübbe (1979); Druwe/Mikusin (1991).
54 von Engelhardt (1988), S. 245.
55 Wiesing (1995), S. 137.
56 Zum Utilitarismus vgl. Hügli/Han (2001); ferner Scarre (1996).
57 Vgl. FAZ vom 26. 9. 2000.
58 Die geringe Zahl erhaltener «Ruote», d.h. Drehscheiben oder -fenster zur Aufnahme von Findelkindern, etwa an den Ospedali degli Innocenti in Florenz, della Pietà in Venedig, San Rocco in Vicenza oder Santo Spirito in Sassia täuscht wohl über die Selbstverständlichkeit dieser Einrichtungen in der Renaissance hinweg. Vgl. zu diesem Thema besonders Terme/Monfalcon (1840).
59 Vgl. Aristoteles, Nikom. Ethik 1103 b , Anal. Post. 89 b 9, Politeia 1261 a 31, Magna Moralia 1181 b 28.
60 Aristoteles, Nikom. Ethik 1103 b 28.
61 Aristoteles, Nikom. Ethik 1103 a 15 ff.
62 Vgl. Aristoteles, Nikom. Ethik 1103 a; hierzu Frewer (1997), hier S. 63 f.
63 Hauskeller (1997), S. 10 f.

2. Statt eines Prologs: Thomas von Aquin und die Kardinaltugenden

1 Vgl. Pieper (1964). Die konkrete Situation am Krankenbett oder in klinischen Ethik-Konsilien sieht freilich anders aus!
2 Genannt sei etwa die Monographie von Christoph Holzem über die Patientenautonomie (1999).
3 Aristoteles, Nikom. Ethik I, 13, 1103a 2–7.
4 Thomas von Aquin, Summa Theologia I-II, q. 58, a. 3. Thomas verweist selbst auf Aristoteles, De Anima 10, vgl. auch Thomas von Aquino, Summe der Theologie, Bernhart Bd. II, S. 348f.
5 Th. v. A., Summa Theologia I-II, q. 57, a. 5.
6 Th. v. A., Summa Theologia I-II, q. 155, a. 3.
7 Etwa im Protagoras, Menon oder Theaitetos. Hierzu auch Hauskeller (1997), S. 21–38.
8 Th. v. A., Summa Theologia I-II, q. 66, 5 ad 2.
9 Lat. «informat virtutem intellectus», vgl. Th. v. A., De caritate 3 ad 13.
10 Th. v. A., Summa Theologia II-II, q. 47, a. 5 ad 2.
11 Th. v. A., Summa contra gentiles III, c. 35.
12 Th. v. A., Summa Theologia I-II, q. 57, a. 5.
13 Vgl. Th. v. A., Summa Theologia II-II, q. 47, 2 ad 1 (prudential est sapientia in rebus humanis).
14 Vgl. Th. v. A., Summa Theologia II-II. q. 153, 5 ad 1 (Intemperantia maxime corrumpit prudentiam).
15 Vgl. ibd.
16 Vgl. hierzu Pieper (1965), S. 16–26.
17 Vgl. Ambrosius, De officiis I, 27, vgl. hierzu Pieper (1965), S. 82, dort Anm. 7.
18 Hieronymus 1991, S. 222–224 (Epistula 52).
19 So Albert in De bono, tr. 4 q. 1 a. 6, vgl. Stammkötter (2001), S. 307.
20 Th. v. A., Summa Theologia 58, q. 4.
21 Vgl. Pieper (1965), S. 33.
22 ibd., S. 34.
23 Th. v. A., Summa Theologia II,II, q. 47, 9 ad 2 («quod omnino solicitudo tollatur»). Vgl. auch Aristoteles, Nikom. Ethik 1104a.
24 Vgl. Pieper (1965), S. 61.
25 Vgl. den Katalog «Musée de l'assistance publique de Paris» (1998), S. 8 und 11f.
26 Vgl. ibd. (Jean Henry: Livre de Vie Active des Religieuses de l'Hotel-Dieu de Paris. Musée de l'assistance publique. Paris. H.D.L. 1425 fol. 11 v., um 1482).
27 Zu den spätmittelalterlichen Hospizen und ihren Trägern Jetter (1986), S. 17–74.
28 Bergdolt (1999), S. 119–125.
29 Vgl. S. 133 und 168.
30 Horst (1585), S. 47ff. (prudentia), S. 61ff. (iustitia), S. 69ff. (fortitudo), S. 85ff. (temperantia).
31 Vgl. Castro (1614), S. 5f.; vgl. auch S. 145.
32 Vgl. Pavoni (1983), S. 40.
33 Gracián (1978), S. 87 (Regel 207); zu Thomas vgl. S. 19.

3. Griechenland und Rom: Menschenbild und ärztliche Ethik im Alltag

1 Sie wird traditionell mit der hippokratischen Schrift «Über die heilige Krankheit» verbunden, deren Autor die Genese der Epilepsie mit «rationalen» bzw. rein medizinischen Argumenten zu erklären sucht. Diese «aufklärerische» Komponente läßt sich allerdings nicht ohne weiteres auf andere Schriften des «Corpus Hippocraticum», etwa den Eid, übertragen, vgl. S. 48f.
2 Vgl. Empedokles 31 B 146 (Diels-Kranz).
3 Vgl. Homer, Ilias I, 43–58; vgl. auch Ezechiel 5,16f. und Psalm 91,46.
4 Vgl. Schnalke (1990), S. 18f.; ferner Krug (1993), S. 159–163.
5 Bergdolt (1999), S. 25f.
6 Vgl. hierzu Hippokrates, Epidemien I, Littré, Bd. 2 (1994), S. 25. Künftig unter Littré.
7 Vgl. Homer, Ilias XI, 514 (Ein Arzt ist ein Mann, der über vielen anderen steht).
8 Zu Alkmaion vgl. Diels, 24 B 4.
9 Vgl. Schöner (1964); Bergdolt/Keil (1991).
10 Kudlien (1968), S. 3–6.
11 Diels, 22 B 67a.
12 Diels, 68 B 187.
13 Platon, Politeia 403d.
14 Aristoteles, Nikom. Ethik 1102a, 20.
15 Zit. nach Schipperges (1978), S. 241.
16 Kudlien (1968), S. 2.
17 Vgl. Lain Entralgo (1962), S. 197; hierzu auch Kudlien (1968), S. 3.
18 Platon, Charmides 156d–e, 157a.
19 Platon, Charmides 157b.
20 Kudlien (1968), S. 7.
21 Platon, Politeia 408d–e.
22 Homer, Ilias XI, 834.
23 Vgl. Plinius, Nat. Historia 7, Ed. König/Winkler (1975), S. 92f., vgl. auch Bergdolt (1999), S. 88.
24 Aischylos, Der gefesselte Prometheus, S. 473f.
25 Äsop (1965), S. 157 (Fabel 120).
26 Vgl. Schadewaldt (1964), hier S. 147.
27 Littré, Bd. 4 (Aphorismen), S. 458f.
28 Littré, Bd. 2 (Epidemien I), S. 634.
29 Plinius, Nat. Historia 7, Ed. König/Winkler (1975), S. 117.
30 Griechisch οξύς (wörtlich scharf), vgl. Littré, Bd. 2, S. 458f.; die Metapher «auf des Messers Schneide» hängt damit zusammen!
31 So ein in der Kirche von Torcello erhaltenes Kanzel-Relief, auf dem der Kairos zusätzlich auf Rädern steht und eine Waage hält.
32 Littré, Bd. 2 (Epidemien 1), S. 634–636.
33 Platon, Nomoi IX, vgl. Preiser (1970), hier S. 3f.
34 Preiser (1970), S. 4ff.
35 Vgl. Littré, Bd. 2 (Prognostikon), S. 112.
36 Koelbing (1977), S. 81.
37 Zit. nach Müri, Quellenstücke (1979), S. 64f.
38 Vgl. Aischylos, Die Schutzflehenden 263, Eumeniden 62; sowie Aristophanes, Plutos 10.
39 Celsus Proömium, vgl. Scheller (1967), S. 121; vgl. auch Schulze (2001), S. 46.
40 Littré, Bd. 2 (Prognostikon), S. 112.
41 Kudlien (1967).
42 Vgl. S. 34.

43 Littré, Bd. 4 (Nomoi), S. 642 f.
44 Vgl. Edelstein (1967), S. 361.
45 Müri, Quellenstücke (1979), S. 430 f.
46 Aristoteles, Politik 1286 a; hierzu auch Lain-Entralgo (1962), S. 201.
47 Platon, Nomoi 720 a-c.
48 Platon, Nomoi 720 c.
49 Lain Entralgo (1962), S. 205.
50 Lain Entralgo (1962), S. 195.
51 Vgl. Lain Entralgo (1962), S. 196.
52 Aristophanes, Plutos 406–408, vgl. Ed. Henderson Bd. 4, S. 484 f.
53 Lucian, Der Traum oder der Hahn 23, vgl. Lucian (1987), hier Bd. II, S. 218 f.
54 Kudlien (1970), hier S. 94 f.
55 Herodot III, 130.
56 Kudlien (1970), S. 95.
57 Scribonius Largus, Epistula dedicatoria 3–5, vgl. Sconocchia (1983), S. 2; wahrscheinlich wurde hier auf den Eid des Hippokrates angespielt.
58 Kudlien (1970), S. 95 f.
59 Zu Alkmaion vgl. Diels, 24 B 1–5; ferner Der Neue Pauly I, Sp. 508; ferner Schumacher (1963), S. 66–73.
60 Wie etwa Demokedes von Kroton, vgl. Herodot III, 31.
61 Vgl. Kudlien (1967), S. 15–30.
62 Bergdolt (1999), S. 88.
63 Tacitus, Annales VI, 46.
64 Plinius, Nat. Hist. 29, 6 f.; Loeb VIII (1963), S. 190 f.
65 Plinius, Nat. Hist. 29, 1, 7.
66 Vgl. Plutarch, Cato 23, vgl. Ziegler, Bd. I, S. 350 f.; Plinius, Nat. Hist. 29, 6 f.
67 Plinius, Nat. Hist. 29, 8.
68 Hierzu Kudlien (1968), S. 101; Plinius, Nat. Hist. 29, 5.
69 Celsus, Proömium, vgl. Scheller (1967), S. 25.
70 Celsus, Proömium, vgl. Scheller (1967), S. 33; vgl. hierzu Schulze (2001), S. 35.
71 Celsus, Proömium, vgl. Scheller (1967), S. 24.
72 Celsus, Proömium, vgl. Scheller (1967), S. 24 und 33.
73 Vgl. S. 255–258.
74 Vgl. Aesop, Der schlechte Arzt, in: Schnur (1997), S. 95; vgl. Plinius, Nat. Hist. 29, 6–8.
75 Vgl. Aesop, Die Alte und der Arzt, vgl. Hausrath (1956), S. 78 (Fabel 57).
76 Aesop, Der Kranke und sein Arzt, in: Schnur (1997), S. 125.
77 Aesop, Arzt und Patient, vgl. Schnur (1997), S. 97.
78 Vgl. Aesop, Die Alte und der Arzt, vgl. Hausrath (1956), S. 78 (Fabel 57).
79 Vgl. Aristophanes, Die Vögel 584 (Henderson, Bd. 3, S. 99) und Plutos 407 (Henderson, Bd. 4, S. 485).
80 Vgl. Potthoff (1982), S. 53.
81 Vgl. Littré, Bd. 6 (Über die Winde), S. 90.
82 Zit. nach Potthoff (1982), S. 55; vgl. auch Lain-Entralgo (1962), hier S. 194.
83 Vgl. Schadewaldt (1964).
84 Vgl. Galen, De Placitis, hierzu Edelstein (1977), hier S. 92.
85 Edelstein (1977), S. 94.
86 Edelstein, ibd.
87 Cicero, De officiis I, 42, 151; Edelstein (1977).
88 Vgl. S. 34.
89 Hierzu oben S. 27 und 35.
90 Vgl. Schadewaldt (1964), hier S. 148.

4. Abtreibung, Suizid, Euthanasie – Der Wert des Lebens bei Platon und Aristoteles

1 Platon, Politeia III, 410 a.
2 Vgl. Benzenhöfer (1999), S. 30 f.
3 Platon, Politeia III, 406 a/b.
4 Platon, ibd., 406 c.
5 Platon, ibd., 407 d/e.
6 Platon, ibd., 407 b/c.
7 Platon, ibd., 408 b.
8 Platon, ibd., 406 d/e.
9 Platon, ibd., 461 c.
10 Platon, ibd., 459 d/e.
11 Platon, Phaidon 62 c.
12 Platon, Nomoi IX, 873 c/d.
13 Höffe (2003).
14 Aristoteles, Politik 1335 a. Das optimale Heiratsalter ist beim Mann 37, bei der Frau 18 Jahre.
15 Aristoteles, Politik 1335 b, 20–25. Aristoteles spricht zuvor von der «herkömmlichen Ordnung».
16 Aristoteles, ibd.; zum Problem des «Lebensgefühls» bzw. der Beseelung vgl. S. 53.
17 Zu Lykurg vgl. S. 39.
18 Aristoteles, Politik 1271 b.
19 Aristoteles, Nikom. Ethik 1138 a.
20 Aristoteles, Nikom. Ethik 1116 a.
21 Aristoteles, Eudem. Ethik 1229 b, 35–40, 1230 a.
22 Hierzu auch Benzenhöfer (1999), S. 34.
23 Älteste Politik 13, vgl. Aristoteles, Ed. Nestle (1977), S. 100.
24 Aristoteles, Nikom. Ethik 1114 a.
25 Vgl. S. 35 f.
26 Vgl. Edelstein (1969), S. 13 f.; ferner Eser (1976); ferner Potthoff (1982), 89 ff.
27 Aristoteles, Nikom. Ethik 1094 b.
28 Vgl. auch Hauskeller (1997), S. 82.
29 Aristoteles, Nikom. Ethik 1104 a.
30 Aristoteles, Nikom. Ethik, ibd.
31 D.h. die «Verstandestugenden», i.G. zu den «sittlichen» (ethischen) Tugenden, vgl. Nikom. Ethik 1103 a.
32 Vgl. ibd.
33 Aristoteles, Nikom. Ethik II, 4 (1105b 13), vgl. Stammkötter (2001), S. 305 f.
34 Aristoteles, Nikom. Ethik VI, 13 (1144b 13–14).
35 Vgl. S. 19–22.
36 S. 90.
37 Vgl. Bergdolt (1992), S. 45–47.

5. Unheilbar Kranke und Behinderte im griechischen Alltag

1 Ein prominentes Gegenbeispiel war Sokrates, der in seiner äußerlichen Häßlichkeit und «inneren», d.h. geistigen Schönheit im «Symposium» mit einer Satyrfigur verglichen wird.
2 Vgl. Aelian (1997), S. 457.

3 Vgl. Thersites, den Odysseus unter dem Beifallsgelächter der Achäer blutig schlägt (Ilias II, 270).
4 Vgl. Plutarch, Lykurgos 16, in: Große Griechen und Römer. Hrsg. von Konrat Ziegler. Bd. I, S. 125–167, hier S. 146.
5 Plutarch, Lykurgos, ibd.
6 Plutarch, Lykurgos 15, ibd., S. 145.
7 Haeckel (1904), S. 135 f.
8 Zum «Eid des Hippokrates» siehe S. 48–51.
9 Herodot, Historiae III, 99.
10 Vgl. S. 35 und 37.
11 So zumindest die Lesart «lostos» der von Stobaios überlieferten Textstelle bei Nauck, vgl. Hense (1912), Bd. 3, S. 1080 (dort auch Anm. 16). Vgl. auch Nauck (Hrsg.) (1889), S. 283.
12 Menander, Fragment 481, vgl. Edmonds (1961), S. 740–742.
13 Herodot I, 38 f.
14 Sigerist (1931), S. 94.
15 Vgl. S. 34.
16 Potthoff (1982), S. 32.
17 Vgl. die Bücher über die «Prognostik», «Über die Krankheiten», «Über Knochenbrüche», «Über Frauenkrankheiten», «Über die Unfruchtbaren» und «Über die Heilkunst. Hierzu Potthoff, ibd. S. 37–41.
18 Aph. VI, 38, vgl. Littré, Bd. 4, S. 572.
19 Vgl. Wittern (1979), hier S. 732.
20 Vgl. Littré, Bd. 6, S. 12 und 14.
21 Vgl. Littré, Bd. 6 (Über die Kunst 3), S. 4–7.
22 Vgl. Littré, Bd. 3 (Über die Knochenbrüche), S. 540, 9–12.
23 Vgl. S. 31.
24 Celsus, De medicina V, 26, (Spencer, Bd. II, S. 66).
25 Vgl. Westendorf, Papyrus Smith (1966), 36 f.
26 Vor allem in den Büchern «Über die Epidemien» wird z. B. der Verlauf auch letaler Krankheiten ausführlich beschrieben, vgl. Potthoff (1982), S. 43.
27 Vgl. Littré, Bd. 6, S. 150, 24–151, 3.
28 So zumindest der hippokratische Autor des Prognostikon II, vgl. Littré, Bd. 9, S. 28, 9.
29 Immerhin wird in den Aphorismen darauf hingewiesen, daß bestimmte Krebsbehandlungen das Leben verkürzten, vgl. Littré, Bd. 4, S. 572, 5–7.
30 Vgl. Littré, Bd. 2 (Epidemien I, 11), S. 634, 8–636, 1.
31 Littré, Bd. 4, S. 252 f.
32 Vgl. Potthoff (1982), S. 53.
33 Aph. VI, 38, vgl. Littré, Bd. 4, S. 572.
34 Zum Eidestext vgl. S. 50.
35 Hippokrates, Über die Kunst, 8, vgl. Diller (1994), S. 233.

6. Euthanasie und assistierter Suizid im alten Rom

1 Vgl. Sueton, Vita des Augustus, 99.
2 Vgl. Philo (1979), S. 168 (On the birth of Abel and the Sacrifices offered by him and by his brother 100).
3 Vgl. Menander, Fragmente, in: Edmonds (1961), S. 554 f. (Fragment 3 b).
4 Potthoff (1982), S. 15.
5 Vgl. Posidippus (Fragmente), Ed. Kock (1888), Fragment 18 (τῆς εὐθανασίας κρεῖττον ουδεν ἐνχεται).

6 Polybios, Historia 32,4.
7 Benzenhöfer (1999), S. 21.
8 Seneca, De brevitate vitae VII, 3.
9 Seneca, Ad Marciam de consolatione XIX, 4.
10 Seneca, Ad Lucilium epistulae morales 77, Buch IX, 5–10, Rosenbach S. 120 f.
11 Seneca, Ad Lucilium 78, Buch IX, 2–7, Rosenbach S. 130 f.
12 Plautus, Mercator II, IV, 472, vgl. Plautus (Loeb) Bd. 3, S. 52.
13 Vgl. Kudlien (1970), hier S. 101. Kudlien sieht hier nur das (gerade in der Komödie verbreitete) Vorurteil vom «Arzt als Mörder» verbreitet.
14 Plutarch, Cato der Jüngere 69 f., in: Plutarch, Ed. Ziegler (1957), S. 431–33.
15 Vgl. Tacitus, Annales XV, 64.
16 Tacitus, Annales XII, 67.

7. Ärztliche Alltagsethik aus hippokratischer Sicht

1 Vgl. S. 50.
2 Vgl. S. 34–38.
3 Vgl. S. 48–51.
4 Littré, Bd. 4 (Gesetz 2), S. 638 f.
5 Vgl. Littré, Bd. 4 (Gesetz 1), S. 638 f.
6 Littré, Bd. 4 (Gesetz 4), S. 640 f.
7 Littré, Bd. 9 (Praecepta 5–7), S. 256–261.
8 Littré, Bd. 9, S. 204 f.; ferner Diller (1994), S. 110.
9 Littré, Bd. 9 (Über den Arzt 1), S. 204–208; vgl. auch Diller (1994), S. 110 f.
10 Littré, Bd. 9, S. 206–209; Diller (1994), S. 112 f.
11 Littré, Bd. 1, S. 590 f.; vgl. auch Diller (1994), S. 252.
12 Littré, Bd. 6, S. 10–13.
13 Vgl. S. 31.
14 Plinius, Nat. Hist. 29, 8.
15 Vgl. Plutarch, Marcus Cato, 23, 3.
16 Vgl. Littré, Bd. 2 (Epidemien 1, 5), S. 634–637.
17 Vgl. S. 19–22.
18 Mangelhafte Reinigung führt zu einem Überfluß von Schleim im Gehirn, vgl. Diller (1994), S. 161.
19 Vgl. Littré, Bd. 6 (Über die heilige Krankheit), S. 356 f.
20 Vgl. Littré, Bd. 4, S. 628 f.
21 Vgl. Littré, Bd. 6 (Über die Träume), S. 642 f.; vgl. auch Diller (1994), S. 308.

8. Der Eid des Hippokrates und seine Rezeption

1 Vgl. Edelstein (1969); ferner ders. (1977).
2 Vgl. Lichenthaeler (1984).
3 Vgl. etwa Lichtenthaeler (1984), S. 317. Lichtenthaeler hält die von Littré übernommene, wenn auch modifizierte These aufrecht, daß einige Schriften, z. B. «Über die Umwelt» oder das «Prognosticon» tatsächlich von Hippokrates stammen.
4 Platon, Protagoras 311 b-c, Phaidros 270 a; Aristoteles, Politik VII, 1326 a.
5 Leven (1994).
6 Vgl. Leven (1994), S. 45 f.
7 Edelstein (1969 und 1977); dagegen Lichtenthaeler (1984), S. 283.

8 Zit. nach Lichtenthaeler (1984), (Einführung).
9 Lichtenthaeler (1984), S. 257–260.
10 Lichenthaeler (1984), S. 287–292.
11 Lichtenthaeler (1984) S. 199–203.
12 Vgl. S. 35 f.
13 Menander, Fragmente 549/637, zit. nach Lichtenthaeler (1984), S. 160; Aristophanes, Thesmophoria 269–279, vgl. Henderson (2000), Bd. III, S. 496 f.; hierzu auch Lichtenthaeler (1984), S. 317 f.
14 Vgl. Scribonius Largus, Ed. Sconocchia (1983), S. 2 («Hippocrates, conditor nostrae professionis, initia disciplinae ab iureiurando tradidit ...»). Zu Scribonius Largus vgl. auch S. 33.
15 Vgl. Leven (1997), hier S. 30; vgl. hierzu ausführlich Maas/Oliver (1977).
16 Soranus, Gynecology I, 60, Ed. Temkin (1956), S. 62 f.; vgl. auch Herrlinger (1963), S. 2082.
17 Hieronymus (1991), S. 222–224 (Epistula 52).
18 Leven (1997) ibd.
19 Das Lorscher Arzneibuch (Faksimile) (1989), S. 27.
20 Vgl. Bibl. Vat. Urbinas Graec. 64 und Ambrosianus B 113 sup., zit. nach Leven (1997), S. 50.
21 Vgl. Leven (1997), S. 30.
22 Vgl. Nutton (1995), S. 518–524.
23 Vgl. Larkey (1977), hier S. 218–236.
24 Vgl. Rütten (1993), S. 37–50.
25 Vgl. Littré, Bd. 2 (Epidemien I, 11).
26 Carrick (1985), S. 75.
27 Heraklit, Diels 22 B 58.
28 Vgl. Littré, Bd. 4 (Aphorismen VII, 87), S. 608.
29 Vgl. S. 34.
30 Vgl. S. 25 f. und 34.
31 Vgl. Kudlien (1967), S. 115.
32 Kudlien (1970), S. 111.
33 Vgl. Carrick (1985), S. 80 f.

9. Abtreibung in der griechisch-römischen Antike

1 Hierzu ausführlich Lichtenthaeler (1984), S. 146 f.
2 Vgl. S. 34–38.
3 Vgl. Littrè, Bd. 7, S. 490 f.
4 Vgl. Jütte (1993), S. 30.
5 Triebel-Schubert (1985), hier S. 259.
6 Sie sind bei Hähnel (1936), S. 235 f. zusammengefaßt.
7 Aischylos, Eumeniden 187, Ed. Werner/Zimmermann S. 412 f.
8 Vgl. Waszink, Lexikon für Antike und Christentum 1, Sp. 55–60, ferner Riddle (1992), S. 178.
9 Theon, Progymnasmata 2, 14, Ed. Finck, S. 24. Lysias wird bei Theon zitiert!
10 Vgl. Cicero, Pro Cluentio 11, 32.
11 Plutarch, Romulus 22, 3.
12 Vgl. Sopater, Ed. Raabe (1909), S. 576.
13 Diodorus Siculus I, 77, 9, vgl. Ed. Nothers, Bd. I, S. 110.
14 Diodorus, ibd.

15 Waszink, Lexikon für Antike und Christentum 1, Sp. 55–60.
16 Hierzu ausführlich Hähnel (1936), hier S. 234.
17 Pseudo-Galen, An animal sit id quod in utero est, vgl. Galen, Ed. Kühn Bd. XIX, S. 179. Die Zuschreibung ist allerdings umstritten!
18 Platon, Timaios 42e/43a, Phaidros 246 c-d, 248 c-d.
19 Aristoteles, Politik 7, 16.
20 Vgl. Aristoteles, Historia Animalium 583 b 11–23, 583 b 32, 584 b 15.
21 Zit. nach Jütte (1993) S. 31; zu dieser Stelle ausführlich Hähnel (1936), S. 224–255, hier S. 231 f.
22 So Plutarch, De placitis philosophorum 5, 15, 3 (über Empedokles); vgl. Hähnel ibd.
23 Anonymus Londinensis XX, 1, Ed. Diels (1896), S. 25. Vgl. auch Waszink, in: Lexikon für Antike und Christentum 2, Sp. 176–183, hier Sp. 177.
24 Vgl. Jütte (1993), S. 31.
25 Vgl. Diels 64 (51) B 4.
26 Galen, In Epid. VI comm. II, vgl. Kühn, Bd. 17, 1, S. 1006 f., vgl. auch Diogenes von Apollonia (bei Diels 51 B 4).
27 Platon, Theatetos 149d.
28 Plinius, Nat. Hist. 28, 7, vgl. auch Nat. Hist. 20, 21.
29 Vgl. Riddle (1992), S. 84–126.
30 Jütte (1993), S. 29.
31 Polybios, Historiae 36, 17, 5.
32 Etwa die Befreiung von Wehrdienst oder Steuerpflicht.
33 Vgl. MacLaren (1991), S. 18.
34 Shaw (1987), S. 46.
35 McLaren (1991), S. 20 ff.
36 McLaren (1991), S. 47 f.
37 Vgl. S. 53.
38 Jütte (1993), S. 35 f.
39 Jütte, S. 36.
40 Juvenal, Satiren VI, 592–598.
41 Tacitus, Annales XIV, 63, Ed. Heller (1992), S. 701.
42 Sueton, Domitian 22, vgl. Lambert (Hrsg.), Sueton (1972), S. 343.
43 Quintilian VIII, 4, 11. Quintilian bezieht sich auf das erwähnte Beispiel Ciceros (Pro Cluentio), vgl. S. 52.
44 Vgl. Cicero, Pro Cluentio, in: M. T. Cicero, Die Prozeßreden (1997), S. 392 f.
45 Waszink, Lexikon für Antike und Christentum 1.
46 Ovid, Amores II, 13.
47 Plinius, Nat. Hist. 36, 151.
48 Historia Animalium IV, 583a.
49 Hierzu ausführlich Riddle (1992).
50 Lukrez, De natura rerum IV, 1274 f., Ed. Ebener, S. 223.
51 Vgl. Temkin (Hrsg.) (1956), S. 62; hierzu auch Riddle (1992), S. 25.
52 Riddle (1992), S. 26.
53 Scribonius Largus, Epistola Dedicatoria 5, 20 ff., vgl. Sconocchia (1983), S. 2.
54 Vgl. Tertullian, De anima 25, 2, vgl. Ed. Waszink (1947), S. 35. Hierzu Dölger (1934), S. 21 f.
55 Seneca, Ad Helviam matrem de consolatione XVI, 3, vgl. Seneca, Bd. 2, S. 342 f.

10. Abtreibungsproblematik und ärztliche Ethik in der altjüdischen Tradition

1 So auch die lateinische Übersetzung des Hieronymus, vgl. Dölger (1934), S. 3 f.
2 Hierzu ausführlich Dölger (1934), S. 4–6.
3 Vgl. S. 53.
4 Philo, De specialibus legibus III, 108 f., vgl. Philo, Bd. VII, S. 544 f.
5 Es handelte sich um Pseudo-Phokylides, vgl. hierzu ausführlich auch Dölger (1934), S. 21.
6 Kleopatra hatte angeblich zwei zum Tode verurteilte Mägde schwängern lassen und ihnen am 41. Tag den Bauch öffnen lassen. Bei einer Frucht zeigte sich ein männliches, bei der anderen ein weibliches Geschlecht, vgl. Jerouschek (1988), S. 44, dort Anm. 126.
7 Jerouschek (1988), S. 43 f.
8 Zit. nach Dölger (1934), S. 23.
9 Flavius Josephus, Contra Apionem 2, 254.
10 Philo, De specialibus legibus III, 117 f.
11 Vgl. auch Gen. 9, 6. Die Stelle ist nicht unumstritten, vgl. I. Jacobovits (1975), S. 180.
12 Jacobovits (1975), S. 181.
13 Jacobovits (1975), S. 183.
14 Vgl. Bergdolt (1999), S. 113.
15 Jacobovits (1975), S. 30 f.
16 Jacobovits (1975), S. 108 f.
17 2 Samuel 12, 22.
18 2 Chronik 16, 12.
19 Zit. nach Preuss (1911), hier S. 24.
20 Exodus 15, 26.
21 Zit. nach Fichtner (1982), hier S. 2.
22 Preuss (1911), S. 29.
23 So der babylonische Talmud, vgl. Benzenhöfer (1999), S. 45.
24 Es besteht aus den fünf Büchern Mose sowie der Mischna, der Tosefta, den Midraschim und dem Talmud.
25 Benzenhöfer (1999), S. 47.
26 Benzenhöfer (1999), S. 44. Es handelt sich um den außerkanonischen Traktat Ebel Rabbati des babylonischen Talmuds.
27 Zitiert nach Benzenhöfer (1999), S. 44 f.
28 Zit. nach Benzenhöfer ibd.
29 Vgl. Sternbuch (1980), S. 89.
30 Sternbuch (1980), S. 90.
31 Kommentar zum Traktat Sanhedrin 78a des Babylonischen Talmuds, zit. nach Benzenhöfer (1999), S. 45.
32 Auch im Judentum gab es eine Art Kanon der guten Werke, vgl. Der Talmud (1980), S. 460 f.
33 Jesus Sirach 30, 24.
34 Jesus Sirach 37, 30 f.
35 Jesus Sirach 38, 15.
36 Hiob 2, 1–10.
37 Jesus Sirach 38, 13.
38 Jesus Sirach 38, 1–3.
39 Jesus Sirach 38, 8.
40 Exodus 23, 25.
41 Preuss (1911), S. 30 f.
42 Preuss (1911), S. 27.

43 Treue (2002), S. 146.
44 Treue (2002), S. 151.
45 Treue (2002), S. 179.
46 Vgl. S. 83 f.
47 Vgl. S. 82.
48 Siraisi (1990), S. 31.
49 Zit. Rosner (1977), hier S. 169.

11. Frühchristliche ärztliche Ethik

1 Bergdolt (1999), S. 119.
2 von Harnack (1892), S. 41.
3 Lutterbach (1996), S. 243.
4 Schon die ältesten gesicherten Beispiele von Dura Europos (um 220) zeigen Krankenheilungen, etwa die Darstellung eines Gelähmten, der nach seiner Heilung sein Bett davonträgt, vgl. Lyons/Petrucelli II (1980), S. 268.
5 Lukas 6, 18.
6 Matth. 8, 17.
7 Johannes 9, 1–3, 11, 3 f.
8 Bergdolt (1999), S. 119.
9 Hierzu ausführlich Holzem (1998), S. 49 f.
10 Holzem, ibd.
11 Origenes, In Numoras Homiliae 18, 3, Exegetica in Psalmos, vgl. Patrologia Graeca 12, 1369 b.
12 Matth. 25, 31–40.
13 von Harnack (1892), S. 47 (zit. den arianischen Kirchenhistoriker Philostorgios).
14 Zu Kosmas und Damian vgl. Lexikon der Christlichen Ikonographie (LCI) VII, Sp. 344–352.
15 Vgl. Ignatius, Brief an die Gemeinde von Ephesus, vgl. Sauser (1992), S. 107.
16 Clemens Alexandrinus Paedagogus I, XII, 100, Ed. Marrou/Harl (1960), S. 286 f.
17 Origenes, Matthäuskommentar 13, 6, vgl. Dörnemann (2002), S. 11.
18 Origenes, Cels. 1, 9, vgl. Dörnemann (2002), S. 10.
19 Greg. Von Naz. Orat. 2, Apologetica 21, vgl. Ihm (2002), S. 48.
20 Vgl. Ihm (2002) S. 49 f.
21 Tertullian, De anima 10, 4 (ille medicus aut lanius qui hominem ... odiit).
22 Prudentius, Peristephanon X, 498 (... laniena quando saevit Hippocratica), vgl. Dressel (1860), S. 412.
23 Gregor von Tours, De miraculis Sancti Martini Episcopi, Liber II, Caput XIX (Huic beato confessori voluntas ferramentum est, et sola virtus unguentum), vgl. Patrologia Latina Bd. 71, Col. 950 a.
24 Bergdolt (1999), S. 172.
25 Basil. Hom. II, De invidia 5, vgl. Ihm (2002), S. 48.
26 Sauser (1992), S. 117–119.
27 Vgl. Ihm (2002), S. 47 f.
28 1 Tim. 5, 23.
29 Zit. nach von Harnack (1892), hier S. 52 f.
30 Bergdolt (1999) S. 123.
31 Zit. nach von Harnack (1892), S. 56.
32 Tertullian, Apol. 9, zit. nach Rolffs, Tertullian (1930), S. 32.
33 Zit. nach Noonan (1969), S. 17 f.

34 Vgl. Noonan, ibd.
35 Rolffs (1930), S. 154 f. (Tertullian, Vom Zeugnis der Seele 4).
36 Gregor von Nyssa, Contra Eunomion I, Migne Patrologia Graeca 45, 247 f., zit. nach Holzem (1998), S. 51.
37 Origenes, In Celsum 7, 59 f., vgl. Borret Bd. IV (1969), S. 154.
38 Origenes, In Celsum 4, 19, vgl. Borret Bd. II (1968), S. 228.
39 Origenes, Homiliae in Jeremiam 20, 3.
40 Ihm (2002), S. 55.
41 Origenes, De principiis 3, 1, 13, in: Die griechischen christlichen Schriftsteller ... (1913), S. 217.
42 Richtungsweisend war hier das alte religiöse Argument der Strafe.
43 Origenes, Homiliae in Ezech. 3, 8, in: Die griechischen christlichen Schriftsteller (1925), S. 356.
44 Hom. in Jer. 14, 1–3, zit. nach Dörnemann S. 23 f.
45 Vgl. S. 64.
46 Brief an die Epheser 20, 2, vgl. Fischer (1956), hier Bd. I, S. 160 f.
47 Sauser (1992), S. 108 ff.; Bergdolt (1999), S. 116 ff.
48 Augustinus, Sermo 155, 10, vgl. Patrologia Latina 38, Col. 847.
49 Vgl. S. 36.
50 Vgl. etwa Hippokrates, Epid. VI, 5, 5, De humoribus 9 f., Aretaios, hierzu Kudlien (1964).
51 Ihm (2002), hier S. 49.
52 Isidor, Ethymologiae IV, 2, vgl. Ed. Lindsay (1911): «Nomen autem medicinae a modo, id est a temperamento, impositum stimatur» (Bd. I, ohne Seitenangabe).
53 Laktanz (1919), S. 238.
54 Vgl. S. 49.
55 Hieronymus (1991), S. 222–224 (Epistula 52).

12. Klöster und Hospize – die Ethik der Mönchsärzte

1 Alonso-Núnez/Gruber (1983).
2 Vgl. S. 63 und 65.
3 Vgl. Frank (Frühes Mönchstum im Abendland) Bd. I (1975), S. 276 f.
4 Cassiodor, in: Frank, ibd., S. 276.
5 Var. libri 6, Epist. 19, vgl. Cassiodor (1894), S. 192.
6 Augustinus, Die Handarbeit der Mönche, Text in: Frank, Frühes Mönchstum im Abendland (1975), Bd. I, S. 48–118.
7 Augustinus, Die Handarbeit der Mönche, ibd., S. 65.
8 Benedikt von Nursia, Regel 36, vgl. Matth. 25, 36 und 40.
9 Vgl. Ohlmeyer (1989), hier S. 28 f.
10 Nämlich in Kap. 73 der Benediktregel, vgl. Johannes Cassian (1975), Einleitung S. 109.
11 Cassian, ibd., S. 118.
12 Benediktusregel, S. 169.
13 Vgl. S. 34.
14 Vgl. Boethius, Ed. Neitzke, S. 40.
15 Das Edikt als konkretes Ereignis ist allerdings umstritten, vgl. J. Vogt, RAC III, 329.
16 Vgl. Seidler (1981), S. 18–27.
17 Seidler/Leven (2003), S. 78.
18 Jetter (1986), S. 29–34.
19 Jetter (1986), S. 30 ff.
20 Jonsen (2000), S. 15.

21 Basilius (1981), S. 192.
22 Vgl. Basileios, Mönchsregeln 55 (1981), S. 189.
23 Seidler/Leven (2003), S. 79.
24 Ohler (1982), S. 76 f.
25 Jonsen (2000), S. 16.
26 Seidler/Leven (2003), S. 80.
27 Ohler (1982), S. 75.
28 Ohler (1982), S. 77; Jankrift (2003), S. 51 f.
29 Seidler/Leven (2003), S. 116.
30 Knefelkamp (1989), S. 158–162; Jankrift (2003), S. 65.
31 Jankrift (2003), S. 54 f.
32 Jankrift (2003), S. 59.
33 Vgl. Matth. 22, 36–40; 1 Korinther 13, 13.
34 Vgl. oben S. 19–22.
35 Bergdolt (1999), S. 129.
36 Vgl. S. 73.
37 Bergdolt (1999), S. 130.
38 Evagrius Ponticus, Logismoi XII, 14 (1992), S. 64.
39 Evagrius Ponticus, Kurze Regel 140; vgl. den verwandten aristotelischen Gedanken oben S. 37.
40 Vgl. S. 68.
41 Vgl. Schipperges (1985), S. 173.
42 Vgl. hierzu oben S. 65.
43 Stoll (1991), S. 78.

13. Universitäten, Prüfungen, Approbationen: Die Institutionalisierung der Medizin

1 Zu den mittelalterlichen Übersetzerschulen ausführlich Schipperges (1964).
2 Vgl. Bergdolt (1992), S. 44.
3 Vgl. Wäckerlin-Swiagenin (1976), hier S. 26.
4 Zit. nach Baader (1978), S. 132.
5 Heinisch, Kaiser Friedrich ... (1968), S. 97; ferner Jonsen (2000), S. 23.
6 Heinisch, Kaiser Friedrich ... (1968), S. 94 (Constitutiones Regni Siculi III, 64).
7 Heinisch, Kaiser Friedrich ... (1968), S. 94 f. (Constitutiones Regni Siculi III, 65).
8 Heinisch, Kaiser Friedrich ... (1968), S. 95 f. (Novae Constitutiones III, 46).
9 Heinisch, Kaiser Friedrich ... (1968), S. 97 (Constitutiones Regni Siculi III, 69).
10 Heinisch, ibd.
11 Heinisch, Kaiser Friedrich ... (1968), S. 97 (Constitutiones Hist. Siculi III, 72).
12 Siraisi (1990), S. 72.
13 Siraisi, ibd.
14 Vgl. S. 78.
15 Amundsen (1977), S. 6.
16 Jonsen (2000), S. 24.
17 Siraisi (1990), S. 18.
18 Vgl. S. 97–102.

14. Zwischen Ethik und Propaganda: «Leitlinien» mittelalterlicher Ärzte

1 Vorbild waren vor allem hippokratische Schriften und die entsprechenden Kommentare Galens, vgl. oben S. 45 ff., ferner de Renzi, Collectio Salernitana Bd. II (1853), S. 72 f.
2 Die wörtliche Übersetzung lautet «Über die Ankunft des Arztes bei dem Patienten» (De adventu medici ad aegrotum), vgl. de Renzi (1853), Bd. II, S. 72.
3 De Renzi (1853), Bd. II, S. 72.
4 Vgl. Tobit 6, 1–9.
5 De Renzi (1859), Bd. II, S. 75 (sic enim de te plurimum confidet infirmus, quem viderit inter delicias sui oblivisci non posse).
6 De Renzi (1859) II, S. 75 (... quia ab hoc, si liberabitur, maioris meriti eris et laudis, si vero moriatur, testabuntur et a principio de eius desperasse salute).
7 Liber VII, 27, vgl. Neuburger (1911), Bd. 2, S. 173.
8 Zit. nach Neuburger (1911), ibd.
9 Zit. nach Schipperges (1960), S. 9.
10 Schipperges (1960), S. 9.
11 Vgl. Bergdolt (1992), S. 170.
12 Schipperges (1960), S. 9.
13 Bergdolt (wie 1992), S. 171 f.
14 Vgl. hierzu die altgriechische Theorie der Kalokagathia (S. 25).
15 Zit. nach Welborn (1977), hier S. 207.
16 Vgl. S. 20 und 68.
17 Zit. nach Welborn (1977), S. 208.
18 Vgl. Morris (Hrsg.) (1914), S. 12 f. und 23 f.; hierzu auch Bergdolt (1992), S. 189; vgl. zu Zanchariis ferner Welborn (1977), S. 209 .
19 Vgl. S. 219.
20 Hierzu ausführlich Bergdolt (1992), S. 189.
21 Vgl. Boccaccio (1970), S. 13.
22 Mondeville (1892), S. 64.
23 Mondeville (1892), S. 65; Bergdolt (1992), S. 184.
24 Mondeville (1892), S. 132.
25 Mondeville (1892), S. 133.
26 Vgl. Probst (1968), hier S. 335 (quia nec medici nec chyrurgici praedictis limitibus sunt contenti, immo medici volunt omnes et singulas curas indifferenter avide deglutire).
27 Welborn (1977), S. 210.
28 Eamon / Keil (1986).
29 Pietro d'Abano (1565) III, fol. 7.
30 Vgl. S. 86.
31 Guglielmo da Saliceto, Chirurgia II,5; vgl. Jonsen (2000), S. 23.
32 Jonsen (2000), S. 23.
33 Siraisi (1990), S. 153–186.
34 Hierzu Siraisi (1990), S. 172.
35 Gilles de Corbeil (1826), S. 122–124.
36 Gilles de Corbeil, ibd. (quem condit honestas, ornat religio, depingit gratia morum, qui pysicae leges, veterum qui scripta virorum pestore clausa tenet, mitis, sermone modestus, et verbo resonans mentis ...).
37 Hierzu auch Bergdolt (1991), hier S. 266.
38 Zit. nach Neuburger (1911), Bd. II, S. 324.
39 Vgl. S. 32.
40 Thomas von Aquin, In Octo libros politicorum Aristotelis expositio I,viii.
41 Bergdolt (1991); vgl. auch S. 90.

42 Vgl. Littré, Bd. 4, S. 458 f.
43 Vgl. Littré, Bd. 9 (Du médecin), S. 204–221.
44 Jonsen (2000), S. 25 f.
45 Guido d'Arezzo, vgl. Goehl (1984), Bd. I, S. 231.
46 Seidler (1982), hier S. 355.
47 Welborn (1977), S. 210.
48 Siraisi (1990), S. 42.
49 Roger Bacon, Opus Maius I, 10.
50 Zit. nach Withington (1924), S. 141.
51 Withington (1924), S. 148.
52 Vgl. S. 88 f.
53 Vgl. oben S. 87 f.
54 Vgl. Schipperges (1964); viele Aristotelische Schriften waren aber auch in westlichen Klöstern entdeckt worden, vgl. Berschin (1996).
55 Kluxen (1998); Elders (1997).
56 Jonsen (2000), S. 47 f.
57 Vgl. S. 99 f.
58 Vgl. Aristoteles, Nikom. Ethik II, 1104 a11, 1137 a17.
59 Albertus Magnus, De vegetabilibus 6, 1, 1, vgl. Albertus Magnus, Ausstellungskatalog, S. 144.
60 Albertus Magnus, Ethica 6, 3, 25, vgl. Albertus Magnus, Ausstellungskatalog, S. 144.
61 Albertus Magnus, Physica 8, 2, 2, vgl. Albertus Magnus, Ausstellungskatalog, S. 144.
62 Withington (1924), S. 149.
63 Thomas von Aquin, Summa Theologia I, II, 96, 2.
64 Vgl. Laktanz (1919), S. 250–252.
65 Male (1986), S. 47–79.
66 Schipperges (1990), S. 220.
67 Vgl. S. 72.
68 Hildegard von Bingen, Briefwechsel (1965), S. 13–18.

15. Autonomie und Verantwortung in der mittelalterlichen Medizin

1 Clemens Alexandrinus, Stromateis IV, 28, 3, zit. nach Holzem (1999), S. 47 (dort Anm. 102).
2 Origenes, Contra Celsum V, 27, vgl. Borret 3 (1969), S. 80 f.
3 Augustinus, De Civitate Dei XIX, 15, vgl. Augustine, The city of God (Loeb) Bd. 6, S. 186–190.
4 Pico della Mirandola (1988).
5 Holzem (1998), S. 48.
6 Hierzu ausführlich Holzem (1998), S. 47–49.
7 Augustinus, De Civitate Dei XXII, 8, vgl. Augustine, City of God (Loeb) Bd. 7, S. 220–223.
8 Gregor von Nyssa, Contra Eunomion 1, vgl. Holzem (1998), S. 51.
9 Vgl. S. 63–68.
10 Wäckerlin-Swiagenin (1976), S. 26.
11 Clemens Alexandrinus, Stromateis 6, Patrologia Graeca 9, Col. 388–390 A.
12 Johannes von Salisbury, Polycratius V, 17, Patrologia Latina Bd. 199, Col. 584 A (Nemo eorum qui mortem provocant, excusabilis est).
13 Bergdolt (1992), S. 160 f.
14 Vgl. Holzem (1998), S. 51.
15 Holzem (1998), S. 51.

16 Holzem, ibd., S. 55.
17 Thomas von Aquin, Summa Theologia 64,5, vgl. Bernhart (1985), Bd. III, S. 306.
18 Vgl. S. 37.
19 Th. v. A., Summa Theologia 65,5 ad 3, vgl. Bernhart (1985), III, S. 306.
20 Eijk (1987), S. 106.
21 Vgl. oben S. 66 und 93.
22 Albertus Magnus, Summa Theologica II, 9, q. 36.
23 Holzem (1999), S. 54.
24 Antoninus von Florenz, Repertorium Summae, De statu medicorum, zit. nach Holzem (1998), S. 54.
25 Jankrift (2003), S. 56.
26 Hamm (2003).
27 Hamm, ibd.
28 Pohlmann, Autonomie, Sp. 702.
29 Holzem (1998), S. 55.
30 Jones (1924).
31 Vgl. S. 49.
32 Veatch (1995).
33 Platon, Politeia 406c.
34 Eine Ausnahme stellten einige Utopisten des 16. und 17. Jahrhunderts dar, vgl. S. 112–114.
35 Vgl. Holzem (1999), S. 58 f.

16. Ärztliche Ethik zu Pestzeiten

1 Vgl. Bergdolt (1994), S. 24.
2 Vgl. Sudhoff (1912), S. 87 (lateinischer Text).
3 Vgl. Bergdolt, Quellen (1989), S. 115.
4 Vgl. Marchionne di Coppo, Carducci (1903).
5 Jonsen (2000), S. 46.
6 Vgl. Fabretti, Brevi annali della città di Perugina (1850), S. 68.
7 Vgl. Bergdolt, Quellen (1989), S. 106.
8 Bergdolt, Quellen (1989), S. 120.
9 Vgl. den berühmten Brief an den Freund «Socrates», vgl. Bergdolt, Quellen (1989), S. 141.
10 Vgl. Rath (1955), S. 2420.
11 Vgl. Haeser (1865), S. 38 (lat. Text).
12 Vgl. Rath (1957), S. 3 f.
13 Vgl. Bergdolt (1992), S. 41 f.
14 Vgl. Haeser (1865), S. 41–43; ferner Bergdolt, Quellen (1989), S. 160.
15 Vergil, Aeneis XII, 397.
16 Vgl. Amundsen (1977), hier S. 410.
17 Vgl. das Beispiel Venedigs, hierzu Bergdolt (1994), S. 55 f.
18 Vgl. Bergdolt (1992, 1), hier S. 201 f.
19 Bergdolt (1994), S. 51 ff. und 57 ff.
20 Amundsen (1977), S. 406–408.
21 Amundsen (1977), S. 407.
22 Bergdolt (1992, 1), S. 205.
23 Vgl. Rath (1957), S. 5. Allerdings sind solche Fälle nur aus späterer Zeit bekannt.
24 Amundsen (1977), S. 416.
25 Welborn (1977). Ausnahmen bestätigten die Regel, vgl. S. 97.
26 Vgl. Welborn, ibd.

27 Vgl. Amundsen (1977), S. 415.
28 Vgl. auch S. 78.
29 Vgl. hierzu ausführlich die Berichte bei Bergdolt (1989), z. B. S. 65–73, 55–65 und 103–107.
30 Rath (1957), S. 8.
31 Bergdolt (1994), S. 25 f.
32 Bergdolt (1992), S. 110 f.
33 Vgl. Schatz (1937), hier S. 154 f.
34 Paré (1963), S. 109 («Ich verband ihn, und Gott heilte ihn»).
35 Tagebuch vom 22. 1. 1666, vgl. Pepys (1980), S. 287. Pepys verweist auch auf das Beispiel vieler weiterer Ärzte in London, welche die Flucht ergriffen.
36 Vgl. Boghurst (1894), hier S. 59 f.
37 Keil (1989), hier S. 110.
38 Zum Alltag der Leprösen vgl. die ausführliche Darstellung von Jankrift (1996), S. 16 f.
39 Keil (1989), S. 110.
40 Keil (1989), S. 111.
41 Jankrift (2003), S. 77.
42 So etwa in Venedig, vgl. Aikema / Meijers (1989), S. 249.

17. Anatomie, Chirurgie und das Blutige an der Medizin

1 von Staden (1989), S. 138–153.
2 «tam in corporibus vivorum quam in corporibus mortuorum», vgl. Artelt (1940), S. 10 f.
3 So die Einleitung zur «Anatomia magistri Nicolai phisici», zit. bei Artelt (1940), S. 10 f.
4 Vgl. Neuburger (1911, II), S. 322; ferner Seidler (1967), S. 22; ferner Bergdolt (1992), S. 12.
5 Artelt (1940), S. 5 f.
6 Zit. nach Artelt (1940), S. 15 (Et quidam medicus physicus fecit aliquas (gallinas) aperiri et invenit apostema super cor gallinarum ... Fecit similiter aperiri mortuum hominem quendam et super cor hominis idem invenit).
7 Vgl. S. 80.
8 Vgl. Artelt (1940), S. 16.
9 Hierzu ausführlich Wolf-Heidegger (1967), S. 132; ferner Bergdolt (2002, 2).
10 Boccaccio, De casibus virorum illustrium 4 (de Nerone Claudio Caesare), 40.
11 Er berichtet, er habe nie die Anatomie einer schwangeren Frau gesehen, was den Rückschluß zuläßt, er habe die Anatomie Nichtschwangerer sehr wohl inspiziert, vgl. Artelt (1940), S. 18.
12 Artelt (1940), S. 21.
13 Nicaise (1890), S. 30.
14 Bergdolt (2002), hier S. 298.
15 Bergdolt (2002).
16 Vgl. Artelt (1940), S. 21 (... quem ex quodam more horribili nonnulli fideles improvide prosequuntur).
17 Vgl. Artelt (1940), S. 23 (... sed propter peccatum dimittere consuevi).
18 Wickersheimer (1926), S. 72.
19 Wickersheimer (1926), S. 69.
20 Heckhausen (1966); hierzu auch Groß (2002), S. 18 ff.
21 von Froriep (1811), S. 1 f.
22 Heckhausen (1966), S. 8.
23 Bergdolt (2001), hier S. 35–46.

24 Groß (2002), S. 20.
25 Groß, ibd.
26 Hierzu Bergdolt (1999), besonders S. 54 f.
27 Vgl. Bauer (2001), hier S. 174.
28 Groß (2002), S. 24.
29 Pauser (1998), S. 529.
30 Bergdolt (2001, 2), hier S. 211.
31 Groß (2002), S. 24.

18. Sterbehilfe und Euthanasiegedanke von der Antike bis ins 19. Jahrhundert

1 Vgl. Kapitel 11.
2 Dante, Divina Commedia I, 13.
3 Vgl. hierzu Schadewaldt (1984), S. 77–101.
4 Zimmermann (2000), hier S. 29–31.
5 Amundsen (1995), hier S. 1528 f.
6 Vgl. S. 67.
7 Vgl. S. 119.
8 Abbildung bei Toellner (1986), Bd. II, S. 751.
9 Vgl. Benzenhöfer (1999), S. 69.
10 Hier wäre vor allem Gabriele Zerbi zu nennen, vgl. unten S. 135.
11 Vgl. Luther, Tischreden (1919), S. 9; vgl. Zimmermann (2000), S. 32.
12 Vgl. Luther, Ed. Aland, Bd. 9 (1991), S. 252 (Nr. 679).
13 Luther (1991), ibd.
14 Luther (1991), ibd.
15 Luther (1991), S. 250.
16 Amundsen (1995), S. 1530.
17 Amundsen, ibd.
18 Vgl. S. 49.
19 Vgl. Thomas Morus (1981), S. 130.
20 Ibd., S. 131.
21 Thomas Morus (1981), S. 182 f.; hierzu auch Benzenhöfer (1999), S. 62 f.
22 Vgl. Diodorus Siculus II, 57, 5, vgl. Nothers, Bd. I (1992), S. 194.
23 Benzenhöfer (1999), S. 66.
24 Amstutz (1974), hier S. 116 (Il faut apprendre à souffrir ce quòn ne peut éviter).
25 Essai II, 37, vgl. Montaigne, Essais, Bd. II, S. 656.
26 Montaignes Onkel, der Herr von Gaviac, überlebte selbstverständlich!
27 Amstutz (1974), S. 103 ff.
28 Essai II, 37, Montaigne, Essais, Bd. II, S. 647 f.
29 Ibid., S. 650 f.
30 «Of the Proficience and Advancement of Learning Divine and Humane», vgl. Benzenhöfer (1999), S. 67.
31 Zit. nach Zimmermann (2000), S. 33.
32 Vgl. Zimmermann (2000), S. 33.
33 Leben und Meinungen X, 15, vgl. Diogenes Laertius (1990), S. 230 f.
34 Benzenhöfer (1999), S. 69.
35 Vgl. Andreae (1975), S. 136 f.
36 Vgl. Andreae (1975), S. 137.
37 Vgl. Campanella (2001), S. 113–169.

38 Bergdolt (1999), S. 244; Siefert (1970), S. 33.
39 Vgl. Paré (1963) S. 35 f.
40 Vgl. ibd.; ferner Schipperges (1967), S. 52–54.
41 Fabry (1621), S. 283 f.
42 Fabry (1621), S. 16–18, zit. nach Meyer (1997), S. 40.
43 Zu Hildanus vgl. auch S. 142.
44 Vgl. Benzenhöfer (1999), S. 70. Im Original lautet der Text «ich habe aber wenig Gottesfürchtiger Seelen Abscheiden gesehen, da man solcher natürlichen Mittel bedürft hätte».
45 Hierzu ausführlich Benzenhöfer (1999), S. 70 f.
46 Benzenhöfer (1999), S. 70 (Nec tamen frivole illicitis modis magis illam accelerare ac praecipitare debet).
47 Vgl. S. 42.
48 Zedler, Sp. 2237 f.
49 Vgl. Encyclopédie, Stichwort «euthanasie».
50 von Engelhardt (1993) S. 16.
51 Paradys, Ed. Klees (1796), S. 560–572.
52 Vgl. Marx (1876), S. 41; im gleichen Sinn hatte sich Marx bereits 1826 in seiner Schrift «De euthanasia medica prolusio accademica» geäußert, vgl. Frewer/Eickhoff (2000), S. 20 (Tria sunt officia medici: prophylaxio, curatio, euthanasia).
53 Marx (1876), S. 41.
54 Fye (1979), hier S. 495.
55 Reil (1816), S. 573.
56 Reil (1816), S. 575 f.
57 Reil (1816), S. 560 f.
58 Reil (1816), S. 565.
59 Allgem. Med. Annalen (1806), Sp. 538 f.
60 Allgem. Med. Annalen (1806), S. 539 f.
61 Hufeland (1806), S. 5–36.
62 Hufeland, ibd.
63 Hufeland (1806), S. 15.
64 Vgl. S. 110.
65 Hufeland (1806), S. 15 f.
66 von Engelhardt (1993), hier S. 19.
67 von Engelhardt (1993), S. 20.
68 Die naturwissenschaftliche Medizin wurde zunehmend selbst zur Religion, vgl. Schipperges (1968), S. 90–117.
69 von Engelhardt (1993), S. 20.
70 Fye (1979), S. 496 f.
71 Bullar (1856), S. 256; ferner ders. (1866), S. 10–12, vgl. auch Fye (1979), S. 497.

19. Abtreibung und Kontrazeption: Theologie gegen Medizin?

1 Vgl. Kapitel 11.
2 Hierzu Jerouschek (1988), S. 51.
3 Jerouschek, ibd.
4 Jerouschek, ibd.
5 Vgl. S. 57.
6 Jerouschek (1993), hier S. 45.
7 Vgl. oben S. 66.

8 «Homicidii festinatio est prohibere nasci», vgl. Tertullian, Apologeticus versus gentes 9, Patrologia Latina Bd. 1, Col. 320.
9 Patrologia Latina Suppl. 4, Sp. 263.
10 De formato autem aut informi subtilius non inquirimus, vgl. Basilius Epistula 188, Übersetzung bei Basilius von Caesarea, Ed. Hauschild (1973), Bd. 2, S. 102.
11 Vgl. S. 53.
12 Vgl. Augustinus, Quaestiones in Heptateuchum 2, 80, Patrologia Latina Bd. 34, Col. 626 f.
13 Jerouschek (1993), S. 38 f.
14 Pseudo-Augustinus, De spiritu et anima 9 (Moyses manifestus tradidit dicens ..., ut probaret non inesse animam ante formam. Itaque si iam formato corpori datur, non in conceptu corporis nascitur cum semine derivata ... In Adam enim exemplum datum est, ut ex eo intellegatur, quia iam formatum corpus accepit animam.). Patrologia Latina 40, Sp. 583 f.
15 Pseudo-Augustinus, Quaestiones ex verteri Testamento 23. Patrologia Latina Bd. 35, Sp. 2229 (Multae animae quottidie pereunt cum semen fluxu ... Primum opportebat domum compaginari, et sic habitorem induci).
16 Augustinus, De genesi ad litteram 10, 10, Patrologia Latina Bd. 34, Sp. 415.
17 Jerouschek (1988), S. 42.
18 Jerouschek (1988), S. 41.
19 Lactanz, De opificio Die XII, vgl. Laktanz (1919), S. 285 (Und schließlich wird das ganze Werk in 40 Tagen vollendet).
20 Hierzu ausführlich Jerouschek (1988), S. 43 (dort auch Anm. 125). Vgl. auch S. 53 und 57.
21 Jerouschek (1988), S. 60.
22 Jerouschek (1993), S. 47.
23 Zuvor scheint die Abtreibung häufig nur als *Fremdabtreibung* bestraft worden zu sein, hierzu Jerouschek (1993), S. 51.
24 Vgl. S. 57 ff.
25 Hierzu ausführlich Jerouschek (1988), S. 56–61.
26 Jerouschek (1988), S. 62 f., bes. dort Anm. 3–5.
27 Jerouschek (1993), S. 55–57.
28 Hierzu ausführlich Wasserschleben (1851), hier besonders S. 50.
29 Vgl. die Bulle «Sicut ex», hierzu Cahill (1978), hier S. 31.
30 Vgl. auch S. 19 ff.
31 Jerouschek (1988), S. 100–105.
32 Albertus Magnus, Summa de creaturis II, 7, 1, Jerouschek (1988), S. 99, dort Anm. 146.
33 Jerouschek (1988) S. 97.
34 De ecclesiasticis disciplinis et religione christiana, vgl. Jerouschek (1988), S. 73.
35 Patrologia Latina Bd. 132, Sp. 250, zit. nach Jerouschek ibd.
36 Vgl. S. 122.

20. Abtreibung und Verhütung in der alltäglichen Praxis

1 Zur Theorie des siebenzelligen Uterus Speert (1973), S. 8–10. Noch im Anthropologium des Magnus Hundt (1501) wird die Gebärmutter in dieser Form beschrieben.
2 Zur Frauenheilkunde im Mittelalter allgemein vgl. Diepgen (1963).
3 Hoonakker (1994), S. 46.
4 Labouvie (1998), S. 198.
5 De vitiis medicorum, in: Antoninus Florentinus, Summae Sacrae Theologiae. Florenz 1552, fol. 88v., vgl. Jerouschek (1988), S. 106.
6 Hoonakker (1994), S. 83 f.

7 Leibrock-Plehn (1993), S. 78.
8 Vgl. Leibrock-Plehn (1993), S. 68–90 .
9 Vgl. S. 56.
10 Hierzu S. 181.
11 McLaren (1991), S. 158.
12 McLaren (1991), S. 157 f.
13 McLaren, ibd. (mit Literatur).
14 Leibrock-Plehn (1993), S. 76 f.
15 Leibrock-Plehn (1993), S. 78.
16 Leibrock-Plehn (1993), S. 69 f.
17 McLaren (1991), S. 159.
18 Vgl. S. 99.
19 Vgl. hierzu etwa Frevert (1982), S. 177–210.
20 Leibrock-Plehn (1993), S. 84.
21 Vgl. Marland (1994), S. 9.
22 Zit. nach Stukenbrock (1993), hier S. 96.
23 Stukenbrock (1993), S. 98.
24 Hier zit. nach Jütte (1989), hier 216 f.
25 Jütte (1989), S. 214 f. und 221.
26 Jütte (1989), S. 222.
27 Vgl. hierzu Ziegler (1956), S. 231–234.
28 Hoonakker (1994), S. 49–51.
29 Johann Peter Frank (1786), S. 62.
30 Frank, ibd.
31 Ploucquet (1788), S. 235 f.
32 Duden (1989), S. 50.

21. Gabriele Zerbis «Opus perutile»

1 Vgl. S. 82 ff.
2 Lind (1975), S. 151; French (1993).
3 Vgl. S. 88.
4 Zerbi (1495), S. 334.
5 Vgl. S. 19–22.
6 Vgl. (zu Thomas von Aquin) S. 19 ff.; ferner Zerbi (1495), S. 333 (natura prudentem medicum esse oportet).
7 Vgl. Kapitel 2.
8 Zerbi (1495), S. 339.
9 Zerbi (1495), S. 335 (Et est cautela cum diligenti attentione, evitatio deceptionis et fraudis et delusionis et infamiae et ignominiae et dedecoris).
10 Zerbi (1495), S. 335 (Non sit ambitiosus idest qui inmoderate honores et laudes cupiat).
11 Zerbi (1495), S. 335 (Non blasfemator sive detractor non bilinguis sive trilinguis).
12 Zerbi (1495), S. 335 (Non loquax aut verbosus, ut qui stulte et vane copiose garriat.
13 Vgl. S. 99.
14 Zerbi (1495), S. 336 (Non litigiosus ut qui frequenter litibus controversus versatus gaudeat. Non mendax, ut negator veritatis … Non sit invidus, ne alterum odio habeat aut alteri aliquo modo invideat. Nemini vero quicquam per iniuriam faciat. Non vindex, id est ultor sive vindicator sibi illatae iniuriae. Non aliquid operandi cupidus).
15 Vgl. S. 82.

16 Zerbi (1495), S. 336 (Non ebriosus, id est super mensuram bibens).
17 Zerbi (1495), S. 348.
18 Zerbi (1495), S. 336 f.
19 Zerbi (1495), S. 337.
20 Vgl. Bergdolt (2001), S. 29.
21 Zerbi (1495), S. 338 (... ut praecipit Hypocrates in iureiurando, evitans omnem iniuriam et corruptelam).
22 Zerbi (1495), S. 339 (Medici quidem nominee sunt multi, opere vero valde pauci).
23 Zu Origenes vgl. S. 67.
24 Zerbi (1495), S. 339 (Erit continuo medicus promittens spem salutis: immo et patientis animum mellitis suasionibus in laetitiam et gaudium alliciens et eius spem nutriens ... Et Cassiodorus: naturalis cura est aegris dare laetitiam; nam fac invalidum gaudere, et sanatus erit.).
25 Vgl. S. 50.
26 Ad interficiendum foetum.
27 Zerbi (1495), S. 340 (ne solus imputetur de abortu, si contigerit).
28 Procul ab omni libidine.
29 Zerbi (1495), S. 346 (Non utatur medicus magnis colloquiis neque consiliis neque risu inhonesto neque verbis obscoenis aut luxuriosis cum uxore aut mulieribus patientis.).
30 Vgl. S. 347 f.
31 Zerbi (1495), S. 340 (Fugiat medicus quantum possible est morituros neque valde propinquiis morti aliquid operetur, ne si moriatur cito, dicatur se illum interfecisse nec sit praesens dum homo moriatur).
32 Sie kam den sozial eher verachteten «Starstechern» zu.
33 Zerbi (1495), S. 345.
34 Zerbi (1495), S. 346.
35 Zerbi (1945), S. 346 (Fortasse enim invenirent plures remedia saluberrima quae non invenit unus. Iuxta illud. Quod tu non nosti fortasse novit offellus).
36 Zerbi (1495), S. 346.
37 Zerbi (1495), S. 347 (Infelix qui multa sapit spernitque docere ... Officium doctoris medicinae est veritatem scibilium medicinae auditoribus manifestare, quae in libris auctorum sunt, bono animo dilucidare).
38 Nämlich im Hippokratischen Schrifttum und beim Anonymus Salernitanus, vgl. S. 82.

22. Ärztliche Ethik bei Paracelsus und Wilhelm Fabry

1 Braun (1988), S. 16 f.
2 Paracelsus spottet im Paragranum, daß die Ärzte ihre Ehefrauen, die einst vielleicht eine Bäuerin oder Hure waren, «einer Gräfin gleich» machten, vgl. Paracelsus, Werke, Ed. Peuckert, Bd. 1, S. 567.
3 Goldammer (1593), hier S. 220 f.
4 Paracelsus, Werke, Ed. Peuckert, Bd. 2, S. 385.
5 Braun (1988), S. 15 f.
6 Paracelsus (1926), Bd. 1, S. 456–459 (Dedikation dreier Bücher an die Autoritäten von Kärnten).
7 Vgl. Paracelsus, Werke, Ed. Peuckert, Bd. 1, S. 503–524; hierzu auch Schipperges (1991), hier S. 101.
8 Paracelsus, Werke, Ed. Peuckert, Bd. 1, S. 504.
9 Schipperges (1991), S. 102.
10 Paracelsus, Werke, Ed. Peuckert, Bd. 1, S. 507.

11 Vgl. hierzu Braun (1988), S. 49.
12 Paracelsus, Werke, Ed. Peuckert, Bd. 1, S. 566.
13 Paracelsus, Werke, Ed. Peuckert, Bd. 1, S. 3 f.
14 Paracelsus, Werke, Ed. Peuckert, Bd. 1, S. 4.
15 Vgl. S. 85–88.
16 Benzenhöfer (1994), S. 107–112, hier S. 107 f.
17 Benzenhöfer (1994), S. 108 f.
18 Benzenhöfer (1994), S. 109.
19 Paracelsus, Werke, Ed. Peuckert, Bd. 1, S. 568.
20 Vgl. die Begründung in der Vorrede zur Großen Wundartzney, vgl. Paracelsus, Werke, Ed. Peuckert, Bd. 2, S. 385 f.
21 Paracelsus, Werke, Ed. Peuckert, Bd. 1, S. 14.
22 Benzenhöfer (1994), S. 110.
23 Paracelsus, Werke, Ed. Peuckert, Bd. 1, S. 573 f.
24 Paracelsus, Werke, Ed. Peuckert, Bd. 1, S. 6 f.
25 Paracelsus, Werke, Ed. Peuckert, Bd. 1, S. 6 f.
26 Vgl. Werner (1994), S. 14.
27 Ganzenmüller (1993).
28 Vgl. S. 116.
29 Fabry, Von dem Blaterstein 1626, S. 121–130, zit. nach Meyer (1997), S. 17.
30 D.h. sie hoffen auf Wunderheilungen, wie sie im Neuen Testament beschrieben sind, vgl. Meyer (1997), S. 20.
31 Meyer (1997), S. 20 (Wundartzney 1652, S. 1).
32 Vgl. S. 109.
33 Meyer (1997), S. 20.
34 Meyer (1997), S. 27.
35 Fabry, Von der Fürtrefflichkeit und Nutz der Anatomy, vgl. Meyer (1997), S. 59.
36 Fabry, Lithomia vesicae (1628), S. 70, Meyer (1997), S. 21.
37 Meyer (1997), S. 24 f.
38 Fabry (1621), S. 285, (1988).
39 Struppius (1573); vgl. auch Labisch (1992), S. 63 f.
40 Vgl. S. 116.
41 Meyer (1997), S. 26.
42 Meyer (1997), S. 32.

23. Der Streit um Lüge und Betrug in der frühneuzeitlichen Medizin

1 Vgl. oben S. 134.
2 Welborn (1977), S. 208 (Zitat).
3 Vgl. Bergdolt (2001), S. 44 f.
4 Vgl. Littré, Bd. 5 (Epidemien V, 5, 7), S. 318 f.
5 Galen, Kommentar zu Buch VI der Epidemien, vgl. Kühn Bd. XVII/1, S. 996.
6 Castro, ibd., S. 142 f.; mit Recht kritisiert Schleiner, daß er zumindest Galen hier völlig mißversteht, vgl. Schleiner (1996), S. 9.
7 Vgl. S. 134.
8 Hierzu Schleiner (1996), S. 9.
9 Zu Platons Haltung in der «Politeia» ausführlich Schleiner (1996), S. 8 f.; neben dem Arzt kommt die Lüge noch – aus Gründen der Staatsraison – den Herrschern zu, niemals aber Privatleuten und normalen Bürgern.

10 Schleiner (1996), S. 11.
11 Schleiner (1996), S. 12; das Werk des Alfonso «Dignatio et cura affectuum melancolicorum» erschien posthum 1622 in Madrid.
12 Iulius Alexandrinus (1557), S. 334.
13 Zacchia, Questiones VI, 1, 1–2.
14 Cortesi (1625), S. 763 f., zit. nach Schleiner S. 13 und 44.
15 Vgl. hierzu, am Beispiel Venedigs, Rodenwaldt (1953).
16 Vgl. «Melancholicus artificio curatus» von Zacuto, vgl. Schleiner (1996), S. 21 f.
17 Vgl. die Schrift «De viribus imaginationis» des Thomas Fienus (1635).
18 Iulius Alexandrinus (1557), S. 329.
19 Argentario (1551), S. 13.
20 Hierzu auch Schleiner (1996), S. 14.
21 Castelli (1637), S. 2, zit. nach Schleiner (1996), S. 44.
22 Schleiner (1996), S. 16 f.
23 Vgl. Schleiner (1996), S. 17.
24 Zit. nach Steinbart (1970), S. 93.
25 Schleiner (1996), S. 18 f.
26 Schleiner (1996), S. 15; der lat. Tiel lautet «Liber quo multa adversus barbaros medicos, collegiique modus ostenditur». Zu Ingrassias vgl. Biographisches Lexikon der hervorragenden Ärzte ..., Bd. 3, S. 374.
27 Vgl. S. 87 f., 136.
28 Zit. nach Winau (1979), S. 50.
29 Vgl. S. 90.
30 Schleiner (1996), S. 14–41.
31 Castro (1614), S. 72, Schleiner (1996), S. 15.
32 Castro, ibd.
33 Castro (1614), S. 17 und 8 f. (Ex hisce splendissimis vel potius obscurissimis principiis egregiam suam sapientiam constare affirmant, quam tamen barbaris, peregrinis et ignotis vocabulis obvelant.).
34 Molanus (1595).
35 Steinbart (1970), S. 114.
36 Der Begriff «Hokuspokus» leitet sich bekanntlich von der Konsekrationsformel der Wandlung ab (Hoc est enim corpus meum).
37 Zacchia (1634), S. 25, vgl. auch Schleiner (1996), S. 28.
38 Hierzu ausführlich Schleiner (1996), S. 28 f.
39 Schleiner (1996), S. 95–99.
40 Luther, Tischreden, vgl. Aland (1991), S. 283.
41 Vgl. oben S. 140.
42 Castelli, De visitatione aegrantium pro suis auditoribus et discipulis ad praxim instruendis, S. 80: «Dicat ergo semper medicus astantibus morbum esse maxime considerationis et difficultatis (licet primo appareat levis, quia aliquando serpens latet in herba) et remedia cum multa diligentia esse adhibenda, si ergo dixerit morbus per se, esse quidem magnum, et ab aliis curatu difficilem, tamen sua diligentia et aegroti oboedientia se sperare ipsum esse sanandum. Ita si aeger recuperabit sanitatem diligentiae et scientiae medici tribuetur; si vero mors accesserit, iam medium eam praevidisse ob morbi atrocitate, videbitur, si vero medicus dixerit morbum esse levem (qui sit magnus) si sanabitur, nil laudis acquiret, quia morbus, ut dixerat, erat levis. Si moriatur aeger culpa erit medici, quod non cognoverit morbum nec recte praedixerit ...»
43 Arnald von Villanova, De cautelis medicorum, abgedruckt bei Grant (1974), S. 752; ferner Zacchia, Quaestiones medico-legales 6, 1, 4, vgl. Schleiner (1996), S. 47.
44 Vgl. S. 140 f.
45 Vgl. Trithemius (1600).

46 van Dülmen (1999), S. 79.
47 Glowatzki (1986).
48 van Dülmen (1999), S. 79.
49 Zu Zacuto vgl. S. 146.
50 Yates (1997).
51 Paullini (1734), vgl. dort Frontispiz.
52 Schramm (1985), S. 9.
53 Eine andere etymologische Ableitung verweist auf das italienische Verbum cialare, vgl. Schramm (1985), S. 10.
54 Schenda (1988).
55 Vgl. S. 147 f.
56 Grimmelshausen, Der abenteuerliche Simplicissimus IV, 8 (2003), S. 326 f.
57 Vgl. Grimmelshausen (2003), S. 326.
58 Schramm (1985), S. 14.
59 Vgl. Jütte (1996), S. 18.
60 Vgl. (zu Eisenbarth) Deutsche Biographische Enzyklopädie 3, S. 69.
61 Zit. nach I. Oepen, vgl. Glowatzki (1986), S. 64.
62 Castro (1614), S. 146.
63 García-Ballester (1985).
64 García-Ballester (1985), S. 247 f.
65 García-Ballester (1985), S. 249 f.
66 García-Ballester (1985), S. 253–262.
67 de Francesco (1936), S. 1266–1276.
68 de Francesco (1936), S. 1275 f.
69 Zu Heinrich Meibom d. J. vgl. Kausch (1988).
70 Daran ändern nichts die gleichzeitig üblichen hagiographischen Darstellungen, vgl. Eckart (1979).
71 Vgl. S. 146.
72 Winau (1979), S. 49 f.

24. Der Arzt als Helfer, der Arzt als Wissenschaftler – Medizinethik im 16. und 17. Jahrhundert

1 Hierzu vor allem Bergdolt (2001).
2 Vgl. Bergdolt (1992), S. 9–47.
3 Buck (1984), S. 183.
4 Vgl. hierzu den «Tractatus de liberorum educazione», vgl. Buck (1968), S. 161.
5 Vgl. Cardano, Hefele (1969), S. 95–97.
6 Castro (1614), S. 113 f. und 117.
7 Steinbart (1970), S. 96.
8 Zu Guillaume Rondolet (1507–1566), den Arzt, Botaniker und Freund Rabelais' vgl. Biographisches Lexikon hervorragender Ärzte vor 1880, Bd. IV, S. 871; zu Hippolito Salviani (1514–1572), dem Leibarzt Julius III., ibd., S. 964; zu Piero Andrea Mattioli (1500–1577), dem berühmten Botaniker und Arzt, ibd., S. 119; zu Amatus Lusitanus, dem aus Portugal stammenden, in Italien wirkenden Arzt und Gelehrten, ibd., Bd. I, S. 110 f.; zu Leonhard Fuchs, dem Tübinger Botaniker und Gelehrten, Fuchs (2001); zu Conrad Gesner (1516–1565), dem Schweizer Universalgelehrten, Dilg (1996).
9 Steinbart (1970), S. 98 f.
10 Zitter (2001).
11 Castro (1614), S. 5.

12 Iulius Alexandrinus (1557), S. 345.
13 O'Malley (1965), S. 107.
14 Pigeaud (1999), S. 169f.
15 Steinbart (1970), S. 101–103.
16 Steinbart (1970), S. 200.
17 Vgl. S. 13.
18 Man denke etwa an Johannes Sinapius (1505–1560), vgl. Flood (1997).
19 Chapman (1984), S. 66–71; Clark (1964), Bd. I, S. 95.
20 Vgl. S.; vgl. auch Eckart (1979).
21 Schenda (1988).
22 Telle (1988), S. 66f.
23 Telle, ibd., S. 46; vgl. J.B. Schupp. De opinione 1639; ders. Der teutsche Lehr-Meister 1667.
24 Castro (1614), S. 33.
25 Größing (1998).
26 Bruno (1986), S. 33f.
27 Eusterschulte (1997), S. 17ff.
28 La cena delle ceneri, zit. nach Eusterschulte (1997), S. 18.
29 Cardano, vgl. Hefele (1969), S. 103.
30 Roeck (1993), S. 106–108.
31 Vgl. etwa die in der Legenda Aurea angeführten Beispiele, hierzu da Voragine (1950).
32 Roeck (1993), S. 59.
33 Vgl. S. 135.
34 Vgl. Bergdolt (1992), S. 33–47; vgl. ferner oben S. 13.
35 Erasmus (1907).
36 Erasmus (1907), S. 11.
37 Erasmus (1907), S. 31.
38 Mikkeli (1999), S. 80.
39 Vgl. Cornaro (1991).
40 Zit. nach Mikkeli (1999), S. 82.
41 Zit. nach van Dülmen (1999), S. 204.
42 Vgl. Höffe (2002), S. 62f.
43 Bacon (2001), S. 209.
44 Höffe (2002), S. 63.
45 Bacon (2001), S. 205–213.
46 Vgl. S. 156 und 159.
47 Hefele (1969), S. 102f.
48 Fernel (1977), S. 3f.
49 Paré (1963).
50 Zu Bacon hier S. 160f.
51 Essai II, 37, vgl. Montaigne (2000), II, S. 670. Hierzu auch Starobinski (2001), S. 227.
52 Essai II, 37, vgl. Montaigne (2000), II, S. 670.
53 Vgl. Starobinski (2001), S. 232f.
54 Essai II, 37, vgl. Montaigne (2000), II, S. 685.
55 Descartes (2001).
56 Descartes (2001), S. 18f. und 38f. (Discours II, 7).
57 Vgl. Descartes (2001), S. 183.
58 Vgl. Descartes (2001), S. 46–51 (Discours III, 2–3).
59 Vgl. Descartes (2001), S. 51 (Discours III,4).
60 Descartes (2001), S. 89 (Discours V, 5).
61 Bergdolt (1999), S. 226–228.
62 Pascal, Gedanken (1956), S. 81 (Kap. 117).

63 Vgl. Manetti (1990).
64 Zu Marsilio in diesem Kontext Zintzen (2000), S. 24–27.
65 Pico della Mirandola (1988).
66 Zintzen (2000), S. 24–26.
67 Nämlich in seiner Schrift «Ad Vitellionem Paralipomena» (1604), vgl. Münchow (1983), S. 245.
68 Boas (1988), S. 337.
69 Zu Keplers Religiosität ausführlich Günther (1905).
70 Zit. nach Rossi (1997), S. 202 f.
71 Dewhurst (1966).
72 Bates (1977).
73 Luther/Walch (1986), S. 498 (19: Von Spitalen).
74 Flasch (2000), S. 46–51.
75 Jetter (1986), S. 117.
76 Vgl. etwa das Ospedale degli Incurabili in Venedig, wo sich Ärzte um die Syphiliskranken kümmerten (vgl. Aikema/Meijers), oder Luthers Berichte über die italienischen Krankenhäuser, vgl. «Sämtliche Schriften», Bd. 22, Kap. 14, 19 (Sp. 498 f.); hierzu auch Bergdolt (1999), S. 197.
77 Vgl. Demandt (1980); ferner zahlreiche Beiträge bei Heinemeyer/Pünder (1983).
78 Zu Newtons Religiosität vgl. ausführlich Force (1999).
79 Prodi (2003), S. 275.
80 Vgl. Jean Delumeau, S. Alfonso dottor della fiducia (1990), zit. nach Prodi (2003), S. 177.
81 Vgl. S. 189–199.
82 Prodi (2003), S. 279.

25. Ethik-Traktate und ärztliches Selbstverständnis in der frühen Neuzeit

1 Vgl. S. 150.
2 Vgl. etwa S. 145 und 148.
3 Castro (1614), S. 124.
4 Castro (1614), S. 124.
5 Castro (1614), S. 125.
6 Castro (1614), S. 127.
7 Castro (1614), S. 126.
8 Castro (1614), S. 127.
9 Zu Bacon vgl. S. 91.
10 Castro S. 34 (Medici scientiam nobilem esse ...).
11 Vgl. etwa den Anonymus Salernitanus, hierzu oben S. 82 f.
12 Zu Zanchariis und Hufeland vgl. S. 85 und 218 f.
13 Iulius Alexandrinus (1557), S. 45 f.
14 Vgl. S. 161.
15 Iulius Alexandrinus (1557), S. 242–257.
16 Iulius Alexandrinus (1557), S. 259 und 320–322.
17 Iulius Alexandrinus (1557), S. 334.
18 Zit. nach Pleadwell (1977), S. 249.
19 Pleadwell (1977), S. 258.
20 Pleadwell (1977), S. 261 f.
21 Vgl. Kapitel 21 und 22.
22 Pleadwell (1977), S. 264.

23 Zu Trotula vgl. S. 54.
24 Gadebusch Bondio (1999), S. 62 f.
25 Bergdolt (1999).
26 Gracián (1978), S. XIV (Vorwort von Karl Vosler).
27 Zu Castelli vgl. S. 150.
28 Gracián (1978), S. 8 (Kapitel 19).
29 Gracián, Kaoitel 251 (1978), S. 106.
30 Steinbart (1970), S. 103 f.
31 Bergdolt (1999), S. 255.
32 Bergdolt (1999), S. 233.
33 Vgl. oben S. 151.
34 Elmer (1989), S. 35.
35 Bergdolt (1999), S. 230.
36 Lammel (1990), Gerabek (1995).

26. Medizin und Religion im 17. und 18. Jahrhundert

1 Maier (1988), S. 96 f.
2 Jonsen (2000), S. 48 f.
3 Codronchi (1591), S. 66–72 (... sive foetus animatus sit vel inanimatus praeter peccatum excommunicantur).
4 Codronchi (1591), S. 1–4, 5–11 (... medicum graviter peccare sine sufficienti scientia ad medendum se exponentem exceptis casibus non periculosis ... Medicus curando antequam morbum cognoscat, peccat).
5 Codronchi (1591), S. 13 (Medicus valde negligens in studendo, visitando, morborum signa animadvertendo vel in consulendo cum est opus graviter peccat et aliquando ad damna tenetur), S. 21–23 (Dubia medicamenta praebens, ut experiatur ... aut ne videatur imperitus grave peccatum admittit), S. 23–25 (Aegrotum deserens non absoluta curatione graviter peccat).
6 Vgl. S. 78 oder 82.
7 Codronchi (1591), S. 129 f., 139–143, 150 f.
8 Vgl. S. 19.
9 Jonsen (2000), S. 49; zu Thomas von Aquin vgl. S. 19–22.
10 Jonsen (2000), S. 49.
11 Vgl. S. 22.
12 Horst (1585), S. 109 u. (zu Hippokrates) 193 f.
13 Zu dieser langen Tradition Keil (1991).
14 Vgl. S. 145 f.
15 Vgl. S. 158 f.
16 Vgl. S. 149.
17 Bardi (1643), S. 13–15.
18 Bardi (1643), S. 364–378.
19 Bardi (1643), S. 51.
20 Bardi (1643), S. 85.
21 Vgl. S. 64 (zu Kosmas und Damian).
22 Bardi (1643), S. 151 (medicorum munus est onus a Christo).
23 Bardi (1643), S. 276–279.
24 Bardi (1643), S. 279 (Mulieres omnibus scientiis aptae).
25 Vgl. S. 147.
26 Zu Mercurii ausführlich Gadebusch Bondio (1999), S. 59 und 77.

27 Gadebusch Bondio (1999), S. 68.
28 Gadebusch Bondio (1999), S. 68.
29 Fünf Jahre später erschien die deutsche Ausgabe, vgl. Lehmann/Ulbricht (1992), S. 1–14.
30 Jütte (1996), S. 84.
31 Jütte (1996), S. 84f.
32 Elmer (1989), S. 11.
33 Elmer (1989), S. 13–15.
34 Vgl. hierzu auch Bardi (S. 149).
35 Elmer (1989), S. 16–18.
36 Harding (1930), S. 151.
37 Elmer (1989), S. 20.
38 Elmer (1989), S. 24f.
39 So etwa im ältesten deutschen Arzneibuch, vgl. S. 77.
40 Elmer (1989), S. 26f.
41 Bergdolt (1999), S. 235–241.
42 Elmer (1989), S. 29.
43 Elmer (1989), S. 31.
44 Vgl. oben S. 99.
45 Hierzu ausführlich Kummer (1978).
46 Zitiert nach Scherz (1963), S. 275.
47 Vgl. S. 201f.
48 Bergdolt (1999), S. 227.
49 Berghoff (1947), S. 66.
50 Toellner (1971), bes. S. 38–43.
51 Cottingham (1991).
52 Zit. nach Prill (1995), S. 851.

27. Die Herausforderung der Syphilis – Der Arzt als Volksaufklärer

1 Dies bestätigt etwa Fracastoro, der dieser Theorie allerdings skeptisch gegenübersteht (De contagionibus II, 12), vgl. auch Leven (1997), S. 55.
2 Zu dieser Diskussion zusammenfassend Leven (1997), S. 53.
3 French/Arrizabalaga (1998), S. 248–287.
4 Hutten (1991), S. 210.
5 Vgl. Russell (1989).
6 French/Arrizabalaga (1998), S. 249.
7 Vgl. Bäumle (1989), S. 22.
8 Vgl. Leven (1997), S. 56f.
9 French/Arizzabalaga (1998), S. 250.
10 Keil (1989), S. 120f.
11 Vgl. Burton (1988), S. 158f.
12 Bäumler (1989), S. 31.
13 Oriel (1994), S. 13.
14 Fracastoro (1910).
15 Oriel (1994), S. 16.
16 Schleiner (1995), S. 172.
17 Falloppio, De morbo Gallico (1600), S. 682.
18 Causam huius explicandam relinquo Theologis, vgl. Falloppio, De morbo Gallico (1600), S. 683.
19 Vgl. Schleiner (1995), S. 174.

20 Rudio (1610), S. 191.
21 Rudio (1610), S. 192: «In mulieribus vero meritoriis, quas non propter ipsarum sanitatem, sed propter mares operaepretium est praeservare».
22 Schleiner (1995), S. 183 und 200 (dort Anm. 44).
23 Rostino (1556), S. 28 ff.
24 Schleiner (1995), S. 185.
25 Schleiner (1995), S. 176; Rudio (1610), S. 168.
26 Schleiner (1995), S. 176; Rudio (1610), S. 168 f.
27 Schleiner (1995), S. 176 f.; Sennert bezog sich hier auf den Paduaner Arzt Aurelio Minadoi!
28 Julien Le Paulmier de Grentemesnil (1520–1588), ein Schüler Fernels.
29 Hierzu ausführlich Schleiner (1995), S. 178.
30 Zu Fracastoro, der auf die Spekulationen des Lukrez zurückgriff, vgl. Leven (1997), S. 36 f.
31 Bäumler (1989), S. 33.
32 Bäumler (1989), S. 34.
33 Zit. nach Pulver (1999), S. 237.
34 Leven (1997), S. 59.
35 Hierzu u.a. Bergdolt (2001).
36 Bergdolt (2001), S. 27–32.
37 Zu Petrarca vgl. Bergdolt (1992).
38 Vgl. Bergdolt (1992), S. 38–46.
39 Bergdolt (2001).
40 Vgl. Oriel (1994), S. 25–27. Es war Hermann Boerhaave aus Leiden, der die beiden Krankheiten erstmals unterschied.
41 Celsus, De medicina I, 43; vgl. auch Mikkeli (1999) S. 93.
42 Plutarch, Moralia Bd. II, S. 213–293 (De tuenda sanitate praecepta). Erasmus übersetzte die Passage und widmete sie dem Engländer John Yonge.
43 Elyot (1536), vgl. Mikkeli (1999), S. 80.
44 Moulton (1580).
45 Vgl. Cardano (1966).
46 Lessius (1513).
47 Erasmus übersetzte die Schrift «De tuenda sanitate praecepta» aus den «Moralia» Plutarchs, Moulton «Spiegel der Gesundheit» (in englischer Übersetzung «Mirror or glass of health») war in England im 17. Jahrhundert das populärste Gesundheitsbuch, Cardano verfaßte «De sanitate tuenda» 1560, vgl. Mikkeli (1999), S. 27, 53, 90, 94.
48 «che non fece mai professione di questàrte», zit. nach Mikkeli (1999), S. 90 (dort Anm. 84).
49 Mikkeli (1999), S. 94.
50 Aziza-Shuster (1972), S. 47–52.
51 Stürzbecher (1981), S. 126.
52 Vgl. etwa Mondeville oder Zerbi, hierzu S. 85 f und 134.
53 Vgl. S. 158.

28. Der Staat und der Kranke: John Gregory, Thomas Percival und der frühe Utilitarismus

1 Es handelte sich um die vom Autor autorisierte Überarbeitung einer ursprünglich bereits 1770 herausgegebenen studentischen Mitschrift seiner Vorlesung, vgl. Jonsen (2000), S. 61.
2 Vgl. unten S. 160.
3 Der Ruf nach einer Etikette betraf alle «Akademiker».
4 Fissell (1993), S. 19.

5 Zum Cortegiano, dem «Hofmann», vgl. Castiglione (1986); ferner Bergdolt (1999), S. 185 f.
6 Zit. nach Fissell S. 20.
7 Philpot (1747).
8 Strätling (1998), S. 79.
9 Jonsen (2000), S. 60.
10 Letztere stehen vor allem in den ersten beiden «lectures» im Mittelpunkt, vgl. Strätling (1998), S. 60.
11 Zu den Grundzügen seiner Philosophie vgl. Enzyclopaedia Britannica XI, 943 f.
12 Vgl. S. 160 f.; 163 f.
13 Fissell (1993), S. 22.
14 Chamberlaine (1812), Fissell (1993), S. 22.
15 So in seinem «Treatise of Human Nature» (1740) und der «Enquiry concerning the Principles of Morals» (1751), vgl. Strätling (1998), S. 62.
16 Lepape (1994), S. 182.
17 McCullough (1978).
18 «Its utility was never seriously called in question», zit. nach Strätling (1998), S. 58.
19 Vgl. Bentham (1834, 1), S. 1 (Kap. 1).
20 McCullough (1993), S. 149.
21 Vgl. Jonsen (2000), S. 61; McCullough (1993).
22 Diesem gehörten u.a. Hume und Reid an, vgl. McCullough (1993), S. 154 f.
23 Voltaire, Dictionnaire Philosophique (1875), Vol. 20, Stichwort ‹Médecins› (dort S. 1).
24 Voltaire, Dictionnaire Philosophique (1875), Vol. 20, S. 3 f. (Mais est-il rien de plus estimable au monde qu'un médecin qui, ayant dans sa jeunesse étudié la nature, connu les ressorts du corps humain, les maux qui le tourmentent, les remèdes qui peuvent le soulager, exerce son art en s'en défiant, soigne également les pauvres et les riches, ne recoit d'homoraires qu'à regret et emploie ces honoraires à secourir l'indigent?).
25 Strätling (1998), S. 69 (and prevent him from acting with the steadiness and vigour upon which perhaps the life of his patient in a great measure depends); zu Religion und «science» vgl. ibd., S. 133.
26 Bentham (1834), 2, S. 32.
27 Bentham (1834), 2, S. 40.
28 Bentham (1834), 2, S. 41.
29 Strätling (1998), S. 195 (It might be expected that every one who has had the education of a gentleman should write his native language with at least grammatical exactness but, even in this respect, many of our writers are shamefully deficient.).
30 Strätling (1998), S. 67–73.
31 Strätling (1998), S. 93 (as it is very necessary that a physician should support a proper dignity and authority with his patients, for their sakes as well as his own).
32 Bentham (1834), 1, S. 90.
33 Fissell (1993), S. 26 f.
34 Fissell (1993), S. 29.
35 Harley (1990), S. 145.
36 Strätling (1998), S. 160 (a student should be on his guard not to waste his time and labour with pursuits which have either no tendency, or a remote one, to throw light on his profession).
37 Strätling (1998), S. 192.
38 Zit. nach Strätling (1998), S. 193.
39 So der Autor der «Observations on the Charakter and Conduct of a Physician in Twenty Letters to a Friend» (1772), vgl. Strätling (1998), S. 225.
40 Vgl. Carstensen / Schadewaldt / Vogt (1983), S. 115–140.
41 Vgl. Leake (1927); Pickstone (1993); Baker (1993).

42 Taylor war 1757–1761 Tutor an der Akademie von Warrington, wo Percival ausgebildet und später begraben wurde, vgl. Kallmayer (1981), S. 26.
43 Kallmayer (1981), S. 26.
44 Hierzu ausführlich Kallmayer (1981), S. 80–87.
45 Zit. nach Kallmayer (1981), S. 95.
46 Aikin (1771), S. 54.
47 Aikin (1771), S. 65–71.
48 Kallmayer (1981), S. 30.
49 Konkret an der Manchester Royal Infirmery, vgl. Baker (1993), S. 180.
50 Zunächst als «Medical Jurisprudence» 1794 (für 25 ausgewählte Persönlichkeiten), vgl. Baker (1993), S. 180.
51 Vgl. Jonsen (2000), S. 58.
52 So zuerst die Meinung von Leake, vgl. ders. (1975), S. 1–2.
53 Darunter «A father's instructions to his children; consisting of moral tales, fables and reflections, adapted to different periods of life, from youth to maturity and designed to promote the love of virtue, a taste for knowledge, and an early acquaintance with works of nature» (Bd. 1, 1775), vgl. Pickstone (1993), S. 165; ferner Strätling (1998), S. 229.
54 Vgl. S. 166.
55 Zit. nach Leake (1927), S. XIV (It is the characteristic of a wise man to act on determinate principles, and of a good man to be assured that they are conformable to rectitude and virtue. The relations in which a physician stands to his patients, to his brethren, and to the public are complicated and multifarious, involving much knowledge of human nature and extensive moral duties. The study of professional Ethics therefore cannot fail to invigorate and enlarge your understanding, whilst the observation of the duties which they enjoin will soften your manners, expand your affections and form you to that propriety and dignity of conduct which are essential to the character of a Gentleman.).
56 Leake (1927), S. XV.
57 Kallmayer (1981), S. 122 f.
58 Leake (1927), S. V.
59 Strätling (1998), S. 230 f.
60 Leake (1927), S. XIV.
61 Man denke an die Publikationen Tissots oder Johann Peter Franks, vgl. S. 205 und 209.
62 Baker (1993), S. 179.
63 Leake (1927), S. 100–120 und (zur Gerichtsmedizin) S. 120–166.
64 Jonsen (2000), S. 59.
65 Jonsen (2000), S. 60.
66 Jonsen (2000), S. 60.
67 Vgl. Strätling (1998), S. 130 f.
68 Vgl. hierzu vor allem die (inzwischen teilweise revidierten) Untersuchungen von Foucault (1961 und 1993).
69 Osterhausen (1798), S. 8 f.
70 Osterhausen (1798), Vorrede.
71 Osterhausen (1798), S. 15.
72 Osterhausen (1798), S. 12 f.
73 Bentham (1838–1843), 10, 390.
74 Hügli / Han (2001), Sp. 503.
75 Hügli / Han (2001), Sp. 503.
76 Bentham, An introduction to the principles of morals and legislation, zit. nach Hügli / Han (2001), Sp. 504.
77 Prechtl (1995).
78 So bereits die Kritik von John Stuart Mill (1861).
79 Hügli / Han (2001), Sp. 504.

29. Ärztliches Selbstverständnis und Gewissen im 18. Jahrhundert

1 Vgl. hierzu Gregory und Percival (S. 189–199).
2 Biographisches Lexikon der hervorragenden Ärzte, Bd. V (1934), S. 304 f.,
3 Biographisches Lexikon der hervorragenden Ärzte, Bd. IV (1932), S. 696 f.
4 Vgl. Pigeaud (1999), S. 170.
5 Zimmermann (1755), S. 26 f.
6 Harley (1990).
7 Rusnock (1995).
8 Hierzu ausführlich Rusnock (1995), besonders S. 290.
9 Hierzu Strätling (1998), S. 55 f.
10 Jonsen (2000), S. 63.
11 Maehle (1995), S. 213 f.
12 Ausführlich Miller (1957).
13 Leven (2003).
14 Vgl. S. 190 f.; Kant selbst legte sich in der Impffrage allerdings nicht fest, vgl. Maehle (1995), S. 198 f.
15 Mähle (1995), S. 198.
16 De la Mettrie (2001), S. 71.
17 De la Mettrie (2001), S. 77.
18 Bergdolt (1999), S. 280 u. 301 f.; von Engelhardt (2002), S. 87.
19 Zur Vorgeschichte des Konflikts vgl. Seidler (Hrsg.) (1970), S. 131–134.
20 Sicard (1984), S. 209 f.
21 Nämlich durch das Werk «Chirurgie, in welcher alles, was zur Wundt-Arztney gehöret, nach der neuesten und besten Art gründlich abgehandelt» wird, vgl. Korff (1975).
22 Vgl. Wilson (1995), S. 360.
23 Broman (1996), S. 68.
24 Broman (1996), S. 72.
25 Das Thema wird bei zahlreichen mittelalterlichen Autoren diskutiert, so von Henri de Mondeville, vgl. S. 85 f.
26 Brockliss (1995), S. 65.
27 Zit. nach Brockliss (1995), S. 68 (Surgical advance depended not on manual dexterity but reading books and understanding Latin and Philosophy.).
28 Brockliss (1995), S. 77.
29 Wilson (1995), S. 360.
30 Wilson (1995), S. 374 f.
31 Bynum / Porter 1985.
32 Gruner (1790), S. 242.
33 Vgl. Haller (1977).
34 Broman (1996), S. 70.
35 Tissot (1789), S. 31.
36 Boschung (1993).
37 Vgl. hierzu oben S. 203.
38 Vgl. hierzu S. 203.
39 Pigeaud (1999), S. 165.
40 Nämlich die Gruppierung um Ludwig Hoffmann und Georg Ernst Stahl, vgl. Bergdolt (1999), S. 255 f.
41 Boschung (1993).
42 Helm (2003), S. 202 f.
43 Helm (2003), S. 204 f.
44 Platner (1998), S. 3–10.
45 Pigeaud (1999), S. 168.

46 von Engelhardt (2002), S. 90 f.
47 Von hier war es nur ein kurzer Schritt zu den utilitaristischen Prinzipien, die mehr und mehr in Mode kamen, vgl. S. 189 f.
48 Jütte (1996), S. 89 f. und 93–95.
49 Balzac (1996), S. 33.
50 Jütte (1996), S. 96.

30. Der Arzt als Diener des Staates und das öffentliche Wohl

1 Hierzu Hartmann (1973), S. 167 f.; vgl. auch Bergdolt (1999), S. 246.
2 Boschung (1993) S. 202.
3 Vgl. oben die ausführungen zur Syphilis (S. 183 f.).
4 Vgl. Mann (1966), S. 65.
5 Wolff (1721).
6 Vgl. etwa S. 100.
7 Vgl. die Beispiele bei Bergdolt (1999), S. 191–194.
8 Frank (1786–1817).
9 Boschung (1993), S. 202.
10 Vgl. S. 63 ff.
11 Frank (1784), S. 6.
12 Zit. nach Westphal (1964), S. 121.
13 Vgl. S. 216 f.
14 Pigeaud (1999), S. 197.
15 So ein Brief an Frau von Stein vom 8. Juni 1787, , zit. nach Schipperges (1996), S. 11.
16 Zit. nach Barthel S. 88.
17 Vgl. Kapitel 28.
18 Wimmer (1991), S. 15.
19 Barthel (1989), S. 54.
20 Barthel (1989), S. 152.
21 Zu John Donne vgl. S. 96.
22 von Hippel (1979), S. 13.
23 Seidler (1975), S. 91–100.
24 Barthel (1989), S. 172 f.
25 Bergdolt (1999), S. 274, Brockliss (1995), S. 64.
26 Foucault (1993).
27 Barthel (1989), S. 198 f.
28 Zit. nach Barthel (1989), S. 196.
29 Schott (2003), S. 934.
30 Lesky (1960).
31 Erinnert sei an die Nürnberger Gesundheitsregeln (1793) oder an den Gesundheits-Katechismus Bernhard Christoph Fausts (1794), vgl. Bergdolt (1999), S. 249.
32 Zit. nach Barthel (1989), S. 199.
33 Vgl. S. 189 f.
34 Cedergreen Bech (1979).
35 Schott (1998), S. 47 f.
36 Zit. bei Schott (1998), S. 48.
37 Linné (1776), S. 58–62.
38 Blumenbach (1782), S. 59 f.
39 Zit. nach Schott (1998) S. 54 f.
40 Vgl. Stubbe (1989/90), S. 45. Kant äußert sich entsprechend in seiner Vorlesung zur «Physischen Geographie».

41 Stubbe (1989/90), S. 46.
42 Vgl. S. 25.
43 Lavater (1992).
44 Lavater (1992), S. 7.
45 Bergdolt (1999), S. 297.
46 Zit. nach Hartmann (1973), S. 64 f.
47 Frank (1814), S. 188.
48 Frank (1784), S. 100.
49 Frank (1784), S. 309; vgl. auch Barthel (1989), S. 86.
50 Frank (1784), S. 359.
51 Vgl. oben S. 112–115.
52 Frank (1780), S. 50; ders. (1784), S. 71.
53 Frevert (1984), S. 65.
54 Barthel (1989), S. 87–92.

31. Antiutilitaristische Strömungen in Deutschland – Hufeland, Goethe und die Medizin der Romantik

1 Vgl. S. 210 und 214 f.
2 Kant, Grundlegung zur Metaphysik der Sitten (1983), S. 59.
3 Zit. nach von Engelhardt (1991), Bd. II, S. 108.
4 Goethe, Maximen und Reflexionen: Über Natur und Naturwissenschaft, Berliner Ausgabe, Bd. 18, S. 661.
5 Brief an Friedrich Heinrich Jakobi 1782, vgl. WA IV, Bd. 6, S. 93 f.
6 Goethe, Dichtung und Wahrheit 17, HA, Bd. 10, S. 110 f.
7 Vgl. S. 163, 179 und 201 f.
8 Er benützt diesen Ausdruck in einem Brief an Purkinje, vgl. WA IV, Bd. 40, S. 328.
9 Goethe, Studien nach Spinoza (1784/85), Berliner Ausgabe, Bd. 18, S. 140.
10 Goethe, Zahme Xenien V, Berliner Ausgabe, Bd. 1, S. 697.
11 Schipperges (1996), S. 74.
12 Goethe, West-Östlicher Diwan, Berliner Ausgabe, Bd. 3, S. 75.
13 Zu Carus und dem Begriff des «Unbewußten» vgl. von Engelhardt (1991), S. 109; zu Heinroth, der den Begriff «psychosomatisch» verwendete, vgl. Hölscher (2000), S. 27.
14 Bergdolt (1999), S. 277.
15 Pfeifer (2000), S. 128 f.
16 Die ersten Absterbeordnungen stammten von Graunt und Halley (1661 bzw. 1691), vgl. Pfeifer (2000), S. 128.
17 vgl. S. 169 f.
18 Hufeland (1984), S. 27.
19 Hufeland (1984).
20 Henning (1791).
21 Hufeland (1806), S. 5.
22 Hufeland (1806), S. 6 f.
23 Hufeland (1984), S. 138–142.
24 Hufeland (1806), S. 10.
25 Hufeland (1806), S. 27.
26 Vgl. unten S. 194 ff.
27 Hufeland (1806), S. 12.
28 Broman (1996), S. 85.
29 Seidler (1979), S. 59.

30 Vgl. S. 119; ferner Hufeland (1806), S. 14 f.
31 Hufeland (1806), S. 16.
32 Hufeland (1806), S. 17.
33 Hufeland (1806), S. 19.
34 Hufeland (1806), S. 28.
35 Vgl. hierzu ausführlich Schott (1998), S. 232–241 (mit ausführlichen Literaturangaben).
36 Vgl. Schott (1998), S. 303.
37 Bergdolt (1999), S. 289.
38 Huch (1951), S. 590 f.
39 Huch (1951), S. 599.
40 Huch (1951).
41 Vgl. hierzu Lammel (1990), S. 15.
42 Zu Brown und seiner Reiztheorie, wonach sich der Zustand des Menschen zwischen einem Zuviel (Sthenie) und Zuwenig (Asthenie) an Reizbarkeit bewegt, vgl. Risse (1970); zuletzt Schott (1998), S. 242.
43 Bekannt und kritisiert wurde die fatale Behandlung von Auguste Böhmer, der Tochter Caroline Schlegels, vgl. Lammel (1990), S. 35; Gerabek (1995), S. 105–111.
44 Lammel (1990), S. 43.
45 Hufeland, Pathologie zu akademischen Vorlesungen (1799), zit. nach Lammel (1990), S. 53.
46 Vgl. Schipperges (1965/66), S. 196 f.
47 Lammel (1990), S. 57.
48 Gerabek (1995), S. 99 f.
49 Vgl. Gerabek (1995), S. 98.
50 Zit. nach Gerabek (1995), S. 103 («Ideen zu einer Philosophie der Natur» 1797).
51 Gerabek (1995), S. 109.
52 Gerabek (1995), S. 110.
53 Lammel (1990), S. 35; Gerabek (1995), S. 105–111.
54 Vgl. S. 202–204.
55 Vgl. hierzu Broman (1996), S. 102–104.

32. Vernunftethik im 19. Jahrhundert – England und Amerika

1 Jonsen (2000), S. 62.
2 Vgl. Porter (1995) (Encyclopedia of Bioethics), S. 1553.
3 Hufeland (1812), S. 4.
4 Burns (1995), S. 1610.
5 Kallmayer (1981), S. 23.
6 Tatsächlich hielt Percival nicht unbedingt eine akademische Ausbildung für notwendig, vgl. Burns (1977), S. 301.
7 Waddington (1975).
8 Vgl. S. 195.
9 Baker (1993), S. 180 f.
10 Vgl. S. 200 f.
11 Jonsen (2000), S. 64.
12 Burns (1995), S. 1610.
13 Burns (1995), S. 1610.
14 Jonsen (2000), S. 65.
15 Encylopedia Britannica 10, Art. Rush.
16 Jonsen (2000), S. 67.
17 Zit. nach Jonsen (2000), S. 67.

18 So bereits im 18. Jh., vgl. Brock (1990), S. 197.
19 Shryock (1966), S. 150f.; Duffy (1979), S. 180–186.
20 Vgl. S. 119.
21 Jonsen (2000), S. 68.
22 Zum Einfluß von Percival vgl. S. 197.
23 Zu Percival vgl. S. 194–198 federführend war hier John Bell, der auch das Vorwort des Code schrieb, vgl. Jonsen (2000), S. 70.
24 Delafield (1886).
25 Wood (1856).
26 Hooker (1972).
27 Vgl. Hooker (1972), S. 257f.
28 Flint (1883).
29 Nämlich der National Medical Society of the Districtof Columbia.
30 Jonsen (2000), S. 74.
31 Eckart (1998), S. 315.
32 Jonsen (2000), S. 75.
33 Jonsen, ibd.
34 Pernick (1985), S. 79.
35 Pernick (1985), S. 95.
36 Vgl. S. 19.
37 Jonsen (2000), S. 83.
38 Dies schloß Gegenbewegungen nicht aus, vgl. etwa S. 236f. und 248.
39 Vgl. S. 189ff. und 208ff.
40 Vgl. S. 25f.
41 Jonsen (2000), S. 84.
42 Jonsen (2000), S. 85.
43 Vgl. oben S. 189ff.
44 Jonsen (2000), S. 87.
45 Vgl. Lederer 1995.

33. Das Arztbild in Deutschland nach 1800

1 Lindemann (1995), S. 181–186.
2 Lindemann (1995), S. 183.
3 Dies zeigt das Beispiel von Christian Joseph Loeber, vgl. Lindemann (1995), S. 185–188.
4 Dietl (1845), S. 10.
5 Dietl (1845), S. 12.
6 Dietl (1845), S. 17.
7 Vgl. S. 216–222.
8 Vgl. Reuter (1849), S. 9.
9 Es war der Medizinalrat Carl Friedrich Richard Reuter, vgl. Brand (1977), S. 48.
10 Brand (1977), S. 53.
11 Knigge (2002).
12 Vgl. Ploucquet (1797).
13 Alexander (1985).
14 Es handelte sich um den Sohn des Johann Peter Franks, vgl. Frank (1800), S. 28f.
15 Vgl. hierzu auch S. 27.
16 Ploucquet (1797), S. 12.
17 Brand (1977), S. 63.
18 Ploucquet (1797), S. 5.
19 Vgl. Bergdolt (1999), S. 295.

20 Ploucquet (1797), S. 11 f.
21 Zu diesen Autoren vgl. S. 133 ff., 167 f. und 169 f.
22 Ploucquet (1797), S. 25.
23 Ploucquet (1797), S. 29 f.
24 Ploucquet (1797), S. 103 und 183.
25 Ploucquet (1797), S. 182 f.
26 Marx (1876), S. 7. Marx verweist auf Platon und Ramazzini, die den krankheitserfahrenen Arzt bevorzugt hätten, vgl. ibd. Anm. 1.
27 Brand (1977), S. 63.
28 Frank (1800), S. 23 f.
29 Marx (1876), S. 4.
30 Marx (1876), S. 4.
31 Gay (2002), 43–59.
32 Ploucquet (1797), S. 15–19.
33 Brand (1977), S. 67.
34 Zu Osterhausen vgl. oben S. 198.
35 Frank (1800), S. VII f.
36 Brand (1977), S. 67.
37 Brand (1977), S. 67.
38 Brand (1977), S. 67 f.
39 Bergdolt (1999), S. 295 f.
40 Ploucquet (1797), S. 25.
41 Das Leben ist kurz, die Kunst lang, vgl. Littré, Bd. 4, S. 458 f.
42 Schweninger (1906), S. 50; das Buch wurde wahrscheinlich von Schweningers Schüler Emil Klein verfaßt, vgl. Rothschuh (1983).
43 Dietl (1845), S. 13.
44 Brand (1977), S. 74–79; Schipperges (1968).
45 Gradmann (1993), S. 2.
46 Man vgl. etwa die Biographien Billroths, Wundts, Virchows oder Brückes.
47 von Ziemssen (1887).
48 Allgem. Med. Annalen (1806), S. 1139 f.
49 Allgem. Med. Annalen (1808), S. 747 f.
50 Allgem. Med. Annalen (1807), S. 940 f.
51 Allgem. Med. Annalen (1808), S. 749.
52 Bleker (1978), S. 113–117.
53 Bleker (1978), S. 117.
54 Oesterlen (1851).
55 Bleker (1983).
56 Bleker (1983), S. 124.
57 Bleker (1983), S. 133.

34. Der große Paradigmenwechsel: Die naturwissenschaftliche Medizin

1 Vgl. S. 199.
2 Mill wurde auch der zunächst einflußreichste Interpret Comtes, vgl. Mill (1961).
3 Schipperges (1968), S. 74.
4 Schipperges (1968), S. 78.
5 Dies gelang nicht, Comte starb bereits 1857, vgl. Schipperges (1968), S. 73.
6 Schelling (1812).

7 Allgem. Med. Annalen (1821), Sp. 1009–1030.
8 Virchows Archiv 2 (1849), S. 9.
9 Virchows Archiv 1 (1847), S. 6.
10 Vgl. Schipperges (1968), S. 128 f.
11 Du Bois-Reymond, Kulturgeschichte und Naturwissenschaft, Reden (1912), Bd. I, hier S. 597.
12 Etwa Du Bois-Reymond selbst, der allerdings – neben der klassisch-humanistischen Bildung – eine Intensivierung des Mathematik-Unterrichts fordert, vgl. Reden (1912), I, S. 607–620.
13 Wagner (1973), S. 31.
14 Du Bois-Reymond (1912), Bd. II, S. 169. Natürlich wurde auch Goethes Ablehnung von Newton und Fraunhofer gegeißelt.
15 Zit. nach Schipperges (1968), S. 55.
16 Bernard (1965), S. 124.
17 Sandmann (1990), S. 18.
18 Wittkau-Horgby (1998), S. 131; vgl. auch Sandmann (1990), S. 28–37.
19 Bernard (1965), S. 156.
20 Vgl. Du Bois-Reymond (1912), Bd. II, S. 583.
21 Du Bois-Reymond (1912), Bd. I, S. 598.
22 Lenoir (1992), S. 71.
23 Bernard (1965), S. 149.
24 Thomann / Kümmel (1995), S. 105.
25 Bei der 29. Versammlung der Gesellschaft Deutscher Naturforscher und Ärzte in Wiesbaden 1852, vgl. Schipperges (1968), S. 100.
26 Schipperges (1968), S. 55.
27 Schultz-Schultzenstein (1997), S. 61.
28 Zit. nach Wiesing (1996), S. 183.
29 Du Bois-Reymond (1997), S. 125.
30 Du Bois-Reymond (1912), Bd. I, S. 528.
31 Du Bois-Reymond (1912), Bd. I, S. 524.
32 Zum Utilitarismus vgl. S. 189–199.
33 Vgl. Wittkau-Horgby (1998).
34 Hufeland (1806), S. 10.
35 Vgl. S. 249–252.
36 Bernard (1965), S. 174 (L'Ecole Allemande est dans le faux sous ce rapport: elle mesure tout, transforme tout en quantité ce qui ne signifie rien).
37 Gillham (2001).
38 Schipperges (1968), S. 61.
39 Querner (1973), hier S. 21.
40 Wittkau-Horgby (1998), S. 136.
41 Zit. nach Sieferle, vgl. ders. (1994), S. 137.
42 Sieferle (1994), S. 137.
43 Sieferle (1994), S. 138 f.
44 Vgl. S. 213; allerdings war deren Ziel noch rein «klassifikatorisch», vgl. Mann (1973), S. 75.
45 Pettenkofer (1875), S. 105 f.
46 1897 erschien dessen Buch «Der Verbrecher», vgl. Lombroso (1897).
47 Mann (1973), S. 74–76.
48 Mann (1973), S. 78.
49 Vgl. die Auflistungen bei Mann (1973).
50 Wittkau-Horgby (1998), S. 135.
51 Gerhardt (1937), II, S. 85.

52 Reimer (1999), S. 17.
53 Reimer (1999), S. 28.
54 Man denke an den in Moskau als Armenarzt wirkenden Friedrich Haas, vgl. Hamm/Teschke (2000).
55 Schipperges (1968), S. 143.
56 Nietzsche (1994), Bd. I, S. 95 (Geburt der Tragödie).
57 Hick (2000), S. 83 ff.
58 Nietzsche (1994), Bd. I, S. 1047 (Morgenröte).
59 Nietzsche (1994), Bd. II, S. 1086 (Ecce homo).

35. Tier- und Menschenversuche im 19. Jahrhundert

1 Franzke (2000), S. 36.
2 Bretschneider (1962), S. 40 f.
3 Vgl. Schopenhauer, Über die Grundlage der Moral, S. 162; vgl. Thiery/Tröhler (1987), S. 16 f.
4 Vgl. hierzu die bei Thiery/Tröhler abgedruckte Mitgliederliste (ibd. S. 38 f.).
5 Thiery/Tröhler (1987), S. 23.
6 Bretschneider (1962), S. 44.
7 Thiery/Tröhler (1987), S. 34.
8 Thiery/Tröhler (1987), S. 30 f.
9 Thiery/Tröhler (1987), S. 42–44.
10 Vgl. Thiery/Tröhler (1987), S. 44–47.
11 Bretschneider (1962), S. 54 f.
12 Bretschneider (1962); Bromander (1970); French (1975); Rupke (1987); Neff (1989).
13 Ryder (1975), S. 193.
14 Bretschneider (1962), S. 20 f. und 34 f.
15 Du Bois-Reymond (1912), Bd. I, S. 646.
16 Stevenson (1977), S. 19.
17 Bretschneider (1962), S. 12.
18 Hierzu ausführlich Franzke (2000).
19 Bretschneider (1962), S. 13.
20 von Weber (1879), S. 64.
21 Bretschneider (1962), S. 72.
22 Bretschneider (1962), S. 30 f.
23 Franzke (2000), S. 37.
24 Bretschneider (1962), S. 34–36.
25 Gartenlaube (1879), 25, S. 417–419.
26 Gartenlaube (1878), 1, S. 12–15.
27 Franzke (2000), S. 38.
28 Zit. nach Schott (2003), S. 933.
29 Bretschneider (1962), S. 3.
30 Maehle (1992), S. 18 f.
31 Maehle (1992), S. 19.
32 Zu Aristoteles vgl. S. 53 (Sukzessionsbeseelung).
33 Zit. nach Maehle (1992), S. 78.
34 Thomas von Aquin, Summa Theologia II,I, Quaestio 102, 6.
35 Zit. nach Maehle (1992), S. 20.
36 Zu Harvey hier Maehle (1992), S. 21; vgl. Aristoteles, De partibus animalium I, 1, 10.
37 Maehle (1992), S. 20 (Übersetzung Maehle); vgl. auch S. 86 (Nikolaus von Polen).
38 Maehle (1992), S. 11, 19.

39 Zu Kepler und Borelli vgl. oben S. 164.
40 Maehle (1992), S. 77–81.
41 Guerrini (1989).
42 Maehle (1992), S. 165–177.
43 Maehle (1986).
44 Maehle (1986), S. 216.
45 Maehle (1986), S. 217.
46 Bretschneider (1962), S. 4.
47 Bretschneider (1962), S. 68.
48 Maehle (1992), S. 105–107.
49 Z. B. Sprüche 12, 10, Exodus 20, 10 und 23, 12, Deuteronomium 25, 4, 1 Kor. 9, 9.
50 Zu den theologischen und philosophischen Stellungnahmen zum Status und zur Ethik des Tieres ausführlich Maehle (1992), S. 118–123.
51 von Pufendorf (1744), I, S. 509 f.
52 Vgl. auch S. 200 f.
53 Elkeles (1985).
54 Elkeles (1985), S. 136 f.
55 Elkeles (1985), S. 138 f.
56 Zit. nach Elkeles (1985), S. 143.
57 Leonir (1992), S. 109.
58 Jütte (1996), S. 34.
59 Die Alternativbewegung um 1900 kann hier nur gestreift werden, vgl. Rothschuh (1983); Jütte (1996), S. 27–42.
60 Vgl. Jütte (1996), S. 34.
61 Keil (1988).
62 Elkeles (1985), S. 142.
63 Vgl. A. Schweitzer, Ed. Bähr 1991.
64 Jütte (1996), S. 38 ff.

36. Ernst Haeckel und sein Kreis

1 Naunyn (1909), S. 1348; zu Dietl vgl. S. 234.
2 Virchow (1997), S. 145.
3 Sandmann (1990), S. 23.
4 Virchow (1997).
5 Moleschott (1852), S. 427.
6 Sandmann (1990), S. 37.
7 Sandmann (1990), S. 54.
8 Haeckel (1899), S. 401.
9 Vgl. oben S. 247.
10 Sandmann (1990), S. 93.
11 Haeckel (1904), S. 450.
12 Haeckel (1904), S. 129.
13 Haeckel (1904), S. 131.
14 Haeckel (1904), S. 132.
15 Haeckel (1904), S. 132.
16 Haeckel (1904), S. 128 f.
17 Haeckel (1904), S. 132 f.
18 Haeckel (1904), S. 133.
19 Haeckel (1904), S. 134.
20 Haeckel (1904), S. 135.

21 Haeckel (1904), S. 135.
22 Haeckel (1904), S. 135.
23 Vgl. S. 112.
24 Haeckel (1904), S. 136.
25 Baader (1989), S. 23 f.
26 Schipperges (1988), S. 39.
27 Wittkau-Horgby (1998), S. 137.
28 Winau (1981), S. 270.
29 Haeckel (1997), S. 142 f.
30 Haeckel (1904), S. 375.
31 Thomann/Kümmel (1995), S. 100–104; Schipperges (1968), S. 118–123.
32 Schipperges (1988), S. 38.
33 Schipperges (1968), S. 119.
34 Schipperges (1968), S. 118 f.
35 Zit. nach Sieferle (1994), S. 139.
36 Schipperges (1988), S. 39.
37 Benzenhöfer (1999), S. 98 f.
38 Wittkau-Horgby (1998), S. 130.
39 Vgl. S. 244.
40 Wittkau-Horgby (1998), S. 132.
41 Wittkau-Horgby (1998), S. 133.
42 von Carneri (1906).
43 Unold (1906).
44 Ploetz (1895).
45 Woltmann (1903).
46 Goldscheid (1909).
47 Schallmayer (1903).
48 Vgl. Sandmann (1990), S. 121–185.
49 Beer (1914), S. 9, zit. nach Benzenhöfer (1999), S. 99.
50 Sandmann (1990), S. 23.
51 Jost (1895), S. 13.
52 Benzenhöfer (1999), S. 94.
53 Jost (1895), S. 17.
54 Jost (1895), S. 18.

37. Zwischen Positivismus und Verbrechen – Ärztliche Ethik in Deutschland und Europa nach 1920

1 Zimmermann (2000), S. 38.
2 Vogt (1855).
3 Von 1933 bis 1938 erschienen zahlreiche Bücher, so «Der Begriff Rasse und Gesellschaft» (1934), «Zur Entwicklung der Rassehygiene» (1935), «Rassehygiene und Krieg» (1936), (zusammen mit Ernst Rüdin 1938) «Zur Entwicklung des Deutschen Reiches seit der Machtübernahme unseres Führers am 30. Januar 1933», vgl. Quellen und Literatur bei Sandmann (1990), S. 205.
4 Zit. nach Sandmann (1990), S. 133.
5 Zit. nach Sandmann (1990), S. 134.
6 Rossmanith (1994), S. 198.
7 Pawlow (1955), S. 407–411.
8 Vgl. Rossmanith (1994), S. 194.
9 Zit. nach Rossmanith (1994), S. 195 f.

10 Zit. nach Schmuhl (1994), S. 143.
11 Schmuhl (1994), S. 144 f.
12 von Leers (1936), S. 72–80.
13 Proctor (2000), S. 68.
14 Klee (2001), S. 25.
15 Immerhin hatte Nietzsche Zweifel an der Objektivität des Wahren, vgl. Kroß (1998), S. 143.
16 Vgl. Lenz (1917), (1923), (1927/28).
17 Proctor (2000), S. 67 f.
18 Hoßfeld (1999), S. 50 f.
19 Hoßfeld (1999), S. 54 f.
20 Nämlich in Ploetz' 1895 erschienem Buch «Die Tüchtigkeit der Rasse und der Schutz der Schwachen», vgl. Schmuhl (1994), S. 145.
21 Kretschmer (1929), S. 60–65.
22 Kretschmer (1929), S. 76 f.
23 Kater (2000), S. 196.
24 Binding / Hoche (1920).
25 Binding / Hoche (1920), S. 19.
26 Binding / Hoche (1920), S. 29.
27 Binding / Hoche (1920), S. 31.
28 Binding / Hoche (1920), S. 57.
29 Binding / Hoche (1920), S. 53.
30 Binding / Hoche (1920), S. 62.
31 Heyde organisierte im Krieg die Tötungsmaschinerie der Nazis, vgl. Klee (2001), S. 19.
32 Zit. nach Leven (1997), S. 117.
33 Benzenhöfer (1999), S. 106.
34 Benzenhöfer (1999), S. 235, dort Anm. 41.
35 Benzenhöfer (1999), S. 106.
36 Benzenhöfer, ibd.
37 Benzenhöfer (1999), S. 107.
38 Benzenhöfer, ibd.
39 Vgl. S. 254 und Kapitel 35.
40 Zu Wagner von Jauregg vgl. ausführlich Whitrow (1993).
41 Baader (1989), S. 108.
42 Vgl. Schipperges (1990), S. 34.
43 Vgl. hierzu ausführlich Schipperges (1990).
44 Schipperges (1990), S. 31.

38. Medizin im Dritten Reich

1 Lifton (1988); Kater (2000).
2 Zum Euthanasiebegriff in der Antike vgl. S. 42 ff., 109 f.
3 Vgl. Benzenhöfer (2000), S. 110.
4 Zit. nach Frewer (2000), S. 96.
5 Zit. nach Frewer (2000), S. 97 f.
6 Frewer (2000), S. 109–111.
7 Hierzu Gütt (1935), besonders S. 131–154.
8 Proctor (2000), S. 71; Eckart (1998), S. 349.
9 Rothmaler (1989), S. 71.
10 Eckart (1998), S. 349.
11 Rothmaler (1989), S. 73.

12 Gütt (1935), S. 141–143; Proctor (2000), S. 71.
13 Proctor (2000), S. 71–73.
14 Zit. nach Hohendorf (2002), S. 9 (dort auch Abbildung des Originalbriefs).
15 Hohendorf (2002), S. 9.
16 Müller (2001), S. 37, 39.
17 Winau (1989), S. 81 f.
18 Müller (2001), S. 40 f.
19 Zit. nach Klee (2001), S. 139.
20 Vgl. S. 274.
21 Benzenhöfer (1999), S. 108.
22 Kater (2000), S. 381.
23 Mitscherlich (1980), S. 149.
24 von Leers (1936), S. 80–117.
25 Klee (2001), S. 269–278.
26 Zit. nach Klee (2001), S. 275.
27 Lilienthal (1989).
28 Zu Gobineau vgl. S. 247.
29 Schmuhl (1994), S. 148.
30 Baader (1989), S. 106.
31 Proctor (2000), S. 70.
32 Kater (2000), S. 379.
33 Kümmel (1989), S. 32; Kater (2000), S. 302 ff.
34 Kater (2000), S. 302.
35 Nach Michael Kater waren es etwa 45 Prozent, vgl. Klee (2001), S. 231.
36 Kater (2000), S. 309.
37 Kater (2000), S. 317.
38 Zur engen Verwandtschaft von Tierschützern und Antisemitismus im 19. Jahrhundert vgl. S. 249 f.; ferner Kümmel (1989), S. 31.
39 Kater (2000), S. 298.
40 Kümmel (1989), S. 32.
41 Sievert (1996), S. 138.
42 Keil (1988); Sievert (1996).
43 Zu Lenz vgl. auch S. 272.
44 Zit. nach Sievert (1996), S. 135.

39. Ärztliche Ethik nach 1945

1 Kater (2000), S. 197–199.
2 Arnold/Sprumont (1997), S. 119; Deutsch (1997), S. 103 f.
3 Zit. nach Deutsch (1997), S. 104 f.
4 Deutsch (1997), S. 111.
5 Deutsch (1997), S. 111.
6 Der Text ist abgedruckt bei Wiesing (2000), S. 117–122.
7 Krause/Winslade (1997), S. 199.
8 Herranz (1997), hier S. 178–187.
9 Herranz (1997), S. 176.
10 Kater (2000), S. 33 f.
11 Kater (2000), S. 34.
12 Vgl. S. 279.
13 Kater (2000), S. 25–29.
14 Zit. nach Wiesing (2000), S. 130.

15 Kater (2000), S. 34.
16 Hierzu allerdings, besonders zu den ärztlichen Verbrechen an chinesischen und koreanischen Gefangenen durch Japaner, Kimura (1997).
17 Vgl. allerdings Mader (1977).
18 Jonsen (2000), S. 108.
19 Kater (2000), S. 34.
20 Zit. nach Wiesing (2000), S. 124.
21 Bartens (2003), S. 28–37.
22 Watson / Crick (1953).
23 Vgl. S. 17 und FAZ vom 26. 9. 2000.
24 Vgl. ibd.
25 Vgl. S. 163–165.
26 Bartens (2003), S. 29.
27 Gante (1993), S. 182 f.
28 Nüsslein-Volhard (2001).
29 Jonsen (2000), S. 103.
30 Jonsen (2000), S. 106 f.
31 Bergdolt (1999), S. 13.
32 Vaughn (1970).
33 Vgl. S. 66.
34 Singer (2000), S. 154.
35 Ach / Wiesing (2000), S. 201.
36 Schöne-Seiferth (1997).
37 Jonsen (2000), S. 111 f.
38 Honnefelder (2001).
39 Vgl. etwa die Verpflichtung, den Kranken zur Beichte zu mahnen und entsprechende Gegenargumente, vgl. S. 218 f.
40 Vgl. Dokumentation Jahrbuch für Wissenschaft und Ethik 6 (2001), S. 346.
41 Vgl. Winnacker (2004).
42 Bezüglich der umfassenden, kaum mehr überschaubaren Literatur sei exemplarisch auf die von L. Honnefelder und C. Streffer herausgegebenen Jahrbücher für Wissenschaft und Ethik, die von W. T. Reich edierte Encyclopedia of Bioethics, sowie den von Urban Wiesing herausgegebenen Reader (2000) verwiesen.
43 Zu Kants Haltung vgl. S. 216.
44 Ach (1999); Stoecker (1999); Schlich (2001).
45 Blumenberg (2000), S. 33.
46 Taupitz (2001).
47 Devereaux (2002).
48 Lauterbach (1996).

40. Nachwort:

1 Aristoteles, Nikom. Ethik 1094b 12–15; vgl. auch oben S. 17.

Bibliographie

1. Quellen

Aelian, Variae Historiae 14,7. Hrsg. und übersetzt (Historical Miscellany) von H. G. Wilson. Cambridge/Mass./London 1997

(Aesop), Corpus Fabularum Aesopicarum. Vol. prius. Hrsg. von A. Hausrath. Leipzig 1956

Aesop, Der Frosch als Arzt, in: Babrius and Phaedrus. Hrsg. und ins Englische übersetzt von B. E. Perry. Cambridge/Mass. 1965, S. 157 (Fabel 120)

Aikin, J., Thoughts on Hospitals. Warrington 1771

Aischylos, Tragödien. Griechisch/Deutsch. Übersetzt von O. Werner. Hrsg. von B. Zimmermann. Zürich/Düsseldorf 1996

Albertus Magnus. Zum 700. Todestag (Ausstellungskatalog des Historischen Archivs der Stadt Köln). Köln 1981

(Ambrosius), Des hl. Kirchenlehrers Ambrosius von Mailand ausgewählte Schriften aus dem Lateinischen übersetzt. Bd. III (Pflichtenlehre und ausgewählte kleinere Schriften). Übersetzt und eingeleitet von J. E. Niederhuber (=Bibliothek der Kirchenväter). Kempten/München 1917

Andreae, J. V., Christianopolis. Hrsg. von W. Biesterfeld (=Reclams Universalbibliothek 9786). Stuttgart 1975

Anonymus Londinensis. Auszüge eines Unbekannten aus Aristoteles-Menons Handbuch der Medizin. Hrsg. von H. Diels. Deutsche Ausgabe von H. Beckh und F. Spät. Berlin 1896

Argentario, G., De consultationibus medicis sive (ut vulgus vocat) de collegiandi ratione liber. Florenz 1551

(Aristophanes), Wealth. Hrsg. von A. H. Sommerstein, in: The comedies of Aristophanes, Bd. 2. Warminster 2001

Aristophanes, Birds, in: Aristophanes. Hrsg. J. Henderson. Cambridge/Mass./London (Loeb). Bd. 3 (The Loeb Classical Library 179), 2000, S. 1–251; Wealth, ibd. Bd. 4 (The Loeb Classical Library 180), 2002, S. 415–597

Aristoteles, Hauptwerke. Ausgewählt, übersetzt und eingeleitet von W. Nestle (= Kröners Taschenausgabe 129). Stuttgart 1977

Aristoteles, Philosophische Schriften in 6 Bänden. Darmstadt 1995

(Augustinus), Saint Augustine. The City of God against the Pagans. Englisch von W. Chase Green. Cambridge/Mass./London (Loeb). Bd. 6 (The Loeb Classical Library 416), 1969 und 7 (The Loeb Classical Library 417), 1972

Bacon, F., Nova Atlantis, in: Der utopische Staat. Morus: Utopia, Campanella: Sonnenstaat, Bacon: Neu-Atlantis. Übersetzt von K. J. Heinisch (= Philosophie des Humanismus und der Renaissance 3). 26. Auflage Reinbek/Hamburg 2001, S. 171–215

Bacon, R., Opus Maius. Hrsg. J. H. Bridges. 3 Bde. London 1900. Nachdruck Frankfurt am Main 1964

Balzac, H. de, Der Landarzt. Aus dem Französischen von Felix Paul Greve (= Honoré de Balzac, Die Menschliche Komödie. Die großen Romane und Erzählungen in 20 Bänden. Bd. 15). Frankfurt am Main 1996

(Bardi), Medicus politicus Catholicus seu Medicinae Sacrae tum cognoscendae tum faciundae Idea Hieronymi Bardsi Genvensis Philosophi, Medici ac Theologi iam tum in Pisano. Genua 1643

Basilius von Caesarea, Die Mönchsregeln. Hrsg. von K. S. Frank. St. Ottilien 1981

Basilius von Caesarea, Briefe. Eingeleitet, übersetzt und erläutert von W. D. Hauschild (= Bibliothek der griechischen Literatur. Bd. 3 und 32). 2 Bde. Stuttgart 1973 und 1990

(Benedikt von Nursia), Regula Benedicti – Die Benediktusregel. Lateinisch-Deutsch. Beuron 1992

(Bentham, J.), Deontologie oder die Wissenschaft der Moral. Aus dem Manuskript von Jeremy Bentham geordnet und hrsg. von J. Bowring. Aus dem Englischen übertragen. 2 Bde. Leipzig 1834

Bentham, J., Brief an Dumont (28. Juni 1802), in: J. Bentham, Works. Hrsg. von J. Bowring. London 1838–1843, Bd. 10, S. 390

Bergdolt, K. (Hrsg.), Die Pest 1348 in Italien. 50 zeitgenössische Quellen. Hrsg. und übersetzt von K. Bergdolt. Heidelberg 1989

Bernard, C., Cahier de notes 1850–1960. Hrsg. von Mirko Grmek. Paris 1965

Binding, K., Hoche, A., Die Freigabe der Vernichtung lebensunwerten Lebens. Ihr Maß und ihre Form. Leipzig 1920

Blumenbach, J. F., Handbuch der Naturgeschichte. 2. verbesserte Auflage. Göttingen 1782

Boccaccio, Il Decamerone. Hrsg. von L. Giavardi. Mailand 1970

Boccaccio, De casibus virorum illustrium IV (= Tutte le opere di Giovanni Boccaccio, Bd. IX). Hrsg. von V. Branca. Mailand 1983, S. 600 ff. (De Nerone Claudio Imperatore)

Boethius, Trost der Philosophie. Aus dem Lateinischen von E. Neitzke. Stuttgart 1959

Brunhölzl, F., De more medicorum. Ein parodistisch-satirisches Gedicht des 13. Jahrhunderts, in: Sudhoffs Archiv 39 (1955), S. 289–315

Bruno, G., Über die Ursache, das Prinzip und das Eine. Hamburg 1986

Burton, R., Anatomie der Melancholie. Über die Allgegenwart der Schwermut, ihre Ursachen und Symptome sowie die Kunst, es mit ihr auszuhalten. Hrsg. von U. Horstmann. Zürich/München 1988

Campanella, T., Sonnenstaat, in: Der utopische Staat. Morus: Utopia, Campanella: Sonnenstaat, Bacon: Neu-Atlantis. Übersetzt von K. J. Heinisch (= Philosophie des Humanismus und der Renaissance 3). 26. Auflage Reinbek/Hamburg 2001, S. 111–169

(Cardano), Des Giramolo Cardano von Mailand eigene Lebensbeschreibung. Aus dem Lateinischen übersetzt von H. Hefele (= Lebensläufe, Biographien, Erinnerungen, Briefe. Bd. 18). München 1969

Cardano, G., De sanitate tuenda opus, in: Cardano, Opera omnia. Vol. VI. Lyon 1663 (Reprint Stuttgart 1966)

Carus, C. G., Symbolik der menschlichen Gestalt. Ein Handbuch zur Menschenkenntnis. Nachdruck der 2. Auflage 1858. Darmstadt 1962

Cassian, J., Das gemeinsame Leben im Kloster. Buch I–IV, in: Frühes Mönchstum im Abendland (2 Bde.). Hrsg. von S. Frank. Zürich/München 1975, S. 107–193

(Cassiodor), Cassiodori Senatoris Variae (= Monumenta Germaniae Historica 12). Hrsg. von Th. Mommsen. Berlin 1894

Castelli, P., De visitatione aegrotantium. Pro suis auditoribus et discipulis ad praxim instruendis. Rom 1630

Castelli, P., Optimus Medicus. Messina 1637

Castiglione, B., Das Buch vom Hofmann. Übersetzt und erläutert von F. Baumgart. Mit einem Nachwort von R. Willemsen. München 1986

(Castro), Roderici à Castro Lusitani Philosophorum et Medicorum Doctoris per Europam notissimi Medicus-Politicus sive De Officiis Medico-Politicis Tractatus, quatuor distinctus libris... Hamburg 1614

Celsus, A. C., Über die Arzneiwissenschaft. In acht Büchern. Übersetzt und erklärt von E. Scheller. Hildesheim 1967

Celsus, A. C., On medicine. Books I–VIII. 3 Bd. Übersetzt von W. G. Spencer (= The Loeb Classical Library 252, 304, 336). Cambridge/Mass./London. Reprint 1989–1994

Chamberlaine, W., Tirocinium Medicum or a Dissertation on the Duties of Youth apprenticed to the Medical Profession, printed to the author. London 1812
Cicero, M. T., Pro Cluentio, in: M. T. Cicero, Die Prozessreden. Bd. 1. Hrsg., übersetzt und erläutert von M. Fuhrmann. Zürich 1997, S. 362–581
(Clemens Alexandrinus), Clément d'Aléxandrie, Le Pédagogue. Hrsg. von H. I. Marrou und M. Harl. Bd. 1. Paris 1960
(Clemens von Alexandreia), Des Clemens von Alexandreia Teppiche. Wissenschaftliche Darlegungen entsprechend der wahren Philosophie (Stromateis). Buch IV–VI. München 1937 (Nachdruck Nendeln 1980)
(Codronchi), De Christiana ac tuta medendi ratione libri duo varia doctrina referti opus piis medicis, precipue itemque aegrotis et ministris atque etiam sacerdotibus ad confitendum admissis utilissimum Auctore Baptista Codronchio Philosopho ac Medico Imolensi. Ferrara 1591
Cornaro, A., Vom maßvollen Leben. Hrsg. von K. Bergdolt. Heidelberg 1991
Cortesi, G. B., Miscellaneorum medicinalium decades. Messina 1625
Delafield, F., Presidential Address to the Association of American Physicians, in: JAMA 7 (1986), S. 16
Descartes, R., Discours de la Méthode – Bericht über die Methode. Französisch/Deutsch. Übersetzt und hrsg. von H. Ostwald (= Reclams Universalbibliothek 18100). Stuttgart 2001
Diels, H., Die Fragmente der Vorsokratiker. Nach der von W. Kranz herausgegebenen 8. Auflage. Mit Einführungen und Bibliographien von G. Plamböck (=Rowohlts Klassiker der Literatur und Wissenschaft. Hrsg. von E. Grassi unter Mitarbeit von W. Hess. Griechische Philosophie Bd. 2). Reinbek/Hamburg 1963
Dietl, J., Praktische Wahrnehmungen nach den Ergebnissen im Wiener Bezirkskrankenhaus. Zeitschrift der k.k. Gesellschaft der Ärzte zu Wien 1 (1845), Bd. 2, S. 9–26
Diodorus Siculus. Griechische Weltgeschichte Buch I–XIII. Übersetzt von G. Wirth (Buch I–III) und O. Veh (Buch IV–X). Eingeleitet und kommentiert von Th. Nothers (= Bibliothek der griechischen Literatur Bd. 34). 3 Bde. Stuttgart 1992–1998
Diogenes Laertius, Leben und Meinungen berühmter Philosophen (Philosophische Bibliothek Bd. 53/54). Mit einem Vorwort von H. G. Zekl. Hamburg 1990
Du Bois-Reymond, E., Reden in zwei Bänden. Mit einer Gedächtnisrede von Julius Rosenthal. Hrsg. von Estelle Du Bois-Reymond. Leipzig 1912
Du Bois-Reymond, E., Über die Grenzen des Naturerkennens, in: D. v. Engelhardt (Hrsg.), Forschung und Fortschritt. Festschrift zum 175jährigen Jubiläum der Gesellschaft Deutscher Naturforscher und Ärzte. Stuttgart 1997, S. 117–132
Erasmus von Rotterdam, Lob der Heilkunst. Übersetzt von L. Enthoven. Straßburg 1907
Evagrius Ponticus, Über die acht Gedanken (Logismoi). Eingeleitet und übersetzt von G. Bunge. Würzburg 1992
Fabretti, A. (Hrsg.), Brevi annali della città di Perugina dall 1194 al 1352, scritti verosimilmente da uno della famiglia Oddi …, in: Archivio Storico Italiano XVI (1850), S. 68
Wilhelm Fabry von Hilden, Spiegel des menschlichen Lebens. Bern 1621
Wilhelm Fabry, Lithomia Vesicae. Das ist Gründlicher Bericht von dem Blaterstein. Basel 1626
Falloppio, G., De morbo Gallico, in: G. Falloppio, Opera Omnia. Bd. I. Frankfurt am Main 1600
Fernel, J., De Abditis Rerum Causis Libri. Frankfurt am Main 1977
Fienus, Th., De viribus imaginationis. Leyden 1635
Flavius Josephus, De bello Judaico. Zweisprachige Ausgabe der sieben Bücher. Hrsg. von O. Michel und O. Bauernfeind. Darmstadt 1963–1982
Flint, A., Medical Ethics and Etiquette: The National Code of Medical Ethics. New York 1883

Fracastoro, H., Drei Bücher von den Kontagien, den kontagiösen Krankheiten und deren Behandlung (1546). Hrsg. und übersetzt von V. Fossel. Leipzig 1910
Frank, J. P., System einer vollständigen medicinischen Policey. Bd. 1. Mannheim 1784
Frank, J. P., System einer vollständigen medicinischen Policey. Bd. 2. Mannheim 1780
Frank, J. P., System einer vollständigen medicinischen Policey. Bd. 14. Frankenthal 1814
Frank, J. P., Ankündigung des klinischen Instituts zu Göttingen. Göttingen 1784
Frank, J. P., Anleitung zur Kenntnis und Wahl des Arztes für Nichtärzte. Wien 1800
Frank, J. P., Akademische Rede vom Volkselend als der Mutter der Krankheiten. Hrsg. von E. Lesky. Leipzig 1960
Frank, K. S. (Hrsg.), Frühes Mönchstum im Abendland (= Die Bibliothek der Alten Welt). Hrsg. von C. Andresen. 2 Bde. (Lebensformen, Lebensgeschichten). Zürich/München 1975
von Froriep, L. F., Über die anatomischen Anstalten zu Tübingen, von Errichtung der Universität bis auf gegenwärtige Zeit. Weimar 1811
(Fuchs), Fuchs, Leonhart 1501–1566. Mediziner und Botaniker (Ausstellungskatalog). Tübingen 2001
(Galen), Claudii Galeni Opera Omnia Bd. I–XX (1821–1833). Hrsg. von C. G. Kühn. Neudruck Hildesheim 1965
(Gilles de Corbeil), Aegidii Corboliensis Carmina Medica. Hrsg. von L. Choulant. Leipzig 1826
Gracián, B., Handorakel und Kunst der Weltklugheit. Deutsch von A. Schopenhauer (= Kröners Taschenaugabe. Bd. 8). Mit einer Einleitung von K. Voßler. Stuttgart 1978
Grant, E. (Hrsg.), A Source Book in Medieval Science. Cambridge/Mass. 1974
Gregor von Nyssa, Contra Eunomium. Iteratis curis edidit Wernerus Jaeger. Leiden 1960
Grimmelshausen, H. J. C. von, Der abenteuerliche Simplicissimus. Vollständige Ausgabe. Mit einem Nachwort von A. Kelletat und den 22 Abbildungen der ersten Gesamtausgabe von 1683/84. 2. Auflage Düsseldorf/Zürich 2003
Gruner, C. G., Deutsches Medicinalwesen am Ende des achtzehnten Jahrhunderts (= Almanach für Ärzte und Nichtärzte). 1790
(Guido von Arezzo), Goehl, K. (Hrsg.), Guido d'Arezzo der Jüngere und sein «Liber mitis» (= Würzburger Medizinhistorische Forschungen 32). 2 Bde. Hg. von G. Keil. Pattensen 1984
Gütt, A., Der Aufbau des Gesundheitswesens im Dritten Reich. Berlin 1935
Haeckel, E., Die Welträthsel. Gemeinverständliche Studien über Monistische Philosophie. Bonn 1899
Haeckel, E., Die Lebenswunder. Gemeinverständliche Studien über Biologische Philosophie. Ergänzungsband zu dem Buche über die Welträthsel. Stuttgart 1904
(Haller, A.), Albrecht von Hallers Briefe an Auguste Tissot 1754–1777. Hrsg. von E. Hintzsche. Bern/Stuttgart/Wien 1977
Heinisch, K. J., Kaiser Friedrich II. in Briefen und Berichten seiner Zeit. Hrsg. und übersetzt von K. J. Heinisch. Darmstadt 1968
Henning, F., Von den Pflichten der Kranken gegen die Ärzte. Leipzig 1791
Hense, O., Ioannis Stobaei anthologii libri duo posteriores. Bd. III. Berlin 1912
Herodot, Historien, 2 Bde. Griechisch/Deutsch. Hrsg. von Josef Feix. Zürich 1995
(Hieronymus), Selected letters of St. Jerome. With an english Translation by F. A. Wright. LCL 262. Reprint. London/Cambridge/Mass. 1991
Hildegard von Bingen, Briefwechsel. Nach den ältesten Handschriften übersetzt und nach den Quellen erläutert von A. Führkötter OSB. Salzburg 1965
Hippel, T. G., Über die Ehe. Hrsg. und mit einem Nachwort versehen von G. de Bruyn. Berlin 1979
(Hippokrates), Littré, E. (Hrsg.), œuvres complètes d'Hippocrate, traduction nouvelle avec le text Grec en regard … Bd. 1–9. Paris 1839–1861. Unveränderter Neudruck Amsterdam 1961–1962

Hippokrates, Ausgewählte Schriften. Aus dem Griechischen übersetzt und hrsg. von H. Diller. Mit einem bibliographischen Anhang von K. H. Leven (= Reclam-Universalbibliothek 9319). Stuttgart 1994
Homer, Ilias. Griechisch/Deutsch. Hrsg. von H. Färber und M. Faltner. Übertragen von H. Rupé. 2. Auflage Freising 1961
Hooker, W., Physician and Patient or a practical View of the Mutual Duties, Relations and Interests of the Medical Profession and the Community. New York 1849 (Reprint New York 1972)
Horst, J., Predicationes Medicorum ... ad varios usus tum studiorum tum etiam operum artis a Jacopo Horstio D. medicinae. Helmstaedt 1585
Hufeland, C. W., Die Verhältnisse des Arztes, in: Neues Journal der practischen Arzneykunde und Wundarzneykunst XVI, 3. Hrsg. von C. W. Hufeland. Berlin 1806, S. 5–36
Hufeland, C. W., Geschichte der Gesundheit nebst einer physischen Charakteristik des jetzigen Zeitalters ... Berlin 1812
Hufeland, C. W., Makrobiotik oder die Kunst, das menschliche Leben zu verlängern. Mit einem Brief Immanuel Kants an den Autor (= Insel-Taschenbuch 770). Frankfurt am Main 1984
Hutten, U. von, Über die wunderbare Heilkraft des Guajakholzes und die Heilung der Franzosenkrankheit (1519), in: U. Hutten, Die Schule des Tyrannen. Lateinische Schriften. Hrsg. von M. Treu. Leipzig 1991
Ingrassia, G. F., Iatropologia. Venedig 1550
(Isidor von Sevilla), Isidori Hispalensis Episcopi Etymologorum sive originum Libri XX. Hrsg. von W. M. Lindsay. 2 Bde. Oxford 1911
(Iulius Alexandrinus), Iulii Alexandrini Serenissimi Romanorum Regis Physici De Medicina et Medico Dialogus libris quinque distinctus. Zürich 1557
Jakob, H. (Hrsg.), Levini Lemnii occulta naturae miracula. Frankfurt/Hamburg 1572
Johannes von Salisbury, Policraticus. Sive de nugis Curialium et vestigiis philosophorum Libri VIII. Löwen 1639
Jost, A., Das Recht auf den Tod. Sociale Studien. Göttingen 1895
Juvenal, Satiren. Einführung und Übersetzung von Harry C. Schnur (= Reclams Universalbibliothek 8598). Stuttgart 2000
Kant, I., Grundlegung zur Metaphysik der Sitten, in: I. Kant. Werke in zehn Bänden. Hrsg. von W. Weischedel, Bd. 6 (Schriften zur Ethik und Religionsphilosophie 1). Darmstadt 1983, S. 11–102.
(Laktanz), Des Luc. Cael. Firm. Lactantius Schriften. Von den Todesarten der Verfolger. Vom Zorne Gottes. Auszug aus den göttlichen Unterweisungen. Gottes Schöpfung (= Bibliothek der Kirchenväter). Kempten/München 1919
La Mettrie, J. O. de, L'homme Machine (Der Maschinenmensch). Hrsg. von C. Becker. Hamburg 1990
La Mettrie, J. O. de, Der Mensch eine Maschine. Aus dem Französischen von T. Lücke. Nachwort von H. Tetens (L'homme machine. Princeton 1960) (= Reclams Universalbibliothek Nr. 18146). Stuttgart 2001
Lavater, J. C., Physiognomische Fragmente zur Beförderung der Menschenkenntnis und Menschenliebe. Hrsg. von Chr. Siegrist (= Reclam Univ. Bibl. 350). Stuttgart 1992
Von Leers, J., Blut und Rasse in der Gesetzgebung. Ein Gang durch die Völkergeschichte. München 1936
Lessius, L., Hygiasticon, sei vera ratio valetudinis bonae ... Antwerpen 1613
Linné, C. von, Auserlesene Abhandlungen aus der Naturgeschichte, Physik und Arzneywissenschaft. Leipzig 1776
Lombroso, Cesare, Der Verbrecher (Homo delinquens). Hamburg 1897
Das Lorscher Arzneibuch. Übersetzung der Handschrift Msc. Med. 1 der Staatsbibliothek

Bamberg. Hrsg. von U. Stoll und G. Keil unter Mitwirkung von Altabt A. Ohlmeyer. Hrsg. von G. Keil (mit Faksimile). 2 Bde. Stuttgart 1989
Löwith, K., Weltgeschichte und Heilsgeschehen. Die theologischen Voraussetzungen der Geschichtsphilosophie. 8. Auflage Stuttgart/Berlin/Köln 1990
Lucian, Works. Vol. II (= The Loeb Classical Library). Mit einer englischen Übersetzung von A. M. Harmon. Cambridge/Mass./London 1987
Lukrez, Vom Wesen des Weltalls (De natura rerum). Aus dem Lateinischen von D. Ebener. Berlin/Weimar 1994
Luther, M., Werke, Tischreden 1531–1546. Bd. 5. Weimar 1919
(Luther), Dr. Martin Luthers Sämtliche Schriften. Hrsg. von J. G. Walch. Bd. 22. Colloquia oder Tischreden. Groß-Oesingen 1986
Luther Deutsch. Die Werke Luthers in Auswahl. Hrsg. von K. Aland. Bd. 9 (Tischreden) (= Uni-Taschenbücher 1656). Göttingen 1991
Manetti, G., Über die Würde und Erhabenheit des Menschen. Übersetzt von H. Leppin. Hrsg. und eingeleitet von A. Buck (= Philosophische Bibliothek. Bd. 426). Hamburg 1990
Marchionne di Coppo, Cronaca Fiorentina di Marchionne di Coppo Stefani, in: Rerum Italicarum Scriptores. Raccolta degli Storici Italiana dal Cinquecento al Millecinquecento. Hrsg. von Giosuè Carducci und Vittorio Fiorini. Bd. XXX. Città di Castello 1903, S. 230–232
Marx, K. F. H., Ärztlicher Katechismus. Über die Anforderungen an die Ärzte. Stuttgart 1876
Menander, Fragmente, in: The Fragments of Attic Comedy after Meineke, Bergk and Kock. Hrsg. von J. Maxwell Edmonds. Bd. III b (Menander). Leiden 1961
Migne Patrologia Latina. Bd. 7
Molanus, J., Medicorum ecclesiasticum diarium. Leuven 1595
Moleschott, J., Der Kreislauf des Lebens. Physiologische Antworten auf Liebig's chemische Briefe. Mainz 1852
Molière, Der eingebildete Kranke. Komödie in drei Aufzügen. Übersetzung und Nachwort von D. Distelmaier-Haas (= Reclam-Universalbibliothek 1177). Stuttgart 2000
Mondeville, H. de, Chirurgie. Nach Berliner, Erfurter und Pariser Codices zum ersten Mal herausgegeben von J. P. Pagel. Berlin 1892
Montaigne, M. de, Essais. Erste moderne Gesamtübersetzung von H. Stilett. 3 Bde. Frankfurt am Main 2000 (Taschenausgabe)
Morris, M. (Hrsg.), Die Schrift des Albertus de Zanchariis aus Bologna «De cautelis medicorum habendis». Inaug. Diss. Leipzig 1914
Morus, Th., Utopia. Aus dem Lateinischen von A. Hartmann. Mit einem Portrait des Autors von Erasmus von Rotterdam (= Diogenes Taschenbuch 20420). Basel 1981
Moulton, Th., Mirror or Glass of Health. London 1580
Müri, W., Der Arzt im Altertum. Griechische und Lateinische Quellenstücke mit der Übertragung ins Deutsche. 4. Auflage München 1979
Nauck, A. (Hrsg.), Tragicorum Graecorum Fragmenta 636. Leipzig 1889
Naunyn, B., Ärzte und Laien (zunächst publiziert in der Deutschen Revue 1905), in: Gesammelte Abhandlungen. Würzburg 1909, Bd. II, S. 1327–1355
Niçaise, E. (Hrsg.), La Grande Chirurgie de Guy de Chauliac. Paris 1890
Nietzsche, F., Werke in 3 Bden. Hrsg. von K. Schlechta. Darmstadt 1994
Oesterlen, F., Handbuch der Hygieine für den Einzelnen, wie für eine Bevölkerung. Tübingen 1851
Origenes, De principiis (= Die griechischen christlichen Schriftsteller der ersten drei Jahrhunderte Bd. V). Leipzig 1913
Origenes, Homiliae in Ezechiel (= Die griechischen christlichen Schriftsteller der ersten drei Jahrhunderte Bd. VIII). Leipzig 1925
(Origines), Des Origines acht Bücher gegen Celsus. Übersetzt von P. Koertschau. München 1927

(Origenes), Origène, Contre Celse Bd. I–IV. Ed. M. Borret SJ. Paris 1967–1969
Osterhausen, J. K., Ueber medicinische Aufklärung. Bd. 1. Zürich 1798
Ovid, Amores II, 13, vgl. Publius Ovidius Naso, Liebesgedichte (Amores). Lateinisch und deutsch von W. Marg und R. Harder. 2. Auflage Kempten 1962
Paracelsus, Sämtliche Werke. Nach der zehnbändigen Huserschen Gesamtausgabe 1589–1591 zum ersten Mal in neuzeitliches Deutsch übersetzt. Hrsg. von B. Aschner. Jena 1926–1932 (Reprint Bischofswiesen 1993)
Paracelsus, Werke. Bd. 1–5: Medizinische Schriften. Besorgt von W.-E. Peuckert. Basel/Stuttgart 1965–1968
Paradys, N., Rede ... über das, was die Arzneywissenschaft vermag, den Tod leicht und schmerzlos zu machen ... aus dem Lateinischen übersetzt von J. G. Klees, in: Neues Magazin für Ärzte 18, 6 (1796), S. 560–572
Paré, A., Rechtfertigung und Bericht über meine Reisen in verschiedene Orte. Hrsg. und übersetzt von E. Ackerknecht (= Hubers Klassiker der Medizin und der Naturwissenschaften II). Bern/Stuttgart 1963
Pascal, B., Gedanken. Eine Auswahl (= Reclams Univ. Bibl. 1621). Stuttgart 1956
Paullini, K. F., Neu vermehrte, heylsame Dreck-Apotheke. Frankfurt am Main 1734
Pepys, S., Tagebuch. Aus dem London des 17. Jahrhunderts. Hrsg. von H. Winkler. Stuttgart 1980
Petrarca, F., Invective contra medicum. Testo latino e volgarizzamento di Ser Domenico Silvestri. Hrsg. von P. G. Ricci (= Storia e letteratura – Raccolta di studi e testi). Rom 1978
Pettenkofer, M. v., Über Hygiene und ihre Stellung an den Hochschulen, in: WMW 25 (1875)
Pettenkofer, M. v., Öffentliche Gesundheitspflege, in: D. v. Engelhardt (Hrsg.), Forschung und Fortschritt. Festschrift zum 175jährigen Jubiläum der Gesellschaft Deutscher Naturforscher und Ärzte. Stuttgart 1997, S. 77–91
Philo, The Sacrifices of Abel and Cain, in: Philo, Works II. With an English Translation by F. H. Colson and G. H. Whitaker (= The Loeb Classical Library 227). Cambridge/Mass./London 1929 (Reprint 1979), S. 88–195
Philpot, S., An Essay on the advantage of a Polite education joined with a Learned one, printed for the Author. London 1747
Pico della Mirandola, G., Über die Würde des Menschen. Aus dem Neulateinischen von H. R. Rüssel. Mit der Lebensbeschreibung picos von thomas morus (= Manesse-Bücherei 8). Zürich 1988
(Pietro d'Abano), Conciliator controversiarum quae inter Philosophos et Medicos versantur, Petro Abano Patavino, Philosopho ac Medico Carissimo, Autore ... Venedig 1565
(Pietro d'Abano), Opere di Pietro d'Abano. A cura di G. I. Ludwig F.C.H. 2 Bde. Padua 1982
Platner, E., Anthropologie für Ärzte und Weltweise (Nachdruck, mit einem Nachwort von A. Kosenina, Hildesheim 1998)
Platon, Werke in acht Bänden. Hrsg. von G. Eigler. In der Übersetzung von F. Schleiermacher. 2. Auflage Darmstadt 1990
Plautus, Komödien. Übersetzt von P. Nixon. 5 Bde. Englisch-Lateinische Ausgabe (= The Loeb Library). Cambridge/Mass./London 1916–1938
Plinius, Historia Naturalis (= Loeb Classical Library: Pliny, Natural History. With an English Translation in 10 volumes). London/Cambridge/Mass. 1958–1963
Ploucquet, W. G., Abhandlung über die gewaltsamen Todesarten. 2. Auflage Tübingen 1788
Ploucquet, W. G., Der Arzt, oder über die Ausbildung, die Studien, Pflichten, Sitten, und die Klugheit des Arztes. Tübingen 1797
Plutarch, Große Griechen und Römer. Hrsg. von K. Ziegler. Bd I–IV (Die Bibliothek der Alten Welt, begründet von K. Hoenn, hrsg. von W. Rüegg). Zürich/Stuttgart 1954–1957
Plutarch, Moralia Bd. I–XIV. With an English Translation by F. Cole Babbitt u.a. Cambridge/London 1927–1967

(Polybios), Polybii Historiae. 4 Bde. Leipzig 1889–1905. Hrsg. von T. Buettner-Wobst. Reprint Stuttgart 1962–1967
Posidippus, Fragmente, in: T. Kock (Hrsg.), Comicorum Atticorum Fragmenta. Bd. 3. Leipzig 1888 (Fragment 18)
(Prudentius), Aurelii Prudentii Clementis quae exstant carmina. Hrsg. von A. Dressel. Leipzig 1860
Quintilianus, M. F., Ausbildung des Redners. 12 Bücher. Hrsg. und übersetzt von H. Rahn. 3. Auflage Darmstadt 1995
Pufendorf, S. v., De jure naturae et gentium libri octo. 2 Bde. Hrsg. von G. Mascovius. Frankfurt/Leipzig 1744
Reil, J. C., Entwurf einer allgemeinen Therapie. Halle 1816
Renzi, S. de, Sul Trattato De Adventu Medici ad Aegrotum di un anonimo Salernitano, in: Collectio Salernitana. Bd. II. Neapel 1853, S. 72–80
Reuter, C. F. R., Die Medicinalverfassung des Herzogthums Nassau, beurtheilt nach einem dreißigjährigen Bestande mit Rücksicht auf das Bedürfnis der Gegenwart. Wiesbaden 1849
Rostino, P., Trattato di Mal Francese. Venedig 1556
Rudio, E., De morbis occultis et venenatis. Venedig 1610
Santacruz, A. P. de, Dignotio et cura affectuum melancholicorum. Madrid 1622
Schelling, F. W., Über das Wesen deutscher Wissenschaft. Berlin 1812
Schnur, H. S. (Hrsg.), Der schlechte Arzt, in: Fabeln der Antike. Griechisch, Lateinisch, Deutsch. 3. Auflage Düsseldorf/Zürich 1997
Schopenhauer, A., Über die Grundlage der Moral, in: Sämtliche Werke. Hrsg. von A. Hübscher. 7 Bde. Wiesbaden 1948–1950, Bd. IV, S. 103–275
Schultz-Schultzenstein, K. H., Medizin und Materielles Wohl, in: D. v. Engelhardt (Hrsg.), Forschung und Fortschritt. Festschrift zum 175jährigen Jubiläum der Gesellschaft Deutscher Naturforscher und Ärzte. Stuttgart 1997, S. 61–75
Schweitzer, A., Die Ehrfurcht vor dem Leben. Grundtexte aus fünf Jahrzehnten. Hrsg. von H. W. Bähr. München 1991
Schweninger, E., Der Arzt. Frankfurt am Main 1906
(Scribonius Largus), Sergio Sconocchia, Scribonii Largi Compositores. Epistola Dedicatoria 5. Leipzig 1983
Seneca, Werke. Lateinisch und Deutsch. 6 Bde. Hrsg. von M. Rosenbach. 2. Auflage Darmstadt 1995
Sopater, in: H. Raabe, Aus Rhetoren-Handschriften (= Rheinisches Museum N. F. 64) (1909), S. 576
Soranus, Gynecology. Translated with an introduction by O. Temkin. Baltimore/London 1956
(Stobaios), Hense, O. (Hrsg.), Ioannis Stobaei Anthologii libri duo posteriores. Bd. 39. Berlin 1912
Struppius, J., Nützliche Reformation zu guter Gesundheit und christlicher Ordnung. Frankfurt am Main 1573
Sudhoff, K. (Hrsg.), Pestschriften aus den ersten 150 Jahren nach der Epidemie des «Schwarzen Todes» 1348, in: Arch. Gesch. der Medizin 5 (1912), S. 36–87; 6 (1913), S. 313–379
Sueton, Leben der Caesaren. Übersetzt und bearbeitet von A. Lambert. München 1972 (1955)
Tacitus, P. C., Annalen. Lateinisch und Deutsch. Hrsg. von E. Heller. Mit einer Einführung von M. Fuhrmann. 2. durchgesehene und erweiterte Auflage München/Zürich 1992
Der Talmud. Ausgewählt, übersetzt und erklärt von R. Mayer. München 1980
Tertullian. Der Vater des abendländischen Christentums. Hrsg. von E. Rolffs. Berlin 1930
(Tertullian), Quinti Septimi Florentis Tertulliani De Anima. Hrsg. von J. H. Waszink. Amsterdam 1947

Theon, A., Progymnasmata, in: Finckh, E., Rhetores Graeci. Stuttgart 1834
Thomas von Aquin, Summe der Theologie. Hrsg. von J. Bernhart. 3 Bde. (= Kröners Taschenausgabe 109). 3. Auflage Stuttgart 1985
Thomas von Aquin, Sentenzen über Gott und die Welt. Lateinisch-Deutsch. Zusammengestellt und hrsg. von J. Pieper (= Christliche Meister 33). Einsiedeln/Freiburg 2000
Tissot, S., Anleitung für das Landvolk in Absicht auf seine Gesundheit oder: Gemeinnütziges und sehr bewährtes Haus-Arzney-Buch. Münster 1789
Trithemius, J., Polygraphiae libri VI. Straßburg 1600
Virchow, R., Die Freiheit der Wissenschaften im modernen Staatsleben, in: D. v. Engelhardt (Hrsg.), Forschung und Fortschritt. Festschrift zum 175jährigen Jubiläum Deutscher Naturforscher und Ärzte. Stuttgart 1997, S. 145–166. Der Vortrag wurde 1877 in München gehalten.
Vogt, C., Köhlerglaube oder Wissenschaft. Eine Streitschrift gegen Hofrath Rudolf Wagner in Göttingen. Gießen 1855
Voltaire, Dictionnaire Philosophique. 50 Bde., Paris 1875
Voragine, J., Legenda Aurea. Deutsch von R. Benz. Heidelberg 1950
Westendorf, W. (Hrsg.), Papyrus Edwin Smith, ein medizinisches Lehrbuch aus dem alten Ägypten (= Hubers Klassiker der Medizin und der Naturwissenschaften 9). Bern 1966
Withington, E. Th., Roger Bacon on the errors of physicians, in: Essays on the History of Medicine, presented to Karl Sudhoff. Hrsg. von Ch. Singer und H. E. Sigerist. Zürich 1924, S. 139–157
Wolff, Ch., Über die Sittenlehre der Sinesier. Halle 1721
Zacchia, P., Quaestiones Medico-legales. Amsterdam 1651 (3. Ed.)
Zacuto, A., De praxi medica libri tres. Amsterdam 1634
Zancharius, A. de, vgl. Morris
Zedler's Universal-Lexicon. Leipzig 1732–1750
Zerbi, G., Opus perutile de cautelis medicorum. 1495, in: Bibl. Palatina IV 586 (4) (lat. 1857d)
Ziemssen, H. v., Der Arzt und die Aufgaben des ärztlichen Berufs (= Klinische Vorträge I, 1). Leipzig 1887
Zimmermann, J. G., Das Leben des Herrn von Haller. Zürich 1755

2. Sekundärliteratur

Ach, J. S., Hirntod und Organverpflanzung: ethische, medizinische, psychologische und rechtliche Aspekte der Transplantationsmedizin. 2. Auflage Stuttgart-Bad Cannstatt 1999
Ach, J. S., Wiesing, U., Einführung Sterbehilfe, in: U. Wiesing (Hrsg.), Ethik in der Medizin. Stuttgart 2000, S. 194–202
Aikema, B., Meijers, D., Nel regno dei poveri. Arte e storia dei grandi ospedali veneziani in età moderna 1474–1797. Venedig 1989
Alexander, P., Ideas, Qualities and Corpuscles: Locke and Boyle on the External World. Cambridge 1985
Alonso-Nunez, J. M., Gruber, J., Cassiodor, in: LexMA Bd. II (1983), Sp. 1551–1554
Amstutz, J., Montaignes Begriff der Gesundheit, in: Heidelberger Jahrbücher XVIII (1974), S. 101–122
Amundsen, D., Medical Deontology and Pestilential Disease in the Late Middle Ages, in: Journal of the History of Medicine and Allied Sciences 32 (1977), S. 403–421
Amundsen, D., Medical Ethics, History: IV (Europe), in: Encyclopedia of Bioethics 3. Hrsg. von W. T. Reich (1995), S. 1509–1537
Arnold, P., Sprumont, D., Der Nürnberger Codex: Regeln des Völkerrechts, in: Ethik und Medizin 1947–1997. Was leistet die Kodifizierung von Ethik? Hrsg. von U. Tröhler und S. Reiter-Theil. Göttingen 1997, S. 115–130

Artelt, W., Die ältesten Nachrichten über die Sektion menschlicher Leichen im mittelalterlichen Abendland (= Abhandlungen zur Geschichte der Medizin und der Naturwissenschaften 34. Hrsg. von P. Diepgen u.a.). Berlin 1940
Assmann, A., Erinnerungsräume. Formen und Wandlungen des kulturellen Gedächtnisses. München 1999
Aziza-Shuster, E., Le médecin de soi-meme. Paris 1972
Baader, G., Die Schule von Salerno, in: Med.hist. Journal 13 (1978), S. 124–145
Baader, G., Rassenhygiene und Eugenik. Vorbedingungen für die Vernichtungsstrategien gegen sogenannte «Minderwertige» im Nationalsozialismus, in: Medizin im Dritten Reich. Hrsg. von J. Bleker und N. Jachertz. Köln 1989, S. 22–29
Baader, G., Menschenversuche in Konzentrationslagern, in: Medizin im Dritten Reich. Hrsg. von J. Bleker und N. Jachertz. Köln 1989, S. 103–111
Baker, R., Deciphering Percival's Code, in: The Codification of Medical morality. Historical and Philosophical Studies of the Formalization of western Medical Morality in the Eighteenth and Nineteenth Centuries (Bd. 1: Medical Ethics and Etiquette in the Eighteenth Century). Hrsg. von R. Baker, D. Porter und R. Porter (= Philosophy and Medicine 45). Dordrecht/Boston/London 1993, S. 179–211
Barthel, C., Medizinische Polizey und allgemeine Aufklärung. Aspekte des öffentlichen Gesundheitsdiskurses im 18. Jahrhundert (= Campus Forschung 603). Frankfurt/New York 1989
Bates, D.G., Sydenham and the Medical Meaning of Method, in: Bull. Hist. Med. 51 (1977), S. 324–338
Bauer, A.W. (Hrsg.), Medizinische Ethik am Beginn des 21. Jahrhunderts. Theoretische Konzepte. Klinische Probleme. Ärztliches Handeln. Heidelberg/Leipzig 1998
Bauer, A.W., Streitfall Anatomie und Öffentlichkeit, in: Wetz, F.J., Tag, B. (Hrsg.), Schöne Neue Körperwelten. Der Streit um die Ausstellung. Stuttgart 2001, S. 171–203
Bäumler, E., Amors vergifteter Pfeil. Kulturgeschichte einer verschwiegenen Krankheit (= Serie Piper Band 1015). München 1989
Beauchamp, T.L., Childress, J.F., Principles of biomedical ethics. New York/Oxford 1994
Beckers, E. (Hrsg.), Pluralismus und Ethos der Wissenschaft. Gießen 1999
Beckmann, J.P., Fragen und Probleme einer medizinischen Ethik (= Philosophie und Wissenschaft. Transdisziplinäre Studien. Hrsg. von C.F. Gethmann und J. Mittelstraß. Bd. 10). Berlin/New York 1996
Benzenhöfer, U. (Hrsg.), Paracelsus. Darmstadt 1993
Benzenhöfer, U., Haec ad perfectum chirurgicum. Theophrast von Hohenheims Forderungen in bezug auf die Ethik in der Chirurgie, in: Sudhoffs Archiv 78 (1994), S. 107–112
Benzenhöfer, U., Der gute Tod? Euthanasie und Sterbehilfe in Geschichte und Gegenwart (= Beck'sche Reihe 1328). München 1999
Bergdolt K./Keil, G., Humoralpathologie, in: Lexikon des Mittelalters V (1991), Sp. 211–213
Bergdolt, K., Die mittelalterliche Kritik am Arzt, in: Ruperto Carola 83/84 (1991), S. 35–44
Bergdolt, K., Pest, Stadt, Wissenschaft – Wechselwirkungen in oberitalienischen Städten vom 14. bis 17. Jahrhundert, in: Berichte zur Wissenschaftsgeschichte 15 (1992, 1), S. 201–211
Bergdolt, K., Arzt, Krankheit und Therapie bei Petrarca. Die Kritik an Medizin und Naturwissenschaft im italienischen Frühhumanismus. Weinheim 1992
Bergdolt, K., Der Schwarze Tod in Europa. Die große Pest und das Ende des Mittelalters. München 1994
Bergdolt, K., Leib und Seele. Eine Kulturgeschichte des gesunden Lebens. München 1999
Bergdolt, K., Die Präsentation des toten Körpers. Zwischen Wissenschaft und Kunst, in: Deutsches medizinhistorisches Museum. Jahrbuch 10 (1999), S. 47–69
Bergdolt, K., Das Unbehagen an den Körperwelten, in: B. Tag, F.J. Wetz (Hrsg.), Schöne Neue Körperwelten. Der Streit um die Ausstellung. Stuttgart 2001, S. 204–213

Bergdolt, K., Zwischen «scientia» und «studia humanitatis» – Die Versöhnung von Medizin und Humanismus um 1500 (= Nordrhein-Westfälische Akademie der Wissenschaften, Geisteswissenschaften. Vorträge G 379). Wiesbaden 2001
Bergdolt, K., Autonomie, Menschenwürde und die «Körperwelten»-Ausstellung, in: Zeitschrift für medizinische Ethik 48 (2002), S. 295–304
Bergdolt, K., Nero, Seneca und die medizinische Ethik, in: Vogt-Spira, G. (Hrsg.), Pervertere: Ästhetik der Verkehrung. Literatur und Kultur neronischer Zeit und ihre Rezeption. München/Leipzig 2002 (2002, 1), S. 269–289
Berghoff, E., Entwicklungsgeschichte des Krankheitsbegriffs. 2. Auflage Wien 1947
Berschin, W., Salerno um 1000. Die Übersetzungen aus dem Griechischen und ihr byzantinisch-liturgischer Hintergrund, in: M. Schneider, W. Berschin (Hrsg.), Ab Oriente et Occidente (Matth. 8, 11). Kirche aus Ost und West. Gedenkschrift für Wilhelm Nyssen. St. Ottilien 1996, S. 17–25
Biographisches Lexikon der hervorragenden Ärzte aller Zeiten und Völker. Hrsg. von A. Hirsch. 5 Bde. 1929–1934 (Nachdruck München/Berlin 1962)
Bleker, J., Von der medizinischen Volksbelehrung, in: Med. hist. Journal 13 (1978), S. 112–119
Bleker, J., Die Stadt als Krankheitsfaktor, in: Med. hist. Journal 18 (1983), S. 118–136
Blumenberg, H., Die Verführbarkeit des Philosophen. Hrsg. vom Hans Blumenberg-Archiv. Frankfurt am Main 2000
Boas, M., Die Renaissance der Naturwissenschaften 1450–1630 (London 1962). Übersetzt von M. Trier und T. A. Knust. Nördlingen 1988
Boghurst, W., Loimographia, in: Transactions of the Epidemiological Society of London 13 (1894)
Bohrer, K. H., vgl. FAZ vom 31. 5. 2001
Boschung, U., Physikalische und moralische Grundsätze der Medizin 1700–1800, in: H. Schott (Hrsg.), Die Chronik der Medizin. Dortmund 1993, S. 201 f.
Brand, U., Ärztliche Ethik im 19. Jahrhundert (= Freiburger Forschungen zur Medizingeschichte 5, hrsg. von E. Seidler und B. Kuhlo). Freiburg 1977
Braun, L., Paracelsus, Alchimist, Chemiker, Erneuerer der Heilkunde. Eine Bildbiographie. Zürich 1988
Bretschneider, H., Der Streit um die Vivisektion im 19. Jahrhundert. Verlauf – Argumente – Ergebnisse. Stuttgart 1962
Brock, H., North American Medicine, in: A. Cunningham and R. French (Hrsg.), The Medical Enlightenment of the 18th Century. Cambridge 1990, S. 194–216
Brockliss, L. W. B., Medical Reform, the Enlightenment and Physician-Power in Late-Eighteenth-Century France, in: R. Porter (Hrsg.), Medicine in the Enlightenment (The Wellcome Institute Series in the History of Medicine). Amsterdam/Atlanta 1995, S. 64–112
Bromander, L., Vivisektionsdebatten Sverige under 1880 – talet, in: Lychnos 1969/70, S. 249–291
Broman, T.H., The Transformation of German Academic Medicine, 1750–1820. Cambridge 1996
Brömer, R., Kriminalanthropologie, Sozialdarwinismus, Eugenik, in: Darwin und Darwinismus. Eine Ausstellung zur Kultur- und Naturgeschichte. Hrsg. von B. M. Baumunk und J. Rieß. Berlin 1994, S. 128–133.
Buck, A., Die humanistische Tradition in der Romania. Bad Homburg/Berlin/Zürich 1968
Buck, A., Die Medizin im Verständnis des Renaissance-Humanismus, in: Humanismus und die Medizin (= Mitteilung XI der Kommission für Humanismusforschung). Hrsg. von R. Schmitz und G. Keil. Weinheim 1984
Bullar, J., On the use of small doses of opium in the act of dying from phthisis, in: Assoc. Med. J. London 1856
Bullar, J., Chloroform in Dying, in: British Medical Journal, July 7 (1866)

Burns, C. (Hrsg.), Reciprocity in the development of Anglo-American medical ethics, 1765–1865, in: C. Burns (Hrsg.), Legacies in Ethics and Medicine. New York 1977, S. 300–326
Burns, C., History of Medical Ethics: America, in: Encyclopedia of Bioethics 3. New York 1995, S. 1610–1616
Bynum, W. F., Porter R., William Hunter and the eighteenth-century medical world. Cambridge 1985
Cahill, L. S., Abortion. Religious Traditions. Roman catholic perspectives, in: Encyclopedia of Bioethics. Hrsg. von T. W. Reich. Bd. 1. London u. a. 1978, S. 30–33
Callebat, L. (Hrsg.), Histoire du Médecin. Paris 1999
Carneri, B. v., Empfindung und Bewußtsein. Monistische Bedenken. 2. Auflage Stuttgart 1906
Carrick, P., Medical Ethics in Antiquity. Philosophical Perspectives on Abortion and Euthanasia. (= Philosophy and Medicine 18, hrsg. von H. T. Engelhardt jr. und S. F. Spicker). Dordrecht / Boston / Lancester 1985
Carson, R. A., Der Paradigmenwechsel in der Medizinethik, in: Troehler, Reiter-Theil (1997), S. 273–285
Carstensen, G., Schadewaldt, H., Vogt, P., Die Chirurgie in der Kunst. Düsseldorf/Wien 1983
Cedergreen Bech, S., Struensee, F. J., in: Schleswig-Holsteinisches Biographisches Lexikon. Bd. 5. Neumünster 1979, S. 259–264
Chapman, C. B., Physicians, Law and Ethics. New York 1984
Clark, G. N., A History of the Royal College of Physicians of London. 2 Bde. Oxford 1964
Cottingham, J., Nicolas Malebranche. Illumination and Rhetoric. Oxford 1991
Deleuze, G., Différence et répétition. Paris 1968
Demandt, K. E., Die Anfänge der staatlichen Armen- und Elendenfürsorge in Hessen, in: Hessisches Jahrbuch für Landesgeschichte 30 (1980), S. 176–235
Derrida, J., Points de Suspension. Entretiens. Paris 1992
Descartes, R., Discours de la Méthode. Bericht über die Methode. Französisch/Deutsch. Übersetzt und hrsg. von H. Ostwald (= Reclam-Heft 18100). Stuttgart 2001
Deutsch, E., Der Nürnberger Kodex. Das Strafverfahren gegen Mediziner, die zehn Prinzipien von Nürnberg und die bleibende Bedeutung des Nürnberger Kodex, in: Ethik und Medizin 1947–1997. Was leistet die Kodifizierung von Ethik? Hrsg. von U. Tröhler und S. Reiter-Theil. Göttingen 1997, S. 103–114
Devereaux, P. J. u. a., A systematic review and meta-analysis of studies comparing mortality rates of private for-profit and private not-for-profit hospitals, in: Canadian Medical Association Journal 166 (2002), S. 1399–1412
Diepgen, P., Frau und Frauenheilkunde in der Kultur des Mittelalters. Stuttgart 1963
Dilg, P., Conrad Gesner, in: Deutsche Biographische Enzyklopädie 3. München u. a. 1996, S. 665 f.
Dilthey, W., Der Aufbau der geschichtlichen Welt in den Geisteswissenschaften. Hrsg. von M. Riedel. Frankfurt am Main 1980
Dölger, F. J., Das Lebensrecht des ungeborenen Kindes und die Fruchtabtreibung in der Bewertung der heidnischen und christlichen Antike (= Antike und Christentum. Kultur- und religionsgeschichtliche Studien IV). Münster/W. 1934
Dörnemann, M., Medizinale Inhalte in der Theologie des Origines, in: Spudasmata 86: Ärztekunst und Gottvertrauen. Antike und mittelalterliche Schnittpunkte von Christentum und Medizin. Hrsg. von C. Schulze und S. Ihm. Hildesheim/Zürich/New York 2002, S. 9–39
Druwe-Mikusin, U., Moralische Pluralität. Würzburg 1991
Duden, B., Die «Geheimnisse der Schwangeren» und das Öffentlichkeitsinteresse der Medizin, in: Journal für Geschichte 1989, 1, S. 48–55

Duffy, J., The Healers. A History of American Medicine. Urbana 1979
van Dülmen, R., Kultur und Alltag in der Frühen Neuzeit, Bd. III: Religion, Magie, Aufklärung. 16.–18. Jahrhundert. München 1999
Eamon, W., Keil, G., Plebs amat Empirica: Nicholas of Poland and his Critique of the Medieval Medical Establishment, in: Sudhoffs Archiv 70 (1986), S. 180–196
Eckart, W.-U., Das Arztportrait als Titelbestandteil des medizinischen Lehrbuchs, in: Portrait 2: Der Arzt. Graphische Bildnisse aus dem Portraitarchiv Diepenbroick. Münster 1979, S. 38–48
Eckart, W.-U., Geschichte der Medizin. 3. Auflage Heidelberg 1998
Edelstein, L., Ancient Medicine. Selected Papers of Ludwig Edelstein. Hrsg. von O. Temkin und L. C. Temkin. Baltimore 1967
Edelstein, L., Der hippokratische Eid. Hrsg. von K. Bartels. Zürich/Stuttgart 1969
Edelstein, L., The Professional Ethics of the Greek physician, in: C.R. Burns (Hrsg.), Legacies in Ethics and Medicine. New York 1977, S. 76–104
Eijk, W. J., De Zelfgekozen Dood naar aanleiding van een Dodelijke en ongeneeslijke Ziekte. Een medisch-historisch en medisch-ethisch onderzoek ten behoeve van een Rooms-Katholiek standpunt inzake euthanasie. Leiden 1987
Elders, L., Thomas von Aquin, in: Lexikon des Mittelalters 8 (1997), Sp. 706–711
Elkeles, B., Medizinische Menschenversuche gegen Ende des 19. Jahrhunderts und der Fall Neisser, in Med. hist. Journal 20 (1985), S. 135–148
Elkeles, B., Der moralische Diskurs über das medizinische Menschenexperiment zwischen 1835 und dem Ersten Weltkrieg. Med. Habil. Schrift. Hannover 1991
Elmer, P., Medicine, Religion and the Puritan Revolution, in: R. French, A. Wear, The medical revolution of the seventeenth century. Cambridge u.a. 1989, S. 10–45
Engelhardt, D. v., Zur Systematik und Geschichte der medizinischen Ethik, in: Focus Medizinische Hochschule Lübeck (1988), S. 245–254
Engelhardt, D. v., Romantische Mediziner, in: D. v. Engelhardt, F. Hartmann (Hrsg.), Klassiker der Medizin. Bd. II. München 1995, S. 95–118
Engelhardt, D. v., Euthanasie in historischer Perspektive, in: Zschr. für medizinische Ethik 39 (1993), S. 15–25
Engelhardt, D. v., Krankheit und Tod zwischen Naturphilosophie und Bioethik. Stationen, Dimensionen, Perspektiven, in: H. W. Ingensiep und A. Eusterschulte (Hrsg.), Philosophie der natürlichen Mitwelt. Grundlagen-Probleme-Perspektiven. Festschrift für Klaus Michael Meyer-Abich. Würzburg 2002, S. 85–101
Engelhardt, H. T., The Foundations of Bioethics. Oxford 1986
Eser, A., Suizid und Euthanasie als human- und sozialwissenschaftliches Problem. Stuttgart 1976
Eusterschulte, A., Giordano Bruno zur Einführung. Hamburg 1997
Fichtner, G., Christus als Arzt. Ursprünge und Wirkungen eines Motivs, in: Frühmittelalterliche Studien. Jahrbuch des Instituts für Frühmittelalterforschung der Universität Münster 16 (1982), S. 1–18
Fischer, J. A., Die apostolischen Väter. Bd. I. Darmstadt 1956
Fissell, M. E., Innocent and honorable bribes: Medical Manners in eighteenth-century Britain, in: The Codification of Medical morality. Historical and Philosophical Studies of the Formalization of western Medical Morality in the Eighteenth and Nineteenth Centuries (Bd. 1: Medical Ethics and Etiquette in the Eighteenth Century). Hrsg. von R. Baker, D. Porter und R. Porter (= Philosophy and Medicine 45). Dordrecht/Boston/London 1993, S. 19–45
Flasch, K., Das philosophische Denken im Mittelalter. Von Augustin zu Machiavelli. Stuttgart 2000
Flood, J. L., Shaw D. J., Johannes Sinapius (1505–1560). Hellenist and Physician in Germany and Italy. Genf 1997

Foucault, M., Histoire de la folie à l'âge classique. Paris 1961; dt.: Wahnsinn und Gesellschaft. Eine Geschichte des Wahns im Zeitalter der Vernunft. 10. Auflage Frankfurt am Main 1993

Foucault, M., L'ordre du discours. Paris 1971; ot.: Die Ordnung des Diskurses. Mit einem Essay von R. Konersmann. 8. Auflage Frankfurt am Main 1991

De Francesco, G., Der Scharlatan. Ciba Zschr. 4 (1936), S. 1254–1281

Franzke, R., Die tierexperimentelle Methode und ihre medizinische Rechtfertigung am Beispiel der Forschung zur Funktion der Schilddrüse (1883–1905). Med. Diss. Köln 2000

French, R. D., Antivivisection and Medical Science in Victorian Society. Princeton/London 1975

French, R., The Medical Ethics of Gabriele de Zerbi, in: A. Wear, J. Geyer-Kordesch, R. French (Hrsg.), Doctors and Ethics. The earlier historical setting of Professional Ethics. Amsterdam/Atlanta 1993

French, R., Arrizabalaga, J., Coping with the French Disease, in: R. French u. a. (Hrsg.), Medicine from the Black Death to the French Disease. Brookfield 1998, S. 248–287

Frevert, U., Frauen und Ärzte im späten 18. und frühen 19. Jahrhundert. Zur Sozialgeschichte eines Gewaltverhältnisses, in: Frauen in der Geschichte II. Hrsg. von A. Kuhn und J. Rüsen. Düsseldorf 1982, S. 177–210

Frevert, U., Krankheit als politisches Problem 1770–1880. Göttingen 1984

Frewer, A., Ethik und Moral in der Medizin – Grundlagen und Grundmodelle ärztlichen Handelns, in: A. Frewer, R. Winau (Hrsg.), Geschichte und Theorie der Ethik in der Medizin. Grundkurs in der medizinischen Ethik 1. Erlangen/Jena 1997, S. 63–86

Frewer, A., Winau, R. (Hrsg.), Geschichte und Theorie der Ethik in der Medizin. Grundkurs in der medizinischen Ethik 1. Erlangen/Jena 1997

Frewer, A., Medizin und Moral in Weimarer Republik und Nationalsozialismus – Die Zeitschrift «Ethik» unter Emil Abderhalden. Frankfurt am Main/New York 2000

Frewer, A., Eickhoff, C., Euthanasie: Die Interaktion von Medizingeschichte und Medizinethik. Zur Einführung, in: A. Frewer, C. Eickhoff (Hrsg.), Euthanasie und die aktuelle Sterbehilfe-Debatte. Die historischen Hintergründe der medizinischen Ethik. Frankfurt am Main 2000

Fried, J., Die Aktualität des Mittelalters. Gegen die Überheblichkeit unserer Wissensgesellschaft. Stuttgart 2002

Froriep, L. F. v., Über die anatomischen Anstalten zu Tübingen, von Errichtung der Universität bis auf gegenwärtige Zeit. Weimar 1811

Fuchs, Leonhart 1501–1566. Mediziner und Botaniker. Ausstellungskatalog. Hrsg. von G. Brinkhus und C. Pachnicke. Tübingen 2001

Fye, W. B., Active Euthanasia. An Historical Survey of its Conceptual Origins and Introduction into Medical Thought, in: Bulletin of the History of Medicine 52 (1979), S. 492–502

Gadebusch Bondio, M., Piacevoli Ragionamenti e Medicina per le Donne. Giovanni Marinello, medico Galante del tardo Cinquecento, in: Medicina nei secoli Arte e scienza XI (1999), S. 55–83

Gall, L., Das Argument der Geschichte, in: Historische Zeitschrift 264 (1997), S. 1–20

Gante, M., Das 20. Jahrhundert (II). Rechtspolitik und Rechtswirklichkeit 1927–1976, in: R. Jütte (Hrsg.), Geschichte der Abtreibung (= Beck'sche Reihe 1018). München 1993, S. 169–210

Ganzenmüller, W., Paracelsus und die Alchimie des Mittelalters (1941), in: Benzenhöfer U. (Hrsg.), Paracelsus. Darmstadt 1993

Garcia-Ballester, L., Academicism versus empiricism in practical medicine in sixteenth-century Spain with regard to morisco practitioners, in: A. Wear, R. French and I. M. Lonie (Hrsg.), The medical Renaissance of the Sixteenth Century. Cambridge u. a. 1985, S. 246–270

Gay, P., Das Zeitalter des Doktor Arthur Schnitzler. Innenansichten des 19. Jahrhunderts. Aus dem Amerikanischen von U. Enderwitz, M. Noll und R. Schubert. Frankfurt am Main 2002

Gerabek, W., Friedrich Wilhelm Joseph Schelling und die Medizin der Romantik. Studien zu Schellings Würzburger Periode (= Europäische Hochschulschriften VII, 7). Frankfurt am Main u.a. 1995
Gillham, N. W., A Life of Sir Francis Galton: from African Exploration to the Birth of Eugenics. Oxford 2001
Gerhardt, M., Theodor Fliedner. Ein Lebensbild. 2 Bde. Düsseldorf-Kaiserswerth 1933/37
Glover, J. (Hrsg.), Utilitarianism and its critics. New York 1990
Glowatzki, G., Magisches Denken in der Heilkunde, in: Oepen I., Prokop O. (Hrsg.), Außenseitermethoden in der Medizin. Ursprünge, Gefahren, Konsequenzen. Darmstadt 1986, S. 45–67
Goldscheid, R., Darwin als Lebenselement unserer modernen Kultur. Wien/Leipzig 1909
Gradmann, C., Naturwissenschaft, Kulturgeschichte und Bildungsbegriff bei Emil du Bois-Reymond. Anmerkungen zu einer Sozialgeschichte der Ideen des deutschen Bildungsbürgertums in der Reichsgründungszeit, in: Tractrix 5 (1993), S. 1–16
Grant, E. (Hrsg.), A Source Book of Medieval Science. Cambridge/Mass. 1974
Grochol, W., Magie, Alchimie, Astrologie und die Heilkunde. Frankfurt am Main 1988
Groß, D., Die Entwicklung der inneren und äußeren Leichenschau in historischer und ethischer Sicht. Mit einem Geleitwort von D. Patzelt. Würzburg 2002
Größing, S. M., Die Heilkunst der Philippine Welser. Außenseiterin im Hause Habsburg. Augsburg 1998
Guerrini, A., The Ethics of Animal Experimentation in Seventeenth-Century England, in: J. Hist. Ideas 50 (1989), S. 391–407
Habermas, J., Glauben und Wissen. Friedenspreis des Deutschen Buchhandels. Frankfurt am Main 2001
Haeser, H., Geschichte der epidemischen Krankheiten (= Lehrbuch der Geschichte der Medizin und der epidemischen Krankheiten II). Jena 1865
Hamm, A., Teschke, G., Ein deutscher Arzt als «Heiliger» in Moskau. Berlin/Bonn 2000
Hamm, B., Das erste persönliche Glaubensbekenntnis der Reformation. Lazarus Spengler und die Anfänge der evangelischen Bekenntnisbildung, in: Self-Fashioning/Personen-(selbst)darstellung. Hrsg. von R. Suntrup und J. Veenstra (= Medieval to Early Modern Culture/Kultureller Wandel vom Mittelalter bis zur frühen Neuzeit 3). Frankfurt am Main 2003, S. 251–283
Harley, D., Honour and Property: The structure of Professional Disputes in Eighteenth Century English Medicine, in: A. Cunningham, R. French (Hrsg.)., The Medical Enlightenment of the Eighteenth Century. Cambridge 1990
Harnack, A. v., Medicinisches aus der ältesten Kirchengeschichte. Leipzig 1892
Harris, J., Der Wert des Lebens. Eine Einführung in die medizinische Ethik. Hrsg. von U. Wolf. Aus dem Englischen von D. Jaber. Berlin 1995
Hartmann, F., Ärztliche Anthropologie. Das Problem des Menschen in der Medizin der Neuzeit. Bremen 1973
Hauskeller, M., Geschichte der Ethik. Antike. München 1997
Hägele, P. C., Hahn, H. J., Ortner R., Pluralismus und Ethos in der Wissenschaft 1, in: Loewy, E. H., Ethische Fragen in der Medizin. Wien/New York 1995
Hähnel, R., Der künstliche Abortus im Altertum, in: Arch. Gesch. Med. 29 (1936), S. 224–255
Heckhausen, C., Anatomen und Anatomie im Urteil der Öffentlichkeit seit 1500. Inaugural-Diss. Berlin 1966
Heinemeyer, W., Pünder, T. (Hrsg.), 450 Jahre Psychiatrie in Hessen (= Veröffentlichung Histor. Kommission Hessen 47). Marburg 1983
Helm, J., «Daß auch zugleich die Gottseligkeit dadurch gebauet wird» – Pietismus und Medizin in der ersten Hälfte des 18. Jahrhunderts, in: Berichte zur Wissenschaftsgeschichte 26 (2003), S. 199–211

Herranz, G., Der Eingang der zehn Nürnberger Postulate in berufsständige Ethik-Kodizes. Ein internationaler Vergleich, in: U. Tröhler, S. Reiter-Theil (Hrsg.), Ethik und Medizin 1947–1997. Was leistet die Kodifizierung von Ethik? Göttingen 1997, S. 171–187
Herrlinger, R., Die Geschichte der «medizinischen Indikation» des Abortus arteficialis, in: Ärztliche Mitteilungen 41 (1963), S. 2081–2086
Hick, C., Denken als System – System als Gedanken. Zur Kreisgestalt der großen Gesundheit bei Friedrich Nietzsche, in: Nietzscheforschung 5/6. Berlin 2000, S. 83–103
Hohendorf, G., «Euthanasie» im Nationalsozialismus – Die medizinische Vernichtung von Anstaltspatienten, in: Todesursache: Euthanasie. Sammlung Prinzhorn/Wunderhorn. Heidelberg 2002, S. 9–17
Holzem, Chr., Patientenautonomie. Bioethische Erkundungen über einen funktionalen Begriff der Autonomie im medizinischen Kontext (= Studien der Moraltheologie. Bd. 11, hrsg. von A. Autiero und J. Römelt. Münster/Hamburg/London 1998
Honnefelder, L., Streffer, C., Jahrbuch für Wissenschaft und Ethik 1–6. Berlin/New York 1996–2001
Honnefelder, L. (Hrsg.), Was wissen wir, wenn wir das menschliche Genom kennen? Köln 2001
Hoonakker, E. W., Die Geschichte der Empfängnisverhütung. Aus dem Niederländischen von I. Grashof und H. v. Bülow (= Heyne-Sachbuch 19/5017). München 1994
Hoßfeld, U., Die Jenaer Jahre des «Rasse-Günther» von 1930 bis 1935: Zur Gründung des Lehrstuhls für Sozialanthropologie an der Universität Jena, in: Med.hist. Journal 34 (1999), S. 47–103
Höffe, O., Medizin ohne Ethik? (= Edition Suhrkamp 2245). Frankfurt am Main 2002
Höffe, O., Aufgeklärtes Eigenwohl, in: FAZ 19. 4. 2003
Hölscher, W., Strukturdynamische Vorstellungen in der Theorie der Pathogenese psychischer Krankheiten von J. C. A. Heinroth (1773–1843). Med. Diss. Köln 2000
Hösle, V., Die Philosophie und die Wissenschaften (= Beck'sche Reihe). München 1999
Huch, R., Die Romantik. Blütezeit, Ausbreitung und Verfall. Tübingen 1951
Hügli, A., Han, B. C., Utilitarismus, in: Historisches Wörterbuch der Philosophie. Bd. 11. Basel 2001, Sp. 503–510
Ihm, S., Die Kapitel «Über die Ärzte» in der griechischen sacro-profanen Florilegienliteratur, in: Spudasmata 86: Ärztekunst und Gottvertrauen. Antike und mittelalterliche Schnittpunkte von Christentum und Medizin. Hrsg. von C. Schulze und S. Ihm. Hildesheim/Zürich/New York 2002, S. 41–70
Illhardt, F. J., Medizinische Ethik. Ein Arbeitsbuch. Unter Mitarbeit von H. G. Koch. Berlin/Heidelberg/New York 1985
Irrgang, B., Grundriß der medizinischen Ethik. München/Basel 1995
Jacobovits, I., Jewish Medical Ethics. A comparative and historical study of the Jewish religious attitude to medicine and its practice. Neue Auflage New York 1975
Jankrift, K. P., Leprose als Streiter Gottes: Institutionalisierung und Organisation des Ordens vom Heiligen Lazarus zu Jerusalem von seinen Anfängen bis zum Jahre 1350. Münster 1996
Jankrift, K. P., Krankheit und Heilkunde im Mittelalter (Geschichte kompakt). Darmstadt 2003
Jerouschek, G., Lebensschutz und Lebensbeginn (= Medizin in Recht und Ethik 17). Stuttgart 1988
Jerouschek, G., (Abtreibung). Mittelalter. Antikes Erbe, weltliche Gesetzgebung und kanonisches Recht, in: Geschichte der Abtreibung. Von der Antike bis zur Gegenwart. Hrsg. von R. Jütte. München 1993, S. 44–67
Jetter, D., Das europäische Hospital. Von der Spätantike bis 1800. Köln 1986
Jones, W., The Doctor's Oath. An Essay in the History of Medicine. Cambridge 1924
Jonsen, A. R., A Short History of Medical Ethics. New York/Oxford 2000

Jütte, R., Die Persistenz des Verhütungswissens in der Volkskultur. Sozial- und medizinhistorische Anmerkungen zur These von der «Vernichtung der weisen Frauen», in: Med.hist. Journal 24 (1989), S. 214–232
Jütte, R. (Hrsg.)., Geschichte der Abtreibung. Von der Antike bis zur Gegenwart. München 1993
Jütte, R., Geschichte der Alternativen Medizin. Von der Volksmedizin zu den unkonventionellen Therapien von heute. München 1996
Kahlke, W., Reiter-Theil, S. (Hrsg.), Ethik in der Medizin. Stuttgart 1995
Kallmayer, K., Die Medizinische Ethik des Dr. Thomas Percival. Med. Diss. Tübingen 1981
Kater, M. H., Ärzte als Hitlers Helfer. Mit einem Geleitwort von H. Mommsen. Aus dem Amerikanischen von H. Dierlamm und R. Weitbrecht (Doctors under Hitler, 1989)
Kausch, K. H., Heinrich Meibom d.J., geb. 29. Juni 1638 in Lübeck, gest. 26. März 1700 in Helmstedt, in: Leibnitiana 20 (1988), S. 101 ff.
Keil, G., Medizinische Bildung und Alternativmedizin, in: Nicht Vielwissen sättigt die Seele. Wissen, Erkennen, Bildung Ausbildung heute. Hrsg. von W. Böhm und M. Lindauer. Stuttgart 1988, S. 245–271
Keil, G., Seuchenzüge des Mittelalters, in: Mensch und Umwelt im Mittelalter. Hrsg. von B. Herrmann. Stuttgart 1989, S. 109–128
Keil, G., Der Hausvater als Arzt, in: Haushalt und Familie in Mittelalter und früher Neuzeit. Hrsg. von T. Ehlert. Sigmaringen 1991, S. 219–243
Keller, A., Die Abortiva in der römischen Kaiserzeit. Mit einem Geleitwort von R. Schmitz (= Quellen und Studien zur Geschichte der Pharmazie Bd. 46). Stuttgart 1988
Kimura, R., Verbrechen gegen die Menschlichkeit. Die vergessene Geschichte Japans, in: U. Troehler, S. Reiter-Theil (Hrsg.), Ethik und Medizin 1947–1997. Göttingen 1997, S. 161–170
Klee, E., «Euthanasie» im NS-Staat. Die «Vernichtung lebensunwerten Lebens». 10. Auflage Frankfurt am Main 2001
Kluxen, W., Philosophische Ethik bei Thomas von Aquin. Darmstadt 1998
Knefelkamp, U., Das Heilig-Geist-Spital in Nürnberg vom 14.–17. Jahrhundert. Geschichte, Struktur, Alltag (= Nürnberger Forschungen Bd. 26). Nürnberg 1989
Knigge, A. von, Über den Umgang mit Menschen. Mit einem Essay von U. Wickert und Illustrationen von H. Hussel. Frankfurt am Main 2002
Koelbing, H., Arzt und Patient in der antiken Welt. Zürich/München 1977
Korff, R., Das Berufsethos in der Chirurgie Lorenz Heisters 1683–1758. Diss. Zürich 1975
Koselleck, R., Die Herausbildung des modernen Geschichtsbegriffs, in: Brunner, O., Conze, W., Koselleck, R. (Hrsg.), Geschichtliche Grundbegriffe. Stuttgart 1975, Bd. II, S. 647–691
Krause, T. L., Winslade, W., Fünfzig Jahre Nürnberger Kodex, in: Ethik und Medizin 1947–1997. Was leistet die Kodifizierung von Ethik? Hrsg. von U. Tröhler und S. Reiter-Theil. Göttingen 1997, S. 189–220
Kroß, M., Klarheit statt Wahrheit. Evidenz und Gewißheit bei Ludwig Wittgenstein, in: G. Smith und M. Kroß (Hrsg.), Die ungewisse Evidenz – Für eine Kulturgeschichte des Beweises. Berlin 1998
Kröner, P., Die Bedeutung der NS-Geschichte für die medizinische Ethik, in: Toellner, Wiesing (1997), S. 155–172
Krug, A., Heilkunst und Heilkult. Medizin in der Antike. 2., erw. Auflage München 1993
Krüger, S., Krise der Zeit als Ursache der Pest? Der Traktat De mortalitate in Alemania des Konrad von Megenberg, in: Festschrift für Hermann Heimpel zum 70. Geburtstag am 19. September 1971, II. Göttingen 1972, S. 839–883
Kudlien, F., Untersuchungen zu Aretaios von Kappadokien (= Abhandlungen der geistes- und sozialwissenschaftlichen Klasse 11, 193). Wiesbaden 1964
Kudlien, F., Der Beginn des medizinischen Denkens bei den Griechen. Von Homer bis Hippokrates. Hrsg. von O. Gigon. Zürich 1967

Kudlien, F., Der Arzt des Körpers und der Arzt der Seele. In: Clio Medica 3 (1968), S. 1–20
Kudlien, F., Medical Ethics and Popular Ethics in Greece and Rome, in: Clio Medica 5 (1970), S. 91–121
Kummer, I., Blaise Pascal. Das Heil im Widerspruch. Frankfurt am Main 1978
Kümmel, W. F., «Die Ausschaltung». Wie die Nationalsozialisten die jüdischen und die politisch mißliebigen Ärzte aus dem Beruf verdrängten, in: Medizin im Dritten Reich. Hrsg. von J. Bleker und N. Jachertz. Köln 1989, S. 30–37
Kümmel, W. F., Vom Nutzen eines «nicht notwendigen Faches»: Karl Sudhoff, Paul Diepgen und Henry E. Sigerist vor der Frage «Wozu Medizingeschichte?», in: Toellner, Wiesing (1997), S. 5–16
Küng, H., Wozu Weltethos? Religion und Ethik in Zeiten der Globalisierung. Freiburg 2002
Küng, H., Jens, W., Menschenwürdig sterben. Ein Plädoyer für Selbstverantwortung. Mit Beiträgen von D. Niethammer und A. Eser. München 1995
Labisch, A., Homo hygienicus. Gesundheit und Medizin in der Neuzeit. Frankfurt am Main 1992
Labouvie, E., Andere Umstände. Eine Kulturgeschichte der Geburt. Köln/Weimar/Wien 1998
Lain-Entralgo, P., Die ärztliche Hilfe im Werk Platons, in: Sudhoffs Archiv 46 (1962), S. 193–210
Lammel, H. U., Nosologische und therapeutische Konzeptionen in der romantischen Medizin (= Abhandlungen zur Geschichte der Medizin und der Naturwissenschaften 59). Husum 1990
Langkafel, P., Drewes, T., Müller, S., Mitscherlich und Mielke – wer sind die?, in: Deutsches Ärzteblatt 99, 13 (2002), B 693 f.
Larkey, S. V., The Hippocratic Oath in Elizabethan England, in: C. R. Burns (Hrsg.), Legacies in Ethics and Medicine. New York 1977, hier S. 218–236
Lauterbach, K., Die ethischen Grundlagen der gesundheitsökonomischen Theorie, in: K. Bergdolt, R. Guthoff (Hrsg.), Ethik, Ökonomie, Augenheilkunde. Beiträge eines Rostocker Symposiums. Zülpich 1996, S. 11–22
LCI (Lexikon der christlichen Ikonographie). Hrsg. von E. Kirschbaum S.J. 8 Bde. (Neudruck) Rom u. a. 1994
Leake, C. D. (Hrsg.), Percival's medical Ethics. Baltimore 1927 (Reprint New York 1975)
Lederer, S., Subjected to Science: Human Experimentation in America before the Second World War. Baltimore 1995
Lehmann, H., Ulbricht, O., Motive und Argumente von Gegnern der Hexenverfolgung von Weyer bis Spee, in: Lehman, Ulbricht (Hrsg.), Vom Unfug des Hexenprozesses. Gegner der Hexenverfolgungen von Weyer bis Spee (= Wolfenbütteler Forschungen 55). Wiesbaden 1992, S. 1–14
Leibrock-Plehn, L., Frühe Neuzeit. Hebammen, Kräutermedizin und weltliche Justiz, in: Jütte, R. (Hrsg.), Geschichte der Abtreibung. Von der Antike bis zur Gegenwart (= Beck'sche Reihe 1018). München 1993, S. 68–90
Leisenberg, W., Zielverlust oder das Dilemma der philosophischen Ethik, in: Beckers, E., Symposium des Professorenforums 28./29. März 1998 in Frankfurt am Main/Gießen 1999, S. 177–188
Lenoir, T., Politik im Tempel der Wissenschaft. Forschung und Machtausübung im deutschen Kaiserreich (= Edition Pandora Bd. 2, hrsg. von Helga und Ulrich Raulff). Frankfurt am Main/New York 1992
Lenz, F., Zur Erneuerung der Ethik, in: Deutschlands Erneuerung 1 (1917), S. 35 f.
Lenz, F., Menschliche Auslese und Rassehygiene (= E. Bauer, E. Fischer, F. Lenz [Hrsg.], Grundriß der menschlichen Erblichkeitslehre und Rassenhygiene 2). München 1923
Lenz, F., Soziale Notwendigkeiten der Rassenhygiene, in: Süddeutsche Monatshefte 25 (1927/28), S. 436–441

Lepape, P., Denis Diderot. Eine Biographie. Aus dem Französischen von G. Krüger-Wirrer. Freiburg/New York 1994

Lepicard, E., «Ethisches Verhalten und «ethische» Normen vor 1947», in: Troehler, Reiter-Theil (1997), S. 61–74)

Lesky, E. (Hrsg.), Johann Peter Franks Akademische Rede vom Volkselend als Mutter der Krankheiten. Pavia 1790 (= Sudhoffs Klassiker der Medizin 34). Leipzig 1960

Leven, K. H., Hippokrates im 20. Jahrhundert: Ärztliches Selbstbild, Idealbild und Zerrbild, in: Selbstbilder des Arztes im 20. Jahrhundert. Medizinhistorische und medizinethische Aspekte. Hrsg. von K. H. Leven und C. R. Prüll (= Freiburger Forschungen zur Medizingeschichte NF 16). Freiburg/Breisgau 1994

Leven, K. H., Die Erfindung des Hippokrates. Eid, Roman und Corpus Hippocraticum, in: U. Tröhler, S. Reiter-Theil (Hrsg.), Ethik und Medizin 1947–1997. Was leistet die Kodifizierung von Ethik? Göttingen 1997, S. 19–40

Leven, K.H., Der Hippokratische Eid im 20. Jahrhundert, in: R. Toellner, U. Wiesing, Geschichte und Ethik in der Medizin. Von den Schwierigkeiten einer Kooperation (= Medizin-Ethik 10). Stuttgart u. a. 1997, S. 111–129

Leven, K. H., Die Geschichte der Infektionskrankheiten. Von der Antike bis ins 20. Jahrhundert. (Fortschritte in der Präventiv- und Arbeitsmedizin 6). Landsberg/Lech 1997 (2)

Leven, K. H., Schwarze Legenden. Pocken in der Geschichte. FAZ 29. 3. 2003, S. 10

Lichtenthaeler, C., Der Eid des Hippokrates. Ursprung und Bedeutung. XII. Hippokratische Studie. Köln 1984

Lifton, R. J., Ärzte im Dritten Reich. Stuttgart 1988 (The Nazi Doctors: Medicalized Killing and the Psychology of Genocide 1986)

Lilienthal, G., Medizin und Rassenpolitik. Der «Lebensborn e.V.» der SS, in: Medizin im Dritten Reich. Hrsg. von J. Bleker und N. Jachertz. Köln 1989, S. 47–57

Lind, L. R., Studies in Pre-Vesalian Anatomy. Biography, Translations, Documents. Philadelphia 1975

Lindemann, M., The Enlightenment encountered: The German Physicus and his world, 1750–1820, in: R. Porter (Hrsg.), Medicine in the Enlightenment. Amsterdam 1995, S. 181–197

Loewy, E. H., Ethische Fragen in der Medizin. Wien 1995

Lutterbach, H., Der Christus medicus und die Sancti medici. Das wechselvolle Verhältnis zweier Grundmotive christlicher Frömmigkeit zwischen Spätantike und früher Neuzeit, in: Saeculum 47 (1996), S. 239–277

Lutz, B., Karl Löwith, in: Metzler-Philosophen-Lexikon. 2. Auflage Stuttgart/Weimar 1995, S. 517

Lübbe, H., Sind Normen methodisch begründbar? In: Salamun, K. (Hrsg.), Sozialphilosophie als Aufklärung. Tübingen 1979, S. 401

Lyons, A. S., Petrucelli, R. J., Die Geschichte der Medizin im Spiegel der Kunst. Dt. Ausgabe. Köln 1980

Lyotard, J. F., La condition postmoderne. Paris 1979

Lyotard, J. F., Le Différend. Paris 1983

Maas, P. L., Oliver J. H., An ancient Poem on the Duties of a Physician, in: C. R. Burns, Legacies in Ethics and Medicine. New York 1977

MacKinney, L., Medical Ethics and Etiquette in the Early Middle Ages. The Persistance of Hippocratic Ideals, in: C. R. Burns (Hrsg.), Legacies in Ethics and Medicine. New York 1977, S. 173–203

Mader, M., Psychiatry on Trial. New York 1977

Maehle, A. H., Zur wissenschaftlichen und moralischen Rechtfertigung toxikologischer Tierversuche im 17. Jahrhundert: Johann Jakob Wepfer und Johann Jakob Harder, in: Gesnerus 43 (1986), S. 213–221

Maehle, A. H., Conflicting Attitudes towards Inoculation in Enlightenment Germany, in: R. Porter (Hrsg.), Medicine in the Enlightenment. Amsterdam/Atlanta 1995, S. 198–222

Maehle, A. H., Kritik und Verteidigung des Tierversuchs. Die Anfänge der Diskussion im 17. und 18. Jahrhundert. Wiesbaden 1990
Maier, H., Revolution und Kirche. 5. erw. Auflage Freiburg/Basel/Wien 1988
Maio, G., Der Blick zurück als Zukunft der medizinischen Ethik? Entwicklungen und Grenzen der «Bioethik» und deren Implikationen für einen Beitrag der Geschichte an einer zeitgenössischen Ethik in der Medizin, in: Toellner, Wiesing (1997), S. 91–110, bes. S. 99 ff.
Male, E., Die Gotik. Kirchliche Kunst des XIII. Jahrhunderts in Frankreich. Stuttgart 1986
Mann, G., Medizin der Aufklärung: Begriff und Abgrenzung, in: Med.hist. Journal 1 (1966), S. 63–74
Mann, G., Rassenhygiene – Sozialdarwinismus, in: G. Mann (Hrsg.), Biologismus im 19. Jahrhundert (= Studien zur Medizingeschichte des 19. Jahrhunderts V). Stuttgart 1973, S. 73–93
Marland, H. (Hrsg.), The Art of Midwifery. Early Modern midwives in Europe (= The Wellcome Institute Series of the History of Medicine, hrsg. von W. F. Bynum und R. Porter). London/New York 1994
McCullough, L. B., Historical Perspectives on the Ethical Dimensions of the Patient-Physician Relationship: The Medical Ethics of Dr. John Gregory, in: Ethics and Science in Medicine 5 (1978), S. 47–53
McCullough, L. B., John Gregory's Medical Ethics an humean Sympathy, in: The Codification of Medical morality. Historical and Philosophical Studies of the Formalization of western Medical Morality in the Eighteenth and Nineteenth Centuries (Bd. 1: Medical Ethics and Etiquette in the Eighteenth Century). Hrsg. von R. Baker, D. Porter und R. Porter (= Philosophy and Medicine 45). Dordrecht/Boston/London 1993, S. 145–160
McLaren, A., A History of Contraception. From Antiquity to the present day. Oxford 1991
Meyer, J., Wilhelm Fabrys Fundamente der Medizin im Spiegel von Religion und Ethik, in: Hildener Jahrbuch N. F. Bd. X (1997), S. 16–86
Mikkeli, H., Hygiene in the Early Modern Medical Tradition (= Annales Academiae Scientiarum Fennicae, Sarja-ser. Humaniora nide-tom. 305). Saarijärvi/Finnland 1999
Mill, J. S., Auguste Comte and Positivism. London 1881. Nachdruck Michigan 1961
Mitscherlich, A., Ein Leben für die Psychoanalyse. Anmerkungen zu meiner Zeit. Frankfurt am Main 1980
Musee de l'assistance publique de Paris. (Ausstellungskatalog). Hrsg. von Y. Saint-Geours u. a. Paris 1998
Müller, R. (Hrsg.), Krankenmord im Nationalsozialismus. Grafeneck und die «Euthanasie» in Südwestdeutschland (= Veröffentlichungen des Archivs der Stadt Stuttgart 87). Stuttgart 2001
Münchow., W., Geschichte der Augenheilkunde (= Der Augenarzt IX). Leipzig 1983
Nager, F., Der heilkundige Dichter. Goethe und die Medizin. Zürich/München 1990
Neff, R., Der Streit um den wissenschaftlichen Tierversuch in der Schweiz des 19. Jahrhunderts. Basel 1989
Neuburger, M., Geschichte der Medizin. 2 Bde. Stuttgart 1911
Noichl, F., Verändert die Gentechnik das ethische Selbstverständnis des Menschen?, in: Zeitschrift für Medizinische Ethik 48 (2002), S. 283–293
Noonan, J. T., Empfängnisverhütung. Mainz 1969
Nutton, V., What's in an oath? College Lecture. Journal of the Royal College of Physicians of London. 29 (1995), S. 518–524
Ohler, N., Zur sozialen Umwelt der Heiligen Elisabeth von Thüringen, in: So also, Herr ... Elisabeth von Thüringen 1207–1231. Hrsg. von F. Jürgensmeier. Frankfurt am Main 1982, S. 63–88
Ohlmeyer, A., Die Rechtfertigung der Heilkunde, in: Das Lorscher Arzneibuch. Klostermedizin in der Karolingerzeit. Ausgewählte Texte und Beiträge. Lorsch 1989, S. 48–61

Ohlmeyer, A., Krankenpflege und Gesundheitsregeln nach der Weisung St. Benedikts, in: Das Lorscher Arzneibuch. Klostermedizin in der Karolingerzeit. Ausgewählte Texte und Beiträge. Lorsch 1989, S. 28–32
Oriel, J. D., The scars of Venus. A History of Venereology. London u.a. 1994
Pastor, L. v., Geschichte der Päpste im Zeitalter der Renaissance, von der Wahl Innozenz' VIII. bis zum Tode Julius II. Bd. III, 3. Auflage Freiburg 1899
Paul, N., Von der medizinethischen Reichweite strukturhistorischer Erklärungsmodelle in der Medizingeschichte, in: Toellner, Wiesing (1997), S. 49–65
Pauser, J., Sektion als Strafe? In: Stefanelli, N. (Hrsg.), Körper ohne Leben – Begegnung und Umgang mit Toten. Wien/Köln/Weimar 1998, S. 527–535
Pavoni, R., Collezioni Giovio – le imagini e la storia. Como. Musei Civici. 3.6.–15.12.1983 (Ausstellungskatalog). Como 1983
Pawlow, I. P., Ausgewählte Werke. Berlin 1955
Pernick, M. S., A Calculus of Suffering. Pain, Professionalism and Anaesthesia in Nineteenth-Century America. New York 1985
Pfeifer, K., Medizin der Goethezeit. Christoph Wilhelm Hufeland und die Heilkunst des 18. Jahrhunderts. Köln u.a. 2000
Pickstone, J. V., Thomas Percival and the Production of Medical Ethics, in: The Codification of Medical morality. Historical and Philosophical Studies of the Formalization of western Medical Morality in the Eighteenth and Nineteenth Centuries (Bd. 1: Medical Ethics and Etiquette in the Eighteenth Century). Hrsg. von R. Baker, D. Porter und R. Porter (= Philosophy and Medicine 45). Dordrecht/Boston/London 1993, S. 161–178
Pieper, J., Das Viergespann. Klugheit, Gerechtigkeit, Tapferkeit, Maß (= Bücher der Neunzehn 113). München 1964
Pieper, J., Traktat über die Klugheit. 7. Auflage München 1965, S. 16–26
Pigeaud, J., Le médecin au XVIIIe siècle, in: L. Callebat (Hrsg.), Histoire du Médecin. Paris 1999, S. 165–208
Pleadwell, F. L., Samuel Sorbière and His Advice to a Young Physician, in: C.R. Burns (Hrsg.), Legacies in Ethics and Medicine. New York 1977, S. 237–269
Ploetz, A., Die Tüchtigkeit unsrer Rasse und der Schutz der Schwachen. Ein Versuch über Rassenhygiene und ihr Verhältnis zu den humanen Idealen, besonders zum Socialismus. Berlin 1895
Pohlmann, R., Autonomie, in: Historisches Wörterbuch der Philosophie. Bd. I, Sp. 701–719
Porter, R., History of Medical Ethics (Europe): Great Britain, in: Encyclopedia of Bioethics. Vol. 3. Hrsg. von W. Reich. New York 1995, S. 1550–1554
Potthoff, Th., Euthanasie in der Antike. Med. Inaug. Diss. Münster 1982, S. 89ff.
Preiser, G., Über die Sorgfaltspflicht der Ärzte von Kos, in: Med. hist. Journal 5 (1970), S. 1–9
Preuss, J., Biblisch-Talmudische Medizin. Beiträge zur Geschichte der Heilkunde und der Kultur überhaupt. Berlin 1911
Prill, U., Spinoza, in: Metzler-Philosophen-Lexikon. Von den Vorsokratikern bis zu den neuen Philosophen. 2. erw. Auflage. Hrsg. von Bernd Lutz. Stuttgart/Weimar 1995, S. 847–853
Probst, C., Der Weg des ärztlichen Erkennens bei Henri de Mondeville, in: Fachliteratur des Mittelalters. Festschrift für Gerhard Eis. Hrsg. von G. Keil u.a. Stuttgart 1968, S. 333–357, hier S. 335
Proctor, R. N., Naziärzte, Rassenmedizin und «lebensunwertes Leben», in: A. Frewer, C. Eickhoff (Hrsg.), «Euthanasie» und die aktuelle Sterbehilfe-Debatte. Die historischen Hintergründe der medizinischen Ethik. Frankfurt am Main/New York 2000, S. 65–87
Prodi, P., Eine Geschichte der Gerechtigkeit. Vom Recht Gottes zum modernen Rechtsstaat. Aus dem Italienischen von Annette Seemann. München 2003
Pulver, M., Tribut der Seuche oder: Seuchenmythen als Quelle sozialer Kalibrierung. Eine Rekonstruktion des AIDS-Diskurses vor dem Hintergrund von Studien zur Historizität

des Seuchendispositivs (= Europäische Hochschulschriften Reihe III. Geschichte und ihre Hilfswissenschaften Bd. 826). Frankfurt am Main u.a. 1999
Querner, H., Darwin, sein Werk und der Darwinismus, in: G. Mann (Hrsg.), Biologismus im 19. Jahrhundert (= Studien zur Medizingeschichte des 19. Jahrhunderts V). Stuttgart 1973, S. 10–29
Quinton, A., Utilitarian ethics. London 1974
RAC (Reallexikon für Antike und Christentum) Bd. III. Hrsg. von Th. Klauser. Stuttgart 1957
Rath, G., Der Schwarze Tod, in: Ciba-Zschr. 73,7 (1955), S. 2407–2411
Rath, G., Ärztliche Ethik in Pestzeiten, in: MMW 99 (1957), S. 158–160
Reich, W. T., Encyclopedia of Bioethics. Bd. 1–5. New York 1995
Renschler, R., Wertepluralismus. Orientierung durch Ethik? in: E. Beckers (Hrsg.), Pluralismus und Ethos der Wissenschaft. Gießen 1999, S. 191–197
Riddle, J. M., Contraception and Abortion from the Ancient World to the Renaissance. Cambridge/Mass./London 1992
Risse, G. B., The Brownian System of Medicine: Its Theoretical and Practical Implications, in: Clio Medica 5 (1970), S. 45–51
Rodenwaldt, E., Pest in Venedig 1575–1577. Ein Beitrag zur Frage der Infektkette bei den Pestepidemien West-Europas (= Sitzungsberichte der Heidelberger Akademie der Wissenschaften, Math. Naturw. Klasse 1952, 2). Heidelberg 1953
Roeck, B., Außenseiter, Randgruppen, Minderheiten. Fremde im Deutschland der frühen Neuzeit. (= Kleine Vandenhoeck Reihe 1568). Göttingen 1993
Rosner, F., The Physician's Prayer Attributed to Moses Maimonides, in: C. Burns (Hrsg.), Legacies in Ethics and Medicine. New York 1977, S. 158–172
Rossi, P., Die Geburt der modernen Wissenschaft in Europa. Dt. von M. Sattler Charnitzky und C. Büchel. München 1997
Rossmanith, W., Darwinismus, Kommunismus, Lysenkoismus, in: Darwin und Darwinismus. Eine Ausstellung zur Kultur- und Naturgeschichte. Hrsg. von B. M. Baumunk und J. Rieß. Berlin 1994, S. 192–200
Rothmaler, C., Zwangssterilisation nach dem «Gesetz zur Verhütung erbkranken Nachwuchses», in: Medizin im Dritten Reich. Hrsg. von J. Bleker und N. Jachertz. Köln 1989, S. 68–75
Rothschuh, K. E., Das Buch «Der Arzt» (1906) stammt nicht von Ernst Schweninger, in: Med. hist. Journal 18 (1983), S. 137–144
Rupke, N. (Hrsg.), Vivisection in Historical Perspective (The Wellcome Institute Series in the History of Medicine). London u.a. 1987
Rusnock, A. A., The Weight of Evidence and the Burden of Authority: Case Histories, Medical Statistics and Smallpox Inoculation, in: R. Porter (Hrsg.), Medicine in the enlightenment (The Wellcome Institute Series in the History of Medicine). Amsterdam/Atlanta 1995, S. 289–315
Russell, P. A., Syphilis, God's Scourge or Nature's Vengeance? The German printed response to a Public Problem in the Early Sixteenth Century, in: Archive for Reformation History 80 (1989), S. 286–307
Rütten, T., Hippokrates im Gespräch (Ausstellungskatalog). Münster 1993, S. 37–50
Ryder, R. D., Victims of Science. The Use of Animal Research. London 1975
Sandmann, J., Der Bruch mit der humanitären Tradition. Die Biologisierung der Ethik bei Ernst Haeckel und anderen Darwinisten seiner Zeit (= Forschungen zur neueren Medizin- und Biologiegeschichte 2. Hrsg. von G. Mann und W. F. Kümmel). Stuttgart/New York 1990
Sauser, E., Christus Medicus – Christus als Arzt und seine Nachfolge im frühen Christentum, in: Trierer theologische Zeitschrift – Pastor Bonus 101 (1992), S. 101–123
Scarre, G., Utilitarianism. London 1996

Schadewaldt, H., Arzt und Patient in antiker und frühchristlicher Sicht, in: Medizinische Klinik 59 (1964), S. 146–152
Schadewaldt, H., Bilder vom Tod. Meditationen über Totentänze, in: Winau R., Rosemeier, H. P. (Hrsg.), Tod und Sterben. Mit einem Geleitwort von J. Zink. Berlin/New York 1984, S. 77–101
Schallmayer, W., Vererbung und Auslese im Lebenslauf der Völker. Eine staatswissenschaftliche Studie auf Grund der neueren Biologie. Jena 1903
Schatz, A., Bildung und Wissenschaft im Vinschgau, in: Schlern 15 (1937), S. 154–158
Schenda, R., Der «gemeine Mann» und sein medikales Verhalten, in: Pharmazie und der gemeine Mann. Hausarznei und Apotheke in der frühen Neuzeit. Hrsg. von J. Telle. 2. Auflage Weinheim 1988, S. 9–20
Scherz, G., Pionier der Wissenschaft. Niels Stensen in seinen Schriften. Munksgaard 1963
Schipperges, H., Der Scharlatan im arabischen und lateinischen Mittelalter, in: Zur Geschichte der Pharmazie. Geschichtsbeilage der Deutschen Apothekerzeitung 12 (1960, 2), S. 9–13
Schipperges, H., Die Assimilation der arabischen Medizin durch das lateinische Mittelalter (= Beiheft Sudhoffs Archiv 3). Wiesbaden 1964
Schipperges, H., Grundzüge einer «polarischen» Medizin bei Novalis, in: Antaios 7 (1965/66), S. 196–208
Schipperges, H., 500 Jahre Chirurgie. Magie, Handwerk, Wissenschaft (= Kosmos-Bibliothek Bd. 253). Stuttgart 1967
Schipperges, H., Utopien der Medizin. Geschichte und Kritik der ärztlichen Ideologie des 19. Jahrhunderts. Salzburg 1968
Schipperges, H., Gute Besserung. Ein Lesebuch über Gesundheit und Heilkunde. München 1994
Schipperges, H., Antike und Mittelalter, in: Krankheit, Heilkunst, Heilung. Hrsg. von H. Schipperges, E. Seidler und Paul U. Unschuld (= Veröffentlichungen des Instituts für Historische Anthropologie e.V. 1). Freiburg/München 1978
Schipperges, H., Der Garten der Gesundheit. Medizin im Mittelalter. München/Zürich 1985
Schipperges, H., Die Technik der Medizin und die Ethik des Arztes. Es geht um den Patienten. Frankfurt am Main 1988
Schipperges, H., Die Kranken im Mittelalter. München 1990
Schipperges, H., Heidelberger Schule der Medizin. Medizin in Bewegung. Geschichte und Schicksal. Heidelberg 1990
Schipperges, H., Paracelsus (1493–1541), in: D. v. Engelhardt, F. Hartmann (Hrsg.), Klassiker der Medizin, Bd. I (von Hippokrates bis Hufeland). München 1991
Schipperges, H., Goethe – Seine Kunst zu leben. Frankfurt am Main 1996
Schleiner, W., Medical Ethics in the Renaissance. Washington 1995
Schlich, Th., Wissenschaftsgeschichte und Ethik in der Medizin, in: Toellner/Wiesing (1997), S. 35–47).
Schlich, Th., Hirntod – zur Kulturgeschichte der Todesfeststellung. Frankfurt am Main 2001
Schmuhl, H. W., Eugenik und Rassenkunde, in: Darwin und Darwinismus. Eine Ausstellung zur Kultur- und Naturgeschichte. Hrsg. von B. M. Baumunk und J. Rieß. Berlin 1994, S. 143
Schnalke, T., Selheim, C., Asklepios – Heilgott und Heilkunde. Erlangen 1990
Schott, H. (Hrsg.), Der sympathetische Arzt. Texte zur Medizin im 18. Jahrhundert. München 1998
Schott, H., Menschenversuch und Menschlichkeit, in: Deutsches Ärzteblatt 100, 17 (2003), S. 933–936
Schöner, E., Das Viererschema in der antiken Humoralpathologie. Mit einem Vorwort von Robert Herrlinger (= Sudhoffs Archiv Beiheft 4). Wiesbaden 1964

Schramm, P., Die Quacksalber. Heilkünstler und Scharlatane. Traunstein 1985
Schulz, S., Der Umgang mit Geschichte in aktuellen Lehrbüchern der Ethik in der Medizin, in: Toellner/Wiesing (1997), S. 17–34
Schulze, Christian, Celsus (= Olms Studienbücher Antike 6). Hildesheim/Zürich/New York 2001
Schumacher, J., Die antike Medizin. Die naturphilosophischen Grundlagen der Medizin in der griechischen Antike. 2. verbesserte Auflage Berlin 1963
Seidler, E., Die Heilkunde des ausgehenden Mittelalters in Paris. Studien zur Struktur der spätscholastischen Medizin (= Sudhoffs Archiv Beiheft 8). Wiesbaden 1967
Seidler, E., Pariser Medizin im 15. Jahrhundert (1968), abgedruckt in: Medizin im mittelalterlichen Abendland. Hrsg. von G. Baader und G. Keil (= Wege der Forschung 363). Darmstadt 1982, S. 344–358
Seidler, E. (Hrsg.), Paris (= Medizinhistorische Reisen 1). Stuttgart/New York 1971
Seidler, E., Lebensplan und Gesundheitsführung. Franz Anton Mai und die medizinische Aufklärung in Mannheim. Mannheim 1975
Seidler, E., Heilkunst und Lebensordnung. Die Medizin in der benediktinischen Tradition, in: Erbe und Auftrag. Benediktinische Monatsschrift 57 (1981), S. 18–27
Seidler E., Leven, K. H., Geschichte der Medizin und der Krankenpflege. 7. erweiterte Auflage. Stuttgart 2003
Shaw, B. D., The Family in Late Antiquity: The Experience of Augustine, in: Past and Present 115 (1987), S. 46
Shryock, R. H., Medicine in America. Baltimore 1966
Sicard, A., L'Académie de Chirurgie, in: La Médecine à Paris du XIIIe au XXe siècle. Hrsg. von A. Peche. Préface d'E. Wolff. Paris 1984, S. 209–218
Sieferle, R. P., Sozialdarwinismus, in: Darwin und Darwinismus. Eine Ausstellung zur Kultur- und Naturgeschichte. Hrsg. von B. M. Baumunk und J. Rieß. Berlin 1994, S. 134–142
Siefert, H., Hygiene in utopischen Entwürfen des 16. und 17. Jahrhunderts, in: Med.hist Journal 5 (1970), S. 24–41
Siep, L., Ethische Probleme der Gentechnologie, in: Fragen und Probleme einer medizinischen Ethik. Hrsg. von J. P. Beckmann (= Philosophie und Wissenschaft. Transdisziplinäre Studien 10). Berlin/New York 1996, S. 309–31
Sievert, L. E., Naturheilkunde und Medizinethik im Nationalsozialismus (= Mabuse-Reihe Wissenschaft 28). Frankfurt am Main 1996
Sigerist, H. E., Einführung in die Medizin. Leipzig 1931, S. 94
Singer, P., Schwangerschaftsabbruch, in: U. Wiesing (Hrsg.), Ethik in der Medizin. Ein Reader (= Reclam-Univ.Bibliothek 18069). Stuttgart 2000, S. 152–155
Siraisi, N. G., Medieval and Early Renaissance Medicine. An Introduction to Knowledge and Practice. Chicago/London 1990
Speert, H., Iconographia Gyniatrica. A Pictorial History of Gynecology and Obstetrics. Philadelphia 1973
v. Staden, H., Herophilos. The Art of Medicine in Early Alexandria. Cambridge 1989
Stammkötter, F. B., Die Entwicklung der Bestimmung der Prudentia in der Ethik des Albertus Magnus, in: Albertus Magnus. Zum Gedenken nach 800 Jahren: Neue Zugänge, Aspekte und Perspektiven. Hrsg. im Auftrag der Dominikanerprovinz Teutonia durch W. Senner O.P. u.a. (= Quellen und Forschungen zur Geschichte des Dominikanerordens. N. F. Bd. 10). Berlin 2001, S. 303–310
Starobinski, Montaigne. Denken und Existenz. Aus dem Französischen von H. H. Henschen. 3. Auflage Frankfurt am Main 2001
Steinbart, H., Arzt und Patient. In der Geschichte, in der Anekdote, im Volksmund. Stuttgart 1970
Stempel, W. D., Erzählung, Beschreibung und der historische Diskurs, in: Geschichte – Er-

eignis und Erzählung. Hrsg. von R. Koselleck und W. D. Stempel (= Politik und Hermeneutik. Arbeitsergebnisse einer Forschergruppe V). München 1973, S. 325–346
Sternbuch, J., Medizinische Ethik im Judentum am Beispiel der Euthanasie. Med. Diss. Zürich 1980
Stevenson, L. G., Physiology, General Education and the Antivivisection Movement, in: Clio Medica 12 (1977), S. 17–31
Stoecker, R., Der Hirntod: ein medizinethisches Problem und seine moralphilosophische Transplantation. Freiburg/Breisgau u. a. 1999
Stoll, U., Das Lorscher Arzneibuch. Ein Überblick über Herkunft, Inhalt und Anspruch des ältesten Arzneibuchs deutscher Provenienz, in: Das Lorscher Arzneibuch und die frühmittelalterliche Medizin. Verhandlungen des medizinhistorischen Symposiums im September 1989 in Lorsch. Hrsg. von G. Keil und P. Schnitzer. Lorsch 1991, S. 61–80
Strätling, M., Die Begründung der neuzeitlichen Medizin, Ethik in Praxis, Lehre und Forschung. John Gregory (1724–1773) und seine Lectures on the Duties and Qualifications of a Physician (= Marburger Schriften zur Medizingeschichte 39. Hrsg. von A. Geus und I. Müller). Frankfurt am Main u. a. 1998
Stubbe, H., Hatten die Germanen graue Augen? Rassenpsychologisches bei Carl Gustav Carus (1789–1869), in: Psychologie und Geschichte 1, 3 (1989/90), S. 44–50
Stukenbrock, K., Das Zeitalter der Aufklärung. Kindsmord, Fruchtabtreibung und Medizinische Policey, in: Jütte R. (Hrsg.), Geschichte der Abtreibung. Von der Antike bis zur Gegenwart. München 1993, S. 91–119
Stürmer, M., Die Welt vom 23. 7. 2001
Stürzbecher, M., The physici in german-speaking countries from the Middle Ages to the Enlightenment, in: A. W. Russell (Hrsg.), The Town and State Physician in Europe from the Middle Ages to the Enlightenment. (= Wolfenbütteler Forschungen) Wolfenbüttel 1981, S. 123–129
Taupitz, J., Die Biomedizin-Konvention und das Verbot der Anwendung genetischer Informationen für Versicherungszwecke, in: Jahrbuch für Wissenschaft und Ethik 6 (2001), S. 123–177
Telle, J., Arzneikunst und der «gemeine Mann». Zum deutsch-lateinischen Sprachenstreit in der frühneuzeitlichen Medizin, in: Pharmazie und der gemeine Mann. Hausarznei und Apotheke in der frühen Neuzeit. Hrsg. von J. Telle. 2. Auflage Weinheim 1988, S. 43–48
Terme, J. F., Monfalcon, J. B., Histoire des enfants trouvés. Paris 1840
Thiery J., Troehler U., Zweifel am Fortschrittsglauben. Der Tierversuchsgegner Richard Wagner: Seine Zeitkritik und die Reaktion seiner Zeit (Programmheft II. Bayreuther Festspiele 1987). S. 1–152
Thomann, K. D., Kümmel, F. W., Naturwissenschaft, Kapital und Weltanschauung. Das Kruppsche Preisausschreiben und der Sozialdarwinismus (1), in: Med. hist. Journal 30 (1995), S. 99–143
Toellner, R., Die Umbewertung des Schmerzes im 17. Jahrhundert in ihren Voraussetzungen und Folgen, in: Med. hist. Journal 6 (1971), 36–44
Toellner, R. (Hrsg. der deutschen Ausgabe), Illustrierte Geschichte der Medizin (Histoire de la Médicine, de la Pharmacie, de l'Art Dentaire et de l'Art Vétérinaire. Paris 1978). Bd. II. Salzburg 1986
Toellner, R., Wiesing, U. (Hrsg.), Geschichte und Ethik in der Medizin. Von den Schwierigkeiten einer Kooperation (= Medizinethik 10, hrsg. von R. Toellner u. a.) Stuttgart u. a. 1997
Toellner, R., Forschung und Folgenabschätzung – von Nutzen und Nutzlosigkeit der Ethik-Kommissionen, in: Frewer, Winau (1997), S. 105–112
Treue, Wolfgang, Verehrt und angespien: Zur Geschichte jüdischer Ärzte in Aschkenas von den Anfängen bis zur Akademisierung, in: WmM 21 (2002), S. 139–203

Triebel-Schubert, C., Bemerkungen zum Hippokratischen Eid, in: Med.hist. Journal 20 (1985), S. 253–260
Troehler, U., Reiter-Theil, S. (Hrsg.), Ethik und Medizin 1947–1997. Was leistet die Kodifizierung von Ethik? Göttingen 1997
Unold, J., Organische und soziale Lebensgesetze. Ein Beitrag zu einer wissenschaftlich begründeten nationalen Erziehung und Lebensgestaltung. Leipzig 1906
Vaughn, P., The pill on the Trial. London 1970
Veatch, R. M., Medical Codes and Oaths, in: Encyclopedia of Bioethics. Hrsg. von W. T. Reich. Bd. 3 (1995), S. 1419–1435
Vogt, J., Sklaverei und Humanität. Wiesbaden 1965
Volhard-Nüsslein, C., Wann ist ein Tier ein Tier, ein Mensch kein Mensch, in: FAZ 2. 10. 2001, S. 55
Waddington, I., The Development of Medical Ethics – A Sociological Analysis, in: Medical History 19 (1975), S. 36–51
Wagner, F., Biologismus und Historismus im Deutschland des 19. Jahrhunderts, in: G. Mann (Hrsg.), Biologismus im 19. Jahrhundert (= Studien zur Medizingeschichte des 19. Jahrhunderts). Stuttgart 1973, S. 30–42
Wasserschleben, F. W. H. (Hrsg.), Die Bußordnungen der abendländischen Kirche. Halle 1851
Waszink, J. H., Abtreibung, in: Lexikon für Antike und Christentum 1, Bd. 1, Sp. 55–60
Waszink, J. H., Beseelung, in: Lexikon für Antike und Christentum, Bd. 2, Sp. 176–183
Watson, J., Crick F., The molecular structure of nucleid acids, in: Nature 4356 (1953), S. 737
Watson, J., FAZ vom 26. 9. 2000
Wäckerlin-Swiagenin, K., Bernhard von Clairvaux und sein Verhältnis zur Wissenschaft, in: Sudhoffs Archiv (1976), S. 13–32
v. Weber, E., Die Folterkammern der Wissenschaft. Eine Sammlung von Thatsachen für das Laienpublikum. 8. Auflage Berlin/Leipzig 1879
Weber, M., Der Beruf zur Politik, in: J. Winckelmann (Hrsg.), Soziologie, Weltgeschichtliche Analysen, Politik. 4. Auflage Stuttgart 1968
Wehler, H.-U., Aus der Geschichte lernen? Essays. München 1988
Wehler, H.-U., Die Herausforderung der Kulturgeschichte (= Beck'sche Reihe 1276). München 1998
Welborn, M. C., The Long Tradition: A study in fourteenth century medical deontology, in: Medieval and historicographical essays in honour of James W. Thompson. Chicago 1938, S. 350 f. (Reprint 1966); auch bei C. R. Burns (Hrsg.), Legacies in Ethics and Medicine. New York 1977, S. 204–217
Werner, H. (Hrsg.), Mikrokosmos und Makrokosmos. Okkulte Schriften von Paracelsus. Wiesbaden 1994
Westphal, P. G., Ärztliche Gesundheitsbelehrung im ausgehenden 18. Jahrhundert. Med. Diss. Heidelberg 1964
Whitrow, M., Julius Wagner-Jauregg (1857–1940). London 1993
Wickersheimer, E., Anatomies de Mondino die Luzzi et de Guido da Vigevano. Paris 1926
Wiesing, U., Zum Verhältnis von Geschichte und Ethik in der Medizin, in: NTM 3 (1995), S. 129–144
Wiesing, U., Die Persönlichkeit des Arztes und das geschichtliche Selbstverständnis der Medizin, in: Med.hist. Journal 31(1996), S. 181–208
Wiesing, U. (Hrsg.), Ethik in der Medizin. Ein Reader. Unter Mitarbeit von J. S. Ach, M. Bormuth und G. Marckmann (= Reclams Univ. Bibl. 18069). Stuttgart 2000
Wilson, P., An Enlightenment Science? Surgery and the Royal Society, in: R. Porter (Hrsg.), Medicine in the Enlightenment. Amsterdam/Atlanta 1995, S. 360–386
Wimmer, J., Gesundheit, Krankheit und Tod im Zeitalter der Aufklärung. Fallstudien aus den habsburgischen Erbländern (= Veröffentlichungen der Kommission für neuere Geschichte Österreichs 80). Wien/Köln 1991

Winau, R., Vom Bild des Arztes in der Literatur, in: Portrait 2 Der Arzt. Graphische Bildnisse aus dem Portraitarchiv Diepenbroick, Münster 1979, S. 49–61

Winau, R., Ernst Haeckels Vorstellungen von Wert und Werden menschlicher Rassen und Kulturen, in: Med.hist. Journal 16 (1981), S. 270–279

Winau, R., Die Freigabe der Vernichtung «lebensunwerten Lebens» – Euthanasie – Wandlung eines Begriffes, in: J. Bleker/N. Jachertz (Hrsg.), Medizin im Dritten Reich. Köln 1989, S. 76–85

Winau, R., Der hippokratische Eid und die Probleme der Ethik in der modernen Medizin, in: Frewer, Winau (1997), S. 15–35

Winnacker, E. L., Der Irrtum, FAZ vom 13. 2. 2004

Wittern, R., Die Unterlassung ärztlicher Hilfeleistung in der griechischen Medizin in der klassischen Zeit, in: MWW 121 (1979), Nr. 21, S. 731–743

Wittkau-Horgby, Grundformen des Materialismus in den Wissenschaften des 19. Jahrhunderts, in: Sudhoffs Archiv 82, 2 (1998), S. 129–140

Wolf-Heidegger, G., Cetto, A., Die anatomische Sektion in bildlicher Darstellung. Basel 1967

Woltmann, L., Politische Anthropologie. Eine Untersuchung über den Einfluß der Deszendenztheorie auf die Lehre von der politischen Entwicklung der Völker. Eisenach/Leipzig 1903

Wood, G., Editorial, in: Transactions of the AMA 9 (1856), S. 16

Yates, F., Aufklärung im Zeichen des Rosenkreuzes. 2. Auflage Stuttgart 1997

Ziegler, J. G., Die Ehelehre der Poenitentialsummen von 1200–1350. Eine Untersuchung zur Geschichte der katholischen Pastoraltheologie (= Studien zur Geschichte der katholischen Moraltheologie 4). Regensburg 1956, S. 231–234

Zima, P. V., Dekonstruktion und Postmoderne, in: Domänen der Literaturwissenschaft. Hrsg. von H. Jaumann u. a. (= Schnittpunkte: Greifswalder Studien zur Literaturwissenschaft und Kulturgeschichte 2). Tübingen 2001, S. 163–173

Zimmermann, V., Geschichte der Euthanasie in Grundzügen, in: Frewer, Eickhoff (2000), S. 27–44

Zintzen, C., Vom Menschenbild der Renaissance (= Lectio Teubneriana IX). München/Leipzig 2000

Zitter, M., Im Kampf gegen die «Irrtümer der Ärzte». Leonhart Fuchs in der Medizin seiner Zeit, in: Leonhart Fuchs 1501–1566. Mediziner und Botaniker. Ausstellungskatalog. Hrsg. von G. Brinkhus und C. Pachnicke. Tübingen 2001, S. 69–84

Bildnachweis

Abb. 1: Musée de l'assistance publique, Paris. H.D.L. 1425 fol. 11 v.
Abb. 2: Relief, Torcello, Kathedrale
Abb. 3: HS, Paris, Bibliothèque Nationale Cod. Lat. 1436
Abb. 4: Adriaen Brouwer, Der Quacksalber. Karlsruhe, Staatliche Kunsthalle

Personenregister

Abderhalden, Emil 277
Aelian (römischer Historiker) 39
Aesop 27, 148
Agrippa von Nettesheim 32, 175
Agrippina 44, 104
Aikin, John 195
Aischylos 27 f., 31, 52
Alderotti, Taddeo 104
D'Alembert, Jean le Rond 117, 202, 209
Albertus Magnus 20, 90 f., 95, 124 f., 170
Alcott, William Andrus 250
Aldovrandini, Ulisse 157
Alexander von Hales 94
Alkindi 133
Alkmaion von Kroton 25, 31
Amatus Lusitanus 157
Ambrosius 20
Anaxagoras 54
Andreae, Johann Valentin 115, 158
Antisthenes (kynischer Philosoph) 113
Antoninus (Kaiser) 55
Antoninus (Bischof von Florenz) 95, 126
Archagathos 31
Archer, John 185
Argentario, Giovanni 146, 155
Ariost 157
Aristophanes 28, 31, 32
Aristoteles 13, 17, 19, 30, 36–38, 47–49, 53–55, 89 f., 148, 168
Arnald von Villanova 88, 133
Arnobius von Sicca 63
Arrizabalaga, Alvaro 180
Artorius 65
Asa (König) 58
Aselli, Gaspare 252
Asklepiades 27
Assmann, Aleida 15
Augustinus 67, 71, 93, 95, 123
Augustus 42, 55, 114
Averroes 89
Avicenna 61, 84, 89, 109, 133, 140, 148

Baader, Gerhard 78
Babad (Rabbi) 59
Bacon, Francis 13, 109, 114, 160–162, 164, 169, 189, 203, 215, 253
Bacon, Roger 88, 90 f., 168
Balzac, Honoré 206
Bard, Samuel 226
Bardi, Girolamo 149 f., 175
Barnard, Christian 289
Barth, Karl 275
Bartholin, Thomas 253
Basilius (Kirchenvater) 65, 74, 122
Baxter, Richard 178
Beda Venerabilis 124
Beer, Max 265
Benedikt von Nursia 71–73
Bentham, Jeremy 192, 195 f., 210, 225, 229, 232, 242, 265
Benzenhöfer, Udo 42, 113
Berg, Franz 222
Bernard, Claude 243 f., 246, 249
Bernhard von Clairvaux 78, 93
Beza, Theodor 97
Bigelow, Jacob 120
Billroth, Theodor 237, 249 f.
Binding, Karl 273 f., 276, 278
Binet, Alfred 270
Bismarck, Otto von 237
Blackwell, Elizabeth 230
Blumenbach, Johann Friedrich 213
Blumenberg, Hans 247, 292
Boccaccio, Giovanni 85, 104
Bock, Hieronymus 127
Boerhaave, Hermann 200, 202
Boeters, Gustav 274
Boethius 73
Böhme, Jakob 178
Boehmer, Auguste 222
Boghurst, William 101
Bohrer, Karlheinz 14
Bonaventura 95
Bonifaz VIII. 105
Bonnet, Charles 255
Bordeu 205, 209, 229
Borelli 164, 173, 179, 254
Bougeant, Guillaume 255
Bouhler, Philipp 277
Boyle, Robert 164 f., 253
Brachet, Jean Louis 251
Brand, Ulrich 238
Brandt, Heinz 277, 279
Brant, Sebastian 155, 180

Brockes, Barthold Hinrich 106
Brockliss, L.W.B. 203
Broman, T.H. 204
Brouwer, Adrian 151
Brown, John 221
Brown, Louise 291
Brown, Samuel 227
Brunfels, Otto 127
Bruno, Giordano 159
Büchner, Franz 48
Büchner, Georg 211
Büchner, Ludwig 244, 259, 265, 270
Buck, August 156
Buffon, Georges 126, 202
Bullar, Joseph 120
Burns, Chester 226
Burton, Robert 178, 180
Butler, Joseph 197

Cabot, Richard 232f.
Caelius Aurelianus 71
Caesarius von Arles 66, 122
Cagliostro 155, 217
Caius, John 158
Calvin 97
Calvo, Marco Fabio 49
Campanella, Tommaso 115
Cardano, Gerolamo 156, 159, 161, 185
Carneri, Bartholomäus von 265
Carpzow, Benedikt 106
Carus, Carl Gustav 214, 216–218, 220, 236, 238
Casanova 127
Cashin, Conlan 252
Cassianus, Johannes 73, 76
Cassiodor 71, 134
Cassius Dio 104
Castelli, Pietro 147, 150, 152, 167, 171
Castiglione, Baldassare 170, 189
Castro, Rodericus 22, 145, 148, 152, 154, 156f., 159, 167–169, 175, 236
Catel, Werner 279
Cato d.Ä. 31f., 46
Cato d.J. 43
Cellini, Benvenuto 184
Celsus 28, 32, 41, 134, 185
Celsus (Neuplatoniker) 93
Chalin de Vinario 98
Chamberlaine, William 190
Chamberlen, Peter 177
Chenot, Adam 184
Childebert (König) 75
Chodowiecki, Friedrich Daniel 194
Christian VII. (König von Dänemark) 212
Cicero 33, 52, 55, 90
Clauberg, Carl 280
Claudius (Kaiser) 33, 44
Cleland, Archibald 193
Clemens Alexandrinus 64f., 93f.
Codronchi, Battista 147, 173f.
Coiter, Volcher 252
Colle, Giovanni 149
Comte, Auguste 242f., 259
Constantinus Africanus 84
Cornaro, Alvise 160, 185
Cornarus, Janus 50, 157
Corneille, Pierre 206
Cortesi, Giovanni Battista 146, 161
Cotta, John 176
Cromwell, Oliver 160

Dante 109
Darius 31
Darwin, Charles 246f., 248, 269
Davenport, Charles 270
David (König) 58
Davis, Nathan 228
Dean, Richard 255
Defoe, Daniel 177
Delafield, Francis 229
Delumeau, Jean 166
Demokedes 31
Demokrit 26
Descartes, René 162–164, 171f., 179, 185, 190, 205, 217, 263
Devaux, Jean 185
Devol, Charles 228
Diderot, Denis 117, 202, 265
Dietl, Joseph 234f., 239, 242, 259
Diller, Hans 47
Diodorus Siculus 52, 113
Diogenes 53f.
Dionysus Secundus Colle 98
Dölger, Franz Josef 57
Domitian (Kaiser) 55
Donne, John 96, 210
Droysen, Johann Gustav 15
Drusus 42
Du Bois-Reymond, Emil 243f., 245, 250, 256, 288
Du Cheyne (Leibarzt Heinrichs IV.) 157
van Dülmen, Richard 151
Dürer, Albrecht 180

Ebermayer (Leipziger Anwalt) 274
Edeles (Rabbi) 61
Edelstein, Ludwig 30, 33, 48
Elisabeth von Thüringen 75, 149
Elyot, Sir Thomas 160, 185
Empedokles 53
Epikur 114
Eppinger, Ernst 280
Erasistratos 32, 103
Erasmus von Rotterdam 113, 160, 169, 180, 185
Ercole II. (Herzog von Ferrara) 180
Erhardt, Johann Benjamin 215 f.
Erxleben, Dorothea von 230
Esra (Rabbi) 60
Eusebius 63
Eustachio, Bartolomeo 252
Evagrius Ponticus 76

Fabry, Wilhelm 116, 142–144
Falloppio, Gabriele 127, 157, 181–183
Fernel, Jean 161 f., 181
Ficino, Marsilio 164
Fliedner, Theodor 248
Flint, August 229, 231
Fludd, Robert 171
Foesius, Anutius 50
Forestus, Petrus 50
Foucault, Michel 211
Fourcroy, Antoine 203
Fox, George 178
Fracastoro, Girolamo 181, 183 f.
Francesco d'Asola 49
Franck von Franckenau, Georg 106
Frank, Joseph 236–238
Frank, Johann Peter 130, 206, 209, 212, 214 f., 225, 240, 242
Franklin, Benjamin 225, 244
French, John (Arzt) 177
Fried, Johannes 15
Friedrich II. von Hohenstaufen 75, 78, 80, 87, 103
Fritsch, Ahasverus 174
Fuchs, Leonhart 157
Füßli, Johann Heinrich 214

Galen 26, 33, 49, 53–55, 63, 73, 98 f., 133, 145
Galilei, Galileo 165
Galton, Francis 207, 246, 270
García-Ballester, Luis 154
Gassendi, Pierre 164
Gassner, Joseph 206, 220
Gay, Peter 238
Gebhardt, Karl 280
Gentile da Foligno 97, 101
Gerkan, Roland 264
Gerson, Johannes 109
Gesner, Conrad 157
Geyler von Kaisersberg 95
Gilino, Corradino 180
Gilles de Corbeil 87 f., 90, 139
Giovio, Paolo 22
Gisborne, Thomas 197
Gobineau, Joseph Artur 247 f.
Goddard, Jonathan 101, 178
Goethe, Johann Wolfgang 120, 210, 216, 218, 229, 243
Goldoni, Carlo 155
Goldscheid, Rudolf 265
Gottsched, Johann Christoph 154
Gracián, Baltasar 22, 170
Gradmann, Christoph 239
Graham, James 155
Grauvogl, Eduard von 240
Gregor von Nazianz 49, 64
Gregor von Nyssa 66, 93, 95, 123
Gregor von Tours 65, 93
Gregory, John 13, 189–194, 196 f., 199, 201, 210, 212, 229, 232, 238, 242
Grew, Nehemiah 210
Grimmelshausen, Hans Jakob von 152
Grotius, Hugo 197
Gruner, Christian Gottfried 204
Grysanowski, Ernst 249
Günther, Hans K. 272
Guglielmo da Saliceto 87 f.
Guido von Arezzo (Arzt) 88
Guido von Vigevano 105
Guillaume de Lorris 104
Guy de Chauliac 87, 89, 98, 104

Habermas, Jürgen 14
Haeckel, Ernst 39, 259–265, 269, 273, 276, 278, 288, 291
Hahnemann, Samuel 220, 228
Hales, Steven 254
Hall, Marshall 252
Hall, Thomas 178
Haller, Albrecht von 200, 204 f.
Hammurabi 57
Hanslick, Eduard 249
Harder, Johann Jakob 254
Harley, David 200

Harrington, James 178
Hart, James (Arzt) 176
Harvey, William 253
Hecker, August Friedrich 219
Hegel 202, 220
Heinrich II. (von Frankreich) 128, 254
Heinrich VIII. (von England) 113
Heinrich von München 104
Heinroth, Johann Christian 217
Heister, Lorenz 202
van Helmont, Johann Baptist 171, 178
van Helmont, Francis Mercury 177
Helvétius, Claude Adrien 192, 199, 265
Henning, Friedrich 218
Henri d'Andeli 88
Henri de Mondeville 85f., 87f., 139, 144
Heraklit 26, 51
Herder, Johann Gottfried 214
Hermann, Ludimar 250f.
Herodikos 34, 73
Herodot 31, 35f.
Herophilos 32, 53, 103
Herranz, Gonzalo 286
Hess, Rudolf 281
Heyde, Werner 274, 278
Heyfelder, Johann Ferdinand 244
Heywood, Thomas 147
Hieronymus 20, 49, 66, 68, 84
Hildegard von Bingen 54, 92
Hildrop, John 255
Hippel, Theodor Gottlieb von 210
Hippokrates 20, 26, 31, 39, 41, 45, 48f., 71, 133f., 140, 169, 174, 239, 290
Hitler, Adolf 17, 272, 277, 280–282, 288
Hobbes, Thomas 13
Hoche, Alfred 273f.
Höffe, Ottfried 161
Hörnigk, Ludwig von 151
Hösle, Vittorio 15f.
Hogarth, William 151
Hohenlohe, Alexander Prinz zu 206
Holbach, Paul Henri Thiry d' 265
Holzem, Christoph 93f.
Holzlöhner, Ernst 280
Hooker, Worthington 229f., 231, 233
Hopkins, Mark 232
Horaz 133
Horst, Jakob 22, 174f.
Howard, John 195
Huch, Ricarda 220
Hufeland, Christoph Wilhelm 119, 121, 216–222, 228, 235, 246
Humboldt, Wilhelm von 210, 216, 229
Hume, David 185, 190f.
Hunter, John 202
Hunter, William 204
Hutcheson, Francis 189, 192, 197, 199, 210
Hutten, Ulrich von 180, 184
Huygens, Christian 163f.
Hyginus 147

Ignatius von Antiochia 64, 67
Ingrassias, Giovanni Filippo 147
Innozenz III. 124
Isaak Iudaeus 61, 84
Iserles, Moses 59
Isidor von Sevilla 68, 76
Iulius Alexandrinus 22, 146, 168f.

Jacme d'Agremont 100
Jacobi, Johannes (Arzt) 100
Jacobovits, Immanuel 58
Jäger, Georg Friedrich von 245
James, William 232
Jansen, Enikel 103f.
Janson, Carl 255
Jean de Meune 104
Jehuda Ha-Chassid 59
Jenner, Edward 201
Jerouschek, Günter 11
Johannes de Regina 125
Johannes von Arderne 84, 145
Johannes von Parma 98
Johannes Chrysostomus 74
Johannes von Salisbury 88, 94
Johannitius (Arzt) 49, 89
Jonas, Hans 291
Jones, W.H.S. 33
Jonsen, Albert R. 11, 197, 226f.
Jorden, Edward 176
Joseph II. (Kaiser) 200f.
Josephus Flavius 57
Jost, Adolf 265f., 273, 276
Joubert, Laurent 147, 175
Jütte, Robert 52
Jurin, James 200
Justinian (Kaiser) 195

Kästner, Abraham Gotthelf 255
Kaisarios (Arzt) 49
Kant, Immanuel 13, 198, 201f., 213, 216, 218, 220, 249, 292
Karl V. (Kaiser) 106, 128
Karl VIII. (König von Frankreich) 180

Karo, Joseph 59
Kater, Michael 276, 280, 286
Katharina II. (Zarin) 201
Keil, Gundolf 77, 102, 174
Kepler, Johannes 164 f., 173, 254
Kerrl, Hans 276
Klee, Ernst 279
Knigge, Adolph von 235
Koch, August 263
Kocher, Theodor 251
Kraepelin, Emil 263
Krehl, Ludwig 275
Kretschmer, Ernst 272
Kropotkin, Pjotr 270
Krösus 40
Krupp, Friedrich 263
Kudlien, Fridolf 31
Kußmaul, Adolf 244

Lain Entralgo, Pedro 31
Laktanz 63, 68, 91, 123
Lamarck, Jean Baptiste 202, 247, 269
La Mettrie, Julien Offray de 179, 201 f., 205, 213, 217, 245, 265, 288
Lammel, Hans Uwe 221
Lancaster, Nathaniel 189
Lang, Arnold 259
Lavater, Johann Caspar 214, 235
Lavoisier 202
Leake, Chauncey 195, 226
Leers, Johannes von 271
Leibniz, Gottfried Wilhelm 208 f.
Lenz, Fritz 272, 277, 281
Leo X. 106
Leonardo da Vinci 157
Lessius, Leonard 185
Libanius 32
Lichtenberg, Georg Christoph 214, 216
Lichtenthaeler, Charles 48, 52
Lifton, Robert Jay 276
Liguori, Alfons 166
Linacre, Thomas 157
Lindemann, Mary 234
Linné, Carl von 202, 213
Livia (Frau des Augustus) 42
Locke, John 13, 189
Löwith, Karl 15
Lombroso, Cesare 247
Longfellow, Henry 228
Lorenzo de Monacis 98
Ludwig (hl.), König von Frankreich 75
Ludwig, Carl 250 f.
Lukian 31
Lukrez 55
Luther, Martin 95, 97, 110, 141, 165
Lykurg 36, 39, 53
Lysias 52 f.

Maecenas 113
Mai, Franz Anton 206, 211, 219
Maimonides 60
Malbranche, Nicolas de 179
Malpighi, Marcello 157
Manetti, Giannozzo 164
Mann, Ernst 271
Marchionne di Coppo Stefani 97
Marcion 63
Marinello, Giovanni 170
Martinus Navarrus 110, 119
Marx, Karl Friedrich Heinrich (Arzt) 118, 237 f.
Massow, Julius von 202
Mather, Cotton 226
Mathioli, Pier Andrea 127, 157
Maupertuis, Pierre Louis 254
Maximilian I. (Kaiser) 180
Mayer, Bernhard 274
McCullough, Laurence 11
Meibom, Heinrich 155
Meltzer, Ewald 274, 279
Menander 40, 42
Mendelsohn, Martin 239
Mengele, Josef 280
Mercuriale, Girolamo 49, 150
Mercurii, Scipione 178
Merck, Johann Heinrich 214
Mesmer, Franz Anton 219, 221
Metellus, Macedonius 55
Mielke, Fred 287
Mill, John Stuart 199, 229, 242, 246, 265
Minadoi, Giovanni Tommaso 182
Mitscherlich, Alexander 279, 287
Molanus, Johannes 149
Moleschott, Jacob 244, 259, 265
Moll, Albert 257
Mondino dei Liuzzi 104
Montaigne, Michel 113, 162, 173 f.
Morel, Bénedict 263
Morgan, John 226
Morton, William 231
Morus, Thomas 112–114, 215, 262
Moulton, Thomas 185
Müller, Johannes 252
Murner, Thomas 155

Musonius, Rufus 53
Mylius, Christlob 254f.

Nachmanides 60
Nasse, Christian Friedrich 235
Naunyn, Bernhard 245, 259
Neisser, Albert 256
Nelson, James 189
Nero 43f., 55, 104
Neumann, Salomon 241
Newton, Sir Isaac 165
Nietzsche, Friedrich 248
Nikolaus von Polen 86
Notker (Mönch v. St. Gallen) 76
Novalis 220f.
Nüßlein-Volhard, Christiane 289

Octavia 55
Oken, Lorenz 214, 247
Oreibasios 54
Origenes 63f., 66f., 72, 74, 93, 109, 134
Osler, William 202
Osterlen, Friedrich 240
Ostwald, Wilhelm 269
van Ostade, Adriaen 151
Ovid 55

Pagel, Julius 256
Paley, William 197
Palmarius (Arzt) 183
Panormitanus 110
Paracelsus 138–142, 149f., 155, 158, 176, 178, 180f., 184
Paradys, Nikolaus 117f.
Paré, Ambroise 101, 115f., 144
Parmenides 55
Pascal, Blaise 163
Passi, Giuseppe 175
Pasteur, Louis 250
Patin, Guy 147, 157, 175
Paullini, Christian Franz 151
Pawlow, Iwan 270
Pearson, Karl 270
Pepys, Samuel 101
Percival, Thomas 194–197, 199, 212, 225, 227, 229, 242, 255
Peter der Große 200
Petrarca 13, 32, 38, 89, 99, 156f., 160, 184
Pettenkofer, Max von 245, 247
Petty, William 178
Philipp der Schöne 86
Philipp-August von Frankreich 87
Philo von Alexandria 42, 57
Philpot, Steven 189
Phipps, James 201
Piccolomini, Alessandro 156
Pico della Mirandola 93, 164
Pietro d'Abano 87, 90
Pincus, Gregory 290
Pinnel, Henry 178
Pius II. 156
Platner, Ernst 205
Platon 26–28, 30, 33–37 43, 48f., 51, 53, 96, 113, 145, 148, 215, 272
Plautus 43
Plinius d. Ä. 31f., 46, 54, 88f.
Plinius d. J. 55
Ploetz, Alfred 265, 269, 271f.
Ploucquet, Wilhelm Gottfried 130, 235f., 237, 239
Plutarch 31, 39, 52f.
Polybios 42, 54f.
Ponce de Santacruz, Alfonso 146
Poseidippos 42
Price, Richard 195
Priessnitz, Vinzenz 225
Priscianus, Theodorus 54
Prodi, Paolo 166
Prudentius 65
Pufendorf, Samuel von 197, 255
Pythagoras 54

Quarin, Joseph 200
Quintilian 55
Quintus Serenus 54

Rabelais, Francois 156, 173
Ranchin, Francois 142
Raschinski, Sergej 270
Rau, Thomas 209
Reche, Otto 280
Reid, Thomas 189
Reil, Johann Christian 118
Reubel, Franz 222
Reuchlin, Johannes 50
Rhases 61, 83f., 89
Rath, Gernot 101
Regino von Prüm 125
Richter, Christian Friedrich 205
Ringseis, Johann Nepomuk 220
Riolan, Jean d. Ä. 176, 252f., 257
Rivière, Lazare 157
Röschlaub, Andreas 220f.
Rößlin, Eucharius 127

Roger II. (König) 78 f., 80
Roger Frugardi 88
Rondolet, Guillaume 157
Rose, Eugen 276
Rostinio, Pietro 182
Rowlandson, Thomas 194
Rousseau, Jean Jacques 205 f.
Rüdin, Ernst 277
Rudio, Eustachio 182
Rush, Benjamin 226 f., 229

Sade, Donatien-Alphonse de 127
Salimbene von Parma 103
Salmon, William 203
Salviani, Hippolitus 157
Samson 59
Sarapion 49
Sassonia, Ercole 182
Sauerbruch, Ferdinand 202
Schaarschmidt, August 213
Schadewaldt, Hans 33
Schallmayer, Wilhelm 264 f., 276, 278
Schelling, Friedrich Wilhelm Joseph 214, 220 f.
Schiff, Moritz 251
Schiller, Friedrich 205
Schleiden, Jakob 265
Schleiner, Winfried 11, 183
Schneider, Carl 278
Schopenhauer, Arthur 170, 249
Schreiber, Julius 256
Schrödinger, Ernst 288
Schüppach, Michael 155
Schumann, Horst 278
Schupp, Johann Balthassar 158
Schultz-Schultzenstein, Karl Heinrich 245
Schulz, Zacharias Philippus 117
Schwann, Theodor 265
Schweitzer, Albert 257
Schweninger, Ernst 239
Scribonius Largus 31, 33, 41, 49, 56
Scriver, Christian 116 f.
Seneca 42, 44, 93
Sennert, Daniel 183
Septimius Severus 55
Severino, Marco Aurelio 253
Severinus, Petrus 179
Sévigné, Marie de 127
Sherrington, Charles Scott 270
Siebeck, Richard 275
Simon, Maximilien 120
Singer, Peter 291
Sixtus IV. 105
Sloane, Sir Hans 200
Smith, Adam 189
Smith, Edwin 41
Smith Davis, Nathan 199
Soemmering, Samuel Thomas 213, 247
Sokrates 54
Solon 53
Sophokles 40
Soranus von Ephesus 49, 54–56, 127
Sorbière, Samuel 169 f., 218, 236
Spencer, Herbert 24, 260, 263
Spengler, Lazarus 95
Spengler, Wilhelm 281 f.
Spinoza 179
Stahl, Georg Ernst 205
Statius Annaeus 44
Steinhöwel, Heinrich 148
Stensen, Niels 106, 179, 254
Stifter, Adalbert 206
Strätling, Meinolf 11, 196
Stromer von Auerbach, Heinrich 184
Struensee, Friedrich von 212 f., 215
Struppius, Joachim 143
Stürmer, Michael 14
Sudhoff, Karl 116, 140
Sueton 42, 104, 117
Sulzer, Johann Georg 214
Sydenham, Thomas 99, 165

Tacitus 31, 43, 104
Tatian 63
Taylor, John 194
Telle, Joachim 158
Teniers, David 151
Tertullian 56, 65 f., 122
Theile, Friedrich Wilhelm 120
Theoderich 73
Theophrast 89
Thirlmere, Rowland 247, 264
Thomas von Aquin 13, 19 f., 38, 88, 90 f., 94, 124 f., 133, 173, 253
Thuile, Johann 101
Tille, Alexander 264
Tissot, Simon-André 204 f.
Tolstoi, Leo 270
Tomitano, Bernardino 185
Triebel-Schubert, Charlotte 52
Trithemius, Johannes 151
Trotula (Ärztin) 54, 170
Tullius Marcellinus 43
Turgenjew, Iwan 270

Ulsen, Dietrich 180
Unold, Johannes 265

Venner, Tobias 178
Vergil 99, 206
Verschuer, Ottmar von 280, 285
Vesal, Andreas 105, 126, 157, 162, 184
Vicq d'Azyr, Félix 203
Vidius, Vidus 184
Virchow, Rudolf 238, 240, 243 f., 250, 256, 259, 288
Vitali, Buonafede 155
Vogel, Samuel Gottlieb 238
Vogt, Carl 244, 250 f., 265, 269
Voisin, Cathérine (Hebamme) 128
Voltaire 191, 201

Wagner, Richard 249 f.
Wagner von Jauregg, Julius 274
Wallace, Alfred Russsel 247
Warren, John 231
Watson, James 17, 288
Weber, Ernst von 249–251
Webster, Daniel 228
Wehler, Ulrich 15
Weinsberg, Hermann 152
Weizsäcker, Viktor von 275
Welborn, M.C. 100
Welser, Philippine 159
Wepfer, Johann Jakob 254
Wertheim, Gustav 251
Weyer, Johann 176
Wieland, Christoph Martin 117
Willis, Thomas 178, 254
Wittkau-Horgby, Annette 265
Wöhler, Friedrich 243, 265
Wolff, Christian 208
Woltmann, Ludwig 265
Wolzogen, Hans von 250
Wood, George 229 f.
Wortley Montagu, Lady 200 f.
Wunderlich, Carl August 242, 246

Xenophon (Arzt) 44

Ypermann, Jan 84

Zacchia, Paolo 146, 149 f., 161
Zacuto, Abraham 146, 151
Zancariis, Alberto de 85
Zerbi, Gabriele 22, 133, 137, 145, 159, 169, 236
Ziemssen, Hugo von 239
Zimmermann, Johann Georg 214

Aus dem Verlagsprogramm

Geschichte der Medizin

Klaus Bergdolt

Leib und Seele

Eine Kulturgeschichte des gesunden Lebens

1999. 389 Seiten. Leinen

Klaus Bergdolt

Der Schwarze Tod in Europa

Die große Pest und das Ende des Mittelalters

5. Auflage. 2003. 268 Seiten mit 8 Abbildungen. Paperback

Beck'sche Reihe Band 1378

Heinz Schott

Der sympathetische Arzt

Texte zur Medizin im 18. Jahrhundert

1998. 397 Seiten mit 26 Abbildungen. Leinen

Robert Jütte

Geschichte der alternativen Medizin

Von der Volksmedizin zu den unkonventionellen Therapien von heute

1996. 341 Seiten mit 16 Abbildungen. Leinen

Till Bastian

Furchtbare Ärzte

Medizinische Verbrechen im Dritten Reich

3. Auflage. 2001. 126 Seiten mit 7 Abbildungen. Paperback

Beck'sche Reihe Band 1113

Philosophie und Ethik

Kurt Bayertz
Warum überhaupt moralisch sein?
2004. Etwa 280 Seiten. Gebunden

Michael Hauskeller
Versuch über die Grundlagen der Moral
2001. 327 Seiten. Leinen

Norbert Hoerster
Haben Tiere eine Würde?
Grundfragen der Tierethik
2004. 108 Seiten. Paperback
Beck'sche Reihe Band 1583

Annemarie Pieper / Urs Thurnherr (Hrsg.)
Angewandte Ethik
Eine Einführung
1998. 395 Seiten. Paperback
Beck'sche Reihe Band 1261

Otfried Höffe (Hrsg.)
Lesebuch zur Ethik
Philosophische Texte von der Antike bis zur Gegenwart
3. durchgesehene Auflage. 2002. 438 Seiten. Paperback
Beck'sche Reihe Band 1341

Verlag C.H. Beck